공간정치이론으로
읽는
역사도시의
가치

공주·부여·경주를 중심으로

# 공간정치이론으로 읽는 역사도시의 가치

박훈 지음

한국학술정보

# 머리말

　오늘날 사회적·정치적·경제적으로 역사도시의 중요성이 부각되면서 역사도시의 개념 정립과 역사환경의 가치설정, 그리고 보존방안 수립 등 역사도시에 관한 전반적인 연구가 필요하다. 이는 명시적 중요성이 확인 가능한 역사문화유적에서부터 도시환경적인 요소에 이르기까지 물리적·비물리적으로 폭넓은 범위를 포괄한다. 이를 위하여 본 저서는 현대사회에서 '역사도시의 가치'를 논의하고, 역사도시의 가치설정을 위해 도시공간정치이론, 역사환경의 특성분석이론, 그리고 설문조사를 통한 인지요소의 도출 등 3가지 층위의 접근을 통한 가치설정의 가능성을 가지고 원고를 준비하였으며, 이를 위해 본인이 제시하고자 하는 내용의 큰 줄기는 아래와 같다.

　첫 번째는 현대사회에서 역사도시 및 역사환경의 중요성을 고찰하고, 기존 학술연구 및 국제기준에서의 역사환경보전에 관한 철학적 사고의 변화양상과 역사환경보전방법의 문제점을 사유하고 한계를 파악한다. 두 번째는 이론적 측면에서 도시사회학이론, 역사환경의 특성분석 이론 그리고 통계적 분석방법론을 통한 인지요소의 설정 등 3가지 층위 개념에 의한 분석틀을 제안하고, 이를 통해 역사도시의 가치제안 가능성을 제시한다. 세 번째는 역사도시를 대상으로 공간정치이론에 의한 분석과 역사환경의 분석을 통해 각각의 특성 도출 및 가치특성의 규명 그리고 가치설정 방법론의 타당성 증명과 함께 가치제고의 가능성을 제기한다. 그리고 마지막으로 가치설정 방법론의 다양한 활용가능성 및 적용가능성을 제기하는 데 있다. 이와 같은 목적을 달성하기 위하여 역사적 차원에서 역사도시 및 역사환경의 가치철학의 변화양상에 대해 사고하고, 역사도시의 가치설정 방법론의 제안과 사례도시의 분석을 통한 방법론의 정당성 및 타당성을 증명하는 절차로 본고를 구성하였다.

현대사회에서 역사도시에 대한 중요성을 인식하고 가치제고를 위하여 다양한 접근을 통한 보전 및 관리방안이 제안되고 있음을 확인하였으며, 이는 시대의 흐름에 따라 변화하는 사회·정치·경제 등 다양한 분야의 가치변화양상과 철학적 맥락을 같이하며 변화하고 있음을 알 수 있었다. 또한 이와 같은 양상은 제도적 차원에 적극 수용되어 현대사회에 가시적으로 나타나고 있으며, 역사환경의 가치에 대한 지속적인 논의와 함께 발달하고 있으나 본 저서를 통해 살펴보았듯 아직까지 국제기준, 서구의 보전기준, 그리고 국내의 역사환경보전에 관한 기준은 차이가 있으며, 특히 선언적 수준에 머무르고 있는 국제기준과 종합적인 역사환경보전 및 관리체계가 부재한 국내의 보전철학은 아직까지 많은 한계로 설명할 수 있겠다. 이와 같은 보전 철학의 변화 특성과 함께 역사도시의 가치에 대한 논의를 통해 역사환경의 중요성을 인식하며, 합리적이고, 효율적인 보전과 활용을 통한 역사도시의 가치증대 노력의 필요성을 사고할 수 있었다.

이에 도시공간정치 이론, 역사환경 특성분석 이론, 그리고 인지요소 도출을 위한 통계적 방법론 등의 적극수용을 통한 역사도시의 가치설정 방법론을 제안하고 국내 대표적 역사도시(공주·부여·경주 등)를 종합적으로 분석하여 방법론의 타당성을 검증하였으며, 이를 통해 도출한 내용은 다음과 같다.

우선 본 저서를 통해 제안한 역사도시의 가치설정 3층위의 개념 중 도시공간정치이론은 하비와 르페브르의 공간생산이론을 바탕으로 하며, 실천개념으로서 공간실천도표를 이용하여 역사도시의 도시적 차원의 가치분석 가능성을 제안하였다. 그리고 실제 사례도시의 분석을 통해 적용가능성을 검증하였으며, 도시적 차원의 다양한 가치특성 및 가치요인의 분석을 통해 이를 보전하고 관리할 수 있는 방안 마련의 가능성까지 제시할 수 있음을 확인하였다.

그리고 역사환경 특성분석은 이론가들이 제안하는 역사환경의 특성분석 이론을 바탕으로 제안하였으며, 이는 도시설계, 세부 건축요인의 분석을 통해 가능성을 확보하고, 사례분석을 통해 이를 증명하였다. 공간정치이론 및 역사환경 특성분석이론은 위와 같은 특성을 통해 각기 다양성(多樣性), 다가치성(多價值性)을 바탕으로 하는 현대사회, 역사도시, 그리고 가치의 문제에 유연하게 대응할 수 있음을 확인하였으며, 인지요소와의 관계성 분석을 통해 가치의 설정과 가치제고의 가능성 또한 제시할 수 있음을 확인하였다. 통계적 분석 방법론을 통한 인지요소의 제안은 일반인이 인지하는 역사도시에 대한 가치요인으로 5단계에 걸친 절차를 통해 요인을 도출하였으며, 본 저서에서 가치를 설정하고, 가치제안을 유도하는 데 중요한 지점으로서의 역할을 확인할 수 있었다. 특히 주관성을 내포한 가치판단에 있어 객관성과 타당성을 확보하는 것은 필수적이다.

　　그리고 가치제안 방법론의 검증을 통해 도출한 내용은 다음과 같다. 도시공간정치이론 및 역사환경의 특성분석을 통해 도출한 가치특성과 현대인이 역사도시에 대해 가치요소로 인지하고 있는 특성과는 상당한 차이가 있음을 확인할 수 있었으며, 도시가 지니는 역사성과 환경성 등의 특성에 따라 이와 같은 양상은 다양하게 분석되었다. 특히 국내 역사도시의 가치 특성이 일부의 인지요인에 한정되어 연관성을 갖는 분석 결과는 다양한 역사적 가치요인이 복합적으로 도시공간에 내재하여 도시의 가치를 제고하는 도시공간의 속성(특성)과 비교하였을 때, 이에 부합하는 종합적인 측면에서의 가치제고 노력과 개선방안 모색의 필요성이 요구된다. 본 저서에서 대상도시 분석을 통해 역사도시로서 상대적으로 가치가 높은 곳으로 분석된 경주조차도 문화유산 중심의 점적인 가치에 우선한 보전과 활용의 경향은 우선적으로 재고되어야 할 문제인 것이다.

위와 같은 문제해결을 위하여 다음과 같은 방안을 제시할 수 있다. 먼저, 물리적 측면에서 현재 역사도시 내에, 특히 역사환경의 가치특성이 집중되어 있는 지역들을 중심으로 가치요소의 보전과 관리를 통한 가치제고 노력이 필요하다. 본 저서의 사례 도시(공주, 부여, 경주 등) 분석을 통해 살펴보았듯이 대표적 역사도시 세 곳 모두 역사적 발전과정에서 다수의 역사성 훼손이 이루어졌으며, 특히 도시적 차원에서의 가치훼손은 더욱 심각한 것으로 분석되었다. 이에 본 저서에서 지구적 차원의 접근을 통해 가치분석을 시도한 지역들을 중심으로 우선적인 가치제고 방안 수립의 필요성이 제기되며, 구도심지역의 전반적인 역사환경 가치요소의 보전과 적극적 활용 및 관리를 위한 가치제고 방안의 확대노력이 필요하다. 이는 현대적 의미의 보전철학이 반영된 제도와 현재 역사도시에서 다양하게 시행되고 있는 역사문화 관광도시 조성사업의 역사성 회복을 위한 실천방안 제고의 병행을 통해 실효성을 높일 수 있다. 그리고 현대사회에서 사회적(환경적) 측면에서의 역사도시에 대한 가치는 이미 본 저서에서 주지한 바와 같이 사회적 공감대를 형성하고 있다. 그러나 사례도시 분석을 통해 분석해 본 결과 사회적 구성을 이루고 있는 정부와 시민단체, 지역주민 간 역사환경의 보전 및 관리를 통한 가치증대 차원에 있어 가치철학 면에서 상당한 차이를 확인할 수 있었으며, 이에 상호 간 충분한 논의를 통해 역사도시의 가치제고를 위한 공감대의 형성과 이를 실현하기 위한 상호 적극적 참여가 요구된다. 이와 같은 노력이 바탕이 될 때 도시적 측면에서부터 건축적 측면 그리고 행정적인 측면에서부터 지역주민의 자발적 참여 노력에 이르기까지 선순환구조의 구축을 통한 역사성 회복 노력이 가시적 성과를 이룰 수 있을 것으로 판단된다.

도시의 역사성은 환경적·역사적 특성 등 도시의 발달 과정에서 다양한 영향을 받으며 변화 발전하기에 각 도시의 역사환경적 특성에 부합하는 관리 및 보전방안 마련이 필요하며, 본 저서를 통해 가능성을 제시하였고, 이를 바탕으로 하는 역사환경의 보전 노력이 요구된다. 이를 위하여 제도적 측면에서 본 저서를 통해 규명된 역사도시(공주, 부여, 경주지역)의 역사환경적 특성과 가치요소의 특징을 바탕으로 구체적인 보전 및 관리와 활용방안을 위한 세부적 지침 마련이 필요하며, 특히 다양한 역사환경적 특성을 보유한 도시 각각의 환경에 유연하게 대처 가능한 접근방안이 요구된다.

이상의 내용과 함께 향후 본 저서 결과의 활용방안 측면에서 다음과 같은 가능성을 제안할 수 있겠다. 우선 현대인이 인지하는 역사도시에 대한 가치척도(HVIS: Historic city Value Item Set)의 제안을 들 수 있다. 본 저서에서 가치요소로 제안한 4개 요인, 14개 항목은 가치측정모델로서의 활용 가능성을 제안하였으며, 특히 한국인이 인지하는 가치기준을 정량화하여 제안한 데 특징을 갖는다. 또한 내용적 구성을 보편적이고, 간결한 용어를 통해 설명하여, 가치분석 논의에 수월성을 제공하며, 논의의 폭을 확대할 수 있는 가능성을 제공하는 데 의의가 있다. 이와 같은 가치기준과 오늘날 세계문화유산 등록기준으로 대표성을 인정받고 있는 유네스코의 기준과 비교하였을 때 유네스코의 기준은 전문성과 함께 세분화된 기준을 통해 구체적인 요건을 제시하고 있는 데서 차이를 확인할 수 있다. 오늘날 국내 다수의 역사도시에서 역사문화의 가치를 제고하고, 나아가 세계문화유산 등재를 추진함에 있어 우선적으로 본 저서에서 제안한 방법론을 통한 기본적 가치충족을 검토한 후 유네스코의 기준에 부합하기 위한 노력을 시도한다면 보다 체계적인 접근이 가능할 것으로 판단된다. 이것이 본 저서의 가치라고 설명할 수 있겠다.

또한 본 저서를 통해 제안한 가치기준 요인이 상대적으로 보편적 가치기준을 제시함에 따라 일반적인 역사도시의 가치제고 기준에 유용하게 쓰일 수 있을 것으로 기대한다. 그리고 본 저서에서 제안한 역사도시의 가치설정 방법론을 통한 다른 다수(多數)의 역사도시에 적용 가능성을 들 수 있다. 그동안 역사도시의 가치를 평가하는 데 주관적 판단에 머물렀던 가치기준을 객관적인 방법론의 제안을 통해 제시하였다는 데서 또한 가치를 언급할 수 있겠다. 본 저서에서 제시한 방법론은 현대도시의 사회성을 반영하고, 역사도시의 가치 특성분석의 제안과 인지적 차원의 분석을 통해 논리적 접근을 시도하였으며, 이를 통해 공주·부여·경주 이외에 국내에 다수 존재하는 역사도시를 대상으로 분석할 수 있는 가능성을 지닌다. 특히 도시공간정치학 차원에서 '공간실천도표', 3단계로 접근한 역사환경 특성분석, 그리고 4개 요인, 14개 항목으로 도출한 인지요소는 다양한 환경의 역사도시를 분석할 수 있는 분석틀로 활용하기에 충분하다고 판단된다.

가치의 문제를 정량화하여 절대적 가치 기준으로 비교분석하는 것은 다소 무리가 따를 수 있으나 본 저서에서와 같이 상대적 중요성 등을 비교하고, 경향을 분석하는 것은 충분한 가치가 있다고 판단된다. 그리고 이와 같은 가치분석과 함께 현재 역사도시에서 다양하게 진행되고 있는 역사문화 관광도시 조성사업에 대한 사업방안의 문제 제기와 향후 도시설계 측면에서 시행되어야 할 가치제고를 위한 방향 제시는 본 저서의 추가적인 가치로 제안할 수 있다.

본 저서는 본인이 2010년 박사학위 논문으로 제출했던 내용을 좀 더 읽기 쉽고 접하기 쉽게 재구성하였다. 다소 미진했던 부분은 보완하고, 오기된 부분은 수정하기를 3년여에 걸쳐 진행해 왔으며, 비로소 한 권의 단행본으로 출간하게 되었다. 위 서문을 시작으로 국내 대표적인 역사도시 공주·부여·경주를 공간정치이론으로 탐험하는 시간을 갖고자 한다.

본 저서가 나오기까지 자료제공과 다양한 고민을 함께해주신 공주·부여·경주지역의 관계자 및 전문가 분들께 먼저 감사를 드리며, 학자로서의 자세를 견지할 수 있도록 든든한 버팀목이 되어주시는 정재용 교수님과 수차례에 걸쳐 다듬어진 글로 재탄생할 수 있도록 도와주신 여러 지인 분들 그리고 곁에서 묵묵히 응원해준 가족에게 감사함을 전한다.

와우관 연구실에서
박훈

# 차 례

# 표 목 차

# 그 림 목 차

# 제1장

# 서론-현대사회에서 새로운 가치로서 역사도시

# 1. 문제 제기

　'역사환경'[1])의 중요성이 더해가고 있는 현대사회에서 가치관의 변화에 따른 제도의 변화양상과 이와 연관하여 현대인이 인지하는 역사도시의 가치(價値)문제에 유연하게 대응하는 가치설정의 가능성을 탐구하고자 한다.

　오늘날 사회·정치·경제적으로 역사도시의 가치 및 중요성이 부각되면서 이론적 측면에서 역사도시의 개념정립과 역사환경의 가치설정 그리고 보전방안 수립 등 역사도시에 관한 전반적인 연구가 필요한 시기이다. 이는 명시적으로 중요성이 확인 가능한 역사문화유적에서부터 도시환경적인 요소에 이르기까지 물리적, 비물리적으로 폭넓은 범위를 포괄한다.

　현재 우리 사회는 과거 어느 때보다 역사환경에 대해 관심이 높아져 가고 있으며, 역사환경을 보전·관리하기 위하여 건축 및 도시적 차원의 수많은 계획 및 제도들을 연구하고 제도화하고 있다. 특히 1960년대 이후 국내에서도 역사환경보전의 중요성이 강조되기 시작하면서 관련 연구와 함께 꾸준히 제도적 보완이 이루어져 왔다. 이에 더하여 최근에

---

1) '역사환경'이란 광의적으로는 역사의 결과로서 형성된다는 점에서 모든 환경을 의미하며, 협의적으로는 보전하여 후손에게 물려줄 가치가 있는 대상을 말한다. 그러므로 협의적 의미의 역사환경은 물리적인 형태와 문화적인 형태가 분명하게 연관된 하나의 지역 또는 경관이며, 구성요소들은 형태와 기능 측면에서 긴밀히 연결되어 전체로서 다른 환경과 구별되는 특성을 나타낸다. 또한 시간이라는 변화 요소에 의해 발전, 소멸, 대체의 과정을 밟는 유기체적인 특성을 지닌다. 그러므로 역사환경은 '있는 것이 아니라 이루어지는 것'이며 과거에서 현재를 거쳐 미래에도 계속될 인간과 자연 간의 상호작용의 복합적 결과라고 볼 수 있다. 이러한 역사환경에 대한 확대된 정의는 공식적으로는 '유네스코 15차 총회(1968. 11. 19)에서 채택된 권고문'이 시발점이 되며, 이를 전후하여 각국에서 법·제도적인 차원에서 수용된 보편적 개념이라고 할 수 있다.

는 역사문화관광자원으로서 역사환경의 활용방안에 관한 연구 또한 활발히 발표되면서 이제까지 보존 중심의 가치기준이었던 역사문화유산에 관한 철학은 새로운 변화를 요구받고 있다.

우리나라의 역사환경에 대한 기본적인 사고(思考)는 전통적으로 역사문화유산을 중심으로 하며, 대표적 관련 법제인 문화재보호법에서 밝히고 있듯이 역사문화자원의 보존(保存)을 통해 선조들의 문화를 계승·발전시키고 이를 활용함으로써 문화적 향상과 인류문화의 발전에 기여함을 목적2)으로 하고 있다. 그러나 이와 같은 문화재보호법에서 언급하고 있는 '역사문화자원의 보존(保存)'은 동결적 의미를 갖는 용어로 역사자원의 원형유지를 목적으로 하고 있다. 이와 같이 우리의 역사유산보전방법은 대상의 원형유지를 기본원칙으로 삼고 있기 때문에 형태적 변형이나 기능의 변용, 그리고 이를 활용한 가치의 재생산이 어려운 게 현실이다. 즉 외국과 달리 활용을 통한 보전방식에서 한계를 가질 수밖에 없는 것이다. 이러한 한계를 보완하기 위해 '등록문화재' 제도가 시행되고 있으나, 이 제도 역시 전반적인 역사문화유산에 적용되지 못하고 일부 건축물에 한정되고 있으며, 상당수의 보전가치를 지닌 건축물이 아직까지 적용대상에 포함되지 못하고 있는 실정이다. 지금까지 '문화재보호법'이 우리의 소중한 문화자산을 지키고 보호하며, 역사환경을 유지 발전시켜 왔음은 부인할 수 없으나 오늘날 '문화재보호법' 중심의 근대적 역사환경 관리체계는 한계를 드러내고 있다. 이러한 현상은 도시적 차원에서의 역사환경에 대한 논의로 폭을 넓혀보면 이에 대한 문제 제기의 필요성을 확인할 수 있다.

개별 역사문화유산과 문화재보호법으로 대변되던 역사도시의 중요성이 역사유산을 포함하는 도시적 차원에서 역사환경의 중요성 논의로 가치가 변화함에 따라 도시의 역사성에 따른 종합적인 보전 및 관리방안의 필요성과 함께 효율적 활용방안 모색의 필요성이 제기되고 있다. 특히 오늘날 도시 그 자체가 역사적 차원에서의 가치요소로 인정받고 있으며, 경제적·사회적·문화적 가치 등 현대사회에서 가치제고의 다양한 가능성 또한 제공하고 있다. 이와 같은 경향의 이면에는 시대의 변화에 따라 도시공간의 형성에 대한 관심이 지속적으로 이어져 왔으며, 고대, 중세, 근대, 그리고 현대로 이어져 오는 과정에서 (도시)공간의 형성은 더욱 다양한 가능성을 가지고 발전하고 있는 데서 원인을 찾을 수 있다. 특히 현대사회로 변화하는 과정에서 (도시)공간은 단순히 주어진 것이 아니라 어떤

---

2) 문화재보호법 제1조(목적)에서 "이 법은 문화재를 보존하여 민족문화를 계승하고, 이를 활용할 수 있도록 함으로써 국민의 문화적 향상을 도모함과 아울러 인류문화 발전에 기여함을 목적으로 한다"라고 되어 있다.

목적하에 특정한 세력에 의해 만들어지는 사회적 행위의 결과물이며, 또한 다의성(多義性)으로 설명되는 현대사회의 복합적 특성을 담아내는 공간으로 이에 대한 탐구를 위해 현대도시의 특성화에 유연하게 대응할 수 있는 공간정치이론을 통한 도시적 차원의 가치분석 필요성이 요구된다. 그리고 이와 함께 역사환경의 특성과 인지요소와의 상호관계성을 통해 종합적인 차원에서의 역사도시 가치설정이 가능해질 것으로 판단된다.

본 저서는 현대사회에서 역사도시가 가지는 중요성을 고찰하고 다양성(多樣性)과 다변성(多辯性)으로 대변되는 현대도시의 사회성에 부합할 수 있는 가치설정 방법론의 제안과 역사환경에 대한 철학적 사고의 변화에 따른 합리적인 보전과 관리방안 제안의 가능성을 사유(思惟)하며, 구체적으로 다루고자 하는 내용은 다음과 같다.

첫째, 현대사회에서 역사도시 및 역사환경의 중요성을 고찰하고, 기존 연구 및 국제기준에서의 역사환경보전에 관한 철학적 사고의 변화양상과 역사환경보전방법의 문제점을 사유하고 한계를 파악한다.

둘째, 이론적 측면에서 도시사회학이론, 역사환경의 특성분석 이론, 그리고 통계적 분석방법론을 통한 인지요소의 설정 등을 통해 3가지 층위[3]의 분석틀을 설정하고, 이를 바탕으로 역사도시의 현대적 개념의 가치제안 가능성을 제시한다.

셋째, 역사도시(공주·부여·경주)를 대상으로 공간정치이론에 의한 분석과 역사환경의 분석을 통해 각각의 특성을 도출하고, 가치특성을 규명하며, 가치설정 방법론의 타당성 검증과 함께 가치제고의 가능성을 제기한다.

넷째, 본 저서를 통해 제안한 가치설정 방법론의 다양한 활용가능성 및 적용가능성을 제시한다.

이상과 같은 목적을 통해 각각의 분야에서 제한적으로 시도되고 있는 역사도시와 관련한 탐구를 종합적 견지에서 접근하여 가치문제를 논하고자 한다.

---

3) 본 저서에서 제안하는 세 가지 가치층위의 개념은 서로 동등한 위계에서 연관성을 갖기보다는 개념적으로 각기 차이를 가지며, 각 위계에서 가치에 접근하고, 궁극적으로 종합적인 가치의 개념을 사고한다.

## 2. 대상지의 범위와 방법

### 1) 대상지의 범위

본 저서에서 다루고자 하는 공간적 범위는 그림 1-1과 같다. 공주시, 부여군, 경주시는 국내의 대표적인 역사도시이자 유네스코 세계문화유산 등재 및 세계역사도시연맹에 가입되어 있는 도시이다.[4] 또한 이곳은 고대(삼국시대)부터[5] 현대에 이르기까지 다양한 역사환경이 내재되어 오고 있으며, 정치·경제·사회적으로 중요한 역할을 지속적으로 해온 도시로서 중요성을 지닌다.

따라서 세 곳의 역사도시는 도시의 역사성을 탐구하는 데 적합하다고 판단되며, 특히

〈그림 1-1〉 연구의 공간적 범위(공주·부여·경주의 도시공간적 위치와 구도심 전경)

---

4) 경주역사환경지구는 2000년에 유네스코에 의해 세계유산으로 등재되었으며, 공주 및 부여는 2008년 세계역사도시연맹에 가입되어 도시의 역사성을 세계적으로 인정받는 계기가 되었다.

5) 이는 기존의 역사도시 기준으로서 시간적 의미를 일컬으며, 실제로 이 지역의 역사성은 그 이전으로 확대가능하다.

오늘날 역사문화도시 조성을 위한 노력이 다양하게 시도되고 있는 도시로서 가치탐구의 의미가 있다고 판단된다. 이를 위해 본 저서에서 다루고자 하는 범위는 공간적 측면에서 도시 전체와 구도심지역, 그리고 도시의 역사환경이 집약되어 있는 지역을 선정하여(공주지역의 중학동, 중동, 봉황동, 교동 지역, 부여의 관북리, 쌍북리, 구아리 일부지역, 경주의 북부동, 동부동, 서부동, 노동동, 성동동의 일부지역을 중심으로) 연구를 실시하였다6)(표 1-1 참조).

〈표 1-1〉 공주 · 부여 · 경주의 공간적 범위 상세

| 구분 | 국토공간 | 도시지역 | 역사지구 | |
|---|---|---|---|---|
| | | | 행정동 | 면적(㎡) |
| 공주 | 도시 전역 | 구도심지역 | 중학동, 중동, 봉황동, 교동 지역 | 241,990 |
| 부여 | | | 관북리, 쌍북리, 구아리 일부지역 | 178,760 |
| 경주 | | | 북부동, 동부동, 서부동, 노동동, 성동동 일부지역 | 709,599 |

그리고 본 저서에서 다루는 주된 시점은 도시적 차원의 현대성 분석의 경우 1990년 이후를 중심으로 하며,7) 역사환경적 측면에서 특성분석은 고대8)부터 현대에 이르기까지의 범위를 대상으로 한다. 역사도시로서 공주, 부여 및 경주의 중요성을 재고할 수 있는 삼국시대를 중심으로 현재까지를 시간적 범위로 설정하여 통시적(通時的) 관점에서 역사환경의 변화양상과 특성을 살펴본다. 특히 국내 도시의 특성상 대부분의 도시가 역사도시의 범주에 포함될 수 있을 정도로 다양한 역사환경을 내재하고 있는 국내 도시들이 구한말 이후 근대화를 거치면서 다양한 역사환경적 변화양상을 거치게 되며, 한편으로는 일반도시로서의 발전을 거듭하게 되는 특성을 보이게 된다. 이는 본 저서에서 대상으로 하는 공주, 부여, 경주 역시도 유사한 도시적 특성을 보이며, 오늘에 이르고 있다. 이를 포함하여 현대에 이르기까지 도시사회학적 특성 분석을 요하는 시기를 대상으로 한다.

또한 내용적으로는 이론적 측면과 실증적 분석 측면으로 분류할 수 있다. 이론적 측면

---

6) 해당 행정동은 각 도시(공주, 부여, 경주)에서 역사의 발전과 함께 정치적, 경제적, 사회적으로 중요성을 가지며, 특히 역사환경이 축적되어온 지역으로 중요성을 지닌다. 한편 본 저서에서 대상지역의 분석에 사용하는 수치지도는 용도와 목적에 따라 각각 1/25,000, 1/5,000, 1/1,000의 지도를 이용하여 특성을 분석하였다.

7) 본 저서에서 도시적 차원에서의 분석을 위해 사용하는 이론은 공간정치이론으로서 이는 근대 이후 현대사회에서의 다양성으로 대변되는 도시공간을 분석하기에 적합한 이론이라고 할 수 있다.

8) 역사적 측면에서 '고대'의 개념은 일반적으로 고조선부터 통일신라시대까지로 언급되고 있으나 본 저서에서는 사전적 정의가 아닌 개념적 차원에서의 '고대'의 의미로 공주, 부여 및 경주지역에서 실제적으로 역사문화가 생성된 시기를 가리키며 특히 역사도시 공주, 부여, 경주의 모태가 되는 백제 및 신라시대를 중심으로 한다.

에서는 관련 내용에 대해 먼저 사고하고 탐구한 선행연구 및 관련 자료 분석을 통하여 역사도시의 기준 및 개념을 정리하고, 역사도시의 의미와 특성을 이론적 차원에서 고찰한다. 그리고 도시사회학 측면에서 역사도시와 역사환경의 중요성 및 가치에 대해 사고한다. 또한 대상지 현황조사 및 다양한 문헌자료를 통해서 물리적 환경을 조사·분석하고, 제도적 특징 분석 등을 실시한다. 현대사회에서 역사도시에 대해 논의되고 있는 논쟁을 고찰하며, 도시공간정치 측면에서 역사도시의 가치와 역사환경의 특성 분석을 통한 가치 그리고 역사도시에 대한 인지요소 설정[9] 등의 3가지 개념을 통해 종합적으로 역사도시의 가치를 설정하기 위한 방법론을 제안한다. 이상과 같은 방법론을 통해 역사도시의 특성을 합리적으로 분석하고, 각각의 역사환경이 가지는 가치를 밝히며, 이에 부합하는 보전 및 관리방안 마련의 가능성을 기대할 수 있다. 이를 정리하면 표 1-2와 같다.

〈표 1-2〉 내용적 범위 설정

| 구분 | 세부내용 | |
|---|---|---|
| 역사도시에 대한 개념과 관련 이론고찰, 그리고 가치분석의 틀 제안 | 역사도시에 대한 개념 및 이론고찰 | · 이론고찰 및 선행연구의 고찰을 통한 사고의 필요성 제언<br>· 역사도시에 대한 개념 및 일반사항 고찰<br>· 역사환경보전에 대한 철학적 사고의 변화양상 |
| | 현대사회에서 역사도시의 가치분석의 틀 제안 | · 도시적 차원, 역사환경의 분석, 현대인의 인지요소 분석을 통한 역사도시 가치설정의 가능성 논의<br>· 분석의 틀 제안 |
| 정성적(定性的), 실증적(實證的), 유형적(類型的) 가치분석 | · 도시사회학적 측면에서의 분석<br>· 도시공간정치 측면에서 '공간생산'이론을 통한 가치설정 | |
| | · 역사도시에 관련한 다양한 문헌 고찰 및 연구<br>· 역사도시의 역사환경 분석을 통한 특성 도출<br>· 답사를 통한 대상지의 다양한 역사환경요소의 조사·분석<br>· 이상의 내용을 통한 역사환경의 가치설정 | |

---

9) 이는 설문을 통하여 인지요소를 도출하는 방법론으로 이를 통해 역사도시가 갖는 가치척도 HVIS(Historic city Value Item Set) 설정의 가능성을 설명하는 것이다.

## 2) 구체적 접근 방법 및 구성

또한 본 저서는 기존의 역사문화자원에 대한 보전정책 및 제도를 바탕으로 이론적 차원에서 문제점을 살펴보고 역사도시 가치설정의 방법론 제안과 함께 실제 사례지역의 실증적 조사연구[10]를 통한 분석을 실시하였다. 세부적인 방법 및 구성은 다음 표 1-3과 같다.

〈표 1-3〉 주요내용의 접근방법 및 구성

| 구분 | | | 내용 |
|---|---|---|---|
| ① | 선행연구에 대한 검토와 개념 정의 | → | · 선행연구의 한계 및 문제점 파악<br>· 역사도시에 대한 개념 정의<br>· 역사환경(특히 보전) 관련 용어들의 정의<br>· 기존 역사환경보전 패러다임의 전환 필요성 제기 |
| | | | ▶ 탐구의 대상<br>· 기존의 문헌 검토<br>· 학술논문 및 연구보고서 검토 |
| ② | 국제기준에 대한 이해 | → | · 국제적 기준의 경향 및 변천 분석<br>· 국제적 기준에 준하는 개선된 보전방식 제안의 필요성 |
| ③ | 국내외의 역사환경에 대한 보전 및 분류체계와 관련 법제에 대한 검토 | → | · 시대의 변화에 따른 보전 및 관리에 있어서의 새로운 방안 제시의 필요성 사고(思考) |
| | | | · 국외 역사도시의 역사환경보전에 관한 법제의 변천과 특성 파악<br>· 국내 관련법 및 제도 보안의 필요성 제기<br>· 역사환경에 대한 철학적 사고(思考)의 변화 |
| ④ | 역사도시의 가치설정 틀 제안 | → | · 도시공간정치이론 차원에서의 가치설정 → '르페브르'와 '하비'의 '공간생산개념' |
| | | | · 역사환경 특성분석을 통한 가치설정 → '역사환경 관련 이론가들의 제안을 통한 개념' |
| | | | · 통계방법론을 통한 가치설정 → 인지요소 도출을 통한 접근 |
| ⑤ | 대상도시의 도시적 차원에서의 분석 | → | · 도시공간정치학적 차원에서 대상 도시의 분석<br>· 정량적, 통계적 분석의 실시 |
| ⑥ | 역사도시(공주, 부여, 경주)의 역사환경 특성 분석 | → | · 역사도시 및 역사환경의 실증적, 유형적 분석<br>· 역사도시(공주, 부여, 경주)의 가치제안<br>· 역사도시의 가치제고를 위한 보전 및 관리방안 가능성 사고 |

첫째, 기존에 제시된 관련 분야 연구검토를 통해 역사도시 관련 연구의 한계 및 문제점을 파악하고 이를 바탕으로 역사환경보전 철학의 변화양상과 새로운 요구에 부응하는 가치탐구의 필요성을 정립하는 계기로 삼았다.

둘째, 역사유산 보전에 관한 국제적 기준을 통해 보전방식을 되짚어보고 국내 현황과

---

10) 본 저서에서 사용된 실증적 자료 중 사진자료의 경우 인용한 경우에는 각각 출처를 밝혔으며, 그 외 사진자료는 저자가 직접 답사를 통해 수집하여 분석하였다.

국제기준과의 차이점을 살펴보았으며, 대표적인 세계역사도시의 역사환경보전 정책에 대해 확인하였다.

셋째, 역사환경보전 관련 법제의 검토를 통해 관련법의 변천과정을 정리하며, 이를 통해 우리의 역사환경보전 관련 법체계의 흐름과 함께 한계를 파악할 수 있었다.

넷째, 역사도시에 대한 이론적 측면에서의 고찰과 역사환경의 보전 및 가치에 대한 이론의 상호 관계성을 검토하고, 가치설정을 위한 3가지 층위의 방법론을 제안한다.

다섯째, 도시적 차원에서 역사도시의 특성분석은 대상도시의 사회성을 파악할 수 있는 정책자료 및 경제, 사회지표 등의 분석을 통해 실시한다.

여섯째, 문헌 및 고지도 등 다양한 자료의 분석을 통해 역사도시(특히 공주, 부여, 경주)의 역사환경적 특성을 분석하고, 현대적 가치를 설정하며, 역사환경의 보전 및 관리방안 제안의 가능성을 사고(思考)한다.

## 3) 용어의 개념 및 정의

### 역사환경의 보전 및 관련 용어 구분

역사환경의 보전과 관련하여 용어의 선택과 사용에 있어서 정의가 필요하다. 지금까지 우리는 역사환경보전과 관련한 다양한 용어들을 명확한 구분 없이 사용해 왔다. 과거에는 이와 같은 용어 구분의 필요성이 요구되지 않았으나, 점차 이에 대한 명확한 구분을 통해 보전 및 관리방안을 수립하며, 또한 주변 도시환경과 조화된 환경을 조성하는 데 있어서 필요성이 커지고 있다.

우선 보존과 보전의 의미를 구체적으로 살펴보면 다음과 같다. 먼저 보존(保存)은 선조(先朝)로부터 물려받은 물리적인 상태를 변형 없이 그대로 유지하는 것을 의미하며, 보전(保全)은 좀 더 넓은 의미로 본래 모습(Integrity)의 연속성을 유지하기 위해 취해지는 다양한 조치를 포괄하는 의미로 사용된다.[11] 즉 보존(保存)은 주로 문화재의 원형유지를 위한 동결(凍結)적 의미인 반면 보전(保全)은 어느 정도 변화를 인정하는 관리의 의미를 내포한다.[12]

이상과 같이 보존과 보전의 용어를 분리하여 사용하고 있는 경우는 국제헌장이나 문헌

---

11) James. M Fitch, Historic Preservation, Virginia, 2001, pp.46-47
12) 김기호, 역사경관 관리에서 지방정부의 역할, 국토계획 제41권 제5호, 2006, p.144

을 통해 쉽게 발견할 수 있으며, 대표적으로 부라헌장(Burra charter)(1979년)에서는 보전(保全)과 보존(保存)을 명확하게 구분하여 사용하고 있다.[13] 다만 다음과 같이 보전을 좀 더 큰 범위의 행위로 정의하고 있다.

> "제14조: 보전과정 / 보전(conservation)은 상황에 따라 용도의 유지 또는 재도입(reintroduction), 협력(association)과 의미(meaning)의 유지, 관리(maintenance), 보존(preservation), 복원(restoration), 재건(reconstruction), 활용(Adaptation) 및 해석 등의 과정을 포함할 수 있다. 또한 보전은 일반적으로 이 중에서 하나 이상의 것을 함께 조합할 수 있다."

본 저서에서는 역사환경에 대해 보전(保全)의 차원에서 접근하였으며 여타의 보전 관련 유사행위를 포함하는 포괄적 의미로 사용하였다.

그리고 역사환경보전과 관련하여 용어의 선택과 정의가 필요하다. 지금까지 우리는 역사보전과 관련된 다양한 용어들을 명확한 구분 없이 사용해 왔다. 역사유산 보전에 있어서 정확한 용어의 정의 및 사용은 의미전달의 혼란을 줄일 수 있고 아울러 역사보전과 관련된 이해 당사자들 사이에 원활한 의사소통의 수단으로 사용될 수 있다. 역사보전과 관련된 용어 사용의 혼란의 예로는 먼저 보전(保全)과 보존(保存)의 혼용(混用)을 들 수 있다.

보존과 보전을 정확한 구분 없이 혼용하여 사용하는 문제와 더불어 역사보전과 관련된 또 하나의 혼란은 보전과 관련된 연구들에서 통일되지 않은 다양한 명칭을 사용하고 있다는 것이다. 물론 각각의 용어들은 나름의 의미를 가지고 있으나 이들 용어에 대한 정확한 정의와 개념이 정립되지 않은 원인으로 연구자와 실무자들 사이에서 혼란을 주는 면이 많다. 전문가들로부터 일반인에 이르기까지 보전 관련 어휘들이 서로 공유될 수 있을 때 원활한 의사소통이 가능할 것이다. 이에 용어에 대한 명확한 정의는 역사환경의 보전 노력을 위한 선행조건이라고 할 수 있다.

이와 같은 측면에서 UNESCO, ICOMOS, CIVVIH 등 역사보전과 관련된 여러 국제기구들의 헌장 및 성명에서 반복적으로 용어에 관한 정의 및 개념 정립에 많은 노력을 기울여

---

13) 문화적 중요성을 갖는 장소들에 대한 보전을 위한 오스트레일리아 ICOMOS 헌장으로 보전에 관련한 용어를 정의하고 있다. 1. 보전: 해당 장소의 문화적 중요성을 유지하기 위해 그 장소를 돌보는 모든 과정을 의미 2. 유지관리: 해당 장소의 조직과 환경을 지속적으로 보호하는 관리를 의미하며, 수리와 구별되어야 한다. 보수는 복원과 개축을 포함 3. 보존: 특정 장소의 조직을 현 상태로 유지하면서 상태의 악화를 지연시키는 것을 의미 4. 복원: 특정 장소의 조직을 현 상태로 유지하면서 상태의 악화를 지연시키는 것을 의미 5. 재건: 해당 장소를 알려진 가장 초기의 상태로 되돌리는 것을 의미하며, 그 고유의 조직에 새로운 재료를 도입함으로써 복원과 구분됨 6. 활용: 특정 장소를 현행의 용도나 제안된 용도에 맞도록 변경하는 것을 의미 7. 용도(Use): 해당 장소의 기능을 의미하며, 더불어 그 장소에서 일어날 수 있는 활동 및 실제적인 행위를 포함

왔다는 사실은 우리에게 시사하는 바가 크다.

### 역사유산보전 관련 용어

우리의 역사환경보전은 원형보존에 초점을 맞추어 진행되고 있다. 그러나 원형보존(原形保存)이라는 단어가 갖는 의미와 실제적으로 행해지는 방식은 서로 일치하지 않는다. 원형보존이라는 원칙하에 사실상 다양한 방식의 보전방법들이 행해지고 있음을 알 수 있다. 이것은 역사유산이 처해 있는 상황에 따라 적절한 보전방식이 적용될 수 있음을 보여주는 것이다. 이러한 다양한 보전방식의 수립은 그에 따른 정확한 개념 정립이 선행될 때 가능하다.

이에 우리도 현재의 상황에 맞는 보전방식의 수립이 필요하다. 보전 및 방법에 대한 섬세한 구분 없이 보존이라는 원칙하에서 행해지는 다양한 보전행위들은 때때로 국내외의 오해와 반향을 일으킬 수 있다. 즉 해당 보전행위에 대한 적절한 용어의 선택과 개념설정이 불분명한 가운데 행해지는 보전은 그것이 아무리 적절한 방식이었다고 하더라도 그 목적과 의미에 대해 잘 알지 못하는 사람에게는 파괴의 행위로 비춰질 수밖에 없다.

역사환경보전의 개념 및 용어의 명확한 정의와 분류가 필요한 이유는 다음과 같다. 첫째, 역사환경의 보전에 관련되거나 관심을 갖는 사람들 간의 원활한 의사소통을 위해, 둘째, 보전대상에 맞는 보전체계 및 방법의 수립을 위해, 셋째, 국제적인 기준에 부합하기 위해서이다.[14] 이와 같은 목적을 수행하기 위해서는 보전의 의미와 용어에 대한 동의가 이루어져야 할 것이다. 대표적 역사환경보전이론가인 James. M. Fitch는 그의 저서 Historic Preservation에서 다음과 같이 보전 관련 용어를 구분하고 있다.

> "We can therefore classify levels of intervention according to a scale of increasing radicality, thus (1) Preservation, (2) restoration, (3) conservation and consolidation, (4) reconstitution, (5) adaptive use, (6) reconstruction, (7) replication," James. M. Fitch, 1990, p.46.

한편 역사환경보전 연구들에서 사용되고 있는 용어들은 표 1-4와 같이 정리할 수 있다.[15] 여기서 사용되는 역사보전과 관련된 용어들은 주로 영어권에서 사용되던 것들이다.

---

14) 우리나라는 UNESCO, ICOMOS 등 문화유산의 보전을 위해 노력하고 있는 국제적인 기구의 회원국으로 그 영향력을 발휘하고 있다. 따라서 그에 맞는 위상과 보전의 노력이 반드시 수반되어야 한다.

15) 여기서 정리된 용어들은 James, M, Fitch, 앞의 책, pp.46-47, 각종 국제헌장 등에서 사용하고 있는 것을 정리하였다.

이미 우리보다 수십 년 앞서 역사보전의 이론들과 개념을 정립해 온 나라들이 사용하는 용어들이 사용되고 있다는 사실은 역사유산의 보전에 있어서 여러 방식이 존재하며 각각의 보전방법에는 엄격한 구별이 필요하다는 것을 시사해 준다.

〈표 1-4〉 역사문화유산 보전 관련 용어

| 용어 | | 내용 | 비고 |
|---|---|---|---|
| 국문 | 영문 | | |
| 원형 | Prototype | · 본래의 형태(판단의 기준이 되는 모델) | |
| 복제 | Replica | · 작품의 카피 또는 재생산, 특히 원작자에 의해 만들어진 것 | |
| | Replication | · 남아 있는 건물을 복제하여 그대로 다른 곳에 건축하는 것 | |
| 복사 | Duplication | · 아이덴티티를 갖는 카피 본래의 것과 정확히 닮은 것 | |
| 재생산 | Reproduction | · 이미지 또는 카피를 재생산하는 것 | |
| 보존 | Preservation | · 물리적 상태를 그대로 유지하는 것 | |
| 보진 | Conservation | · 구조적인 본래 모습을 지키면서 건물의 실제적인 조직에 물리적으로 개입하는 것, 사소한 공사로부터 근본적인 공사까지 포함 | |
| 복원 | Restoration | · 형태학적 변형 이전의 물리적 단계로 되돌리는 과정(기준이 되는 시점에 대한 논쟁이 있을 수 있음) | |
| 수선 | Repair | · 비교적 경미한 작업을 통한 회복 | |
| 재구성 | Reconstitution | · 본래의 위치나 새로운 곳에 건물을 새로 조립하는 것(전쟁, 지진 등 재앙의 결과로 인한). 종종 해체해서 재조립하는 과정을 겪음 | |
| 강화 | Consolidation | · 건조물의 구조적 안전을 위해 보강 | |
| 활용 | Adaptive use | · 경제적 방법으로 건물에 새로운 기능을 부여하는 것 | = Adaptation |
| 재건 | Reconstruction | · 이미 사라져버린 건물을 본래의 위치에 재건축하는 것 | |
| 이전 | Relocation | · 옮기는 것 | |
| 재생 | Rehabilitation | · 건물의 특정부분이나 특징을 보존하면서 수리나 증축을 통해 건물을 계속 사용하는 것, 수복의 의미에 가깝다. | |

※ 본 표에서 정리한 용어들은 Historic Preservation, pp.46-47, 각종 국제헌장. 西村幸夫, 都市保全計劃, 東京大學出版會 등에서 참조하여 정리하였음.

이상 살펴본 바와 같이 보전의 대상이 다양하듯 보전의 방식 또한 차별적일 수밖에 없다. 일률적이고 획일적인 보전은 보전대상이 갖고 있는 역사적·문화적·지역적 가치를 훼손시킬 수 있으며, 아울러 경직된 틀로 사람들에게 외면 받을 수 있다.

## 3. 선행연구의 검토

### 1) 선행연구의 경향

본 저서와 관련하여 검토한 선행연구는 도시적 측면에서 역사도시를 탐구하는 연구를 중심으로 역사환경보전과 관련한 철학적 사고의 변화, 역사환경요소의 특성과 보전 및 관리에 관한 연구 등 다양한 선행연구를 검토하였으며, 물리적·환경적 특성 등 다양한 연구경향을 확인하였다. 이를 세부적으로 살펴보면 다음과 같다.

#### 역사환경보전의 철학 및 제도

역사환경의 철학 및 제도에 관한 연구는 1960년대 이후 지속적으로 진행되어 왔으며, 1990년대 이후 본격적으로 많은 연구결과가 발표되어 왔다. 이는 1980년대 이후 역사유산보존에 관련한 많은 제도의 변화와 함께 새로운 규제가 만들어진 데서 원인을 찾을 수 있다 (1962년 문화재보호법 및 국토계획법, 1984년 전통건조물보존법, 2004년 고도보존법 등). 이와 같은 제도의 변천은 역사환경보전에 관한 철학이 변화하면서 관련 제도 또한 연관성을 갖고 변화 발전하였음을 알 수 있다. 특히 1962년 문화재보호법 당시의 보전철학이었던 점적인 측면에서의 문화재 보전 위주의 경향은 이후 역사환경보전에 관한 철학이 변화하면서 점차 면적인 측면에서의 문화자원보전방안의 중요성이 증대하면서 제도 역시 변화하게 되었다.[16]

또한 2000년에 들어서면서 도시적 차원에서의 역사도시의 체계적인 보전의 필요성이 제기되면서 고도보존법이 제정되었고 이와 연관된 제도 및 보전환경에 대한 연구 또한 증대하고 있다.[17]

#### 역사유산 보전의 사례

한편 역사유산 보전의 사례 연구경향을 살펴보면 1900년대 중반부터 진행되어 온 건축

---

16) 김기호, 도시 역사환경보존-면적(面的)보존을 중심으로, 한국건축역사학회논문집, 2004.12 / 이태영, 문화재의 보존 철학의 발전과 보수의 윤리규범, 문화재 제14호, 1981 / 이호정·김기호, 우리나라 도시계획에서 역사환경보전의 전개과정 연구:1960년대 이후 법제의 변화를 중심으로, 2001 가을 학술발표대회 논문집, 한국도시설계학회, 2001 / 김정신, 근대문화유산의 보존 현황과 법제도 개선 방안, 2004 한국건축역사학회 추계학술발표대회 자료집, 2004.11 / 김정원·김기호, 도시역사환경의 면적 보전을 위한 도시계획제도 운영특성 연구, 2001 가을 학술발표대회논문집, 한국도시설계학회, 2001

17) 남궁승태, 역사적 문화환경권과 고도보존의 문제, 법과사회이론학회논문집, 2000.01 / 조용기, 고도의 역사적 경관 보존·정비에 관한 연구, 관광학연구 제30권 제1호, 2006.02

적 차원에서의 역사문화유산에 대한 연구와 1990년대 이후 도시환경에서의 역사요소에 대한 보존의 필요성이 제기되면서 도시적 차원에서의 역사환경보전을 위한 연구가 지속되었다. 특히 건축적 차원에서의 역사유산보전 사례 연구는 성곽, 한옥지구 등에 대한 고건축[18]과 함께 근대화 과정에서 생겨난 근대건축물의 보존과 도시공간에서 (근대)건축물이 갖는 특성 및 보존방안에 관한 연구가 다수 이루어졌다.[19] 그리고 도시조직 및 도시경관에 관련한 도시적 차원의 역사환경 연구가 지속되고 있다.[20]

### 역사유산 보전방법(이론) 및 관리지침

보전의 방법 및 관리지침에 관한 연구는 역사환경보전의 중요성이 부각되고, 현대사회에서의 가치가 재고되면서 보전방법 및 관리에 있어서 활발한 연구가 진행되고 있다. 특히 역사환경요소의 유형에 따른 다양한 기법 및 관련 지침 연구가 진행되었다.[21] 그리고 해외사례의 역사환경보전에 관한 관리지침연구 또한 일본과 서구의 사례를 대상으로 연구가 지속되고 있다.[22]

한편 역사유산의 보전방법에 관한 연구로는 우선 보존이론의 소개와 방법에 관한 연구,[23] 역사유산의 보호 및 관리의 역사 정리 연구[24] 등이 있다. 다음으로는 보전방식에

18) 김동훈, 역사적 문화유산 수원 화성의 보전과 개발에 관한 연구, 대한건축학회 18권 10호(통권 168호), 2002.10 / 김동훈, 역사적 문화유산 화성경내 보존과 회복에 관한 연구, 대한건축학회논문집 계획계, 19권 2호(통권 172호), 2003.02

19) 임태희, 1970년대 일본의 근대건축 보존개념에 관한 연구, 대한건축학회논문집 22권 10호(통권 216호) 2006.10 / 이완건, 서울의 역사성 표현을 위한 근대건축 보존에 관한 연구, 홍익대학교 박론, 2005 / 박소현, 우리나라 근대건축의 보존을 위한 하나의 제안, 1991 한국건축역사학회 학술발표대회 자료집, 한국건축역사학회, 1991.12 / 이완건, 도심지 근대건축물의 보존방법에 관한 연구, 대한건축학회논문집 계획계, 21권 3호, 2005.03 / 이완건, 디자인 개념을 통한 전통건축 디자인 지식의 현대적 표현 경향에 관한 연구, 대한건축학회논문집 계획계, 20권 7호, 2004.07 / 조원석, 일본의 역사적 건조물 보존 계획에 관한 조사 연구, 대한건축학회논문집 계획계, 17권 4호, 2001.04 / 손정목, 역사적 도시공간 유지를 위한 외국의 실례, 도시문제, 제21권 제6호(통권 238호), 대한지방행정공제회, 1986.06

20) 최동혁, 역사환경으로서의 도시조직의 가치: 서울 남촌지역을 중심으로, 대한건축학회논문집 계획계, 21권 1호(통권 195호), 2005.01 / 은민경, 전주시 옛 성곽터 가로공간의 건축물 특성과 구축방안에 관한 연구, 대한건축학회논문집 계획계, 19권 3호(통권 173호), 2003.03 / 김영수, 기술·의장 중심의 역사경관보전방안 연구, 서울시립대학교 건축학과 박론, 2007.02 / 박훈·정재용, 역사도시의 도시조직 특성과 가치에 관한 연구: 공주시 구도심지역을 중심으로, 대한건축학회논문집 계획계, 25권 5호(통권 247호), 2009.05

21) 오세경·조홍석·김정동, 공주시 역사문화환경의 보전유형 분석, 대한국토·도시계획학회지 「국토계획」, 제36권 5호, 2001.10

22) 신상화, 역사적 환경의 보존수법에 관한 연구, 대한국토·도시계획학회지, 「국토계획」, 제37권 3호, 2002.06

23) 김정동, 건축물은 소유주의 것이나 외관은 그의 것이 아니다. 대한건축학회지 제39권, 1995 / 김봉건, 문화재 보수이론, 문화재 제25호, 1992 / 이완건·박언곤, 도심지 근대건축물의 보존방법에 관한 연구, 대한건축학회논문집 계획계, 21권 3호, 2005.03

24) 최덕경, 문화재의 보호와 대책에 대한 고찰, 문화재 제26호, 1993

대한 연구,[25] 근대건축물에 대한 보전방법 연구, 역사유산의 보전관리방법 및 지침에 관한 연구, 역사도시에 있어서의 보전대상에 대한 연구[26] 등으로 구분할 수 있다.

### 역사환경요소

역사환경(요소)에 관한 연구경향은 1990년대 이전까지 건축적 차원에서 역사문화유산의 중요성과 가치에 대한 연구가 주로 이루어졌으며, 이와 함께 신라왕경 연구,[27] 읍성연구[28] 등 국내 역사도시의 공간구조 변천과 원리를 밝히고자 하는 연구[29] 등 국내 역사도시의 역사환경조성원리를 탐구하는 연구가 주를 이루어 왔다. 그러나 이후 도시적 차원에서 역사환경(요소)의 중요성이 강조되기 시작하면서 역사도시의 도시조직,[30] 역사경관을 포함하는 도시경관[31] 등 역사환경보전 개념에 대한 철학의 변화에 따라 종합적으로 역사환경의 특성을 밝히고 보전 및 관리하고자 하는 연구가 지속되는 경향을 보인다.

### 역사문화 관광도시

또한 역사도시 관련한 연구로서 중요하게 연구되고 있는 분야가 역사문화 관광도시로서 관리 및 개발에 관한 연구이다. 1990년대 이후 도시공간의 '장소성'과 역사도시에 내재되어 있는 '역사성' 및 '문화성'을 중요시하는 사회여건과 함께 이를 통한 역사도시의 가치를 제고하고

---

25) 신기철 외, 도시설계에서 문화유산 보전방법의 한 제안, 대한국토·도시계획학회지 제36권, 2001.06 / 임정수외 문화유산 보전 및 활용을 위한 도시설계방안 연구, 한국도시설계학회 추계학술발표대회 논문집 2005.11 / 장옥연 외, 우리나라 역사환경보전운동의 전개과정 고찰, 한국도시설계학회춘계학술발표대회 논문집, 2001.04

26) 민창기 외, 도시의 역사성 보전, 대한국토도시계획학회, 1996 / 이완건, 서울의 역사성 표현을 위한 근대건축 보존에 관한 연구, 홍익대학교 박사논문, 2005.06

27) 김경대, 경주의 도시가구특성에 관한 연구, 사찰조경연구, 1993 / 김경대, 역사도시 경주의 도시가구특성에 관한 연구, 국토계획, 1995 / 김경대, 신라왕경 도시계획 원형복원과 보존체계설정 연구, 서울대학교 박사논문, 1997 / 우성훈, 신라 왕경 경주의 토지 분할 척도에 관한 연구, 건축역사연구 제6권 1호, 통권 11호, 1997.03

28) 최원석, 지적원도를 활용한 읍성공간의 역사지리적 복원: 경상도 읍성을 사례로, 문화역사지리 제17권 제2호, 2005 / 손승광·김병진, 나주 읍성지역의 공간구조와 성장질서에 관한 연구, 대한건축학회논문집 22권 3호(통권 209호), 2006.03 / 김선범·한삼건, 조선시대 읍성위곽의 용적에 관한 연구, 대한국토·도시계획학회지, 국토계획, 제33권 제2호, 1998.04

29) 김신재, 1910년대 경주의 도시변화와 문화유적, 신라문화 제33집 / 한삼건, 경주읍성지구의 일제 강점기 토지소유 변화, 건축역사연구 제8권 1호, 통권 18호, 1999.03

30) 박훈·정재용, 역사도시의 도시조직 특성과 가치에 관한 연구, 대한건축학회 논문집, 2009.05 / 조준범, 목포 구시 가지 도시조직의 형성과 변화에 관한 연구, 대한건축학회논문집, 200510

31) 최재영, 경주의 문화·관광도시 활성화를 위한 도시경관의 개선방안에 관한 연구, 경주대학교 논문집, 제9호 / 김덕현, 역사도시 경주의 경관독해, 문화역사지리 제13권 제2호, 2001.12 / 강태호, 경주의 역사경관 관리계획 수립 방안에 관한 연구, 경주문화연구 1, 1998.08 / 최형석, 역사경관보전을 위한 건축물 높이규제에 관한 연구(1), 대한국토·도시계획학회지 국토계획, 제36권 1호, 2001.02 / 곽행구, 나주시 읍성 공간 역사문화경관의 정비 및 활용방안 연구, 한국전통조경학회지 제24권 4호, 2006.12

적극적인 활용방안으로서의 역사문화 관광도시 개발이 활발히 진행되었으며, 더불어 이에 대한 연구 또한 활발히 이루어지고 있다.[32] 이들 연구는 역사도시가 가지고 있는 차별적 가치를 문화와 더불어 설명하고 있으며, 이를 바탕으로 역사도시의 발전 가능성을 설명하고 있다.

### 기타 역사도시 관련 연구문헌

이외에 국내 도시는 근대화의 과정에서 급격한 변화를 겪으며 발전해 왔으며, 역사도시 또한 외부의 개발 압력 속에서 개발과 보존의 지속적인 논쟁을 거듭해 왔다. 이와 같은 논의 속에서 역사도시의 도시화 과정에서 나타나는 특성을 밝히고 역사도시의 도시공간 특성과 도시개발에 있어서의 보존방안에 관한 연구가 진행되었다.[33] 1970년대 이후 독일 및 영국 등 산업화가 먼저 일어나 도시화가 우선적으로 진행되었던 도시들을 대상으로 연구된 도시재생에 관련한 선행연구를 들 수 있다.[34] 이들 연구는 국내 역사도시의 도시화 과정에서 나타날 수 있는 경제적·환경적 측면에서의 문제점들을 개선할 수 있는 방향성을 제시해 주고 있다.

이와 같이 역사도시에 관련한 연구는 전통적으로 역사유산의 보존과 관리적 측면에서의 연구와 함께 현대에 이르러 역사환경의 '관리' 및 '개발'을 통한 도시의 활성화 방안 측면에 관한 연구 그리고 역사도시의 사회성 반영을 통한 가치연구[35] 등으로 나타나고 있음을 알 수 있다.

## 2) 선행연구와의 차별성

### 기존 연구의 한계와 본 저서의 필요성

앞서 살펴본 바와 같이 기존 역사도시에 관련한 연구는 주로 현재 나타나는 물리적 특

---

32) 이동범, 역사·문화관광의 활성화 방안, 국토연구원, 2000.05 / 이영경, 역사관광도시에 대한 관광객과 거주자의 경관평가, 대한관광경영학회, 2001.12 / 박병식·이종렬, 역사·문화·관광도시로서의 경주시 도시계획발전방안, 경주문화연구, 1999

33) 강태호, 한·중 역사도시의 도시공간구조 변천과정에 관한 비교 연구, 대한국토·도시계획학회지 1998.02 / 조법종, 역사도시 전주의 도시구성 변화와 특성, 건축역사연구 2005.06 / 조준범, 목포 구시가지 도시조직의 형성과 변화에 관한 연구, 대한건축학회논문집 계획계, 21권 10호(통권204호), 2005.10 등

34) 오덕성·박천보, 독일의 도심재생을 위한 재개발 사업 특성고찰, 대한건축학회, 2004.04 / 김홍기, 역사적 도심재생의 계획특성에 관한 연구, 대한건축학회, 2004.05 등

35) 박훈·정재용, 도시공간정치학적 측면에서 역사도시의 가치설정 방법론 연구, 대한건축학회논문집 계획계, 제25권 제8호(통권 250호), 2009.08 등

성에 주목하여 조성원리를 밝히고, 이를 현재의 시각에서 보전 및 관리하는 차원에서의 연구가 주로 이루어져 왔음을 알 수 있다. 그러나 역사도시, 다시 말해 도시의 역사는 지속적으로 사회적 영향을 받으며 변화, 발전하며, 이는 오늘날에도 지속되고 있다. 이에 역사도시가 가지는 '도시성(都市性)'과 '역사성(歷史性)'을 연구함에 있어 사회성을 반영하여 접근하는 것은 필수적이다. 특히 사회적으로 긴장과 대립, 갈등 등은 현대사회에서 나타나는 하나의 보편적 사회현상으로 인식되고 있으며, 도시공간에서 나타나는 기능, 거주성, 경관 등 모든 측면에서의 급속한 변화는 같은 연장 선상에서 이해할 수 있다. 즉 현대사회는 모든 면에서 빠르게 변화하고, 진화하고 있으며, 한편으로는 이에 대한 문제의식의 발효로 문화와 역사, 자아 등 인간 삶의 본질에 대한 관심이 증가하고, 특히 문화인식에 대한 관심의 증대는 역사도시에 대한 관심으로 가시화되어 나타나고 있다. 이에 현대사회에서의 역사도시에 대한 개념의 정립과 함께 본질적인 가치의 문제를 논하고 특히 '사회성'을 반영하여 가치를 재논의하는 것은 시대정신에 부합하는 일이다.[36] 앞서 살펴본 바와 같이 현재까지 제안된 역사도시 및 역사환경보전에 관련한 연구는 물리적 측면, 제도적 측면, 그리고 환경적 측면 등 각각의 연구에 집중되고 있음을 알 수 있다. 이는 즉 현대사회에서 역사도시가 근본적으로 가질 수 있는 중요성, 즉 가치에 대한 고민과 논쟁의 합의가 없이 연구가 진행되고 있는 데서 문제를 발견할 수 있다. 특히 근대 이후 도시공간의 특성은 다양화, 다변화되어가고 있으며, 사회가 급하게 변화하는 양상에 비견하여 도시의 특성, 특히 역사도시의 특성을 분석하고 연구하는 경향에는 많은 차이가 없음을 인식할 수 있다. 현대사회에 접어들면서 기존의 분석방법론은 한계에 이르게 되었으며, 이에 대한 대안으로 도시사회학 측면에서 도시공간정치이론을 통해 도시공간의 문제점을 분석하고, 재해석하려는 노력이 시도되고 있으며, 이와 같은 이론의 타당성에 대한 사회적 합의는 이미 공감대를 형성하고 있다.[37]

이에 본 저서를 통해서 현대사회에서 역사도시의 가치(價値)문제를 화두로 제안하고 도

---

36) 본 저서를 통해 현대도시공간 개념에서 역사도시의 분석을 위해 제기하는 도시공간정치학이론은 과거와 현재에 나타나는 사회·정치·경제적 특성의 종합적 분석을 통해 미래를 예측하고, 대처할 수 있는 가능성을 제공하며, 또한 이를 통해 사회성이 반영된 도시적 차원의 가치변화에 유연하게 대응할 수 있는 가능성을 가진다. 박훈·정재용, 도시공간정치학적 측면에서 역사도시의 가치설정 방법론 연구, 대한건축학회논문집 계획계, 제25권 제8호(통권 250호), 2009.08, p.312

37) 도시공간정치이론을 통한 현대도시공간의 문제점을 분석하고 재해석하려는 시도는 르페브르(Henri Lefebvre), 하비(David Harvey) 등 마르크스(Karl Heinrich Marx) 이후 자본론에 주목하는 다수의 이론가들에 의해 시도되어 왔으며, 이들의 주요 이론은 다원적·지방분권적, 다가치를 추구하는 포스트모던적 현대사회를 이해하는 데 필수적인 요소로 설명할 수 있다. 박훈, 앞의 논문, pp.301-302

시적 차원, 그리고 역사환경 특성분석을 통한 가치기준을 설정하며, 이를 바탕으로 역사도시가 갖는 중요성과 가치에 관해 사고할 필요성이 있다.

### 역사도시의 가치설정을 위한 합리적 방법론의 제안

역사도시, 역사문화, 역사관광 등 21세기에 들어 역사도시에 대한 관심이 높아지면서 역사도시에 대한 깊이 있는 사고와 함께 현대사회에서 역사도시를 보전 및 관리 그리고 개발하기 위한 사고에 우선하여 역사도시 가치설정의 필요성이 제기된다. 도시의 역사는 환경적·사회적 특성 등 다양한 요인에 의해 영향을 받으며, 발전하고 또한 다양한 유형과 양상으로 가시화되어 나타나는 오늘날 이와 같은 특성에 유연

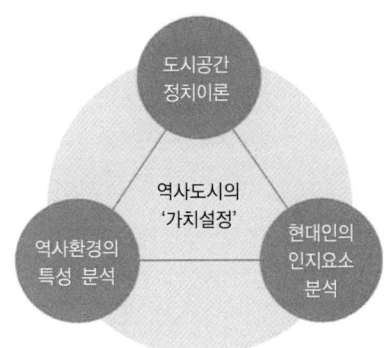

〈그림 1-2〉 역사도시의 가치설정을
위한 개념도

하게 대처할 수 있는 가능성을 도시적 차원에서의 분석, 역사환경의 특성분석, 그리고 현대인의 인지요소 분석을 통해 시도하고자 하며, 이에 대한 상호 연관관계는 그림 1-2와 같다.

이는 역사도시의 개념 정립과 역사도시에 대해 다양하게 논의되고 있는 논쟁을 사고하고, 현대사회의 사회성을 반영하는 역사환경의 가치에 대한 논의를 통해 가치설정 방법론 제안의 필요성을 설명하며, 사회적 가치변화 양상의 분석을 통해 방법론의 논리적 근거를 설명한다.

본 저서에서 제안하는 방법론의 특징은 각각의 연구분야로 구성된 세 가지 방법론(도시공간정치이론, 역사환경 특성분석이론, 그리고 통계분석 방법론)을 결합하여 합리적 가치설정 체계를 제안하는 데 있으며, 이에 더하여 역사도시의 가치척도 HVIS(Historic city Value Item Set) 제안, 가치설정 방법론을 통한 국내 다수의 역사도시에 대한 분석 가능성 등은 본 저서의 탐구를 통해 얻을 수 있는 추가적 가치로 언급할 수 있다.

이와 같은 접근을 통해 종합적 차원에서의 '가치문제'를 탐구하고자 한다.

# 4. 저서의 구성

   본 저서는 그림 1-3의 형식을 갖추어 구성되며, 이를 세부적으로 설명하면 서론에서는 원고의 배경, 목적, 방법, 절차, 그리고 역사환경보전 관련 용어에 대해 정리하였다. 관련 용어는 국제헌장이나 이론에서 사용하고 있는 용어를 중심으로 정리하였으며, 우리의 역사보전에서 적절한 용어의 선택과 정의가 필요함을 제안하였다. 특히 보전(保全)을 여타의 역사유산과 관련된 행위들을 포괄하는 광의(廣義)의 개념으로 사용하고 보전과 보존을 구분하여 제시하였으며, 역사환경의 보전에 있어 도시적 차원의 종합적 보전이 이루어져야 함을 강조하였다. 그리고 역사도시와 관련한 선행연구에 대한 검토를 통해 기존연구의 한계와 전반적인 연구경향을 살펴보고 본 저서의 차이점을 제시하였다.

   역사환경의 보전과 가치에 관한 이론연구에서는 전통적으로 역사환경가치철학의 변화양상을 파악할 수 있는 부분으로 국내외의 역사환경보전이론 및 기준들에 대해 사고하였고, 역사환경보전철학의 변화양상을 살펴보았으며, 국제기준과 국내외 도시에서 활용되고 있는 보전체계 및 방법의 한계와 문제점에 대해 고찰하였다. 또한 현대사회에서 역사도시를 중심으로 이루어지고 있는 가치논쟁에 관련하여 고찰하였으며, 가치(기준)설정을 위한 가능성을 제기하였다.

   가치설정을 위한 분석의 틀 제안에서는 현대사회에서 역사도시에 대한 가치설정의 필요성을 설명하며, 도시사회학적 측면, 역사환경 특성분석의 측면, 그리고 설문을 통한 인지요소의 도출 등 3가지 층위의 결합을 통한 역사도시 가치설정의 가능성을 탐구한다. 이를 위해 각 층위의 이론적 배경을 설명하고, 논리적 근거를 통해 가치설정 방법론의 정당성을 설명한다.

   그리고 역사도시 공주·부여·경주를 대상으로 도시적 차원에서의 정치적·경제적·사회적 측면의 특성과 변화를 분석한다. 이는 특히 1990년 이후를 중심으로 하며, 분석내용을 바탕으로 역사도시의 현대적 가치를 제시한다. 또한 이를 통해 '르페브르(Henri Lefebvre)'와 '하비(David Harvey)'가 제기하는 '공간의 생성'과 관련하여 가치상충의 문제를 제기하고 해결방안을 모색한다. 그리고 역사환경 측면에서 공주·부여·경주 지역 역사환경의 형성과정을 분석하고 형태론적 견지에서 도시공간구조와 필지, 블록, 가로, 그리고 건축군 등 도시조직의 특성 분석을 통해 역사환경적 차원에서의 가치특성을 도출한다. 그리고 이를 바탕으로 가치제고의 가능성을 제시한다. 역사환경은 도시의 형태 및 경관과 연관되며, 이는 궁극적으로 도시 전체의 가치를 설정할 수 있는 가능성을 지닌다. 이에 대한 탐구는 도시발전의 영속성(永續性) 측면에서 살펴볼 수 있다.

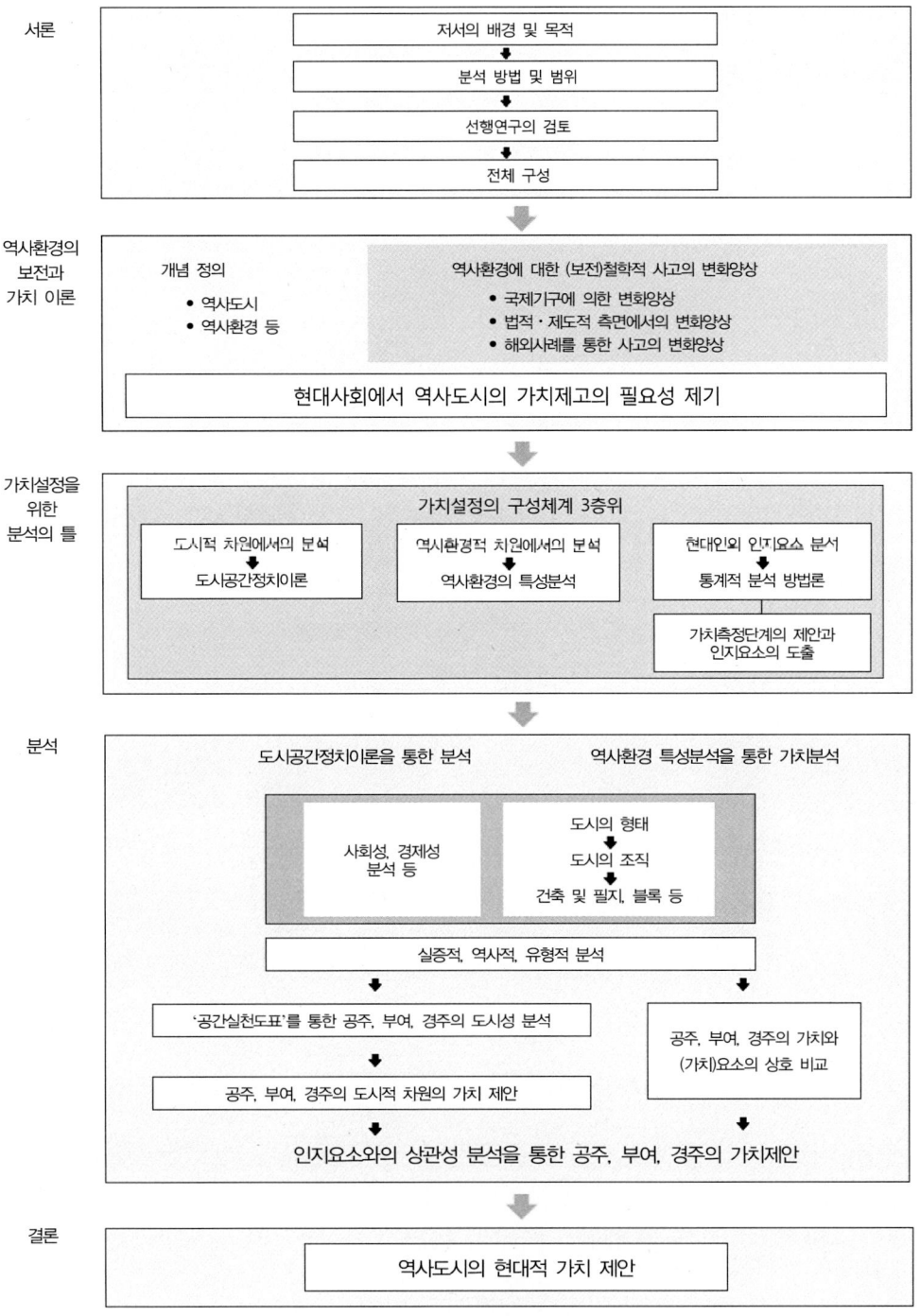

| 서론 | 저서의 배경 및 목적 |
| | ↓ |
| | 분석 방법 및 범위 |
| | ↓ |
| | 선행연구의 검토 |
| | ↓ |
| | 전체 구성 |

**역사환경의 보전과 가치 이론**

개념 정의
• 역사도시
• 역사환경 등

역사환경에 대한 (보전)철학적 사고의 변화양상
• 국제기구에 의한 변화양상
• 법적·제도적 측면에서의 변화양상
• 해외사례를 통한 사고의 변화양상

현대사회에서 역사도시의 가치제고의 필요성 제기

**가치설정을 위한 분석의 틀**

가치설정의 구성체계 3층위

도시적 차원에서의 분석
도시공간정치이론

역사환경적 차원에서의 분석
역사환경의 특성분석

현대인의 인지요소 분석
통계적 분석 방법론

가치측정단계의 제안과 인지요소의 도출

**분석**

도시공간정치이론을 통한 분석        역사환경 특성분석을 통한 가치분석

사회성, 경제성 분석 등

도시의 형태
↓
도시의 조직
↓
건축 및 필지, 블록 등

실증적, 역사적, 유형적 분석

'공간실천도표'를 통한 공주, 부여, 경주의 도시성 분석

공주, 부여, 경주의 가치와 (가치)요소의 상호 비교

공주, 부여, 경주의 도시적 차원의 가치 제안

인지요소와의 상관성 분석을 통한 공주, 부여, 경주의 가치제안

**결론**

역사도시의 현대적 가치 제안

〈그림 1-3〉 저서의 흐름도

마지막으로 공주·부여·경주의 가치유형 제안과 가치설정 3층위에 의한 가치제안 그리고 종합적인 결론을 제시한다.

# 제2장

# 역사도시와 역사환경의
# 보전 및 가치

# 1. 역사도시의 개념 및 유형

## 1) 역사도시의 개념

### 역사도시에 대한 논의

모든 도시는 본질적으로 '역사적(歷史的)'이고 '전통적(傳統的)'이다. 어떤 형태로든 도시는 자신들만의 역사를 지니고 있고 그 역사는 현재에 어떤 방식으로든 영향을 미친다. 특히 한국과 같이 고대국가로부터 오랜 역사를 지닌 나라의 경우 거의 모든 도시들은 대개의 경우 기념할 만한 자신들의 역사와 전통을 지니고 있다. 그것은 또한 거리, 건축물, 신화, 문학작품, 노래 등 다양한 내용과 형식으로 도시 속에 표상된다.

이와 같은 다양한 특성을 지닌 한 도시를 이해하는 데 역사(歷史)는 대단히 긴밀한 요소이고 특히 도시의 역사적 경험은 그 도시가 갖는 시간적 의미를 담는 데서 가치를 지닌다. 도시를 텍스트로 읽어낸 최초의 학자로 꼽히는 루이스 멈포드(L. Mumford)는 '역사 속의 도시(The City in History)'를 통해서 도시를 이해하는 가장 중요한 요소로 도시의 역사를 꼽았다. 그는 "긴 역사의 시발점에서부터 출발하지 않는다면 미래를 향한 도약을 위해 필요한 힘을 우리들 자신의 내부에서 찾을 수 없다"고 전제하며, 도시의 역사성을 강조한 바 있다. 또한 멈포드는 현재 대부분의 "도시계획들, 그중에서도 '발전적(發展的)', '진보적(進步的)'이라고 자랑하는 것들까지도 현재 우리가 일부 알아낸 과거의 도시 및 지역 형태를 기계적으로 모방하고 재생에 불과한 것이었다"고 말한다.[1] 이와 함께 도시에 내재된

'전통성(傳統性)'은 그 도시와 공동체를 지키는 힘이기도 하지만, 한편으로는 도시의 발전과 새로운 시대에의 적응을 방해하는 요소가 되기도 한다. 현대사회에서 (역사)도시에 대해 정치·경제학적 접근의 필요성이 제기되는 데에는 도시의 역사는 다양한 관점에서 해석되고 접근될 수 있으며, 그런 의미에서 모든 역사는 정치적이며, 도시의 역사와 전통 역시 마찬가지로 도시정치의 산물이기도 한 것이다. 전통적으로 국내의 많은 도시들은 역사도시로서의 과거와 전통을 지니고 있으며, 그 도시들이 일정한 사회적 위상과 역할을 갖지 못한 채 극단적인 논쟁만을 거듭해왔다는 점은 바로 도시의 역사성이 어떻게 정치적으로 변형되는가를 잘 보여주는 사례이다.

현재 역사도시에 대해 사회적으로 공감대가 형성되어 있는 정의는 제시되지 않고 있으며, 다만 국제기구와 다양한 분야에서 관련 학자들에 의해 역사도시가 정의되고 있다. 우선 도시계획의 관점에서 역사도시란, 역사성을 간직한 환경과 도시가 지닌 역사성이 도시 환경의 질을 향상시키고, 장래 도시발전의 기초가 되는 도시를 가리킨다.[2] 그리고 '세계유산센터'에서 기준으로 삼는 역사도시란 현재도 사람이 거주하고 있으며 그 본성에 의거하여 사회·경제·문화적 변화의 영향을 받으면서 예전부터 발전해 왔고 앞으로도 발전 가능성이 있는 도시를 말한다.[3] 이와 함께 추가하여 살펴보면 '역사도시'란 오랜 세월에 걸쳐 생성된 고유의 역사환경, 유적, 정신을 가지며 한 장소에 살던 사람들이 문화양식을 유지하며 그들만의 고유 사상을 토대로 살아가는 도시를 일컫는다. 이는 다시 말해 단지 역사 유적만을 가진 도시가 아닌 정신까지도 유지하며 살고 있는 도시를 말한다. 그리고 또한 '역사도시'란 오랜 세월에 걸쳐 생성된 고유의 역사환경, 유적, 정신을 가지며 한 장소에 살던 사람들이 문화양식을 유지하며 그들만의 고유사상을 토대로 살면서 도시 발전의 기초가 되는 도시를 의미한다. 이와 같이 역사도시에 대한 정의는 다양하게 논의될 수 있으나 결국은 한 가지로 결론지을 수 있다. 그 도시의 역사를 밝혀줄 수 있는 건물군이 존재하고 아직도 그곳에서 사람들이 살고 있으며 그 도시에 거주하는 사람들이 자신이 살고 있는 환경에서 역사성을 느낄 수 있다면 이는 역사도시라 간주할 수 있다. 그 도시의 역사가 100년밖에 안 되었든 1,000년 이상이 되는 오래된 역사를 지닌 도시이든지 간

---

1) L. Mumford, The City in History, Houghton Mifflin Harcourt, 1961, pp.1-2
2) 최선주, 역사도시 서울의 보전과 개발, 한국건축역사학회 한-중 학술학회 자료집, 1994
3) '역사도시'란 촌락의 규모가 아닌 도시의 규모로서 전통역사마을이 지니는 근거가 그 도시에서도 지켜질 때 이를 역사도시라고 정의하기도 한다.

에 각각의 도시는 그 도시가 지니는 역사가 존재하
기 때문이다.

　이상의 내용을 종합하면 역사도시의 특성은 시간
적 지속의 역사성,[4] 문화적 지속의 전통성, 진실된
생활공간(환경)이 투영되어 있는 진정성(Authenticity),
그리고 특정기간의 거주양식이 현재에도 남아 있
는 현재성(Present inhabitancy)[5]으로 함축하여 설명
할 수 있다(그림 2-1 참조).[6]

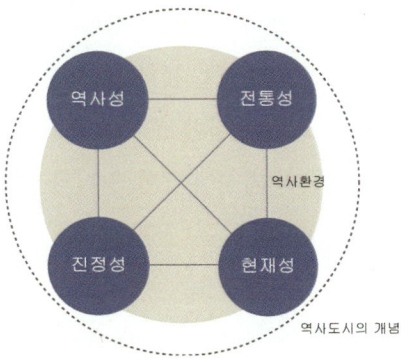

〈그림 2-1〉 역사도시의 개념 도시화

이를 구체적으로 설명하면 다음과 같다.

- 시간적 지속의 역사성은 오랜 시간의 경과를 기준으로 한 역사성(Historicity)을 일컫는
  다. 즉 상당한 시간을 거슬러 올라간 과거에 형성된 것을 의미하며, 이에 대한 기준은
  도시의 환경과 시대적 특성 등과의 연관성을 통해 고려되어야 한다. 한 예로 역사학의
  시간 개념을 참고할 수 있으므로 대체로 현대를 제외한 기간으로 설명할 수 있다.

- 문화적 지속의 전통성(Traditionality)은 전통 역사도시에서 보유하고 있는 '전통시대
  의 문화'를 보호, 보존하는 관점에서 접근할 수 있으며, 또는 '문화적 전통'(현대 및
  미래에 의미가 있다고 판단되는 요소들)만 선정하여 이를 계승 발전시키는 관점에서
  접근할 수 있다.

- 진실한 생활공간(환경)이 투영되어 있는 진정성(Authenticity)은 어떤 문화유산의 신뢰
  성 또는 진실성이며, 문화유산의 가치를 따질 때 가장 으뜸이 되는 속성이자 조건으로
  설명할 수 있다. 특히 세계문화유산은 1994년 일본 나라시에서 개최된 진정성 회의
  (Nara Conference on Authenticity)에서 채택한 '나라 진정성 문서'에 나타난 다음 정의

---

4) 오랜 시간의 경과를 기준으로 한 역사성으로 상당한 시간을 거슬러 올라간 과거에 형성된 도시를 일컫는다.
5) 유네스코에서 지정하는 세계문화유산의 한 종류인 역사도시의 경우 사람이 거주하지 않는 도시 또한 포함하고 있으나
   본 저서에서 제기하는 현대 가치의 문제와는 차이가 있다고 하겠다. 따라서 본 저서에서는 '현재성' 또한 중요한 고려
   요소로 포함하였다.
6) 박훈·정재용, 역사도시의 도시조직 특성과 가치에 관한 연구, 대한건축학회논문집, 2009.05, p.251

를 소개하면, "모든 형태와 역사적 시기에 있어 문화유산의 보전은 그 유산에 귀속된 가치에 뿌리를 둔다. 이 가치를 이해하는 우리의 능력은 부분적으로 신뢰할 만한 것으로 또는 진실한 것으로 이해될 수 있는 이들 가치에 관한 정보의 정도에 의존한다. 이 정보의 원천에 대한 지식과 이해는 그 문화유산의 시원적 및 부수적 속성과 관련되며, 진정성의 모든 국면을 평가하는 데에 필수적으로 기초가 된다"고 정의하고 있다.

- 현재성(Present inhabitancy)은 이상과 같이 살펴본 다양한 개념이 복합적으로 현재에도 이어져 내려오는 도시를 일컫는다. 역사도시가 가지고 있는 철학적 사고의 개념은 지속적으로 논의되어 현대사회에서 반영되며, 이를 통해 현대적 가치를 제고할 수 있을 것이다.

※ 출처: http://whc.unesco.org

〈그림 2-2〉 퀘벡 역사지구

이와 같은 기준을 바탕으로 구체적 사례에 대해 논의하면 실제로 북미지역은 일부 원주민들에 의해 만들어진 도시를 제외하면 상대적으로 짧은 역사를 지닌 도시들이 대부분이다. 그러나 그곳에 거주하는 사람들은 나름대로 역사가 있고 역사도시라 부른다. 1987년 발족한 세계역사도시연맹에는 현재 50개 회원국에서 71개의 도시가 가입되어 있다. 이들 도시들은 200년 정도의 역사를 지닌 도시부터 수천 년을 지닌 도시까지 분포하고 있다. 이 중에서 미국의 보스턴, 캐나다의 몬트리올과 퀘벡, 그리고 호주의 멜버른과 벨라렛이 속해 있다(그림 2-2 참조).[7] 일반적으로 생각하기에는 신대륙에 건설된 도시는 상대적으로 구대륙에 비하여 중미나 남미의 인디오 문명을 제외하면, 역사가 짧으므로 역사도시의 존재 자체를 거부하는 경우 또한 나타나기도 한다.

한편 중국에서는 단순히 역사도시 대신에 역사문화도시라 명명하였다. 우선 역사적 구조와 경관을 지닌 비교적 가치가 높은 역사지역을 역사문화보호구[8] 또는 역사문화명성(歷史文化明成)[9]으로 지정하고 이러한 지역이 도시일 경우 역사문화도시로 지정하였다. 역

---

7) 국내 가입 도시로는 경주시, 안동시, 부여군, 공주시 등이 있다.

8) 역사문화보호구는 시정부가 지정하여 발표하며, 특히 문화유산의 중요한 구성부분이며, 보호문화재, 역사문화보호구, 역사문화명성(歷史文化名城)의 완전한 체계 중에 불가결한 부분이며, 역사문화보호구는 명성(名城) 보호사업의 중점 중 하나가 된다고 지적하고 있다. 이와 같은 특성을 바탕으로 역사적 가치 또는 혁명 기념의 의의가 있는 성진(成鎭), 도로(道路), 촌락의 특정지구를 가리킨다. 서울시정개발연구원, 서울북경동경의 역사문화보전정책, 2006, p.200

사문화도시가 되기 위해서는 오랜 역사를 지니고 있고 풍부한 문화유적을 포함하고 있어야 한다. 중국에서는 1982년 처음으로 24도시를 역사문화도시로 지정한 이후 2001년 말까지 국가급 역사문화도시는 101도시가 분포하고 있다(그림 2-3 참조).

〈그림 2-3〉 중국 여강 역사문화도시 전경

이밖에도 유네스코에 의해 세계유산으로 지정된 도시들도 있으나[10] 대부분 도시들은 부분적으로 역사적 건물군의 분포에 의해 지정되어 있을 뿐이다. 우리나라의 경우, 경주의 남산을 중심으로 한 유적지구(그림 2-4 참조), 서울의 창덕궁과 종묘, 수원의 화성이 세계유산으로 등록되어 있으므로 이들 도시들도 역사도시로 간주될 수 있다. 이들 도시들이 근대화의 물결에 휩싸여 과거의 모습은 죽은 모습 그대로 보존할 뿐 이용하지 않고, 현대적 도시경관만을 표출할 때는 역사도시의 분류조건에서 재고되어야 할 것이다.

※ 출처: 경주시청

〈그림 2-4〉 국내 대표 역사도시이며, 고도(古都)인 경주전경

### 역사도시의 구성

역사도시는 다양한 역사환경요소로 이루어져 있으며, 이에 대한 범위는 물리적·환경적 요소 등 광범위한 범위를 포괄한다.

특히 이들 역사환경요소는 앞서 살펴본 역사도시의 개념에 부합하는 의미를 담고 있으며, 고유의 역사성을 바탕으로 하고 있다. 또한 역사환경요소 개개의 정체성과 진정성 등 역사도시의 개념을 담아내고 있는 요소를 역사환경요소라 볼 수 있다.[11]

위와 같은 특성들을 담아내는 역사도시의 구성요소를 살펴보면 크게 '고도(古都)'와 구분하여 설명할 수 있다. 이는 건축 및 도시적 차원에서 각기 다른 특징을 보이며, 특히 정체성

---

9) 역사문화명성은 국무원에서 지정 발표로 보존된 문화재로서 특히 중대한 역사적 가치 또는 혁명기념의 의의가 있는 도시를 말한다.

10) 세계문화유산체계를 살펴보면 기념물, 건물군, 유적, 문화경관 등으로 분류하고 있다. http://portal.unesco.org/

11) 우리와 이웃하는 북경의 경우 역사환경적 특성은 1) 유구한 도시역사, 2) 독특한 도시지리 형태, 3) 웅장한 규모의 도시와 궁전, 4) 풍부하고 다채로운 도시가로 경관, 5) 도시색채, 6) 도시의 수계 등 다양한 요소를 북경의 역사성을 대변하는 역사요소로 설명하고 있다. 서울시정개발연구원, 앞의 도서, 2006, pp.190-193

확립을 위한 필수적인 요소의 중요성이 강조된다. "정체성(正體性)은 어떤 장소를 다른 장소와 구별하여 인식하고 회상할 수 있는 경우에 발생한다. 장소가 자기 정체성을 획득하기 위해서는 단순히 장소적인 개념 하나로는 부족하고 지리, 경관, 도시, 생활환경 등의 제반 형태 속에서 만들어진다. 공간과 장소는 정체성의 중요한 구성개념이며, 정체성은 장소가 인간으로부터 장소 자체의 정체성을 얻고 또한 인간이 장소로부터 자신의 정체성을 얻는 것을 일컫는다."[12] 이와 같은 특성을 가진 역사도시의 구성요소는 단순히 역사문화유산의 분포만이 아니라 고도를 형성시킨 지형적 조건으로서의 산과 하천, 국가를 방어하던 산성, 국가 통치의 중심이 되었던 궁궐터와 사찰, 고도의 공간적 골격을 구성하고 있던 주작대로와 가로망, 일반 백성들의 주거지나 생활용구 생산 공간, 통치자의 왕릉과 옛 사람들의 고분군, 그 당시 사람들의 숨결이 느껴지는 역사적 장소와 설화장소 등이 포함된다.

이상과 같이 살펴본 고도 및 역사도시의 구성요소는 표 2-1과 같이 정리할 수 있다.

〈표 2-1〉 역사도시와 고도의 구성요소

| 구분 | 고도(古都) | 역사도시 |
|---|---|---|
| 건축적 차원 | 왕궁, 사찰, 성곽, 왕릉, 주작대로 등 | 고도의 구성요소를 포함하는 역사환경요소 |
| 도시적 차원 | 도시조직, 도시경관 등 | |
| 기타 | 설화장소* | |

※ 설화장소는 고도 및 역사도시의 가치를 더욱 높이는 역할을 함.
※ 참조: 박훈·정재용, 앞의 논문, 200905, p.251

## 역사도시와 역사환경 그리고 가치

역사도시를 이루는 역사환경[13]에는 여러 가지 요소들이 있다. 첫째, 오래된 건축물 혹은 지역이나 장소이며, 둘째, 오랜 시간 동안 많은 사람의 기억에 남아 있는 문화유산, 셋째, 지속적으로 축적되어 이루어진 도시환경을 들 수 있다.[14] 오래된 건축물 혹은 지역이나 장소로서의 역사환경은 문화재로 지정되거나 역사보존지구로 지정되어 역사적 가치를

---

12) Edward Relph, Place and Placelessness, London; Pion, 1976

13) 일본의 경우 고도보존법에 의하면 '역사적 환경'이란 '역사상 의의를 갖는 건조물, 유적 등이 주위의 자연적 환경과 일체를 이루며 고도에 전통과 문화를 구현, 형성된 토지의 상황'이라고 정의하고 있다. 즉 역사적 건조물이나 유적을 에워싼 수림 등 자연적 환경이 하나가 되어 고도다운 모습을 갖추고 있는 토지상황을 말한다.

14) 한편 Alexander Papageorigiou는 역사환경의 구성요소로 역사적 건축물, 구조물, 유물, 유적, 사적, 민속 전통경관 등으로 설명하고 있으며, 역사환경의 구성단위는 개체 또는 개별 단위(건축물, 구조물 등의 문화재), 지구 또는 지역 단위(역사경관, 역사적 생활공간과 같은 지구 또는 지역의 경관, 생활상), 국가단위(역사도시)로 구분가능하다고 설명하고 있다. Continuity and Change, pp.32-40

보호받고 있으며 각종 제도나 법령을 통한 보존 노력이 이루어지고 있다. 사람의 기억 속에 남아 있는 문화유산 또한 그것의 고유한 특징에 의해 그 유형적·무형적 자산의 가치를 인정받고 있다. 그러나 도시환경[15]의 역사환경으로서의 가치는 그 판단 근거의 모호함으로 인하여 그 실체를 제대로 인정받지 못하고 있다. 그 이유로는 문화재와 같은 물리적인 가치를 평가하기가 어려우며, 도시환경의 특성상 끊임없이 변하고 있다는 것을 들수 있을 것이다. 그러나 축적된 도시민의 삶이 담긴 도시환경은 현재 도시민의 생활에 많은 영향을 미치고 있는 중요한 요소로 현재의 도시민의 삶의 질을 결정하고 장래 도시발전의 기초가 되는 중요한 요소이다.

이를 좀 더 구체적으로 살펴보면, 세밀한 도시계획의 한 대상인 역사환경은 유형문화재, 기념물 또는 민속자료 등을 포함한 공간 및 문화가 단독 또는 집단으로 있어 이들이 구성하는 공간환경의 보호가 국민정신교육 또는 문화상 유익하다고 보는 환경[16] 혹은 자연적, 물리적인 형태와 문화적 형태가 분명하게 연관된 하나의 지역 또는 경관으로 형태적인 면과 기능적인 면에서 서로 긴밀히 연관되어 지역이 동질성과 연속된 규칙성에 의해 전체로서 다른 환경과 구분될 수 있는 특성을 나타내며 시간이라는 변화요소에 의해 발전, 소멸, 대체의 과정을 밟는 유기체적 성질을 가지고 있다[17]고 정의된다. 이러한 특성을 지닌 역사환경은 그 위치나 형태, 이용 측면에서 여러 유형으로 나눌 수 있는데 특히 이 중에서 박제된 공간이 아니라 사람들의 일상생활이 이루어지는 공간으로, 단일건축물이 아니라 일정한 공간적 범위를 지니는 지역으로의 역사환경은 일반적인 역사환경에 대한 정의보다 좀 더 구체적인 개념정의가 필요하다.

이러한 면적 지역으로서 역사환경은 관리 차원에서 두 개념으로 구분될 수 있다. 하나는 '문화재와 그를 둘러싼 주위의 일체 또는 문화재로 구성된 환경으로서 문화재 요소와 그 주변환경까지 총체적으로 보존하기 위한 면적 환경'이다. 이는 중심이 되는 문화재의 역사적 가치를 훼손하지 않기 위해 주변지역을 관리한다는 차원에서의 지역범위라 할 수 있다. 다른 하나는 그 자체가 개별적 가치는 높지 않더라도 집단을 이루고 주위환경과 조화됨으로써 역사성을 인정받는 지역의 경우이다.

---

15) 도시환경은 역사도시의 개념요소 중 현재성(present inhabitancy)과 주요 연관을 가지며 이는 결국 역사환경의 일부로 해석할 수 있다. 즉 그림 2-5에서와 같이 역사환경의 분류단계 이전의 개념으로 이해할 수 있다.

16) 김형만 외, 역사적 환경의 개발, 공간, 1971

17) 김영종, 경주지역 문화유적 개발·보존 계획, 동국대 신라문화 연구소, 1986, p.547

이와 같이 역사적 환경의 가치는 단일 문화재의 주요한 가치인 역사성, 희귀성, 조형성에 더하여 축적된 삶의 흔적을 보여줄 수 있는 시간의 층이 형성된 것으로부터 얻어지는 가치라 할 수 있다. 역사적 환경은 사람들의 생활이 이루어지고 있는 장소이므로 어느 한 시대의 역사적 유물이 변화하지 않고 그대로 유지되고 있는 것이 아니라 사람들의 생활에 따라 그 시대 삶의 요구들을 수용하면서 조금씩, 점진적으로 변화하는 공간이다. 따라서 지역의 성격이 일시적으로 형성된 것이 아니라 여러 시대의 삶의 흔적들이 시간의 층으로 쌓여 있다. 이러한 시대의 층은 크게 다양성과 연속성 측면에서 가치를 논할 수 있다.

먼저 다양성의 경우 여러 시대의 건축적 특성을 보여주는 건축적 다양성, 휴먼스케일의 장소들이 모여서 다양한 공간감을 형성하는 환경적 다양성, 그리고 시대에 따라 다른 기능들을 수용하여 활용되면서 나타나는 기능적 다양성 등을 들 수 있다. 또한 연속성이 주는 가치는 시간적 측면, 미적인 측면, 그리고 단절된 기억이 아니라 연속된 문화적 기억을 소유할 수 있다는 점 등을 들 수 있다.[18]

이러한 역사적 환경이 지니는 가치가 증대함에도 불구하고 실제로 이러한 가치를 인식하고 유지하기 위한 노력을 기울인 것은 그리 오래전 일이 아니다. 이와 관련하여 국내에서는 1971년 김형만과 윤홍택이 '공간'지에 기고한 글을 통해 유형문화재, 기념물, 민속자료 등도 역사적 환경에 포함되나 이외 문화재보호법에 포함되어 있지 않는 지역, 지구 등도 보존해가야 할 역사적 환경이라고 주장하면서 예를 들어 서울의 구시가지변에 밀집되어 있는 조선시대 말기 주택집단들은 개개의 주택으로 볼 때는 큰 값어치가 있는 것은 아니나 이와 같은 집단이 구성하고 있는 역사적 공간은 다른 문화재에 못지않게 그 시대의 역사적 배경을 웅변적으로 말하고 있다고 주장하고 있다. 또한 이러한 역사적 환경의 적극적 개발(발굴, 가치부여, 인식의 의미)을 주장하면서 서울, 전주, 안동 등에 밀집되어 있는 역사적 환경(예로서 조선시대 말기의 주택집단 등)을 보호하기 위한 지역, 지구제의 실시 및 이의 보존을 위한 정부, 거주민의 협력을 주장한 것을 시작으로 볼 수 있다.[19]

이러한 역사적 환경에 대한 가치인식은 전문가나 행정에게만 중요한 것이 아니라 무엇보다 일반 대중들의 보전 가치인식이 중요하다. 어떤 대상을 보전할 것인가라는 논의에서 기본적인 명제로 등장하는 것이 '보전하여 후손에게 물려줄 가치가 있는 대상'이라는 것이다. 이것은 어떤 대상이 보전의 가치를 인정받았다면 세대를 초월하여 공유되어야 한다

---

18) Steven Tiesdell et, al, Revitalizing Historic Urban Quarters, Architectural Press, Oxford 1996, pp.11-18
19) 김형만 외, 앞의 책, 1971

는 것을 의미한다. 이런 점에서 보전의 논의는 소유자와 행정 간에 일방적으로 진행되는 것이 아니라 그 논의의 과정이 일반인에게 공개되고 시민 스스로가 그 가치를 인식할 수 있는 기회를 가져야 한다는 것을 의미한다.[20]

이를 종합하면 역사환경의 가치는 우선 그 대상이 역사적 존재의 정당성을 가지고 있느냐 하는 것이다. 단순히 과거의 것이라고 해서 가치 있는 역사환경이 될 수는 없으며, 발생 당시의 사회가치관을 제대로 반영하고 있는가 하는 점이 그 가치판단의 근거가 되어야 할 것이다. 둘째, 그 환경이 현재의 상황에 미치는 영향에 대한 평가가 이루어져야 한다. 역사환경은 과거 상황의 결과물에 의해서만 이루어지는 것이 아니라 현재의 생활과 지속적인 관계를 맺으면서 변하여 간다.[21] 따라서 현재의 상황이 미래 역사환경의 기초가 된다는 점에서 역사적으로 지속되어 온 환경이 어떻게 현재의 생활에 영향을 미치고 있는가를 평가하는 것은 역사환경의 가치판단 근거가 되는 중요한 요소라고 할 수 있을 것이다(그림 2-5 참조).

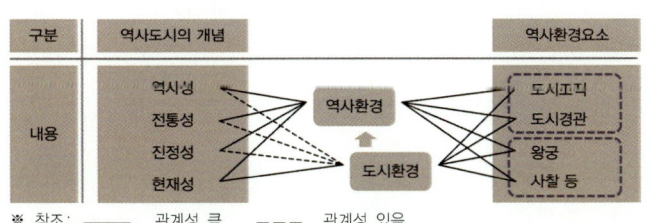

※ 참조: ─── 관계성 큼    ▬▬▬ 관계성 있음
※ 출처: 박훈・정재용, 역사도시의 도시조직 특성과 가치에 관한 연구, 대한건축학회논문집, 계획계 제25권 제5호, 200905, p.251

〈그림 2-5〉 역사도시 및 역사환경 그리고 역사환경요소의 상호 관계

## 2) 역사도시의 유형

세계 역사도시 연맹에 의해 역사도시로 지정된 도시[22]의 대부분이 옛날의 왕도(王都)를 중심으로 지정되고 있으나, 예외적으로 역사적 유적・유물만을 대상으로 하고 있기도 하다. 일본의 경우를 보면 16시 1정 1촌이 고도로 지정되어 있는데, 왕도와 관련된 지역으로는 나라시(奈良市), 교토시(京都市), 덴리시(天理市) 등 3개 지역이고, 사구라이시의 삼륜산(三輪山), 가시라이시의 신궁(神宮), 가마쿠라시의 해장사(海藏寺), 이키루가마치의 법기사

20) 장옥연 외, 우리나라 역사환경보전운동의 전개과정 고찰, 한국도시설계학회, 2001 춘계학술발표 논문집, 2001

21) S. Giedion이 '역사는 단순히 변하지 않는 것들을 담아두는 창고가 아니라 변화하는 경향이나 해석과 생활방식의 과정'이라고 한 것, 또한 역사를 연속된 과정을 보는 것으로 역사환경의 가치판단이 현재의 상황에 근거를 두고 이루어져야 한다는 사실을 말하여 준다. Sigfried Giedion, Space, Time and Architecture, Harvard University Press, 1973, pp.5-7

22) 세계 역사도시 연맹을 기준으로 살펴보면 2008년 8월 현재 49개 나라 61개 도시가 가입되어 있으며, 이 외에도 세계 곳곳에는 역사적 가치가 있는 도시가 다수 존재한다.

(法紀寺), 아스카무라의 석무대 고분(古墳) 등은 유적·유물을 대상으로 한 것이다.[23] 이는 유럽의 경우도 비슷한데 프랑스의 베르사유시는 왕도이고, 이탈리아의 폼페이시는 유적지로 분류할 수 있다. 국내의 경우에 있어서 경주, 공주, 부여 등은 왕도로 분류 가능하며, 전주, 수원 등은 유적, 유물 등을 통한 역사도시로 분류할 수 있다.

한편 역사도시는 엄밀히 말하면 도시 전체를 의미하기보다는 역사도시 내에서 유적·유물을 중심으로 하는 각 지구별 역사적 풍토의 특성과 함께 자연적 환경을 고려하여 그 구역을 지정하고 있으며, 이를 역사지구[24]로 칭하고 있다. 세계 역사도시를 살펴보면, 역사환경요소가 다수 존치되고 있는 지역을 특히 고도지구로 지정하여 보존하고 있다. 그리고 유네스코에서는 역사지구의 사회적으로 지속가능한 보존 및 개발방안을 제안하기 위하여 국제심포지엄을 통해 이를 공론화하고, 다양한 매체를 통한 역사가치의 중요성과 보존의 필요성을 지속적으로 제기하고 있다.[25] 이와 같은 특성을 바탕으로 역사도시의 유형을 분류하면 표 2-2와 같은 가능성을 가진다.

---

23) 엄기철, 외국의 역사도시 보존과 관리사례, 국토정보, 1995.09, p.93

24) 유네스코에서는 이미 오래전부터 역사도시의 중요성과 가치를 인지하고, 이들 도시가 갖는 특별한 문화가치를 보존하기 위한 노력을 지속하고 있다. 이와 연장선상에서 국제심포지엄 등을 지속적으로 실시하고 있다.

25) 유네스코에서는 ICOMOS, CIVVIH 등 유네스코 산하의 다양한 전문위원회를 운영하며 역사환경의 보전과 운영을 위한 노력을 지속하고 있으며, 매년 세계역사지구의 보전을 위한 심포지엄을 지속적으로 운영하고 있다.

〈표 2-2〉 세계유산으로 등록된 역사도시의 유형과 주요 사례

| 유형 | | | 명칭 | 국가<br>(등록년도) | 성격 |
|---|---|---|---|---|---|
| 非現住<br>역사도시 | | | 마추픽추의 역사보호구<br>Historic Sanctuary of Machu Picchu | 페루<br>(1983) | · 잉카제국이 15세기에 건설한 空中都市의 유적이 잘 보존되어 있으며, 인간이 거주하지 않는 유적 |
| 現住<br>역사<br>도시 | 보전<br>유형 | 원형<br>保全<br><br>· 특정 시대나 문화의 표본<br>· 거의 온전하게 보전되었으며, 부수된 개발에 별로 영향을 받지 않고 유지<br>· 해당 도시 전체 및 반드시 보호되어야 할 주변지역까지 포괄하여 지정 | 麗江古城<br>Old Town of Lijiang | 중국<br>(1997) | · 소수민족 나시(納西) 족이 12세기부터 건설하여 현재까지 그 원형을 잘 보존하고 있는 도시 |
| | | | 古都 톨레도<br>Historic City of Toledo | 스페인<br>(1986) | · 중세에 조성된 도시의 형태가 대단히 잘 보존되어 도시의 거의 전체가 문화유산으로 등록 |
| | | | 세고비아 旧市街와 로마 水道<br>Old Town of Segovia, including its aqueduct | 스페인<br>(1985) | · 2천 년간 양호하게 보존된 고대 로마의 식민도시 |
| | | | 白川鄕・五箇山合掌造集落,<br>Historic Villages of Shirakawa-go & Gokayama | 일본<br>(1995) | · 독특한 건축구조로 축조된 농가가 잘 보존된 농촌 마을 |
| | | 진화<br>保全<br><br>· 특색 있게 진화하였으며, 해당 도시의 역사의 연속적 단계의 전형을 잘 보여주는 공간적 배치와 구조를 보전<br>· 가끔 예외적인 자연 환경 가운데 위치<br>· 분명하게 구획된 역사적 부분이 주변의 현대적 환경에 우선 | 파리의 센 강 河岸<br>Parls, Banks of Seine | 프랑스<br>(1991) | · 파리의 문화유산이 집중되어 있는 센 강 河岸 일대 |
| | 역사<br>적<br>공간<br>특성 | 역사<br>중심<br><br>· 고도시(ancient town) 구역과 일치하며, 근대도시 안에 포함<br>· 가장 광범위한 역사적 차원에서 정확하게 범위를 구획하고, 바로 인접한 환경에 대한 적절한 대책이 필요 | 잘츠부르크 역사지구<br>Historic Centre of Zaltzburg | 오스트리아<br>(1996) | · 중세 이후 근세에 이르는 동안 축적된 도시문화가 잘 보존된 역사지구 |
| | | | 피렌체 역사지구<br>Historic Centre of Firenze | 이탈리아<br>(1982) | · 이탈리아 르네상스의 발상지인 피렌체의 중심을 구성하는 역사지구 |
| | | | 베네치아와 潟湖<br>Venezia and Lagoon | 이탈리아<br>(1987) | · 바다의 제약을 활용하여 번성한 도시의 잘 보존된 역사 중심 |
| | | 잔존<br>구역<br>/<br>고립<br>단위<br><br>· 지역(sector, area)이나 고립된 단위로서, 비록 잔존한 상태라고 할지라도 이미 소멸한 역사도시의 특징에 대한 통일성 있는 증거를 제공<br>· 잔존한 구역과 건물은 이전의[소멸된] 도시 전체에 대하여 충분한 증거가 되어야 함 | 아크로폴리스<br>Acropolis | 그리스<br>(1987) | · 古代 그리스文明의 中心인 아테네의 中心 |
| | | | 古都 京都의 文化財<br>Historic Monuments of Ancient Kyoto | 일본<br>(1994) | · 京都, 宇治, 大津市 일원에 平安京 이후 1200년간 축적된 문화재(17寺城. 山莊 등이 점재) |
| | | | 慶州歷史地區<br>Gyeongju Historic Areas | 한국<br>(2000) | · 新羅 古都 慶州에서 잘 보존되어 있는 문화유산(南山 포함)이 집적된 지구 |
| | | | 水原의 華城<br>Hwasong Fortress | 한국<br>(1997) | · 18세기에 신도시로 조성된 성곽도시 水原에 양호하게 보존된 성곽 |
| 20세기 신도시 | | | 브라질리아<br>Brasilia | 브라질<br>(1987) | · 20세기에 조성된 신도시 |

※ 참조 1: 황기원, 역사도시 경주, 무엇을 어떻게 할 것인가?. 고도 경주의 현재와 미래 심포지엄 발표자료, 2005.11. 수정·보완
※ 참조 2: 1978년부터 2002년까지 유네스코 세계유산으로 등록된 125개국의 세계유산을 대상으로 하였음.

## 2. 역사환경의 보전이론과 유형

### 1) 역사환경의 보전이론과 경향

본 저서에서 사용되는 '보전'의 개념은 건축물이나 도시구조의 문화재적 가치를 현상 그대로 혹은 적절한 복원을 실시하여, 필요한 경우에는 최소한의 보강 등을 실시하여 대상의 고유 특성을 동결적으로 유지하는 보존(preservation)과는 구별하여 사용한다. '보전 (conservation)'은 건축물이나 도시구조의 역사적 가치를 존중하고, 그 기능을 보수하며, 필요한 경우에는 적절한 개입을 하여 현대에 적합하게 재생, 평가, 개선하는 것을 포함하는 의미로 쓰인다.26)

보전(conservation)은 "개발과 보존과의 조화"라는 형식으로 표현되는 개발과 대립되는 개념으로서 보존의 의미를 넘어서는 오히려 개발과 보존의 동일한 단계에 포함시키는 복합적인 개념이며, 특히 개발에 따른 조화와 타협을 가용하는 수동적인 개념이 아니라 적극적이고, 창조적인 행위를 의미하는 용어로 정의되고 있다. 보전이라는 것은 보존, 유지, 개선, 그리고 고양이라는 4개의 주된 요소로 구성되며, 파괴적인 외력으로부터 역사적·문화적, 공간을 보호(Protection)한다는 것이 보전의 의미이다.27)

전통 건축 문화유산의 보존을 가장 어렵게 하는 문제는 복원적 보존이 아닌 활용적 보존이다. 외형적 형태만이 보존되고, 활용의 대안이 없는 것은 옛집을 쓰기 위해 만든 그 목적은 죽고 외형적 모양만 보존한다는 의미가 되게 하는 것이다. 이러한 보존은 사실상 전통 건축물을 복원해 놓고, 다시 죽이는 셈이 된다.28)

기존 국내의 역사적 환경은 원상태를 유지하자는 보존 중심이며, 서구에서는 실제 거주자나 소유자들의 편의를 반영한 보전적 방향의 역사적 환경을 채택하는 차이가 있다. 보전은 현황에만 고착된다거나 과거에의 소급만을 생각하는 것이 아니라 장래에 일어날 수 있는 변화를 지구 특징의 환경(context)에 적합하게 수용시키고, 제어하는 발전적 및 창조적인 역할을 중시하는 차이가 있다.

외국에서의 '역사환경보전'은 '문화재 보호'에서 출발한다. 최초의 문화재 보호는 1453

---

26) 西村幸夫, 都市保全計劃, 東京大學出版會, 2003.03
27) 윤장섭 외 2인, 도시 내 문화재 주변지역의 건축제한 기준에 관한 연구, 대한건축학회논문집, 1986.04, pp.90-91
28) 김상우, 건축문화유산의 보존방안, 97 한국건축역사학회심포지엄, 1997.04

년 투르크(Turk)족에 의한 콘스탄티노플 점령이 일단의 계기가 되지만, 20세기 이전 시기의 문화재 보호는 오늘날 이해하고 있는 문화재 보호와는 상당한 거리가 있었다.[29]

그동안 역사환경보전을 위해 가장 선두적인 역할을 수행하고 있는 영국의 경우, 19세기 말 산업혁명을 통해 이루어진 산업사회가 가져온 긍정적인 측면에도 불구하고 급속한 개발 결과에 대한 실망감 및 개발 과정에서의 환경오염 등에 대한 위기의식은 과거로의 회귀로 귀착된다. 이러한 경향으로 인해 과거의 아름다운 물적 환경을 그대로 유지하고자 하는 의식이 '역사환경보전'이라는 방향으로 표출하게 된 것이다.[30] 이러한 배경은 문화재에 대한 국가 차원의 보호가 필요하다는 인식과 함께 이에 대한 행정적인 뒷받침의 요구가 제기되어 문화재 보호를 위한 법률 제정을 가져오게 되며, 점차 민간활동의 참여로 문화재 보호운동은 활기를 띠기 시작한다.

각국마다의 상황은 부분적으로 다르지만, 20세기에 들어서 역사환경보전에 영향을 주는 몇 가지 양상들이 나타나기 시작한다. 첫째로는 문화재 보호 분야에 국가협력주의 현상이 등장하는 것과, 둘째로는 문화재에 대한 개념확대 현상이다. 단일건물 혹은 유적을 대상으로 하던 시각에서 건물과 그 주변 지역을 총괄적으로 보존하고, 전체적인 경관 미의 가치를 인정하여 단위 문화재와 주변환경을 종합적으로 보존하려는 것 등이다. 영국 경제는 제2차 세계대전을 기점으로 서서히 하강 곡선을 긋기 시작했으며 이러한 사회적 분위기 속에서 새로운 개발에 따른 지가 및 건설비 증가 등의 부담 때문에 기존 건물에 대한 재개발보다는 보전 내지 정비에 더 큰 관심을 가지게 된다.[31] 세계대전이 끝난 후 파괴된 문화재의 복구에 주력하게 되고, 유엔에서도 이에 대한 관심을 기울이게 되었으며, 역사환경의 파괴를 공해나 자연 파괴에 버금가는 환경 문제의 주요 과제로 파악하는 경향이 나타나기 시작한다.[32] 셋째는 민간단체 활동이 활발해지는 현상을 들 수 있다. 이 현상을 주도한 단체는 1894년에 설립된 '국립신탁'(National Trust for Places of Historic Interest or National Beauty)이다.[33] 처음에는 해안경승지와 구릉지 등의 자연보호구가 주된 대상이었지만 40년대 이후 상속세가 중과세로 부가되면서 국립신탁의 역할이 확대되

---

29) Barnouw, V, Physical Anthropology and Archaeology, The Dorsey Press, 1971, p.154

30) 김봉건, 영국의 문화재 보존정책: 지역보존정책을 중심으로, 문화재 22, 1989, p.313

31) Kain, R, Planning for Conservation, London: Mansell, 1981, p.9

32) Mary, R. S, Environmental Legislation, New York: Praeger Pub, 1976, p.109

33) 개발에 의한 자연과 역사적인 환경의 파괴를 막기 위해 세금으로 매입·보존하며, 1982년까지 104만 명이 참가한 영국 최대의 문화재보호단체이자 최대의 토지소유단체로 성장한다.

어 다양한 유형의 역사환경이 보호대상에 포함되게 된다.34)

유사한 형태가 일본의 경우에는 조금 다른 양상으로 나타난다. 일본의 민간 활동은 개발과의 갈등으로 인해 본격적으로 진행되며 문화재를 보호하려는 운동은 당초 젊은 고고학자들과 향토사가들에 의해 일어났으나, 점차 주민운동으로 번져 마침내 전국적인 조직 규모로 발전하게 된다.35) 대표적인 사례는 1955년 오사카부 사카이시(大阪堺市)의 이다스께(イタスケ) 고분을 지키려는 보호운동으로 일본에서는 이를 현대 문화재 보호운동의 원점으로 보고 있다.36) 1962년에는 문화재 보호운동을 국민운동으로 정착시킨 획기적인 사건인 나라(奈良)의 헤이죠큐(平城宮) 유적 보호운동으로 발생한다. 또한 개발과 보존의 문제로 최초로 형사소송에까지 이른 이장(伊場)유적 소송을 계기로 일본의 문화재 보호운동은 이데올로기적인 주민운동에서 법률문제로 전환하는 계기를 맞게 되며, 이는 70년대에 역사환경보전을 위한 제도화 과정이 정착되는 원인이 된다.

이러한 의식화 과정은 역사환경보전을 위한 빠른 제도적 기반 구축의 근원이 된다. 대표적으로 영국은 'Town and Country Planning Act(1947)'와 'Historic Buildings and Ancient Monuments Act(1953)'를 제정하였고, 미국도 'Historic Sites Act(1935)'의 제정을 계기로 역사환경보전의 기반이 형성되기 시작한다. 이후 영국은 1967년 'Civic Amenity Act'를 제정하여 일정한 넓이를 가진 지역 전체를 보전대상으로 지정하고 그 지역 전체를 보전할 수 있는 제도적 장치를 마련함으로써 지역 보전의 역사가 본격적으로 시작된다.37) 한편 프랑스에서는 1960년을 전후하여 시작된 대규모 개발에 대한 역반응으로 '말로법'38)에 의한 재개발이 추진된다. 이 법의 목적은 문화재 보호와 도시재개발의 기능을 결합하여, 역사적인 가구와 마을 등 역사환경을 보존하면서 정비하여 현대도시의 일부로서 재생시키는 것이다.39) 그리고 일본에서는 50~60년대의 민간운동이 국가 정책에 부분적으로 반영

---

34) 당시의 보호대상은 문화재와 역사적 기념물로 구분된다. '문화재'는 로마시대의 고성 및 수도원, 중세의 역사적 가구, 목장, 물레방앗간 등이며 '역사적 기념물'은 대가들의 생가 및 저택(Benjamin Disraeli, Thomas Hardy, Yhomas Carlyle, Winston Churchill, Bernard Show 등)이 있다.

35) 오세탁, 문화재보호법연구: 문화재 향유권리를 중심으로, 단국대학교 박론, 1983, p.114

36) 甘柏 健, 文化財保存運動, ジュリスト 544號, 1973, p.29

37) 요크(York), 체스터(Chester) 등 역사도시를 사례 연구하여 'Civic Amenity Act'가 제정되었으며, 'Town and Country Planning Act'가 개정되었다. 그 후 1974년에 'Town and Country Amenities Act'가 제정되고, 1979년에는 'Ancient Monuments and Archaeological Areas Act'가 제정된다.

38) 1962년 8월 4일 법률 제903호가 제정되었고, 이 법률은 앙드레 말로(Andre Malraux)가 문화성장관 재임 시에 제정했기 때문에 '말로법'이라고 불린다.

39) UNESCO, The Conservation of cities, Paris: The Unesco Press, 1975, p.73

되던 시기로 설명할 수 있다(표 2-3 참조).

<표 2-3> 국외 역사도시에서 역사환경보전이론의 변화양상

| 연도 | 역사환경보전이론의 변화양상 | 특성 |
|---|---|---|
| 19세기 말 | - | · 영국을 중심으로 산업혁명을 통해 도시발전과 함께 역사환경보전의식의 중요성이 제기되기 시작하였음 |
| 1894 | · 국립신탁(National Trust for Places of Historic Interest or National Beauty) | · 안경승지와 구릉지 중심의 자연보호구 보존 중심에서 점차 다양한 역사환경보전개념으로 확대 |
| 1900년대 초반 | - | ▶ 유럽과 미국 지역에서 역사환경보전을 위한 기반 마련 |
| 1935 | · Historic Sites Act(미) | · 미국에서 보존개념이 정책적으로 반영되기 시작 |
| 1947 | · Town and Country Planning Act(영) | · 역사환경보전의 개념을 확대 적용 |
| 1953 | · Historic Buildings and Ancient Monuments Arc(영) | - |
| 1955 | · 오사카부 사카이시의 이다스케 고분을 지키려는 보호운동(일) | ▶ 일본에서의 문화재 보호운동의 시작 |
| 1962 | · 나라 헤이죠큐 유적보호운동(일) | · 일본에서 문화재 보호운동을 국민운동으로 정착시키는 계기<br>· 민간차원의 보전운동이 정책에 반영되기 시작 |
| 1967 | · Civic Amenity Act(영) | - |
| 1970년 이후 | · 말로법 제정을 통한 보전 정책 시행(프) | · 근대적 보전 철학의 개념이 점차 법제도에 반영되기 시작함 |

※ 참조: (프) 프랑스, (영) 영국, (일) 일본, (미) 미국

## 2) 국제기구에 의한 보전경향

국제기구[40])에 의한 역사도시의 보전에 관한 동향은 다음과 같다. '세계문화 및 자연유산 보호에 관한 협약'과 '무형문화유산 보호를 위한 협약'은 문화유산에 관한 대표적 국제협약으로 유네스코에서 이를 지정 관리하고 있다.

역사유산에 대한 보전이론들은 앞서 살펴본 바와 같이 19세기를 전후로 활발하게 제안되었으며, 이는 급격한 사회 변화로 인해 역사문화유산의 파괴현상이 점점 가속화되면서 유산 보전의 필요성이 절박했던 당시의 시대적 상황과도 밀접한 관련을 갖는다. 보전이론들은 시대별로 여러 차례의 변화과정을 거쳐 정비되어 현재에 이르고 있으며, 오늘날 전 세계적으로 행해지고 있는 역사유산의 보전은 현대적 보전이론에 근거해서 행해지고 있다. 그만큼 현대적 보전이론들은 역사문화유산의 보전에 있어 중요한 위치를 차지하게 되

---

40) 국제사회는 역사문화유산의 급격한 훼손을 우려하여 이들에 대한 보전노력의 일환으로 여러 국제기구들을 설립하였다. 역사문화유산보전을 위해 설립된 국제기구들은 다수의 기구가 활동하고 있으며, 이 중 우리나라가 참여하고 있는 국제기구들은 UNESCO, ICOMOS, ICCROM, DOCOMOMO, NT 등이다.

었다.

현대적 보전이론의 출발점은 '아테네헌장(1931)'[41]을 기점으로 삼는 것이 지금까지의 일반적인 견해였다. 그 이유는 세계 각국의 관련 전문가들이 모여 역사문화유산에 대한 보전원칙을 제시한 최초의 국제적 동의인 동시에 각 나라에서 행해지고 있는 보전행위의 문제점을 분석하고 그에 대한 구체적인 해결책을 제시했다는 점에서 현대적이며 과학적 보전이론의 시작으로 받아들여 왔기 때문이다. 아테네헌장을 기반으로 한 '이탈리아보수 헌장(1931)'이 같은 해에 발표되었고, 이후 현대적 보전이론에서 가장 중요하게 취급되고 있는 '베니스헌장(1964)'[42]이 제안되었다. 그러나 이 시기의 제도화 과정이 정착되는 데에 가장 중요한 역할은 유네스코의 활동이었다고 할 수 있다. 1960년대 말과 1970년대 초의 세 번에 걸친 활동들로 인해 역사 문화적 환경보전의 기초가 마련되었고, 이러한 유네스코 의 보호운동을 기반으로 각국마다 역사환경을 보전하기 위한 법 제도를 정비하게 된다.[43]

특히 '세계문화 및 자연유산 보호에 관한 협약'은 1972년 제17차 유네스코 총회에서 인류 전체의 유산으로 보호할 가치가 있는 세계유산(World Heritage)을 공동으로 보호하기 위해 채택되었다. 그리고 이후 1980년대 들어서 지역적인 보전기준으로부터 더 나아가 다양한 대상에 대한 보전기준들이 수립되기 시작하였다. 즉 역사적 정원(플로렌스헌장 1982), 역사적 목조건축물(역사적 목조건축물 보존을 위한 원칙, 1999), 역사적 마을과 도시(워싱턴헌장, 1987), 문화적 다양성에 대한 가치인식(진정성에 대한 나라문서, 1994), 지역건축유산(지역건축유산에 대한 헌장, 1999) 등에 대한 기준들이 마련된다. 특히 나라문서(The Nara Document on Authenticity)는 국가별로 서로 다른 건축적, 재료적 특성과 다양한 문화를 인정함으로써 역사유산의 진정성과 가치에 대한 개념을 확대하였다. 다시 말해 역사유산의 가치는 해당 국가 또는 지역의 맥락 속에서 이해되어야 하며, 해당 당사자들 의 문화적 특징을 인정해야 한다고 명시하고 있다. 또한 무형문화유산 보호를 위한 협약 은 2003년 제32차 유네스코 총회에서 채택되었고, 이를 기초로 '인류구전 및 무형유산걸

---

41) 1931년 그리스 아테네에서 개최된 국제회의에서 그간의 역사유산보전의 성과 및 연구결과를 바탕으로 역사유산의 보전원칙이 발표된다.

42) 베니스헌장은 그리스 아테네에서 열렸던 국제회의의 제2차 회의로서 1964년 이탈리아 베니스에서 발표된 선언문이 다. 이후에 발표되는 여러 헌장의 기초가 되는 선언문으로서 각국의 단체들이 베니스헌장을 기초로 하여 보전이론 및 선언문들을 발표하고 있다. 대표적으로 오스트리아 ICOMOS에서 발표한 부라(Burra)헌장을 들 수 있다.

43) 세 번에 걸친 유네스코의 활동은 1962년(12차), 1968년(15차), 1972년(17차)을 들 수 있으며, 각각 역사환경의 영역 확대, 도시개발과의 갈등 해소에 대한 권고, 역사환경권에 대한 주장 등으로 대표적 의의를 설명할 수 있다. 이 에 대한 자세한 내용은 표 2-4에 추가 설명하였다.

〈표 2-4〉 주요 국제헌장(특징)

| 연도<br>(차수) | 선언 및 헌장 | 특징 | 비고 |
|---|---|---|---|
| 1877 | SPAB선언 | · 러스킨의 이론을 기반으로 한 원형 그대로의 보전<br>· 시대적 변화에 따른 양식의 변화 인정 및 존중 | 윌리엄 모리스<br>설립 |
| 1924 | SPAB선언 | · 복원에 대해 부정적 | |
| 1931 | 아테네헌장 | · 각 시대별 양식은 훼손되지 않고 유지되어야 하며 보전을 위해 국가 및 전문가들이 협력할 것을 강조한다. 역사유산의 복원에 있어서 현대적 기술의 사용을 인정 | |
| 1931 | 이탈리아<br>보수헌장 | · 보전이론으로부터 구체적인 보전방법을 제시 | |
| 1938 | 이탈리아<br>보수헌장 | · 문화재 및 역사적인 장소의 보존에 관한 기준 발표 | 이탈리아 로마 |
| 1962<br>(12차) | 이탈리아<br>보수헌장 | · 풍치 및 유적 미와 특성의 보전에 관한 보고<br>· 독립된 개체로서의 문화재뿐만 아니라 그 주변의 자연환경도 넓은 의미에서 문화재의 범위에 속한다는 이론 정립(역사환경의 영역 확대) | UNESCO |
| 1964 | 베니스헌장 | · 보전대상에 대해 구체적으로 정의하고 보전의 대상을 개체로부터 환경으로 확장<br>· 복원에 대한 구체적인 방법을 제시<br>· 시대의 흔적에 대한 존중 | ICOMOS 제정 |
| 1968<br>(15차) | 공공 및 사적<br>작업에 의해<br>위험시되는 문화재<br>보존에 관한 권고 | · '공적(公的) 또는 사적(私的) 공사에 의해 위태로워질 문화재의 보존에 관한 권고'<br>· 산업개발과 문화재 보존은 상호 조화되어야 한다고 선언하였고, 이를 각 국가가 입법으로 서둘러 줄 것을 권고<br>· 도시개발과의 갈등 해소에 대한 권고 | UNESCO<br>권고 |
| 1972<br>(17차) | 세계문화 및<br>자연유산 보호협약 | · 인류유산의 파괴를 근본적으로 방지하고 서로 협력하기 위한 협약<br>· 자연환경 보호와 역사문화환경 보존의 총체적인 파악을 권고(도시개발과의 갈등 해소에 대한 권고) | UNESCO |
| 1972 | 부다페스트 결의 | · 고대건축군(群) 사이에 현대적 건축물을 끼어 넣는 것에 대한 원칙을 제시하였음 | ICOMOS<br>3차총회 |
| 1975 | 암스테르담<br>선언 | · 유럽의 유산보전을 위한 상호협력과 통합적 보전원칙의 필요성을 제시<br>· 지역주민과 책임 있는 위원회의 참여를 통한 보전과 정책으로부터 재정적 차원까지를 포함하여 제시 | 암스테르담 |
| 1975 | 건축유산에 관한<br>유럽헌장 | · 건축유산에 대한 보전대상을 기념물뿐만 아니라 특징을 갖는 마을이나 사소한 건축물군(群)으로 확대<br>· 또한 건축유산을 그 무엇과도 바꿀 수 없는 정신적, 문화적, 사회적 그리고 경제적 가치를 지니는 하나의 자본으로 인식할 것을 제안 | |
| 1979 | 부라헌장 | · 역사유산 관련 용어들을 명확하게 구분하여 정의하고 각각의 보전방법들의 적용원칙을 제시 | 베니스헌장을<br>보완 |
| 1981 | 플로렌스헌장 | · 역사적 정원에 관한 보전원칙을 제시 | 국제조경<br>협회작성 |
| 1987 | 워싱턴헌장 | · 역사보전의 대상을 역사적 마을과 도시지역으로 확대하고 보전의 대상을 건축물과 같은 물리적인 형태로부터 정신적(무형)인 요소까지 포함하여 제시 | |
| 1994 | 나라선언문 | · 문화적 다양성과 유산의 다양성을 인정<br>· 진정성(Authenticity)의 개념 확장<br>· 진정성의 판단기준: 형태와 의장, 재료와 재질, 용도와 기능, 전통과 기술, 입지와 환경, 전신과 감성, 내적·외적 요소 | |
| 1999 | 지역건축유산에<br>대한 헌장 | · 지역유산(Vernacular)에 대한 관심과 중요성<br>· 지역유산의 보전 원칙 및 대상 | |
| 2003 | ICOMOS | · 합리적인 분석과 Context를 고려한 적합한 방식의 보수 권고 | |

※ 유네스코 및 주요 국제기구는 채택문의 성격에 따라 선언, 협약, 권고 등으로 세분화하여 발표하고 있다.

작(Masterpiece of the Oral and Intangible Heritage of Humanity)' 제도가 운영되고 있다.[44] 이와 같은 역사·문화도시 자원에 대한 세계적 동향은 국제협약과 제도를 통해 인류의 보편적 가치를 지향[45]하며 대상을 선정하여 보존 및 관리에 나서고 있다(표 2-4 참조).[46]

이러한 시대적 경향을 살펴보면 초기 서구 중심의 보전개념으로부터 점차 지역적 '특수성(特殊性)' 및 '다양성(多樣性)'에 대한 관심으로 보전개념이 확대되고 있음을 알 수 있다.

## 3) 역사환경보전의 유형

### 점적 보전

역사환경보전에 있어 가장 대표적인 유형은 개체 중심의 점적인 보전이다. 도시의 급격한 발전 및 개발로 홀로 남겨진 역사유산을 보호하기 위해 사용되는 보전방식으로 대부분 열악한 환경으로 훼손의 위험에 처한 경우가 많아 경직되고 강제적인 보전방식이 적용된다. 울타리를 치거나 심지어 접근이 불가능 하도록 닫집과 같은 형태의 유리박스를 만들어 보호하는 경우도 있다.[47] 이는 훼손의 정도가 심한 역사유산의 수명을 연장하기 위한 최후의 수단이나 이러한 방식이 영구적일 수는 없다. 역사문화유산의 관리방식은 여타의 동산문화재와 다르다. 박물관이 아닌 도시 속에 존재한다. 따라서 우리의 일상과 더불어 존재하도록 하기 위한 보전의 방식이 필요하다.

개체 중심의 보전방식에 있어서 나타나는 문제점은 보전의 대상이 주변의 맥락과 상관없이 보전되고 있다는 점이다. 역사적 보전대상은 그 수와 상관없이 주변과의 관계 속에

---

44) 홍익대학교, 공주고도 도시재생 마스터플랜, 공주시, 2008, pp.69-73

45) 사회학자이며 철학자였던 '장 보드리야르 Jean Beudrillad'는 현대사회에서 세계화라는 것이 자유, 인권, 민주주의로 대변되는 보편성이라는 것을 포괄하며, 보편적이라는 것은 점차적으로 세계화 속에서 소멸된다고 설명하고 있다. 이에 대한 문제의식에서 유네스코를 중심으로 인류의 보편적 가치를 보존하기 위한 노력을 지속하고 있다. 유네스코, 21세기의 대화 중 Jean Baudrillad 편, 2000, pp.56-66

46) 페저디 헝가리 국가문화유산위원회 부회장(2008)에 의하면 세계유산에 등재된 문화재 중 역사도시지역(도심, 역사적 지역, 마을 등)이 약 300개에 달하며, 세계문화유산 등재 조건으로 역사도시의 지리적 조건, 도시조직, 주변지역 주민 삶의 질 개선의 중요성을 강조하였다. 세계유산이나 역사도시가 그 생명력을 유지하기 위해서는 시간과 공간의 연속성 확보와 공간에서의 연속성 즉 문화재와 그 인접지역 간의 유기적 관계를 가져야 한다는 것이다. 또한 역사도시 보존에 위협이 되는 것으로 무제한적인 관광산업, 전통적 가치와 위배되는 방향의 인공적인 전통과 축제, 재개발 열기 등을 들고 있다. Tamas Laszlo Fejerdy, 2008, "World Heritage-the Challenges of Conservation of historic Urban Areas", The International Symposium on Historic City and World Heritage, Gyeong ju·ICOMOS-Korea, pp.22-36

47) 유리박스를 만들어 보호하고 있는 대표적 사례로 원각사지십층석탑을 들 수 있다.

서 해석되고 유지되어야 하지만 현실은 그렇지 못해서 개발적인 역사유산들은 주변의 급속한 변화로 인해 고립되는 경우가 흔하다(그림 2-6 참조). 도시의 개발과 변화가 어쩔 수 없는 상황이라면 최소한 역사유산이 변화된 도시조직과 새로운 관계를 형성할 수 있도록 배려해야 하며, 또한 새로운 도시계획 역시 보전대상과 옛 조직을 존중[48]하는 태도가 중요하다. 이에 대해서는 이미 국제적인 기준에서도 분명하

〈그림 2-6〉 국내에서 대표적 점적 보전 사례로 설명되었던 숭례문(1970년대)

게 제시하고 있다. 제3차 ICOMOS총회(1972)에서 채택된 결의문을 보면 "옛 건물군(群)에 현대적인 건물을 끼워 넣는 것은 미래발전의 틀로서 옛 조직을 받아들이는 도시계획에서는 가능하다"라고 밝히고 있다. 즉 도시계획에 의한 발전과 개발에서 해당 지역의 옛 도시조직이 충분히 존중되는 범위에서 옛 도시조직에 새로운 건물이 신축될 수 있음을 언급한 것이다. 물론 옛 도시조직에 새로운 시설을 삽입하는 과정은 보다 신중한 접근이 필요하겠지만 기존의 도시조직과 도시개발 사이에 발생하는 문제에 대한 국제적 기준이라는 점에서 참고할 만하다.

1960년대 이전까지만 해도 국외 및 국내에서는 점적인 보전경향이 일반화되어 있었다. 1960년대 이전에는 국내의 경우와 마찬가지로 국외에서도 대부분의 국가에서 역사적 건조물을 지정하고, 그 주변에 대해 조화로운 환경을 유지, 관리하기 위한 제도적 규제가 실시되었으나,[49] 1960년대 들어서 유럽, 일본 등의 역사도시에서는 역사환경보전에 관하여 역사적 시가지, 역사환경, 자연환경 등에 대한 보전 논의가 집중되었으며, 면적인 지구보전을 위한 법적 정비가 본격적으로 이루어졌다.


### 선적 보전

한편 점적인 보전에서 발전한 보전개념으로 논의되는 선적 보전은 역사적 가로와 개별 문화재 사이의 보존개념 등으로서 주변의 환경적 특성을 고려하지 않는 점적인 보전의

---

48) 워싱턴헌장(1987)에서도 새로운 도시조직에 대하여 다음과 같이 설명하고 있다.
"제10조: 새로운 건물의 신축 또는 지속되어 온 대상에 대한 변용이 필요할 경우, 기존의 공간의 배치(layout)는 존중되어야 한다. 특히 규모와 필지의 크기는 존중되어야 한다. 주변 환경과 조화로운 현재의 구성요소들은 존중되어야 한다. 왜냐하면 그러한 특징들은 역사환경을 풍부하게 하는 데 기여할 수 있기 때문이다."
49) 대표적으로 프랑스의 '아보르(adords)'에 의한 역사적 기념물 규제와, 캐나다 퀘벡 주의 주법(州法)에 따라 지정된 역사적 건조물에서 반경 500ft 내의 공간적 범역에 대한 형태규제를 들 수 있다.

〈그림 2-7〉 대표적 선적 보전사례인
보스턴 문화지구 역사가로

문제점 인식과 주변맥락과의 연속된 보존의 필요성에 의해 제기된 것은 면적 보전의 특성 및 필요성과 유사하다. 이에 대한 사례는 역사적 성격을 보유한 가로와 문화재와 문화재 사이의 연계를 통한 보전의 필요성이 제기되는 곳 등을 들 수 있으며, 대표적인 사례로 유네스코 역사지구로 지정되어 있는 보스턴 역사가로를 들 수 있다(그림 2-7 참조).[50]

국내에서도 1990년대 이후 많은 연구가 진행되고 있는 역사적 가로와 도시조직을 통한 선적 보전의 중요성을 인정받은 곳 등 역사환경의 유형과 특성에 따라 다양한 접근방안을 모색할 수 있다.

### 면적 보전

개체 중심의 보전방식과 달리 개발과 발전이 급속도로 진행된 도시지역에서는 보전대상을 집단적으로 지정하는 것이 어려울 뿐만 아니라 그 사례도 많지 않다. 반면 지방의 역사유적지나 민속지역은 도시지역보다 상대적으로 보전 및 관리가 유리한 편이다. 집단적으로 군집한 대상에 대한 보전방식은 개체보전과 많은 차이를 보이나 실제로 이에 뒤따르는 보전방식에서는 큰 차이를 보이지 않는 것이 오늘날 우리의 현실이다.

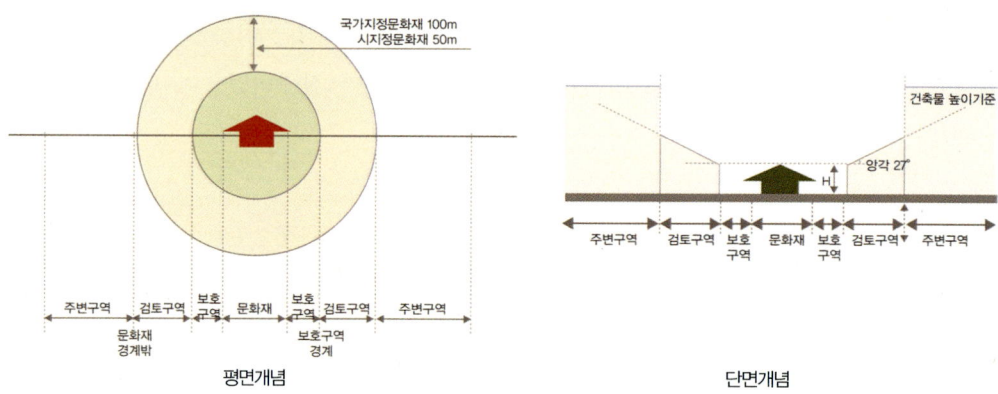

〈그림 2-8〉 문화재보호구역 및 문화재보호구역 경계 밖 검토지역의 범위

---

50) 미국 Boston시의 블랙스톤(Blackstone) 지역은 건물이 아니라 골목이 선적 유형으로 보전대상으로 지정되었다. 이 지역은 건물신축은 허용하되 골목의 형태는 변형시킬 수 없도록 되어 있다.

앞의 그림에서 보듯이 문화재에 영향을 미칠 수 있는 지역에 대한 검토는 평면적이고 외형 중심이며(그림 2-8 참조), 검토대상 구역 내에 위치하는 건축물에 대한 규제는 주로 높이에 대한 앙각기준이 적용되고 있는 실정이다. 즉 보전대상의 특징에 상관없이 검토구역의 경계가 일률적으로 정해지고 그에 따른 검토방법도 크게 차이를 보이지 않는다. 물론 사적(史的)으로 지정된 지역에 대해서 좀 더 세부적인 기준들이 마련되어 있기는 하지만 이것 역시 건축물의 신축·개축·증축에 대한 규제 그리고 개별 건축물의 규모 및 높이에 대한 기준이 중심이다. 일부 지역에서는 건축유형에 대한 기준도 제시하고 있지만 그 내용이 모호하거나 구체적이지 못하다. 집단적 보전에 있어 중요한 점은 군집하고 있는 만큼 구성요소들의 다양한 관계가 형성되고 있다는 점이다. 이러한 요소들은 서로 분리될 수 없고 전체적인 관점에서 판단되어야 한다. 특히 현재에도 이용되고 있는 건축유산은 보전의 방식에 더욱 신중을 기해야 한다. 1987년 ICOMOS정기총회에서 채택된 '역사적 마을과 도시지역들의 보전을 위한 헌장'을 보면 마을 또는 도시지역의 역사적 특징들에 대한 보전대상을 다음과 같이 정의하고 있다.

1. 필지 및 가로에 의해 정의되는 도시패턴, 2. 건물과 녹지 및 오픈 스페이스 사이의 관계, 3. 스케일, 크기, 스타일(양식), 구축, 재료, 색깔, 그리고 장식에 의해 정의되는 형태적인 외관, 4. 역사적 마을 또는 도시지역을 둘러싸고 있는 자연 및 인공적인 환경과의 관계, 5. 마을 또는 도시지역이 오랫동안 지녀온 다양한 기능

이처럼 역사적 도시 및 마을과 같이 면적 보전대상들은 건축물의 형태로부터 구축의 원리 그리고 주변 환경에 이르는 다양한 요소들을 포함한다. 따라서 이들에 대한 보전의 방식 또한 다양한 요소들이 보전될 수 있는 방법을 마련하여야 한다.

이러한 경향은 개체 중심의 보전방식과 달리 개발과 발전이 급속도로 진행된 도시지역의 특수성을 감안하여 타 도시와의 차별성을 부각하고 역사 문화의 총체로 도시공간을 조성할 목적으로 실시되었다. 즉 도시 내에 남아 있는 역사적 건축물, 역사적 시가지 등을 포함하는 역사적 환경을 보전하고 정비하여, 도시의 이미지를 향상시키고 노후화된 도시 환경을 정비하는 방향으로 진행되었고, 지구단위계획 차원에서 상세한 디자인 규제가 계획되어, 디자인 지침과 심의절차 등의 체계도 갖추게 되었으며, 다양한 차원에서 역사도시의 역사환경보전을 위한 방법론이 제기되어 왔다. 특히 고도(古都)의 역사환경을 보존하기 위하여 고도지구의 설정을 통한 보존 방안의 마련은 대표적인 면적 지구보전의 방

법론에 해당한다.[51] 한편 이와 같은 현상은 제도 및 법적 틀의 마련과 함께 제도의 운영
면에서도 지속적으로 발전하고 있으며, 특히 서구의 경우 오랜 경험과 연구를 통해 시민
주도, 지방정부 주도의 선진국형 모델로 발전하고 있음을 확인할 수 있다. 이는 국내에서
진행되고 있는 공공 주도, 중앙정부 주도의 보존 방안이 진행되고 있는 현실과 비교하여
시사하는 바가 크다고 하겠다.

## 4) 보전의 범위

역사환경의 보전 범위에 따른 분류를 살펴보면 다음과 같다. 각각의 보전대상들이 처한
상황에 따라 다양한 보전방식들이 적용되며, 이는 1. 전체보전(원형보전), 2. 부분보전(선별
보전, 외관보전, 파사드 보전, 요소보전, 내부보전), 3. 이미지 보전으로 분류할 수 있다.

### 전체보전(원형보전)

역사유산의 보전에 있어 국내 또는 국제기준은 본래의 위치에서 원형 그대로 보존(保
存)하는 것을 원칙으로 하고 있다. 그러나 상황에 따라 본래 위치에서 보전이 어려울 경우
제한적으로 이축보전이 허용된다. 따라서 이축보전의 경우도 전체보전(원형보전)에 포함
될 수 있을 것이다. 원형보존(原形保存)의 대상 및 범위가 건축물로 한정되어 있을 경우 건
물의 구조, 형태, 재료, 장식 등 해당 건축물의 내외부 형태를 본래의 모습으로 유지하면
된다. 그러나 보전의 범위가 주변의 환경 및 조직까지 확대될 경우 보전계획은 전혀 달라
질 수밖에 없다. 보전의 대상이 건축물에 한정되지 않고 주변까지 확대되기 때문에 건축
물과 더불어 주변의 다양한 요소 및 관계가 함께 보전되어야 한다. 훨씬 복잡하고 까다로
운 과정을 거쳐야 하지만 이 경우가 가장 원형보전에 가깝다고 할 수 있다. 그러나 현재
행해지고 있는 여러 역사유산의 보전이 사례에서 보전대상 주변이 함께 고려된 경우는
많지 않다(표 2-5 참조).

---

51) 국내에서는 공주, 경주, 부여, 익산 등 4개 역사도시를 고도로 지정하여 고도 범위설정을 통한 면적 보존방안 마련을
    추진하고 있다.

〈표 2-5〉 전체(원형)보전의 유형 및 특징

| 구분 | | 내용 |
|---|---|---|
| 현지 원형보전 | 건축물 위주의 보전 | · 건축물의 형태, 재료, 구조, 필지, 설비, 등 보전의 가치를 건축물에 집중하여 보전 |
| | 건축물과 주변의 조직보전 | · 건축물과 더불어 주변의 환경 등 조직과의 다양한 관계를 존중하여 보전<br>- 가장 바람직한 형태의 보전방법이지만 도시조직 및 생활의 변화로 인해 많은 어려움이 따름 |
| 이축 원형보전 | 건축물의 이축보전 | · 국제기준에서도 권장하지 않지만 보전을 위해 최후의 방법으로 선택됨 |
| | 건축물과 주변조직을 함께 이축보전 | · 건축물의 원형을 보전하기 위해 새로운 장소로 이축하여 보전할 때 건축물과 더불어 최대한 본래의 조직들을 함께 보전한다. 예를 들어 필지, 건물과 외부공간의 관계, 구축방식, 배치 등을 존중하여 보전 |

## 부분 보전

부분보전에는 보전대상의 위치 및 범위에 따라 여러 보전유형들이 있다. 1. 선별보전(동별보전), 2. 외관보전, 3. 파사드 보전, 4. 요소보전(엘리먼트 보전), 5. 내부보전 등이 부분보전에 속한다(그림 2-9 참조).

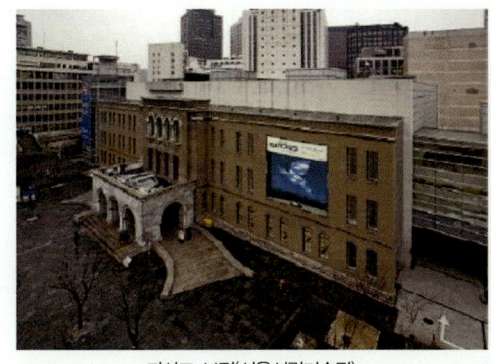
파사드 보전(서울시립미술관)

외관보전(리버풀 알버트 독)

〈그림 2-9〉 보전대상의 범위에 따른 사례

첫째, 선별보전은 보전의 대상이 동별로 분리되어 있거나 특정부분을 중심으로 영역이 분리되어 있는 경우 가능한 보전방식이다. 보전대상 중에 역사적·예술적·문화적 가치가 뛰어난 건물을 남기고 나머지는 증축, 개축, 신축을 허용할 수 있다. 보통은 건축물을 재사용하거나 다른 용도로 변경할 경우 공간의 확장 또는 새로운 용도에 맞춰 공간을 변형할 때 이용된다. 우리의 경우 등록문화재로 지정된 근대건축물에서 적용될 수 있는 방식이다.

둘째, 외관보전은 건축물의 외피 즉 피막만을 남기고 나머지 부분을 증축, 개축, 신축하는 방법이다. 그러나 외관의 일부분만을 보전하는 경우 파사드 보전이나 요소보전과 혼동될 수도 있기 때문에 본 저서에서는 적어도 세면의 외피가 온전히 보전되는 것을 외관보존의 유형으로 분류한다.52)

셋째, 파사드 보전은 건물의 전면(가로에 면해 주출입구가 위치하거나 가장 중요하게 인식되는 면)을 보전하고 내외부는 필요에 따라 증축, 개축, 신축을 자유롭게 하는 방식이다. 크게는 외관보전에 속할 수도 있겠으나 보전되는 면이 일부 중요한 면을 중심으로 한정될 경우 파사드 보전으로 분류된다. 흔히 남겨진 파사드는 건물에 구조적인 역할을 하지 않고 무대에 장치처럼 배경으로서 사용되는 경우가 많다. 따라서 파사드 스스로 독립적으로 지탱할 수 있는 구조적 보강이 중요하다.53)

넷째, 요소보전(엘리먼트 보전)은 말 그대로 건축물의 일부만을 남기는 경우이다. 특히 건축물 중 예술적·문화적·역사적 가치가 뛰어난 부분만을 남기는 경우로, 특정 장식 또는 공간을 남기거나 중요한 부분을 작품처럼 전시하는 경우가 여기에 해당할 수 있다. 그리고 요소보전은 외부와 내부의 구분 없이 일부분을 남겨 보전하는 경우를 모두 포함한다.

다섯째, 내부보전은 주로 내부의 마감 또는 조각 및 그림과 같은 움직일 수 있는 대상을 보전하는 방법이다. 내부보전은 원형보전과 같이 본래의 위치에서 보전되거나 혹은 옮겨져 보전될 수 있다.

건조물을 보존함에 있어 경제상의 이유와 기능적인 문제로부터 전체 보존이 불가능한 경우 그 대안으로 이상의 방법을 취할 수 있다. 그 건조물의 뛰어난 부분만을 남기는 수법이지만 건물의 무엇이 중요하고 어떠한 가치가 존재하는가를 확인하는 것이 필수적이다.

## 이미지 보전

보전할 대상(건축물 또는 도시조직)이 남아 있지 않지만 이전 이미지를 회상할 수 있도록 건축물 또는 도시조직을 재생함으로써 옛 이미지를 복원하는 방법이 대표적이다. 이러한 보전방식은 철저하게 검증된 자료에 근거해야 한다. 국제기준은 어떠한 경우에도 추측에 의한 복원에 반대하며,54) 복원작업에 앞서 철저한 고고학적·역사학적 연구가 선행되

---

52) 외관보전은 대표적인 보전방법의 유형으로서 역사적 건축물의 내부 리모델링을 통해 미술관, 박물관 등 다양한 건축 용도로의 활용방안을 모색하고 있다.

53) 파사드 보전의 대표적인 사례는 서울시립미술관(옛 대법원 건물)을 들 수 있다. 건축물의 역사성과 장소성이 부각되도록 정면을 보존한 대표적 사례로 설명할 수 있다.

어야 함을 강조하고 있다. 이미지 보전의 문제점은 보전대상에 대한 해석이 다양하고 대다수의 동의를 이끌어내기 어려운 방식이라는 특징이 있다.

이상과 같이 살펴본 보전범위에 따른 유형을 분류하면 다음의 표 2-6과 같다.

〈표 2-6〉 보전범위에 따른 보전수법

| 구분 | 방법 | 내용 |
|---|---|---|
| 전체보전<br>(원형보전) | | · 대상건축물 또는 유적지 전체에 대한 보전<br>· 흔히 역사지구 또는 지역으로 지정하여 보전 |
| 부분 보전 | 선별보전<br>(동별보전) | · 가장 중요한 가치를 지녔다고 판단되는 대상만을 보전 |
| | 외관보전 | · 건물의 외피만을 보전 |
| | 파사드 보전 | · 건물의 전면 또는 중요하게 인식되는 외관에 대한 보전<br>· 건축물의 외관 일부를 남겨두고 새로운 건축물을 덧대는 경우도 여기에 해당함<br>※사례: 성동 서울시립미술관(옛 대법원건물의 파사드를 보전), 마카오의 포르투갈식민시대 건물들에 대한 입면보전 |
| | 요소보전<br>(엘리먼트 보전) | · 특정요소에 대한 보전 |
| | 내부보전<br>(인테리어 보전) | · 건축물 내부의 마감, 장식, 가구 등을 보전 |
| 이미지 보전 | | · 보전의 대상이 될 건축물 또는 도시조직이 남아 있지는 않지만 이전의 이미지를 회상할 수 있도록 건축물 또는 도시조직을 재생함으로써 옛 이미지를 복원 |

※ 자료: 淸水眞一 외, 歷史ある建物の活かし方, 学芸出版社, 京都, 1999, pp.134-142

## 5) 쟁점과 시사점

### 역사유산의 보전이론 및 국제기준

역사유산보전의 이론 및 국제기준을 살펴보는 목적은 다음과 같다. 첫째는 역사유산보전과 관련하여 국제적 경향을 파악하고, 둘째는 역사보전과 관련하여 사용하고 있는 용어의 명확한 의미를 살펴보는 것이다. 공통된 보전 어휘의 사용은 상호 간의 의사소통을 위해 대단히 중요한 사항이다. 셋째는 역사유산보전에 관한 철학적 변화양상과 국제기준의 변화양상 또한 살펴보기 위함이다. 사실 그동안 우리는 국제적인 역사보전이론이나 기준

---

54) 베니스헌장 제9장 "복원은 고도의 전문적인 작업이다. 복원의 목적은 기념물의 역사적, 미적 가치를 발견하고 보존하는 것이며 원 재료와 문헌자료에 대한 신뢰와 존중에 근거하여 이루어져야 한다. 추측은 금지되어야 하며, 반드시 필요한 작업은 건축구성과 구별되어야 하며 현재의 작업임이 표시되어야 한다."

들에 대해 깊은 관심을 가지지 않았다. 그 이유는 역사보전을 위한 국제기준들이 선험적(先驗的)·철학적(哲學的) 기술에 머무르고 있어 각국의 문화유산이 처한 특수한 현실을 정확히 반영하는 데 한계를 지닌다고 생각하기 때문이다. 그리고 보전이론들이 역사보전을 위한 구체적이고 실질적인 방법을 제시하지 못하고 있다고 생각했다. 이러한 사고는 어느 정도 타당성을 지닌다. 그러나 국가별 또는 보전대상별 특징에 따라 대상을 세부적으로 분리하여 보전방법을 제시하고 있으며, 따라서 여기서 제시하고 있는 보전방법들은 기본적인 원칙 이상의 장점을 갖는다. 그 장점들은 다음과 같은 것들이다. 첫째, 역사유산 보전의 필요성과 가치에 대하여 분명한 입장제시, 둘째, 보전대상에 대한 구체적 분류, 셋째, 보전의 절차 및 참여주체의 역할 강조, 넷째, 공통의 보전 관련 어휘의 사용이 그것이다. 그러나 여전히 국제기준들은 한계를 가지고 있다. 아직까지 선언적 주장에 그치고 있으며, 서구의 석조건물 중심의 보전기준에서 크게 벗어나지 못하고 있다. 물론 1990년대 이후 제안된 국제기준들에서 각 국가들의 역사유산 보전기준들에 대한 개별성을 인정하고 있으나 지역별 특징들을 반영한 보전기준은 미흡한 수준이라 할 수 있다. 이를 보완하는 방법으로 각국은 국제헌장에 기초한 국가별 헌장들을 제정하고 있다. 국제헌장들에서 공통적으로 중요하게 언급되고 있는 것이 주변환경, 즉 조직(Context)이다. 역사유산을 보전함에 있어 주변환경까지를 모두 보전해야 함을 강조하고 있는 것이다. 이는 당연한 것이지만 한편으로는 원론적인 개념들이 지속적으로 반복해서 제기되고 있는 것이 이와 같은 보전의 원칙이 얼마나 중요하며 또한 지키기 어려운 것인가를 반증하고 있다.

## 역사환경의 보전경향

앞서 살펴본 바와 같이 국내 역사환경의 보전은 개별건축물들을 중심으로 하며, 또한 외관 중심으로 다뤄져 왔다. 따라서 역사환경을 보존하기 위한 방법도 주로 건축물의 규모(용적률, 건폐율, 높이)나 외관의 색채, 형태 등 물리적 형상에 주목해 왔다. 보존대상 주변도 건축물에 대한 높이를 관리하거나 조망축을 확보하는 정도의 수법이 사용되고 있을 뿐이다. 이러한 보존방법은 이해 및 적용하기 쉽고 편리한 방법일지 몰라도 도시 전체적인 환경적 측면에서 다양한 문제를 초래할 수 있다. 보존대상에 대한 정확한 이해를 기반으로 하지 않고 앞에서와 같은 일률적인 규제로만 보존할 경우 정작 지켜야 할 중요한 가치들을 훼손할 수 있기 때문이다. 이와 같은 우려는 과거의 사례들을 통해서도 분명히 드러난다. 1960년대 행했던 1) 칠궁(七窮)을 가로질러 새로운 도로를 조성한 예,[55] 2) 고가

현재 위치로 이전 당시 독립문          1968년 대한문
※ 출처: 1978년 조선일보        ※ 출처: 2004년 조선일보

〈그림 2-10〉 사회적 논쟁이 야기되었던 문화유산

를 만들기 위해 독립문(獨立門)을 해체 이전한 예,56) 3) 덕수궁(德壽宮) 담장 및 대한문(大韓門)의 이진57) 등은 그 대표적 사례이다(그림 2-10 침조).58) 이들 시례는 도시조직의 변화(도심의 가로망 변화)에 따라 유산들이 본래의 위치에서 보전되지 못하고 축소되거나 이전된 사례이다. 과거 개발의 시대에 우리의 역사유산들에 행해졌던 보존의 조치들이다. 여기서도 알 수 있듯이 과거 우리가 행해 왔던 보존방식들은 대상건축물 중심이었다. 보전의 대상이 처했던 도시조직과 주변과의 관계는 보존의 대상에서 제외되는 경우가 많았다. 그런데 1960년대 이후 개발시대의 잘못된 관행59)이 현재에도 심심찮게 벌어지고 있다. 이처럼 보전대상을 최소한으로 축소하거나 주변과의 관계와 상관없이 형상만을 남기

---

55) 서울시와 문화재 관리국이 문화재 보존의 문제로 5년간의 시비 끝에 1968년 공사가 시작되어 칠궁의 일부가 헐리게 되었다(도시계획 진전에 따라 63년 새 길을 내기로 확정고시됨).

56) 1976년 성산대교의 개통과 더불어 독립문의 이전에 대한 논의가 시작된 것으로 알려지며 사직터널에서 금화터널 방면으로 이어지는 고가도로의 건설로 인해 1979년 원위치에서 서북쪽으로 70m가량 옮겨지게 된다. 이는 서울시 문화재위원회의 강력한 반발로 인해 고가도로의 설계안을 변경하는 것으로 마무리되었으나, 공사 진행과정 중에 결국 서울시의 의도대로 '지정문화재현상변경신청'이 승인됨으로써(1979. 2) 현 위치로 이전하게 된다.

57) 1968년 서울시는 세종로의 확장계획에 따라 덕수궁의 담을 현 위치에서 16m 뒤로 미는 대신 대한문은 현 위치에 그대로 놓고 보전하기로 한다. 이에 따라 대한문은 담장보다 12m가 돌출된 채 철책에 의해 보호되어 오다가 1970년에 현재의 자리로 후퇴된다(대한문은 총 3회에 걸쳐 이전을 반복한다. 1926년, 1961년, 1970년).

58) 이상과 같은 사례들은 근대화 과정에서 이루어진 일들로 현대에 들어서 도시의 역사성 복원 차원에서 다각도로 원형복원의 논의가 지속적으로 이루어지고 있다. 한편 이후에도 80년대 후반 '화신백화점 철거'와 관련한 갈등, 90년대 초반 '가회동 한옥보존지구 해제'로 인한 사회적 갈등 등 지속적으로 역사환경과 관련한 갈등요인이 발생하였으며, 최근에는 '서울시청의 해체 및 보존'(2009)과 관련한 갈등까지 지속적으로 반복되고 있다.

59) 2000년 5월 풍납토성 발굴현장 훼손사건 "주민들이 굴착기로 발굴현장 1,200여 평 가운데 150평의 유적과 대형수혈유구를 흙으로 덮고 건축자재를 쌓아 일부 파손한 사건"은 당시 정부나 학계 모두에게 충격적인 사건이었다. 역사유산에 대한 당시의 의식을 단적으로 보여주는 사건이라 하겠다. 이를 계기로 재건축에 대한 사전조사가 의무화되었다.

는 식의 보존방식은 역사유산의 보존이 아니라 파괴에 가까운 행위라 할 수 있다. 이는 어디까지 보존의 대상으로 삼아야 할지에 대한 보존철학과 방법이 부재하였기 때문에 벌어진 일이다. 따라서 본 저서에서는 역사환경에 대하여 어떠한 입장을 견지해야 하며, 또한 보전 및 관리에 있어 대상이 무엇인지를 제시하고 이를 위해 역사환경(요소)의 가치설정 가능성을 탐구하고자 한다.

역사환경을 구성하고 있는 각각의 요소들은 나름의 가치를 지니고 있다. 하지만 이들 구성요소들의 개별적인 가치와 더불어 본래의 다양한 관계까지 존중되어야 하며, 이를 통해 가치가 논의되어야 한다.

## 3. 국내외 역사도시의 역사환경보전 현황

### 1) 국내 역사도시의 역사환경보전을 위한 법·제도의 변천

#### 역사환경보전 관련 법체계의 변화

국내 역사유산 보전 관련 법규를 검토하면 크게 네 가지 영역으로 분류할 수 있다. 첫째, 건축물의 필지, 구조, 설비, 형상 등을 대상으로 하는 영역, 둘째, 도시계획의 측면에서 다루어지는 영역, 셋째 환경적 측면에서 다루어지는 영역, 넷째 직접적인 문화재 보호 측면에서 다루어지는 영역으로 분류할 수 있다. 건축물의 필지, 구조, 설비, 형상 등을 대상으로 하는 영역은 주로 건축법에서 다루어지는 일반적인 사항이며, 도시계획과 관련된 법으로는 국토의 계획 및 이용에 관한 법률,[60] 도시개발법, 도시 및 주거환경정비법, 도시공원 및 녹지 등에 관한 법률 등이 있고 환경과 관련된 법률은 자연환경보전법, 자연 및 도시공원법 등이 있다. 문화재를 직접적인 대상으로 다루고 있는 법은 문화재보호법, 고도(古都) 보전에 관한 특별법, 전통사찰보존법 등이 있다. 그밖에 기타 관련법들로는 관광진흥법, 농지법, 산림법, 옥외광고물 관리법, 민법 등이다.

---

60) 도시계획법은 1962년 제정되어 여러 차례의 개정과정을 거쳐 2000년에 전면 개정되었다. 이 과정에서 기존의 도시설계제도와 상세계획이 통합되어 지구단위계획이 만들어지고 다시 2002년에는 도시계획법과 국토이용관리법이 통합하여 국토의 계획 및 이용에 관한 법률로 바뀌게 된다. 2000년 도시계획법이 개정에서는 제1조 목적에서 도시의 개발, 정비뿐 아니라 관리, 보전까지 명기하여 앞으로 도시계획의 질적 측면을 강조하게 된다.

건축법에서 삭제되어 문제가 되었던 문화재 주변의 건축물 사전승인에 관한 규정은 유사한 내용으로 문화재보호법에 그 범위가 강화되고 수용되어[61] 법률체계는 이전보다 단순화되었다. 그리고 도시계획법 내 용도지구체계가 변화하면서[62] 각 시도의 조례에서 필요 시 이를 세분하거나 새로 지정할 수 있게 되어 역사환경의 특성과 지역 여건에 따라 차별적으로 운용될 수 있는 가능성이 열렸다. 법제도적 측면에서 역사적 생활환경을 포함한 면적 역사환경이 관리를 위한 제도적 틀이 만들어지고 변화해온 과정을 볼 때, 그 내용과 형식 면에서 보전수법과 적용대상의 범위는 확대되고 있다. 그러나 실제 적용 측면에서는 제도적 틀을 적용해 본 사례가 없거나 적용의 폭이 좁은 것이 사실이다. 적용되었다고 해도 그 방식이 지나치게 하향적이고 행위금지 및 제어만을 수단으로 하고 있어 지역주민의 반발을 사고 있다. 또한 건축행위 등이 지역특성에 관계없이 획일적이고 일률적으로 통제됨으로써 각 지역에 맞게 관리수법을 도입하지 못하는 불합리한 점이 내재되어 있다. 이에 대한 대응으로 보전의 대상이 되는 각 지역마다 고유의 특성을 반영할 수 있는 계획 수립을 통해 지역특성을 유지할 수 있는 방안이 제기되어 왔다.

〈표 2-7〉 문화재보호법(1962년) 제정 이전 국내 역사유산보전정책의 변천

| 구분 | 제정<br>연도 | 관련법 | 비고 |
|---|---|---|---|
| 대한제국 | 1910 | 향교(鄕校)재산(財産)관리규정(管理規程) | · 학부령(學府令) 제23호 |
| 일제강점기 | 1911 | 사찰령 | |
| | 1916 | 고적급유물보존규칙 | |
| | 1932 | 조선보물고적명승천연기념물보존회관제 제정 | |
| | 1933 | 조선보물고적명승천연기념물 보존령 | |
| 대한민국 | 1945 | 조선보물고적명승천연기념물보존령의 유지 | · 제헌헌법 100조에 근거 |
| | 1952 | 문화보호법 제정 | · 1988년 폐지<br>(대한민국학술원법/대한민국예술원법 제정) |
| | 1955 | 국보고적명승천연기념물보존회 발족 | |
| | 1960 | 문화재보존위원회규정 공포 | |
| | 1962 | 문화재보호법 제정 | · 점적개념으로 역사환경을 보존 |

---

61) 1978년 건축법 시행령상 보호구역경계로부터 300m 이내로 도입 → 1980년 100m 이내로 축소 → 1999년 관련조항 폐지 → 2000년 문화재보호법에서 자치조례로 500m 이내에서 정하도록 규정하고 있다.

62) 도시계획법시행령에 의한 역사문화미관지구와 문화자원보존지구는 이전의 제4종미관지구와 보존지구의 연속선상에 있지만, 각 시도의 조례에서 필요시 추가로 이를 세분하거나 새로 지정할 수 있게 되었으므로 지역의 특성에 맞게 필요한 용도지구를 신설하고 그 내용을 구체적으로 별도 조례로 정할 수 있게 되었다. 예로 서울시의 경우 도시계획조례로 경관지구를 세분하여 문화재주변경관지구를, 그 외 문화지구와 사전건축물 보전지구 등을 신설하였다. 이 중 문화지구는 별도 조례가 제정·공포되었다(2001).

| 관련법 | 제정연도 | 주요내용 | 비고 |
|---|---|---|---|
| 문화재보호법 | 1962 | 문화재의 보전을 위해 제정<br>· 문화재보호구역-문화재 및 주변지역관리보호 | 2006년 일부 개정 |
| | 2000 | · 건축허가 사전승인 제도:[63] 1978년 건축법에서 처음 도입되었으나 1999년 폐지되고 2000년 문화재보호법에서 다시 제정 | 문화재보호법 제20조<br>시행령 제15조<br>시행규칙 제18조 |
| | 2001 | · 등록문화재 제도: 지정문화재가 아닌 근현대시기의 건조물 또는 기념이 될 만한 것들을 대상으로 지정(통상 건축 후 50년을 기준으로 함) | 문화재보호법 제42조<br>시행규칙 제35조의 2 |
| 불교재산관리법 | 1962 | 불교단체의 재산 및 시설의 관리운영에 관하여 필요한 사항을 규정 | 1987년 폐지<br>(전통사찰보전법 제정) |
| 향교재산법 | 1962 | 향교재산의 적절한 관리와 운용 | 1999년 일부 개정 |
| 지방문화사업 조성법 | 1965 | 지방문화사업 보호 육성 및 지원 | 1994년 폐지<br>(지방문화진흥법 제정) |
| 전통건조물보존법 | 1984 | 전통건조물의 보존대상과 보호지구 지정 | 1999년 폐지 |
| 전통사찰보존법 | 1987 | 전통사찰의 보존에 필요한 사항을 규정<br>· 전통사찰 보존구역을 지정(1997년 이후, 2000년에 보호를 위한 내용 추가) | 2005년 일부 개정 |
| 고도(古都)보존에 관한 특별법 | 2004 | 고도(古都)의 역사적 문화 환경을 효율적으로 보존하는데 필요한 사항을 규정<br>· 특별보존지구: 건축행위 제한<br>· 역사문화환경지구: 건축행위에 대한 허가를 받도록 함 | 구체적인 법안시행령 보완 수립 중 |
| 도시계획법 (국토의 계획 및 이용에 관한 법률) | 1962 | 미관지구: 고유의 건축양식 및 전통미관유지를 위해 제4종 미관지구 지정 | 도시계획법과 국토이용관리법을 폐지하고 국토의 계획 및 이용에 관한 법률로 통합<br><br>2004년 일부 개정 |
| | 1965 | 고도지구: 건축물의 높이를 제한하여 문화재 주변지역을 보호하기 위한 수단을 이용<br>(최고 20m 이하에서 조례로 결정) | |
| | 2000 | 도시계획조례: 지방자치단체 제정<br>· 서울시 도시계획조례: 문화재경관지구·문화지구·사적건축물보전지구와 같은 지구제도 마련 | |
| | 2008 | 경관법 제정<br>· 경관지구 및 미관지구 내 행위 시 경관계획에 따라 관리토록 규정 | |

우리나라의 역사문화보전과 관련된 법제는 1952년 제정된 문화보호법(文化保護法)[64]을 시작으로 1962년 문화재보호법(文化財保護法), 1962년 불교재산관리법(佛教財産管理法),

---

63) 1978년 건축허가 사전승인제도의 도입 당시 사전승인을 받아야 하는 구역의 범위는 문화재 보호구역 경계(보호구역 경계가 지정되어 있지 않은 경우 당해 문화재의 외곽선)로부터 300m였다. 1980년에는 100m로 축소되었고, 2000년에 500m 이내에서 문화재청장과 협의하여 시도지사가 조례로 지정하도록 하고 있다. 현재 서울시는 국가 지정의 경우 100m, 시도 지역의 경우 50m로 규정하고 있다.

64) 학문과 예술의 자유를 보장하고 학자와 예술가의 지위 향상을 도모하기 위하여 제정된 법률로서 본 법에 의해 학술원과 예술원이 설치되었다. 1988년 문화보호법이 폐지되고 대한민국학술원법과 대한민국예술원법을 분리되어 제정되었다.

1962년 향교재산법(鄕校財産法), 1965년 지방문화사업조성법(地方文化事業造成法), 1982년 전통건조물보존법(傳統建造物保存法) 등이 제정되어 많은 역사유산들이 그 영향 아래 놓이게 되었다. 2001년에는 등록문화재(登錄文化財) 제도가 도입되어 근대건축물까지 그 영역이 확대되고 있는 실정이다(표 2-7, 2-8 참조).

그리고 도시계획 차원의 다양한 계획들이 수립되고 있으며 2008년에는 경관법(京觀法)이 본격적으로 제도화되어 적용되고 있다.[65] 이처럼 역사문화유산을 관리하기 위한 여러 관련 제도들의 수립은 오늘날 역사유산보전의 기틀이 되었다. 이들 역사문화 관련법들은 여러 차례의 개정을 통해 변해왔는데 여기서 주목해야 할 점은 보전의 대상 및 범위가 점차 확장되었다는 점이다. 앞서 살펴보았듯이 우리나라의 역사보전제도 및 정책의 변천과정을 살펴보면 점차 점적 보전에서 면적 보전으로 바뀌어 왔음을 알 수 있다. 이것은 단순히 보전대상의 확대뿐만 아니라 보전대상의 범위도 내용도 확장되었다는 것을 의미한다. 개체 중심의 협의(狹義)의 개념에서 벗어나 보전대상 주변의 환경까지 범위를 확대하여 관리하게 된 것이다. 이 같은 변화는 역사유산의 보전개념이 단일 대상의 가치로부터 주변의 경관적 가치를 포괄하게 되었다는 것을 의미한다. 그러나 현실은 역사보전의 공간적·내용적 범위의 확장에도 불구하고 제도와 연결되지 못하는 한계를 보이고 있다. 앞서 지적했듯이 제도적 측면에서는 개체 또는 군집하는 대상에 대한 보전방법에서 큰 차이를 보이지 않을 뿐만 아니라 역사유산의 대상별 특징이 반영되지 못하는 한계를 보인다.

### 역사도시 관련법

이와 함께 국내 역사도시에 관련한 법제는 문화재보호법, 국토의 계획 및 이용에 관한 법률, 고도보존특별법의 세 가지 법제를 통해 관리되고 있으며, 이를 구체적으로 살펴보면 다음과 같다.[66]

### (1) 문화재보호법

'문화재보호법'에서는 문화재와 문화재보호구역을 지정하며, 문화재구역으로부터 일정 거리 이내 지역(문화재 외곽 500m)은 문화재영향 검토를 받도록 되어 있다. 또한 '문화재

---

65) 경관법은 2008년 3월 시행되었으며, 동년 6월 시행령이 시행되기 시작하였다.

66) 이를 시기적으로 살펴보면 1960년대 제도적 토대의 마련, 1970년대 도시계획 관련 분야에 역사환경보전개념 도입, 1980년대 면적보존개념의 정착 및 계획적 관리의 필요성 인식, 1990년대 들어서 기존제도의 해체 및 역사환경의 위기 그리고 2000년대 들어서 계획개념의 적용과 관리체계의 재정비시기로 흐름을 살펴볼 수 있다.

보호법'에서는 문화재 자체에 대한 허가사항, 문화재보호구역 내에서 이루어지는 행위에 대한 허가, 문화재구역 주변지역에서 이루어지는 현상변경행위에 대한 심의 등을 규정하고 있다. 특히 '문화재보호법'상의 허가를 받아야 하는 사항은 문화재를 훼손하거나 반출하는 행위, 문화재의 현상을 변경하는 행위 등이며, 세부적인 내용은 다음과 같다.

- 명승이나 천연기념물로 지정되거나 가지정된 구역 또는 그 보호구역 안에서 동물, 식물, 광물을 포획 채취하거나 이를 그 구역 밖으로 반출하는 행위
- 국가지정문화재를 탁본 또는 영인하거나 그 보존에 영향을 미칠 우려가 있는 촬영을 하는 행위
- 국가지정문화재(보호물, 보호구역과 천연기념물 중 죽은 것을 포함한다)의 현상을 변경(천연기념물을 표본(標本)하거나 박제(剝製)하는 행위를 포함한다)하거나 그 보존에 영향을 미칠 우려가 있는 행위로서 문화관광부령으로 정하는 행위[67]

또한 문화재구역의 외곽경계로부터 500m 내외(지자체별로 차이, 주거·상업·공업지역은 200m)에 있는 주변 건축물들의 고층화로 인한 보전대상 역사경관의 왜소화를 방지하고, 보전대상이 되는 역사경관의 스카이라인 형태를 보전하기 위해 건축물 높이, 용도, 규모, 형태 등을 심의해서 제한하고 있다. 이에 대해 세부 규제내용을 정리하면 다음의 표 2-9와 같다.

---

[67] 국내 역사문화자원의 분류는 문화재보호법 및 문화재보호조례에 따라 분류된다. 건조물과 관련된 역사유산의 분류는 유형문화재, 기념물, 민속자료, 문화재자료, 등록문화재이며 지정에 따라 국가지정문화재, 시도지정문화재, 비지정문화재로 나뉜다. 이들은 다시 각각의 가치와 성격에 따라 국보(보물에 해당하는 문화재 중에서 가치가 크고 유래가 드문 것), 보물(유형문화재 중에서 중요한 것), 사적(기념물 중 유적·제사·신앙·정치·국방·산업 등을 중요한 것), 명승(기념물 중에서 경승지로 중요한 것), 사적 및 명승(기념물 중에서 사적지·경승지로 중요한 것), 중요민속자료(의식주·생산·생업·사회생활·신앙·민속·예능오락·유희 등으로서 중요한 것, 건축사연구에 중요한 자료를 제공하는 민가(民家)군이 있는 곳) 등으로 분류된다. 최근에는 근대문화유산을 보호하기 위해 등록문화재 제도가 신설(2001. 3. 28)되어 운영 중이다. 기존의 문화재보호법에 의한 보전의 한계를 인식하고 이를 보완하기 위함이다.

〈표 2-9〉 국내 역사도시에 적용되고 있는 법제사항(공주시·부여군·경주시 등)

| 구분 | 경주 | 부여, 공주 |
|---|---|---|
| 근거규정 | 문화재보호법 제90조<br>문화재보호법시행령 제52조<br>경상북도문화재보호조례 제26조의 2 | 문화재보호법 제90조<br>문화재보호법시행령 제52조<br>충청남도지정문화재보호조례 제29조<br>전라북도문화재보호조례 제24조의 2 |
| 규제방법 | 심의(문화재영향 검토) | |
| 대상 | 지정문화재를 대상<br>국가지정문화재, 도지정문화재, 문화재 자료 | 지정문화재를 대상<br>국가지정문화재, 도시정문화재, 문화재 자료 |
| 규제검토<br>대상범위 | 문화재(보호구역) 외곽경계 500m 이내<br>- 단, 주거·상업·공업지역은 200m 이내 | 문화재(보호구역) 외곽경관 500m 이내 |
| 심의 시<br>검토내용 | ① 문화재와의 조화: 건축물(시설물) 용도, 규모, 높이, 모양, 재질, 색상 등<br>② 문화재 주변의 경관 및 조망의 훼손 여부<br>③ 시공 중(완공 후나 사용 중) 문화재 보존에 영향 여부<br>　- 소음·진동유발, 오폐수, 유해가스, 화학물질, 먼지 또는 열 등 방출 우려<br>④ 지하 50m 이상 굴착행위 수반 여부<br>⑤ 수계·수량변경 또는 수질오염 여부<br>⑥ 고도경관 또는 역사·문화·자연환경 저해 여부<br>⑦ 매장문화재의 포장 여부 | |

※ 자료: 문화재보호법, 지자체의 조례 등을 참조하여 작성

## (2) 국토의 계획 및 이용에 관한 법률

'국토계획법'에서 문화재 관련 규제내용을 보면, 주로 문화재 주변의 토지이용으로 인한 문화재의 왜소화를 방지하는 경관관리 측면에 초점이 맞추어져 있다. '국토계획법'에서는 미관지구, 고도지구, 문화자원보존지구, 경관지구 등을 지정하여 건축물의 높이나 용적률을 규제한다. 미관지구는 건축물의 용도, 층수, 형태, 색채 등을 규제하고, 최고고도지구는 전체적인 역사문화환경을 저해하지 않도록 번화한 주거, 상업지역을 지정하여 건축물의 높이를 규제한다. 이외에 경관지구와 문화자원보존지구가 지정될 수 있다. 각 지구별 세부사항을 살펴보면 다음 표 2-10과 같다. 그리고 이와 함께 지난 수년간 역사지구 내 역사경관의 보전 및 관리를 위해 필요성이 지속적으로 제기되어 온 경관법이 2008년 법제화되어 운영되고 있다. 특히 현재 경관법은 경관지구 및 미관지구를 관리함에 있어 경관계획에 따라 관리해야 함을 명시하고 있으며, 역사도시에서 다양하게 진행되고 있는 가로환경정비 및 개선을 위한 사업과 또한 야간경관의 형성 및 정비사업 그리고 지역의 역사와 문화적 특성의 경관을 살리는 사업을 진행함에 시·도지사 또는 시장 및 군수는 경관법에 의해 시행하는 것을 명시하도록 규정하고 있다(표 2-10 참조).[68]

---

68) 현재 경관법에 대한 세부 규제 내용은 각 지자체별 방안을 수립 중이며, 국내 대표적 역사도시인 경주, 부여, 공주 또한 이와 관련하여 세부 관리조례를 수립 중이다.

<표 2-10> 용도지구별 규제방법 분류

| 구분 | 용도 규제 | 건축물 높이, 층수 | 건축물 형태 | 색채 | 건폐율 | 용적률 | 비고 |
|---|---|---|---|---|---|---|---|
| 미관지구<br>- 역사문화미관지구<br>- 일반미관지구 | ○ | ○ | ○<br>지붕, 처마, 건물양식,<br>대문, 담장, 설비 | ○ | | | ○<br>간판 및 광고물<br>규정 누락 |
| 경관지구<br>- 제1, 2종 경관지구<br>- 제1, 2종 수변경관지구<br>- 시가지경관지구<br>- 전통경관지구 | ○ | ○ | ○<br>외부색채, 대지 안 조경 | ○ | ○ | ○ | |
| 보존지구<br>- 문화자원보존지구 | | | 기존건축물 대수선,<br>문화재관리 건물만 가능 | | | | 제1종, 제2종<br>지구단위 계획 |
| 조망권경관지구 | | ○ | ○<br>건축물 규모, 형태 | | ○ | ○ | 제1종, 제2종<br>지구단위 계획 |

※ 자료: 국토계획법제 참조 정리
※ 2008년부터 시행되고 있는 경관법은 미관지구, 경관지구에 한해 적용받고 있음

### (3) 고도보존에 관한 특별법[69]

한편 '고도보존특별법'은 점적인 문화재 보존방법의 한계를 극복하기 위하여 광역적으로 고도의 역사문화환경을 보전함으로써 고도[70]의 역사문화환경보전의 실질적 효과를 높이기 위해 제정되었다. 광역적 역사문화경관을 조성할 수 있도록 기초조사를 통하여, 고도보존계획을 수립하고 특별보존지구와 역사문화환경지구를 지정하는 등 도시계획과 유사한 수준의 공간계획적 고도관리방법을 규정하고 있다. 또한 고도보존의 실천성을 높일 수 있도록 고도보존계획이 다른 법률에 의한 보존 및 개발계획에 우선하도록 규정하여, 계획체계 내에서 고도보존계획의 위상을 공고히 하고 있다.

그리고 '고도보존특별법'은 '문화재보호법'이나, '국토계획법'보다 한층 강화된 사유 재산권 보상 및 공공투자조치를 규정하여 주민의 자산가치 손실문제를 최소화하고 지역활성화를 도모하고 있다. '고도보존특별법'은 각종 인·허가 등의 의제, 수용 및 사용, 벌칙 및 과태료 등의 규정을 강화하였고, 사유재산권 제한에 대한 보상 및 주민지원에 대한 규정도 강화하였다(표 2-11 참조).

---

69) 고도보존의 핵심인 "역사문화환경"은 고도가 입지하게 된 지리적 여건, 경작지, 생산시설 등을 일컬으며, 고도의 핵심 인문환경적 요소(궁성, 사찰, 왕릉 등), 주변환경을 포함하며, 고도 기능 상실 후 지속된 인문환경적 요소와 주변환경을 포함한다.

70) 일부에서는 고도보존법의 규율대상을 "역사도시"로 확대하여 일반법인 역사도시법을 제정한 후, 이 법을 모법으로 하여 각 도시의 특성에 따라 개별적으로 특별법을 두는 것이 바람직하다는 의견을 제시하기도 하나, 이 경우 규율대상이 대폭 확대되어 법 적용의 실효성이 떨어지며, 도시마다 특별법을 둔다는 것도 현실성이 떨어진다는 것이 일반적인 견해이다. 고도보존과 역사문화도시조성 전략교육 자료집, 한국전통문화학교, 2008, p.190

〈표 2-11〉 문화재 보존 관련 법의 비교

| 구분 | 문화재보호법 | 국토계획법[1] | 고도보존특별법[2] |
|---|---|---|---|
| 규제 및 행위제한 | ○ | ○ | ○ |
| 지구지정 현황 | · 문화재지정구역<br>· 문화재보호구역<br>· 문화재영향 검토 심의<br>(200~500m) | · 미관지구<br>· 고도지구<br>· 문화자원보존지구<br>· 경관지구 | · 특별보존지구<br>· 역사문화환경지구 |
| 공간계획 개념 | × | △ | ○ |
| 공공투자조치 | × | × | ○ |
| 사유재산권 보상 | × | × | ○ |
| 주민지원 | × | × | ○ |

※ 주 1): '국토계획법'과 지자체 도시계획조례에 규정되어 있는 경관지구, 미관지구, 고도지구, 보존지구, 문화지구 등을 말함
※ 주 2): '고도보존특별법'은 현행법과 문화재청에서 추진 중인 개정법률(안)의 내용을 함께 고려하여 정리함

이와 같은 '고도보존특별법'과 '문화재보호법', '국토계획법'의 관계 및 그 차이를 정리하면 다음 그림 2-11괴 같다.[71]

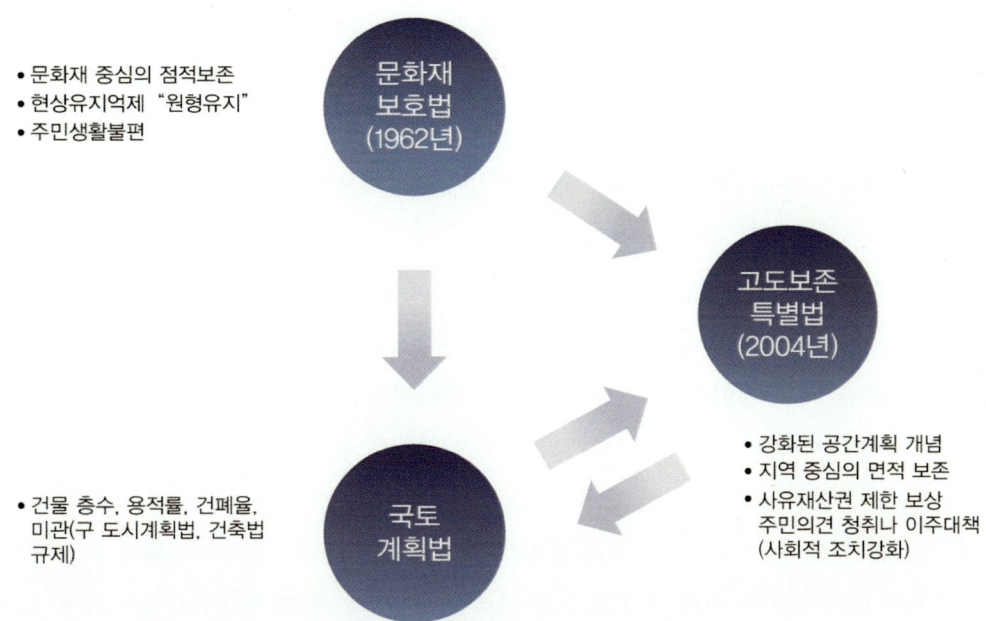

※ 참조: 2008년 경관법 제정 이후, 지자체별로 세부적인 조례를 통해 관리방안을 수립 중에 있음. 현재는 국토계획법 내 경관지구 및 미관지구에서의 관리를 명시하고 있으며, 경관사업 시 규제내용을 담고 있음.
※ 출처: 박훈 · 정재용, 역사도시의 도시조직 특성과 가치에 관한 연구, 대한건축학회논문집, 200905, p.252

〈그림 2-11〉 국내 역사도시에 적용되고 있는 문화재 관련 법체계

---

71) 이와 더불어 유네스코에서 세계문화유산으로 지정하여 관리하고 있는 지역(대표적으로 경주 역사지구를 들 수 있음)의 경우 법제적으로 추가적인 규제사항은 제시하고 있지 않으나, 문화재청 주관으로 5년마다 모니터링을 통해 변화된 내용에 관해 조사하여 보고하도록 규정하고 있다.

## 국내 역사도시의 역사환경보전 관련 법·제도의 문제점

이상 살펴본 바와 같이 그동안 국내에서는 법제도와 각종 계획을 통해 역사환경보전을 위한 노력을 해왔지만, 충분한 사회적 설득력을 확보하지 못해 실패하거나 큰 효과를 보지 못하고 있는 실정이다. 이것은 그동안 보전정책의 대상이 물리적 대상 특히 개별 건축물 중심으로만 초점이 맞추어져 있었고 또한 보전활동의 주도적 주체도 중앙정부 위주의 행정이어서 행정의 일방적 주도하에 보전정책이 형성되고 시행되어 온 것에 기인한다 할 수 있다.

이러한 보전활동은 여러 형태의 갈등을 야기하고 특히 행정이 주요 보전대상으로 인식하고 있는 건축물의 소유자와 갈등을 발생시켜왔으며, 이로 인해 보전활동이 소유자들의 가치인식을 기반으로 하지 못해 행정 일방적으로 진행해가는 방식으로 진행될 수밖에 없었다. 그 과정에서 또 다른 중요한 이해당사자라고 할 수 있는 지역주민들과의 관계는 주로 갈등관계의 연속이었고 이러한 갈등은 공공개입의 기본틀이라고 할 수 있는 제도나 정책에 대한 신뢰를 저감시키고 정당성에도 문제를 야기했다. 이러한 갈등에 대한 행정은 계속해서 규제완화 및 지구지정 해제 등의 방향으로 대응해 왔으며, 이는 역사적 생활환경이 급격한 변화를 야기하는 결과를 가져왔다. 점진적이고 지역 내에서 적용 가능한 수준에서의 변화 수용을 기본으로 하는 역사적 생활환경에서 급격하고 일시적인 변화는 치유할 수 없는 장소성의 훼손을 야기해왔다.

이에 역사환경보전의 일환으로 주요 역사도시를 대상으로 진행 중인 고도보존특별법 제정72)은 지역주민들을 대상으로 지속적인 설명회를 실시하여 설득과 이해의 과정을 반복하고 있다. 과거의 경험으로 볼 때 역사적 생활환경보전이 어려웠던 이유는 기술적 문제라기보다는 가치합의에 따른 신뢰와 정당성이 제대로 규정되어 있지 못했기 때문이라 할 수 있다. 일방적 규제에 의한 보전이 아니라 보전의 대상이 되는 물리적 환경에 대한 가치 공유를 통해 민간 스스로가 보전활동의 주된 주체가 될 수 있도록 변화될 필요가 있다. 즉 앞으로의 보전을 위해 필요한 것은 여러 공공개입의 형태 중 어느 것이 가장 효과적이냐 하는 선택의 문제가 아니라 그 기저에 깔려 있어야 할 역사환경 관리에 관한 원칙과 기준의 설정이다.

---

72) 2012년 현재 국내에서는 공주·부여·경주·익산 등 4개 도시의 역사지역을 대상으로 고도보존법이 시행되고 있으나 이 외 국내 다수의 역사도시로 점진적 확대의 필요성이 제기된다. 실제 국내 역사도시는 대다수가 역사도시 이상 고도(古都)로서의 가치를 지니고 있으며, 다수의 학자들 또한 이에 대한 확대보전의 필요성을 제기하고 있다.

## 2) 국외 역사도시의 역사환경보전 현황

국외 역사도시의 역사환경보전 사례 및 특성

### (1) 이탈리아(로마)의 역사환경보전 관련 법제

(가) 역사환경조성 관련 법제도

이탈리아의 역사환경은 1939년에 제정되어 현재 사용되고 있는 '문화재보호법'에 의해 관리되고 있으며, 이 법률은 중앙정부의 문화환경재부에서 시행하고 있다. 이와 함께 '문화재보호법'은 국가의 경승지역을 13개소 지정하여 문화유산 주변지역의 환경 또한 관리하는 기준이 된다.

그리고 1967년에 들어서 로마에서는 '도시계획법' 개정을 통해 도시마스터플랜에서 '역사도심지구'를 지정하여 넓은 지역을 면적(面的)으로 보존하는 제도가 확립되었으며, 각 지자체에서 역사도심(Centro Historico)을 법적으로 지정하여 운영하는 계기가 되었다. 이와 같이 역사도심에 지정된 지구에서는 건축물 공사에까지 엄격한 규제가 이루어지며, 문화재부 감독국과 지자체의 도시계획국이 건축주를 문화적 측면과 도시계획적 측면에서 지도하고 있으며, 역사환경의 보전 노력을 지속하고 있다.

또한 경관 및 환경에 대한 중요성이 강조되면서 1980년대 접어들면서 지역환경 전체를 보존하기 위하여 '가랏소법(1985년 제정)'을 제정하여 운영하고 있으며, 경관도 주요한 관리의 대상이 되었다.

(나) 도시차원의 Zoning에 의한 역사환경조성

로마[73]는 도시계획법에 따라 도시마스터플랜에 A zone(역사도심지구)과 그 주변의 B zone(준역사도심지구) 등의 지구가 도심 및 주변지구로 넓게 지정되고 있다. 로마시가 현재 적용하는 도시마스터플랜은 1974년 채택되어 1979년에 주(州)정부로부터 승인을 받았으며, 역사적 환경보전을 위해 도심에 A, B, G, N zone을 폭넓게 지정하였다(그림 2-12 참조). 로마의 경우 A, B zone은 도시계획법의 A zone에 해당되는데, 이처럼 지역의 세부적인 상환을 반영하기 때문에 지자체가 작성하는 Zoning이 도시계획법의 규정보다 엄격한 것이 일반적이다.

---

73) 총인구 280만 명의 로마시 성벽 내에는 고대 로마부터 근대까지의 도시구조가 모두 존재하는 특징을 지닌다.

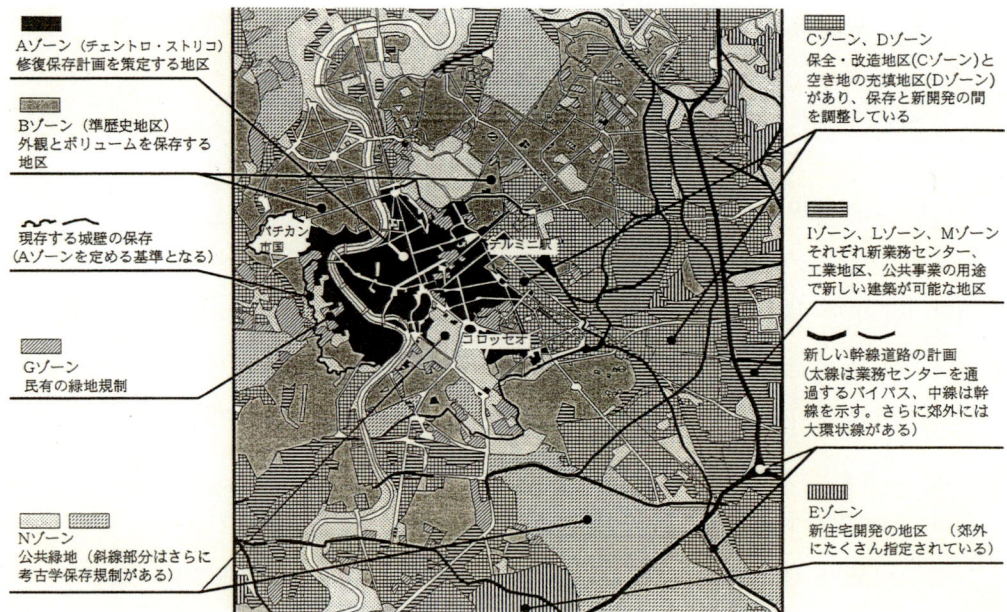

Aゾーン（チェントロ・ストリコ）
修復保存計画を策定する地区

Bゾーン（準歴史地区）
外観とボリュームを保存する
地区

現存する城壁の保存
（Aゾーンを定める基準となる）

Gゾーン
民有の緑地規制

Nゾーン
公共緑地（斜線部分はさらに
考古学保存規制がある）

Cゾーン、Dゾーン
保全・改造地区（Cゾーン）と
空き地の充填地区（Dゾーン）
があり、保存と新開発の間
を調整している

Iゾーン、Lゾーン、Mゾーン
それぞれ新業務センター、
工業地区、公共事業の用途
で新しい建築が可能な地区

新しい幹線道路の計画
（太線は業務センターを通
過するバイパス、中線は幹
線を示す。さらに郊外には
大環状線がある）

Eゾーン
新住宅開発の地区　（郊外
にたくさん指定されている）

チカン
市国

テルミニ駅

コロッセオ

※ 자료: 西村幸夫, 町並み研究会, 都市の風景計画–欧米の景観コントロール 手法と実際, 京都, 学芸出版社, 2003, p.88

〈그림 2-12〉 로마市 도시마스터플랜에서의 도심부 조닝

※ 사진: http://www.flickr.com/

〈그림 2-13〉 A존 전경으로 바티칸성당에서
모라도심으로의 전경

A zone(역사도심지구)은 행정·상업·업무·종교기능이 집중되어 있는 도심지구 전체가 보존지구로 지정되어 있으며, 모든 지구에 지구계획[74])이 실시되어, 사업화 할 수 있는 중요 가구(街區)에는 건축유형을 분석한 후, 전문가에 의해 수복, 재생을 위한 우선순위가 정해진다(그림 2-13 참조).[75]) 한편 B zone(준역사도심지구)은 1910년대 이후 개발된 교외주택지로 독특한 주택경관을 형성하고 있다. 도시경관이 현재의 주택 유형과는 달리 신고전주의의 가로망과 건축, 녹지를 유지하고 있어 기존의 건축양식과 건축규모를 중요하게 관리하고 있다(그림 2-14 참조).[76]) 그리고 민간소유의 녹지인 G

---

74) 지구계획에는 대상지구의 가구조건, 건축유형, 공간이용, 주차장, 조명, 기술요강 등이 포함된다.

75) 특히 역사도심지구에 대한 지구계획 수립 시에는 다음과 같은 사항이 우선적으로 고려된다. 1. 문서나 역사연구서에 기초한 건물개조사, 2. 건물의 양식과 구조의 특성유형, 3. 오픈스페이스의 특성, 4. 문화재로서 건물의 규제에 대한 조례 내용 등을 참조, 5. 건축물의 용도, 6. 거주자의 속성, 7. 소유자에 관한 자료, 8. 인프라 및 기반정보 등을 우선하여 계획한다.

76) B zone 구역의 지구계획은 다음과 같은 특징을 지닌다. 1. 증축 용적률은 15% 이내, 매매는 400㎡ 이내로 정해져

지구(G zone)와 공공녹지인 N지구(N zone)를
각각 지정하여 주요 유적에 대한 조망권을
확보하고 있다.

<그림 2-14> B존 지역(마치니 광장 부근)으로
건물의 높이와 볼륨이 통일되어 있는 가로경관

### (다) 건축물 및 기타 규제

한편 건축물 형태규제는 보전지구, 개발지
구의 지구계획에서 층수규제를 하고 있으며,
개발행위는 모두 허가제이고, 전문위원회에
서 심사하고 있다(그림 2-15 참조). 또한 건
축물군의 형태보존을 위해 건축공사/수복공
사지도 매뉴얼이 제작되고 있으며, 간판 및
광고물의 규제는 지자체의 도시 마스터플랜
에서 제시하고 있다. 그리고 차량의 배기가
스와 소음으로 인한 문화재의 훼손을 방지하
기 위해 역사도심지구에는 차량의 진입을 제
한하고 있다.

<그림 2-15> 역사지구 내 형태규제를 통한
양호한 경관확보 현황

### (2) 오스트리아(잘츠부르크)의 역사환경보전 관련 법제

### (가) 역사환경조성 관련 법제도

오스트리아[77]는 역사환경보전과 관련된 법제도 중, 연방정부 차원에서 '기념물보존법
(Denkmalschutzgesets)으로 연방전용토지에 위치한 기념물을 관리하며, 도시계획관련법의
대부분은 주법이다. 또한 역사문화환경을 보전하기 위해 지정건조물의 보전, 지구상세계
획,[78] 보전지구,[79] 도시개선에 관한 조성제도 등의 4가지 수법을 활용하여 운영하고 있다.

---

있으며, 개축은 용적률에 따라서 규모가 클수록 볼륨 규제가 엄격하게 되어 있어 개축자체를 억제하고 있음. 2. 높이
는 이웃하는 건물의 높이와 도로 측의 건물 높이로 제한되고, 주택지구에서 건물의 위치는 부지경계선에서 5m, 이웃
의 창에서 10m 이격. 3. 밀집된 도심부의 지구에서는 세분화된 이용을 방지하기 위해 주거용도로 1호당 300㎡ 이
하, 신설은 150㎡를 초과하지 않도록 규정하고 있다. 西村幸夫, 町並み研究會 編著, 2000, pp.112-113

77) 오스트리아는 9개의 주(州)로 구성되어 있는 연방국이며 주는 여러 개의 행정구(Verwaltungbezirk)로 분할되고 각
행정구에 구청(Bezirksmt)이 설치되어 있다.

78) 지구상세계획은 고도보존법에 의해 지정된 지구 이외의 지역에서 계획되며 주로 역전 재개발이나 주택지의 신규개발
등 개발계획지역을 대상으로 한다. 이를 통해 건축선, 용적률, 건폐율, 건물 최고층수 등의 건물 형태 등의 규제를 제시
한다.

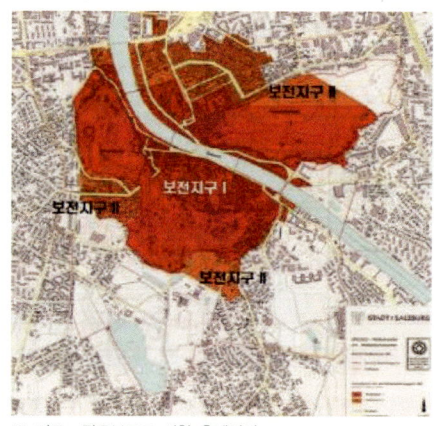

※ 자료: 잘츠부르크 시청 홈페이지

〈그림 2-16〉 잘츠부르크의 보존지구 Ⅰ, Ⅱ

오스트리아 특히 빈의 경우 도심을 중심으로 대부분의 지구가 개발되고 있으므로 '건설법(Bauordnung)'을 중심으로 한 도시계획체계 속에서 개발행위의 규제가 가능하다. 따라서 토지이용이나 건축행위를 도시계획적으로 유도하기가 어렵고, '공간법'에 의한 도시계획으로는 지역고유의 경관을 보전하기 어려운 한계가 있어 왔다. 이에 따라 1967년에 역사도시의 도시경관과 도시구조를 보전할 목적으로 '고도보존법'이 제정되었으며, 1990년 개정되어 현재에 이르고 있다.

이 법에 따라 잘츠부르크에는 보존지구 Ⅰ과 보존지구 Ⅱ의 두 개의 지구가 지정되었다. 보존지구 Ⅰ은 구시가지 일대에 지정되었으며, 보존지구 Ⅱ는 19세기 후반과 20세기 초 30년간 지어진 건축물이 들어서 있는 지역에 지정되어 있다(그림 2-16 참조).[80]

(나) 역사환경의 보전 및 관리 방향

잘츠부르크의 '고도보존특별법'은 고도의 도시 형태, 건축구조, 건축물 등을 종합적으로 보존·관리하고, 도시주거공간 내에서의 다양한 도시적 기능을 유지·발전할 수 있도록 함으로써, 역사도시의 과거와 현재가 공존할 수 있는 방안을 모색하여 지속가능한 역사도시의 보존 및 관리를 도모하고 있다. 특히 잘츠부르크는 도시경관과 도시구조가 독특하다는 평가를 받고 있어서, '고도보존법'의 규정들은 보전해야 할 가치가 있는 구역의 건축물 관리 규정에 중점을 두고 운영되는 특징을 보인다.[81]

건축물의 외부 형태에 영향을 미칠 수 있는 모든 요소와 건축물 외부 형태의 변경도 허가의 대상이 된다.[82] 특히 특수건축물은 형태, 크기, 전체 건축물과의 상호관계, 재료,

---

79) 특히 보전지구는 '고도보존법'을 근거로 잘츠부르크의 역사적 시가지 및 지역경관을 보전할 가치가 있는 지역을 대상으로 하고 있다.

80) 문화재청·국토연구원, 고도보존을 위한 역사문화환경 관리 방안, 2007, pp.62-63

81) 보존지구 규정에서 건축물에 대한 규정은 1. 허가에 관한 일반규정, 2. 특수 건축물에 관한 규정, 3. 그 외 건축물에 관한 규정, 4. 기타 건축과 관련된 조치, 5. 건축물 이외의 건축 시설 등이 있으며, 이와 같은 규정은 보존지구 Ⅰ, Ⅱ에 차등 적용된다.

82) 광고를 목적으로 하는 모든 게시물의 부착과 변경, 표지판, 목록표, 그림 등의 설치와 변경, 자판기, 유리 진열장, 그 외 진열장의 설치와 변경, 개폐기함, 송수신 안테나, 착수행위 등의 경미한 사항부터 외부 조명 및 관리 등 설치와 변경, 전선, 앙문, 외부현관 및 대문의 모든 개조, 기왓장 교체 또는 양철지붕 채색 등의 중대한 사건까지 건축도청의

색채 등이 도시미관과 도시구조의 특색에 부합하고 주변 지역과 조화롭게 어울리게 보전·조성될 수 있도록 건축물 요소들을 구체적으로 규정하고 있다(그림 2-17 참조).

※ 사진: http://www.flickr.com/

〈그림 2-17〉 잘츠부르크의 보존지구 ∣ 전경

(다) 건축물 및 기타 규제

특수건축물은 형태, 크기, 전체 건축물과의 상호관계, 재료, 색채 등이 도시미관과 도시 구조의 특색에 부합하고 그 주변 지역과 조화롭게 어울리게 보전·조성될 수 있도록 특수 건축물의 전면부, 창문, 지붕, 1층 구성 요소 등이 건축물 요소들을 구체적으로 규정하고 있다(그림 2-18 참조).83)

※ 참조: 1380년에 건축되어 2003년에 개조되었음을 의미

〈그림 2-18〉 잘츠부르크의 보존지구 내 건축물의 보전 및 관리 예시

특수 건축물 또는 이외의 건축물에 대해서는 게시물, 건축의 장식요소, 차양, 조명, 진열창과 전면부 치장 등의 내용을 규정하고 있으며, 그 외 건축과 관계되는 담벽과 건축물 이외의 시설물 등에 관한 허가사항이 있다.

---

허가를 받아야 가능하다.

83) 구체적인 예로는 건축물의 전면부는 회칠을 하되 도장재료에 합성수지가 5% 이상 포함되지 않아야 한다. 창문은 수작업이 원칙이며, 반사유리는 허가되지 않으며, 지붕은 둥근지붕, 귀마루지붕, 박공지붕 등으로 보전되어야 하고, 재료와 색을 규정하고 있다.

### (라) 행정적 지원

고도보존기국[84]은 고유한 법인체로 설치 목적은 첫째, 고도와 초기에 고도가 형성되었던 지역의 건축물이나 건축 구조물 또는 그 형태의 보존과 관리를 지원하고, 둘째, 시의 주거 공간 내에 다양한 도시적 기능을 유지 또는 발전시켜나가는 것을 지원하고 있다. 고도보존기국의 재원은 1. 잘츠부르크 시의 보조금, 2. 주의 보조금, 3. 기국에 의한 대출, 4. 기국 재산으로부터의 소득, 5. 재단과 그 외 기부금과 수입으로 조달되고 이자를 받을 수 있도록 잘츠부르크 시와 주의 재정과 별도로 조성되고 있다. 이를 위한 지원방식은 법적 청구에 의한 지원과 자유지원으로 구분되며, 이는 고도보존기국에 의해 종합적으로 운영되고 있다.[85]

### (3) 스페인(톨레도)의 역사환경보전 관련 법제

### (가) 스페인의 역사환경보전 관련 법·제도

스페인의 역사문화환경 조성과 관련된 제도는 중앙정부의 '스페인문화유산법(Ley de Patrimonio Historico Espanol)', 가스띠야-라 만차(Castilla-La Mancha) 주 정부의 '역사유산법(Ley del Suelo)' 등이 있으며, 이와 같은 법률에 의해 고도로 지정된 지역의 경우 특별법을 제정하여 보전·관리할 수 있다. 특히 톨레도[86]의 경우 '고도특별계획법(P.E.C.H.T; Plan Especial del Casco Historico de Toledo)'에 따라 고도지구 계획을 수립하며, 그 범위의 적용은 예술원의 지침에 따르고 있다. 이에 톨레도 고도지구는 고도 지역과 그 일체를 이루는 주변지역도 대상이 되지만, 법제도의 적용은 이원적으로 운영되고 있다. 고도특별계획에서 고도지구와 그 주변지역을 총괄하는 계획을 수립하고, 관리는 고도지구 P.E.C.H.T 규정을 따르고, 톨레도 주변 보호지역은 '토지법'의 규정에 따라 관리하고 있다[87](그림 2-19 참조).

---

84) 고도보존기국은 감사국에서 관리하며, 감사국의 구성(10명)은 다음과 같다. 1. 잘츠부르크 시장(또는 시장에 의해 지명된 대리인): 의장, 2. 지자체 의회에서 파견된 잘츠부르크 시 대표: 3명, 3. 주정부에서 파견된 주 대표: 3명, 4. 잘츠부르크 시 대표: 2명(상공경제부처, 노동부처), 5. 지자체 의회에서 파견된 예술사 분야 전문가: 1명 등

85) 문화재청·국토연구원, 앞의 책, p.65

86) 톨레도는 스페인 수도 마드리드에서 70km 거리에 있는 인구 7만 7천여 명, 면적 230㎢의 도시로 톨레도주의 주도이며, 해발고도 529m에 입지한다.

87) http://www.ayto-toledo.org/urbanismo/pecht/pecht.asp

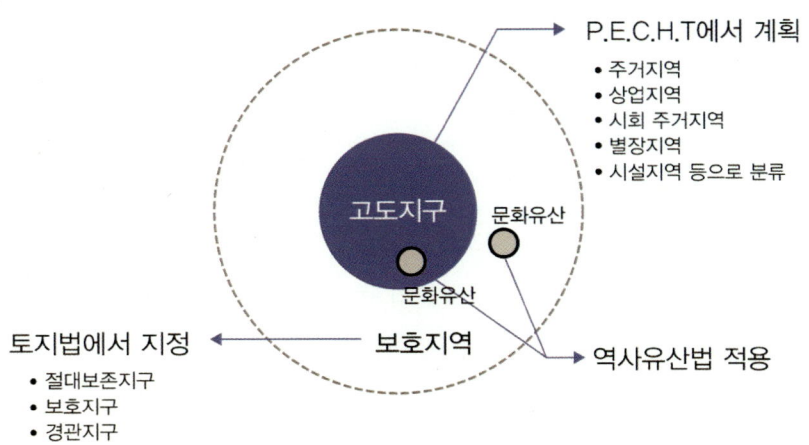

- P.E.C.H.T에서 계획
  - 주거지역
  - 상업지역
  - 시회 주거지역
  - 별장지역
  - 시설지역 등으로 분류

고도지구

문화유산

문화유산

보호지역

토지법에서 지정
  - 절대보존지구
  - 보호지구
  - 경관지구

역사유산법 적용

※ 참조 1: P.E.C.H.T는 고도 특별계획법(Plan Especial del Casco Historico de Toledo)을 의미하며, 고도지구
의 세부적인 지역구분과 함께 도시개선과 복원을 위한 종합적 전략을 제시하고 있음.
※ 참조 2: 톨레도의 역사환경은 토지법, 주정부의 역사유산법 그리고 P.E.C.H.T 등에 의해 보존·관리되고 있음.

〈그림 2-19〉 톨레도에 적용되고 있는 역사환경보전 관련 법제

(나) 보전 및 관리방향

톨레도지역은 P.E.C.H.T에 의해 지정되는 지역(Zoning)은 해당 지역의 특별한 기념비적
가치를 포함하고 용도의 조건과 다양한 역사의 구성에 따라 주거, 상업, 시외주거, 별정,
시설지역으로 구분하고 있다[88](그림 2-20 참조). 주거지역은 전통적으로 단일세대 혹은
다세대의 주거용도를 가진 역사도시
내의 구역으로, 주거지 기능에 지장이
없다면 요식업, 전문직업 등의 서비스
활동이 허용된다. 한편 상업지역은 현
재는 주거지로서의 성격이 남아 있으
나, 현재 또는 잠재적인 상업활동지수
가 높은 도시지역이다.[89] 그리고 시외
주거지역은 고도의 직접적 영향권에
들어 있지만 교외에 위치한 지역으로
시의 진입부 주변이 해당된다. 이 지

※ 자료: http://www.ayto-toledo.org/urbanismo/pecht/

〈그림 2-20〉 톨레도 도심부의 용도지역 현황

88) http://www.ayto-toledo.org/urbanismo/pecht/pecht.asp

89) 상업지역의 지정 목적은 도시의 기존 주거지역과 조화를 이루는 행정, 상업 중심으로서의 고도 중심지 기능을 확보
하는 데 있다. 따라서 이 지역에는 주거용도뿐만 아니라 상업, 관광, 종교, 행정, 레저, 숙박 등 주거용도를 침해하지
않는 다른 모든 유사한 용도를 허용하고 있다.

역은 주민의 복지시설을 설치하는 장소를 확보하기 위해 지정되었다.

(다) 건축물 및 기타 규제

톨레도는 다양한 시대의 건축물이 누적되어 왔으나 근대를 거쳐 현대에 이르러 기존 건축물의 교체가 지속되고 있으며, 문화유산으로서 가치가 높은 건축물들이 훼손되고 있다. 이에 톨레도 정부는 유산으로서 중요도가 큰 건축물을 우선하여 복원기준을 정하고 있으며, 외관뿐 아니라 보이지 않는 부분에 이르기까지 역사유산으로서의 가치를 부여하고 있다. 또한 과거의 유산적 가치에 현재의 도시 기능을 접목하기 위해서 톨레도 고도의 건축물 특성을 파악하고 복원의 기준을 구체적으로 규정하고 있다. 이에 대한 범위는 건물의 기초 및 벽, 지붕, 건물외관, 격벽 등에 관한 기준을 제시하고 있으며, 유형학적 특성에서는 분할지, 건축물의 높이, 지하에 관한 규정 등 구체적인 건축물 특성사항까지를 기준으로 규정하고 있다[90](그림 2-21 참조).

톨레도 고도지역 내 주거지역

※ 참조: http://www.consorciotoledo.com/

상업지역 내 신축건물 현황
※ 참조: [ ] 신축건물

〈그림 2-21〉 톨레도 고도지역 내 현황

(라) 행정적 지원[91]

톨레도지역은 지역주민에 대한 지원방안으로 경제적 지원과 기타 지원이 이루어지고

---

90) 예를 들어 지붕은 경사 지붕만 허용되며, 지붕의 기울기, 폭, 처마 설치, 마감재 등에 대해 톨레도 '역사유산 기술위원회'에서 구체적인 기준을 제시하고 있으며, 분할지의 최소 허용면적은 120㎡로 규정하는 등 구체적인 안까지 병행하여 시행하고 있다.

91) 톨레도에서는 '콘소르시오(Consorcio)'라는 왕립신탁조직을 구성하여 이 기구에서 톨레도에 대한 보존 및 관리를 전담하고 있다.

있으며, 경제적 지원은 공사비의 직접 보조금, 간접 보조금 또는 시 세금 감면, 건축 기자재 일시 대여 등이 있다. 그리고 기타지원으로는 공사예산 및 계획, 수행에 대한 법률적·기술적 지원이 있다. 특히 톨레도 지역은 주민지원에 있어 건축물의 유지·보수·복원에 중점적으로 이루어지고 있다.[92]

개별 건축물 또는 건축물군이 환경저하에 대응하는 적절한 방안을 제시하기 위하여 종합적인 전략 수립 이후 체계적으로 이를 위한 지원이 이루어지고 있다. 주민에 대한 지원은 경제적 지원과 기타 지원으로 구분되며, 경제적 지원은 1. 공사비 직접 보조금, 2. 간접 보조금 또는 시 세금(면허세) 감면, 3. 건축 기자재 일시대여 등이 있고, 기타 지원으로는 공사예산 및 계획, 수행에 대한 법률적·기술적 지원 등이 있다. 또한 주민지원은 건축물의 유지·보수·복원에 중점적으로 이루어지고 있다[93](그림 2-22 참조).

정부로부터 지원을 받아 내부 수선이 이루어진     정부로부터 재정적 지원을 받아 수리 보존되고
주거건축                           있는 중정형 주택

※ 참조: http://www.consorciotoledo.com/

〈그림 2-22〉 톨레도 고도지역 내 건축물 보전 현황

---

92) 문화유산으로 지정되었거나 신·증·개축 시 유물이 나왔을 경우, 정부가 100% 지원하여 복원한다. 또한 톨레도에 주택을 구입하여 복원할 경우에는 구매자의 소득수준과 문화유산의 가치에 따라 20~50%까지 지원하며, 신축할 경우에는 지원은 없지만 규정에 맞게 건축하여야 한다는 규정이 있다.

93) 예를 들어 문화유산으로 지정되었거나 신·증·개축 시 유물이 나왔을 경우, 정부가 100% 지원하여 복원하며 톨레도 지역에 주택을 구입하여 복원할 경우에는 구매자의 소득수준과 문화유산의 가치에 따라 20~50%까지 지원한다. 한편 신축할 경우에는 지원은 없지만 규정에 맞게 건축하여야 한다. 그리고 지원을 받은 주택은 한 달에 2~3회 정도 공개하여 관광객이 방문할 수 있도록 해야 한다는 등의 세부 지침을 적용하고 있다.

## (4) 교토의 역사환경보전 관련 법제

### (가) 일본의 역사환경보전 관련 법·제도

일본은 1919년 도시계획법이 제정되고 풍치지구가 지정되면서 최초로 도시계획의 일환으로 역사적 풍토보존방안을 모색할 수 있게 되었다.

특히 제2차 세계대전 이후 급격한 도시개발로 고도(古都)의 역사적 건물과 유적, 그 주변의 자연환경을 포함한 역사적 풍토의 파괴에 대한 위험을 인식하면서 1966년 '고도의 역사적 풍토보존에 관한 특별조치법'이 제정되었다. 그리고 역사성을 고려한 도시계획수법으로는 1919년 시가지건축물법(현재의 건축기준법)에 의한 '미관지구'와 도시계획법에 의한 '풍치지구', 역사적 시가지와 취락의 보전을 대상으로 한 1975년의 '전통적 건조물군 보존지구', 그 외에 도시계획에 의한 지구계획, 건축협정 등이 있다. 특히 교토시는 1972년 교토시 시가지경관조례를 제정하고 미관지구 지정, 역사지구 보전, 옥외광고물규제 등을 통하여 교토의 독자적 역사환경보전 정책을 추진하고 있다. 현재 일본에서 역사성을 고려한 도시계획규제와 관련한 내용은 표 2-12와 같이 정리할 수 있다.

〈표 2-12〉 역사성을 고려한 일본의 도시계획적 규제 및 내용

| 구분 | 제도내용 |
|---|---|
| 풍치지구 | · 도시계획상의 지역지구, 도시 내 자연적 경관을 유지<br>· 도도부현[1]) 및 政令指定都市[2])의 조례에 의거<br>· 건축물의 높이(8~15m), 건폐율(20~40%) |
| 미관지구 | · 도시계획상의 지역지구 내 건축물과 공공시설 등과의 조화와 미관 유지<br>· 시정촌의 조례에 의해 건축물의 부지, 구조건축설비의 제한 강화<br>· 도쿄시(皇居외곽 일대), 교토시(二條城, 淸水), 오사카시(中乙鳥) 등에 지정 |
| 전통적 건조물군 보존지구 | · 도시계획상의 지역지구, 시정촌이 전통적 건조물군과 그 환경의 보존을 위해 지정, 시정촌의 조례로부터 건축기준법의 형태규제 등 완화가능 |
| 지구계획 | · 시정촌이 도시계획에 정하며 지구정비계획에서 건축물높이, 벽면위치, 형태의장 등에 관한 제한내용을 정함<br>· 시정촌의 조례에서 정함으로써 건축기준법상의 제한이 됨 |
| 건축협정 | · 주택지, 상점가 등의 토지권리자 등이 전원 합의에 의거, 법령으로서 고도의 건축물 등의 기준(부지, 구조, 형태의장 등)을 정해서 해당 행정청의 허가 등의 수속을 통해 제3자의 효과를 부여받는 협정 |

※ 주 1): 일본의 행정구역은 1都(東京都―도쿄도), 1道(北海道―홋카이도), 2부(大阪府―오사카부, 京都府―교토부), 43개의 '현'으로 이루어져 있음.
※ 주 2): 정령지정도시(政令指定都市)는 인구 50만 명 이상으로, 도시의 규모 및 재정능력이 큰 광역지자체이며 정령으로 지정하고 있음.
※ 참조: 안인향, 역사적 도심부의 보전·재생·창조를 통한 도시만들기, 국토연구 제54권, p.51, 수정·보완

(나) 보전 및 관리방향

1200년의 역사를 가진 교토는 역사적 환경을 보전하기 위하여 역사적 시가지 구역을 북부·중심부·남부의 세 부분으로 나누고, 북부는 '보전', 도심부는 '재생' 그리고 남부에서는 새로운 기능을 집적해 가는 '창조'를 목표로 도시를 관리하고 있다. 그리고 역사 및 풍토, 그리고 형태적 특징을 가진 구역 또는 보전대상구역에 대해서는 지역지구제에 의한 미관지구, 풍치지구, 역사적풍토특별보전지구, 전통적건조물보존지구 등을 지정하여 규제 또는 효율적 관리를 유도하고, 지구특성에 맞는 다수의 지구 지정으로 도시의 역사경관을 관리하고 있으며, 전체 16종의 경관정비지구가 지정되어 운영되고 있다. 특히 1975년 국가의 문화재보호법안의 '전통적건조물보존지구' 지정을 통해 산네자카, 기온신바시, 사가노, 가미가노 등 4개 지구 14.9ha가 지정·관리되어 있다. 그리고 1966년 제정된 '고도에 있어서의 역사적 풍토 보존에 관한 특별조치법'에 의해 1966년 7개, 1969년에

1개의 역사적 풍토보존지역을 지정하는 등 역사적 배경이 되는 자연경관을 중심으로 한 시가지 외곽에서 시가지로 순차적 지구를 확대하여 현재 14개 지구 8,513ha에 이르는 면적이 역사적 풍토지구로서 보존되고 있으며 그중 24개 지구 2,861ha가 특별지구로 지정되어 있다.

이상 살펴본 바와 같이 교토시는 고도보존법 등의 제도와 풍치지구, 미관지구 등의 지정을 통해 각 지역의 역사적 가치와 환경이 보호되고 있으며 자연을 중심으로 보전가능한 주변과 핵심부분 그리고 그 외 시가지 지역의 차별화된 보호 정책이 시행되고 있다(그림 2-23 참조).

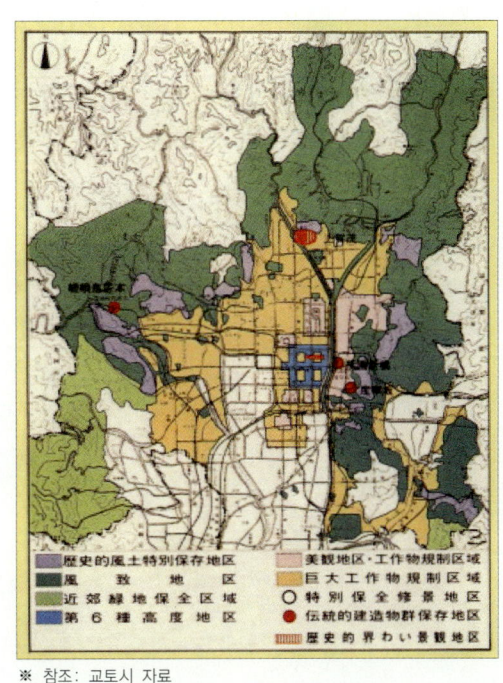

※ 참조: 교토시 자료

〈그림 2-23〉 교토의 역사환경보전 관련 규제사항

(다) 건축물 및 기타 규제

일본에서는 건축물 규제와 관련하여 대표적으로 '건축협정제도'를 통해 전통 건축물을 보존 관리하고 있다. 이에 대한 법적 근거는 1951년 건축기준법의 제정에 근거한다. 교토

시에서의 적용은 1973년부터 건축협정조례의 제정과 함께 시작되었으며, 2004년 기준으로로 66개 지구가 지정되어 있다. 건축협정은 디자인이 획일화될 위험도 있지만 저층의 공동주택 단지조성을 통한 쾌적성과 전통주택지역의 분위기를 창출하고 있다. 특히 1인 협정지구 중에는 전통주택의 모습을 재현하는 단지가 많다. 그 특징으로는 2층 이하의 층수, 지붕과 처마 높이, 지붕경사도와 기와지붕, 도로에 면한 문의 위치, 건축물의 외부재료, 색상, 담장, 조경 등이 협정에 자세히 제시되어 있다. 대부분은 목조 건축물이며 도로경계선에 평행으로 만들어진 담장은 생울타리로 규제하는 등 담장의 높이도 제한하고 있다.[94] 이와 같은 제도적 특성은 마치야 보전에도 영향을 미치고 있으며, 마치야의 보존 뿐 아니라 마치야의 외관과 비슷한 분위기의 경관을 유도하고 직주공존지구[95]의 중·저층 시가지 경관 등의 조성을 통해 교토지역의 역사환경을 조성하고 보전하기 위한 노력을 다양한 측면에서 지속하고 있다. 그리고 다음 그림 2-24와 같이 교토시 대표적 역사지구인 산넨자카(産寧坂)의 건축물은 문화재보호법에 의한 국가문화재인 중요전통적건조물군보존지구로 지정되어 관리되고 있으며, 보존의 목적이 외관상 의장과 양식을 계승하면서 개축할 수 있도록 규정하는 등 실제로 거주하는 이들의 생활을 고려한 관리계획이 이루어지고 있다(그림 2-24 참조).

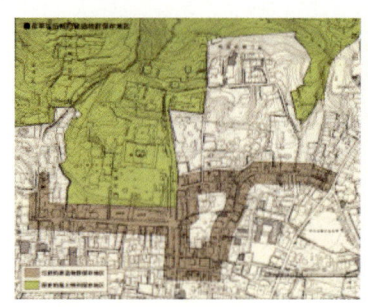
산넨자카 전통적 건물보존지구 현황
※ 참조: 교토시 자료

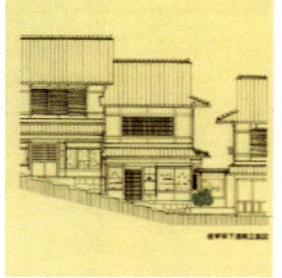
마치야 연속입면도

현황 사진

〈그림 2-24〉 교토시 대표적 역사지구 산넨자카(産寧坂) 전통적 건물보존지구

94) 조경은 이웃 필지와 연속적으로 조성하는 등 세부적인 내용까지 포함하고 있으며, 심지어 외벽의 형식까지 협정에 포함시킨 지역도 있는데 예를 들어 기둥에 판자와 회칠로 마감하는 오오카베(大壁)로 하거나 기둥을 보이게 마감하는 신카베(眞壁)로 한다고 되어 있다.
95) 직주공존지구(職住共存地區)는 교토시 역사적 도심부인 도심상업지의 간선도로에 의해 둘러싸인 블록의 내부지역으로 이 지구는 직장주거공존의 형태를 유지하면서 오랫동안 교토(京都)의 도시활력의 중심이 되었다. 지구 지정목적은 교토시 도심부의 고령화, 커뮤니티 약화, 교통 등 생활환경의 위험성 등의 '정주' 문제와 전통산업과 기존 상점가의 쇠퇴, 신규투자의 매력저하 등의 '산업'의 문제, 도심부의 매력저하, 전통주거양식인 마치야(町家)의 상실, 도시문화의 쇠퇴 등 '공간'적 문제의 악순환이 되풀이 되자 이를 정비하기 위해 2003년 지정하였다.

## 시사점

### (1) 제도적 측면

앞서 살펴본 국외의 역사도시들은 도시부터 건축, 그리고 행정에 이르기까지 종합적인 차원에서 역사환경을 보전하고 관리하기 위한 방안이 운영되고 있으며, 이를 행정적으로 지원하기 위한 각 주체 간의 신뢰를 바탕으로 보전과 관리, 그리고 개발방안이 추진되고 있다.

1960년대, 유럽, 일본 등 다양한 문화적 배경을 갖고 있는 국가들에서 역사적 시가지, 역사환경, 자연환경 등에 대한 보전 논의가 집중되기 시작하였고, 이와 같은 경향은 유럽 지역 다수의 도시에서 일반적인 경향으로 나타났으며, 이를 통해 타 도시와의 차별성을 부각하고 역사 문화의 총체로서 도시공간을 조성할 목적으로 실시되었다. 즉 도시 내에 남아 있는 역사적 건축물, 역사적 시가지 그리고 역사적 환경을 보전하고 정비하여, 도시

〈표 2-13〉 역사환경 조성을 위한 계획별 체계

| 구분 | | 중앙정부 | 지방정부(주정부) | 기초지자체 |
|---|---|---|---|---|
| 이탈리아(로마) | | · 가랏소법(1985)<br>· 자연미보호법<br>- 경승지역 지정 | - | · 도시계획법<br>- 역사도심지구 |
| 오스트리아 | 빈 | · 기념물보존법<br>- 지정건조물 보전 | · 건설법<br>- 도시계획법: 토지이용계획, 지구상세계획(보전지구)<br>- 숲·초원벨트보전지역<br>- 공원보전지역 | |
| | 잘츠부르크 | | · 공간법<br>- 토지이용계획<br>- 지구상세계획<br>· 고도보존법<br>· 지역경관보전법 | - |
| 스페인(톨레도) | | · 문화유산법 | · 도시계획법: 역사지구 | · 고도특별계획법 |
| 일본 | | · 문화재보호법<br>- 전통적 건조물보존지구(1975)<br>- 고도시보존법(1966)<br>- 풍토특별보존지구<br>- 풍토보존지역<br>· 아스카법(1980)<br>- 1종·2종 풍토보존지구 | - | · 조례<br>- 전통환경보존조례 |
| 국내 | | · 문화재보호법(1962)<br>· 국토계획법<br>· 고도보존법(2004)<br>- 특별보존지구<br>- 역사문화환경보존지구 | - | · 조례 |

※ 앞의 본문내용을 중심으로 요약 정리하였음.

의 이미지를 향상시키고 노후화된 도시환경을 정비하는 방향으로 진행되었으며, 지구단위계획 차원에서 상세한 디자인 규제가 계획되어 디자인 지침과 심의절차 등의 체계도 갖추게 되었다. 이와 같은 경향이 활발하게 이루어지고 있는 대표적인 도시들의 역사환경 보전 및 관리를 위한 제도적 체계는 다음의 표 2-13과 같으며, 국내의 경우와 상당한 차이가 있음을 확인할 수 있다.

### (2) 관리적 측면

국외의 여러 역사도시들은 각 주체 간 신뢰를 바탕으로 보전과 개발의 선순환 구조를 단계적으로 형성함으로써 궁극적으로 역사도시를 보전하고, 나아가 지역경제를 활성화시키는 지속가능한 역사도시 보전체계를 구축하고 있다. 체계적인 역사환경의 보전계획, 주민참여의 유도, 합리적인 주민 지원 등을 통해 역사문화환경을 보전하고 관광자원화에도 성공적으로 대처하고 있다. 앞서 살펴본 도시들에서 나타나는 역사환경보전 발전단계를 법·제도 측면과 활동주체를 기준으로 구분하여 보면 다음 그림 2-25와 같다.

그림에서 설명되는 1단계는 중앙정부차원에서 법을 제정하고, 중앙정부에서 주도하는 하향식 역사환경보전 형태이다. 이에 반하여 3단계에 속하는 대부분의 유럽, 미국, 일본 역사도시는 지역별 특성을 고려한 지자체 조례가 제정되고, 중앙정부보다는 시민 및 비영

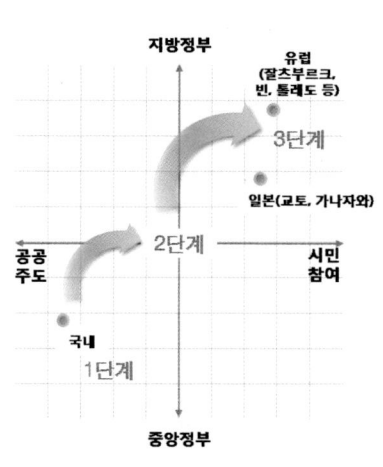

〈그림 2-25〉 역사환경의 보전 특성

리 단체가 활동주체로 주도하는 상향식(Down-up)의 역사환경보존 형태이다.[96] 또한 다른 한편으로 그림 2-25를 통해 설명할 수 있는 특성으로는 국내 역사환경보전개념이 아직 점적인 차원의 개별 문화재 중심의 보전정책이 주로 나타나는 반면 서구의 경우 앞서 분석한 바와 같이 도시적 차원에서 전체보전이 이루어지고 있는 점을 들 수 있다.[97] 이를 종합하였을 때 현대사회에서 역사환경에 대한 가치기준은 3단계로의 변화를 지향하고 있다고 설명가능하다. 이와 같은 분석을 통해 국내의 역사환경보전에 관한 환경과 국

---

[96] 역사도시의 보존을 지역 전통산업 및 관광산업과 연계함으로써 특화된 도시산업을 형성하여 지역경제가 활성화되었고. 이러한 긍정적인 파급효과는 다시 역사도시보존의 필요성과 당위성으로 환류되는 선순환구조가 정착되어 있다.

[97] 이는 다시 국내의 경우 1단계의 범주에 속하는 것으로 볼 수 있으며, 서구의 경우 3단계의 위치에서 도시관리가 이루어지고 있다. 이와 관련하여 2단계의 특징은 선적인 보전 또는 소극적인 면적 보전방법으로 설명할 수 있다.

외 도시들 간의 차이를 확인할 수 있으며, 향후 지향해야 할 방향을 제시해주고 있다.


## 4. 현대사회에서 역사도시의 재논의

### 1) 현대사회와 역사도시 그리고 가치의 논의

#### 현대사회에서 도시공간 연구

사회적으로 긴장과 대립, 갈등 등은 현대사회에서 나타나는 하나의 보편적 사회현상으로 인식되고 있으며, 도시공간에서 나타나는 기능, 거주성, 경관 등 모든 측면에서 급속한 변화양상은 같은 연장 선상에서 이해할 수 있다. 즉 현대사회는 모든 면에서 빠르게 변화하고 진화하고 있다. 이와 같은 현상은 사회적 가치관이 다양화(多樣化), 다가치적(多價値的)으로 변화하면서 나타나는 현상으로 설명할 수 있다.

이와 같은 사회상 속에서 현대 자본주의 사회에서 도시의 등장과 발달과정에 관한 연구는 더욱 중요한 의미를 가진다. 자본주의 사회는 도시에서 출발하여 전체 국토를 도시화시켜나가는 과정에 의존해서 발달했다고 할 수 있다. 또한 그러한 이유로 오늘날 도시공간을 연구하기 위해서는 자본주의 사회 그 자체, 특히 자본축적과정 및 노동의 재생산과정에 관한 고찰이 필수적으로 전제되어야 한다. 이러한 점에서 우리는 현대도시공간의 특성을 자본축적 및 재생산과정과 관련시켜 분석해 볼 필요가 있다.

자본축적 및 재생산과정과 관련시켜 도시공간의 특성을 파악하고 또한 어떤 특성을 가진 도시공간이 다시 사회 전체를 재구조화해 나가는 과정에 관한 연구는 특히 '정치경제학적 방법론' 또는 '마르크스주의적 공간이론'의 응용을 통해 수행될 수 있다. 인문지리학 및 도시분석 일반에서 정치경제학적 방법의 도입과 발전은 1970년대 초반 이후로 프랑스에서는 철학자인 르페브르(Lefebvre)[98]와 도시사회학자인 가스텔(Castells)에 의해, 그리고 영미권에서는 지리학자인 하비(Harvey) 등에 의해 주도되었다.

도시의 정치경제학적 이론을 선도했던 이들은 그 당시까지 주류를 이루었던 실증주의적

---

98) 르페브르가 바라본 도시에 대한 시각은 다음과 같다. 도시는 인구, 지리적 규모, 건물의 집합, 생산의 집적소, 선박운송지, 생산 중심지로만 구성되지 않는다. 재화·정보 및 사람의 상호작용과 교환이 성립되는 장소이며, 자본주의적 착취와 지배의 양상이 교차하는 사회적 중심지로 바라본다. Lefebvre, La revolution urbaine, pp.159-160

지리학 및 인간생태학적 도시분석에 대한 회의와 비판을 제기하는 한편 마르크스주의적 이론과 개념들을 도입하여 현대도시공간의 발전과정과 그 속에 내재된 모순 및 갈등현상들을 분석하고자 했다. 이들의 분석은 도시지리학 및 도시공간에 지대한 영향을 미쳤다.

그러나 1980년대에 들어오면서 서구 사회의 경제침체 및 기존 사회주의 국가들의 붕괴 등과 맞물려 사회과학 일반에서는 고전적 마르크스주의가 쇠퇴하게 된 반면, 이를 보다 유연하게 변형시키면서 다른 여러 이론적 전통들과 관련시킬 수 있는 새로운 이론들, 대표적으로 포드주의(fordism) 경제의 침체와 이의 극복 이후 등장한 포스트포드주의(postfordism) 경제의 분석을 위한 '조절이론'(regulation theory), 그리고 이러한 축적체제에 상응하는 새로운 문화양식에 관한 포스트모더니즘에 입각한 연구 등이 대두되게 되었다. 이러한 이론들은 현대사회에서의 도시의 '사회성'을 분석하는 데 지속적으로 이용되어 왔으며 다양화, 다변화되어가는 현대사회를 이해하는 데 유리하다(표 2-14 참조).

〈표 2-14〉 현대(도시)지리학의 발달을 선도한 주요 방법론의 변화

| 1970년대 중반 이전 | | 1970년대 중반 이후 | | 1980년대 중반 이후 |
|---|---|---|---|---|
| 실증주의적 지리학 및 인간행태학적 도시분석 | ⇒ | 마르크스주의적 지리학 및 정치경제학적 도시분석 | ⇒ | 포스트모던 지리학 및 포스트모던주의적 도시분석 |

## 현대사회에서의 역사도시

1900년대 들어서서 도시는 산업화를 통한 성장 우선 정책이 지배해왔다. 특히 산업혁명 이후 도시의 변화양상은 더욱 뚜렷하게 나타났으며, 1980년대 중반 이후 문화의 중요성이 강조되면서[99] 자연환경뿐 아니라 역사문화환경 등의 보전을 강조하는 양상으로 사회적 여건이 전환되고 있다.

산업화시대의 도시는 단순히 경제활동의 공간이었지만, 지식기반과 서비스산업 등 다(多)가치를 지향하는 시대로 이행하고 있는 현재의 도시는 경제활동과 더불어, 여가 · 휴식 · 관광 · 문화 등 다양한 활동을 영위할 수 있는 복합문화공간으로 바뀌고 있다. 도시

---

99) 사회 전반적으로 문화의 중요성이 강조되기 시작하였으며 이를 통한 경제적 가치가 증대되기 시작하였고, 특히 1985년부터 유럽연합은 매년 유럽문화수도를 선정하여 다양한 문화행사를 통한 도시를 홍보하고 있으며, 해외 및 국내에서는 다양한 이름의 문화도시개발을 통해 도시의 가치를 높이고자 노력하고 있다.

활동의 경제가치 창출기반도 개발을 통해서 경제적 가치를 창출하는 굴뚝 산업에서 보전을 통해 도시가치를 창출하는 문화, 환경보존 등으로 변화하고 있다. 이에 세계 각국은 국가의 정체성 확립 차원에서 역사문화자원 보전사업을 경쟁적으로 추진하고 있으며, 이러한 사업은 국가 고유의 전통문화 계승을 통하여 민족적 자긍심을 높이기 위한 것으로 그 중요성이 높아지고 있다. 그리고 그 중심에서 역사도시 혹은 역사지구가 주요한 역할을 하고 있다. 이를 개념적으로 정리하면 다음의 표 2-15와 같다. 사회변화양상을 경제적·정치적·사회적 측면으로 세분화하여 살펴볼 수 있으며, 이를 바탕으로 주요사회과학이론은 도시생태학이론에서 정치경제학이론 그리고 이와 함께 1990년대 후반 이후 사회공간이론이 등장하고 있음을 확인할 수 있다. 특히 경제적 측면에서의 포스트포디즘과 정치적 측면에서의 신자유주의[100] 그리고 사회적 측면에서의 포스트모더니즘은 오늘의 사회성을 이해하는 데 중요하다. 도시사회학자이자 역사이론가이며, 현대사회를 도시공간정치학적인 견지에서 바라보는 르페브르(Henri Lefebvre, 1910~1983)에 의하면 도시공간은 '시간(역사성)과 공간으로 서로 구분되지만 스스로 분리할 수 없는' 속성을 지닌 요소이며, 공간은 필연적으로 시간의 기억과 결합한다고 언급하고 있다.[101] 특히 르페브르는 '공간'이 자본주의적 생산과정을 통해 하나의 상품으로 만들어가는 과정, 즉 '상품으로의 공간의 생산'을 바라보고 있다.[102] 이에 20세기 이후에 자본주의 도시들이 고전 도시의

〈표 2-15〉 도시기능의 변화양상

| 구분 | 근대도시 | 현대도시 |
|---|---|---|
| 추구가치 | 단일가치 | 다가치 |
| 산업특성 | 산업화 시대의 도시 | 지식기반, 서비스산업 시대의 도시 |
| 공간정의 | 경제활동 공간 | 경제활동, 여가·휴식, 문화공간 |
| 경제가치 창출 기반 | 개발을 통한 경제가치 창출 | 역사, 문화, 환경보전과 지식창출을 통한 경제가치의 창출 |

※ 자료: 박훈·정재용, 도시공간정치학적 측면에서 역사도시의 가치설정 방법론 연구, 대한건축학회 논문집, 제25권 제8호(통권 250호), p.305

---

100) 신자유주의의 시작은 대체로 1970년대 말부터 시작되었다고 말할 수 있다. 그 시작은 미국과 영국으로부터였는데 흔히 대처리즘(영국의 '대처' 수상의 이름을 따서), 레이거노믹스(미국의 대통령 '레이건'의 이름을 따서)로 표현되기도 한다.

101) 이는 르페브르의 도시공간에 대한 주요 이론으로 '공간의 생산'이론에 의하면 당시 프랑스에서 개발되었던 교외의 파비용(Pavillon) 단지를 사례 삼아 기억의 시간 없이 경제적 물질성으로 형해화된 주택보유가 공간과 시간, 물질성과 의미를 분리한다고 비판하고 있는 것과 비교될 수 있다. 박훈·정재용, 앞의 논문, 2009.08, p.305

102) 공간의 생산은 단순히 공간구조를 만들어내는 건조행위를 일컫는 것이 아니라 자본주의적 상품으로서 공간을 만드는 것을 말한다. 그 과정에서 공간이 갖고 있는 장소적 특징들은 사라지고 추상성을 갖는 동질화된 공간이 만들어진다고 볼 수 있다. 이렇게 생성된 공간은 공간구조가 갖는 투명성과 가치성으로 설명할 수 있으며, 현대사회에서의 역사도시 또한 이와 비견될 수 있다. 박훈·정재용, 앞의 논문 p.305

잔재를 상품화된 영토로 전환시켰다고 주장하며, 이에 대한 비판적 의견을 견지한다. 또한 그의 현대도시공간에 관한 다양한 논거 중에서 '역사적 공간'에 관하여 살펴보면 역사적 변화가 '교환가치'를 증대시킨 도시 로마처럼 토지부동산의 상품화 과정에서 옛 도시의 기념비적인 축제적 양상들은 근본적으로 변화했다. 베네치아의 피렌체처럼 역사적 박물관의 장소가 되거나 디즈니랜드처럼 소비자의 심상에 전유되어 재생산된다. 이는 고전도시를 자본주의 공간화의 구성요소이며 상품으로 분석하는 관점이라 할 수 있다.103) 이와 같은 논거를 바탕으로 그림 2-26과 같이 근대의 공간개념을 현대의 공간개념으로 변화시킨 데에는 르페브르의 역할이 지대했다고 볼 수 있으며, 그가 주장하는 현대적 도시공간의 내면에는 시간의 개념이 필연적으로 포함되어 있음을 부정할 수 없다. 특히 도시공간과 역사이론을 연구하는 학자들 사이에서 지속적으로 논의되어 온 시대에 따른 시간과 공간의 관계 변화양상에 대한 연구는 역사도시의 본질을 연구하는 데 있어 주목할 만하다.104)

〈그림 2-26〉 르페브르가 '공간생산론'을 통해서 언급하고 있는 공간이론의 변화

## 역사도시의 가치에 대한 논의

이상과 같이 도시공간에 대한 논의는 지속되어 왔으며, 역사도시와 연계한 논의의 중심에는 '가치의 문제'가 주요한 이슈였다. 세계화의 기조하에 서구 선진국 중심의 가치는 보편성을 포괄하는 가치의 개념으로 자리하게 되었으며, 이는 신자유주의 경제원리와 맞물려 빠르게 사회 전반에 퍼져 나갔다. 그러나 한편으로는 지역 및 도시별로 각각이 가지고 있는 차별화된 가치를 통한 보편적 가치의 중요성이 강조되면서 '가치'의 본질에 대한 다양한 논의는 현재에도 지속되고 있다. 그러나 세계화는 되돌릴 수 없는 것처럼 보이는 반면, 보편적인 것은 사라지고 있는 중인 듯하다. 적어도 서구적 근대에 따른, 다른 어떤

---

103) 박훈·정재용, 앞의 논문, 2009.08, p.305

104) 근대적 공간을 구성하는 핵심은 공간을 얼마나 효율적으로 배치해서 기간을 단축할 것인가의 문제였지만, 현대사회에서는 시간의 공간화, 공간의 시간화의 개념으로 상호 내재되어 하나의 개념으로 나타나는 것으로 설명할 수 있다.

문화권에서도 찾아볼 수 없는 가치체계로 구성된 것으로서 보편적인 것은 사라져가고 있는 듯 보인다. 보편화되는 모든 문화는 자신의 독특성을 잃어버리고 파괴된다. 우리가 강제로 동화시키면서 파괴했던 문화들이 이런 경우에 해당하지만, 보편적인 것으로 자처하는 우리의 문화 역시 마찬가지이다.[105] 이와 같은 사회 전반에 내재되어 있는 다양한 가치 해석의 문제를 공론화하여 논의할 필요성이 제기되는 것이다.[106] 이처럼 역사도시는 문화도시와 맥을 같이하여 설명가능하다.

## 2) 역사도시의 기능과 역할

### 역사도시의 기능

현대사회에서 역사도시는 경제적·문화적 측면 등 다양한 분야에서 가능성을 제공하고 있다. 세계 곳곳에서 역사도시가 지닌 유·무형의 가치와 함께 문화의 중요성이 부각되면서 역사도시를 문화산업과 연계하여 21세기 특성화 전략산업화하고 있으며, 이는 도시의 경제적 부의 창출에 기여하고 있다.[107]

국내의 경우에는 1990년대 후반에 들어서 문화의 중요성이 부각되면서 역사문화환경의 보전을 강조하는 사회적 인식의 변화와 함께 경제성이 강조되게 되었다. 과거에 역사도시의 보전이 개개인에게는 경제적 손실로 인식되었으나(일부에게는 정서적 만족을 주었음에는 부정할 수 없으나 사회 전반적인 측면에서는), 보전을 통한 경제적 이익창출 가능성의 인식이 폭넓게 확산되었으며, 역사도시의 환경이 역사문화자산으로 경제적 가치가 변화하고 있는 것이다. 이와 같은 양상의 배경은 주요 사회과학이론, 사회의 변화양상 그리고 공간정치의 변화양상 등을 통해 확인할 수 있으며, 특히 1960년대 이후의 정치, 경제, 사회적 변화 양상에 따른 역사환경의 인식변화는 다음 표 2-16과 같다. 그리고 1990년대 후반부터의 보존의 중요성 인식은 역사환경요소 보존의 법제적 변화양상과도 관계가

---

105) 유네스코, 보편적인 것에서 독특한 것으로; Jean Baudrillard 편, 문학과 지성사, 2009, pp.56-66

106) 현대사회에서 '문화도시'는 '역사도시'의 개념을 포함하는 의미를 지닌다. '문화도시'란 21세기에 접어들어 도시 이미지 자체가 하나의 브랜드로 인식되면서, 도시공간의 재생과 정비, 친환경적인 도시조성, 매력적인 도시경관 조성과 산업구조의 전환을 모색하는 과정에 문화가 하나의 전략으로 채택되었으며, 이에 따라 '문화도시'라는 용어가 등장하였다. 한편 송인호는 서울의 옛 도시조직과 새로운 도시건축(2004)에서 문화도시는 역사성을 바탕으로 자기 정체성을 갖고 있는 도시이며, 공공성이 확장되고 보장되는 도시로 정의하고 있다.

107) 하지만 유네스코위원회 및 관련 전문가들은 역사도시를 관광도시와 연관 지어 판단하는 것에 대해 우려를 표하고 있다. 2009년 2월, 「서울 4대문 안 역사지구의 사회적 지속가능성」, 국제심포지엄 발표 중

있음을 알 수 있다.[108]

〈표 2-16〉 현대사회에서 다양한 분야의 이념변화와 국내 역사도시의 역사환경 인식에 대한 변화 경향

| 구분 | | 1960 | 1970 | 1980 | 1990 | 2000 |
|---|---|---|---|---|---|---|
| 사회 변화 양상 | 경제 | 포디즘 (케인즈주의) | | 포스트포디즘, 유연적 포디즘 (신자유주의) | | |
| | 정치 | 다원주의 | | 신보수주의 신자유주의 | | |
| | 사회 | 모더니즘 | | 포스트모더니즘 | | |
| 주요 사회과학이론 | | 도시 생태학 이론 | | 정치경제학 이론 | | 사회공간이론 |
| 이론가 | | 버제스, 호이트 등 | | 카스텔, 르페브르, 하비 등 | | |

▶ 역사환경에 대한 국내 여건 변화

| 도시공간정치의 변화 | 중앙도시화 | | 지방화 |
|---|---|---|---|
| 추구가치 | · 경제적 효율성 · 개발우위 | · 친환경성 · 보존 중요성 인식 | · 문화성, 친환경성 |
| 역사도시의 역사환경보전효과 — 개인 | · 경제적 손실 · 정서적 만족 | · 경제적 손실 · 정서적 만족 | · 경제적, 정신적 이익 · 정서적 만족 |
| 역사도시의 역사환경보전효과 — 국가 | · 경제적 손실 | · 경제적 이익 | · 경제적, 사회적 이해 |

※ 참조 1: 이는 정치·경제·사회 분야 등 다수의 이론서적을 통해 정리하였음.
※ 참조 2: 경제분야의 (  )는 조절이론을 의미함.
※ 참조 3: 사회변화양상 및 주요사회과학이론 등의 변화의 경계는 학자들에 따라 다양하게 언급되고 있으며, 이에 시기적 변화양상으로 분류하였음.
※ 자료: 박훈·정재용, 앞의 논문. p.306

## 역사도시의 역할

국내에서 시행된 역사도시에 대한 가치제고의 시도로 1970년대 경주의 보문단지개발 사례를 들 수 있다. 이는 역사도시의 근대화과정에서 도시 내에 계획적으로 현대적 도시기능을 부여한 대표적인 사례로 상징성을 갖는다. 일찍부터 경주는 국내 대표적 역사도시로 인식되어 왔으며, 이를 활용한 현대적 개발방안 모색이 지속적으로 제기되어 왔다. 그리고 이에 대한 결과로 1970년대 초반 정부주도의 관광단지 개발로 가시화된 것이다. 이에 더해 기본적 접근 철학은 도심지역에 존재하는 다양한 역사환경을 보존하고 동시에 이를 활용한 관광개발 방안의 모색 차원에서 접근이 이루어졌다는 데에서 당시의 역사환경과 도시개발에 대한 가치관을 사고할 수 있다.

---

108) 1990년대 초반까지 역사환경에 대한 논의는 '보존과 개발'에 관한 논의가 주로 이루어졌으나, 1990년대 이후 '보존과 관리'로 논의의 중심이 옮겨지고 있으며, 이는 역사환경에 대한 사회적 인식의 변화와 함께 관련 법제도의 변화양상과도 연관해 볼 수 있다.

특히 보문단지 개발의 목적은 경주의 정취를 보존 유지하고 역사적 전통성과 함께 고유 문화와 현대문화가 공존하는 관광단지 창출을 위한 기반 시설 및 환경을 정비하여 관광객을 적극적으로 유치하는 목적을 갖고 개발되었다. 이와 관련한 개발 상세 내용은 표 2-17을 통해 확인할 수 있다. 이러한 배경 속에서 개발된 보문관광단지는 사회적 역할과 사회적 기여도 면에서 지속적인 관심의 대상이 되어

※ 출처: 경주시 장기종합발전계획, 2006

〈그림 2-27〉 역사문화 관광도시조성사업의 일환으로 새롭게 혁신 리모델링 사업이 진행될 경주 보문단지

왔으며, 오늘날 지역사회의 기여도 면에서 또한 중요도가 높다고 하겠다.[109] 그러나 이와 같은 정부 주도의 개발은 사업의 가시성에 있어서 높이 평가받을 수 있는 장점을 지니지만 오늘날 제기되는 역사도시 내 역사환경의 활용과 이를 통한 관광활성화 방안과는 차이가 있음을 확인할 수 있으며, 또한 지난 30여 년간에 걸친 사회의 발전과정에서 나타나는 사회적 가치관의 변화와 역사환경에 대한 변화된 사고와 조화되지 못하고, 운영 프로그램적으로나 시설 면에서 상당부분 리모델링 사업의 필요성이 제기되고 있다. 현재 경주시에서

〈표 2-17〉 보문단지개발 관련 상세

| 구분 | | 특징 |
|---|---|---|
| 위치 | | 신평동, 천군동 일원 |
| 면적(㎢) | | 8,006(242만평) |
| 개발주체 | | 경북관광개발공사 |
| 개발기간 | | 1973~2010 |
| 총사업비 | | 9,709억 원 |
| 주요도입시설 | 공공시설 | 도로, 소방서, 파출소, 관리사무소 등 |
| | 숙박시설 | 호텔 9, 소형호텔 2, 콘도 5, 여관지구 2 등 |
| | 상가시설 | 보문상가, 거구장, 대호한정식 |
| | 휴양시설 | 교육연수원, 신라촌, 영어마을 |
| | 운동시설 | 골프장, 유희시설, 종합오락장, 승마장, 종합스포츠시설 등 |
| | 기타시설 | 주거시설, 호수 및 하천 녹지 |

※ 자료: 경주시 문화관광과 내부자료

---

109) 보문관광단지 개발 방향 및 관광산업 활성화 방안 마련을 위해 보문관광단지가 경주지역사회에 미친 기여도에 대한 조사내용을 살펴보면 경주시 총 취업인구의 2.4%를 차지하며, 2008년 기준 총 자금지출이 2008년과 비교하여 125% 증가한 것으로 분석되었다. 또한 지방세 납부 현황 측면에서 경주시 총 세입의 3.2%를 차지하며, 특히 담배소비세와 자동차세를 제외하면 보문단지에서 납부하는 비율이 9.0%를 차지하여 경주 재정에 상당한 기여를 하는 것으로 분석되었다. 2009년 경주시 내부 보고자료

는 이에 대한 세부적 방안 마련을 준비 중에 있으며, 그림 2-27과 같이 역사문화도시조성 사업의 일환으로 새로운 혁신 리모델링 사업을 추진하고 있다.

보문단지의 개발은 앞서 설명한 바와 같이 국내에서 역사도시에서의 현대적 기능의 부여 측면에서 중요한 시도로 인정되고 있으나 구도심지역을 중심으로 하는 역사지역과 도시공간적으로 연계성이 떨어지는 등 도시계획적으로, 그리고 문화적으로 지속적인 한계가 제기되어 왔다. 또한 이와 같은 특성은 보문단지를 중심으로 하는 개발계획의 추진으로 점차 도시의 역사성 제고와의 차이를 보이게 되었고, 보문단지를 중심으로 하는 지속적 축제와 관광활성화 방안을 위한 행사는 점차 지역주민들의 참여와 관심이 감소하는 결과를 초래하게 되었다. 이와 같은 현상은 정부주도의 역사도시 개발방안 모색의 한계로 설명할 수 있다. 이와 같은 결과의 중요한 요인으로 도시가 가지는 역사문화유산의 보존 중심적 사고(思考)에 의존한 개발방안 추진을 들 수 있으며, 현대사회에서 제기되는 역사도시의 문화적 가치를 통한 도시공간의 활용과 도시의 개발방안 모색과의 차이에서 원인을 찾을 수 있다.

이와 같은 정부 주도의 정책과 달리 1990년대 들어서 역사도시의 중요성과 가치의 중요성이 사회 전반적으로 강조되기 시작하면서 사회·문화적 측면에서 또한 활발하게 논의되었다. 이에 대한 결과로 역사와 문화의 연관관계를 통한 지역특성화 발전전략이 수립되었고[110] 특히 국내의 경우 지역균형발전,[111] 지역특성화 발전전략 등 지방 중소도시의 문화적 특성을 바탕으로 특성화사업을 지속적으로 수행하는 계기가 되었으며, 이는 지방자치제가 본격적으로 출발하면서 각 지자체들이 구사하는 지역발전프로젝트로 가시화되어 나타나게 되었다.[112] 이에 대한 내용을 도시 문화적 측면과 그리고 경제적 측면으로

---

110) 트로스비(David Throsby)는 문화가 도시 개발과 특정 지역발전의 측면에서 네 가지의 중요한 역할을 한다고 했다. 첫째, 피사의 사탑 등과 같이 해당 지역의 문화시설은 문화적 상징성과 도시경제에 영향을 미치는 흡입력을 가지고 있다. 둘째, 피츠버그나 더블린의 경우처럼 '문화특구'는 지방의 발전을 위한 중심점 역할을 하고 있다. 셋째, 문화산업, 특히 공연 예술은 런던이나 뉴욕 같은 대도시뿐만 아니라 작은 지방도시와 마을에까지 지방 경제의 중요한 요소가 될 수 있다. 넷째, 문화는 공동체사회의 주체성, 창조성, 유대감과 생동감을 함양하고 그 도시와 도시 거주자들을 규정짓는 문화적 특성과 관습을 통해서 도시 발전을 확신시키는 역할을 한다. 또한 이와 같은 네 가지의 역할은 일상생활에서 상호 배타적이지 않다. Throsby, Economics and Culture, 2001, pp.181-182

111) 지역균형발전은 한국의 지역 간 불균형 문제를 경제적 관점에서 해결하기 위한 것이다. 여기서 중요한 것은 이러한 경제적 문제를 '문화'를 통해 접근해 그 해결의 실마리를 찾고자 한다는 점이다. 이것은 일차적으로 문화가 경제적 측면에서 실질적으로 중요한 역할을 하는 영역으로 이해하는 것이다.

112) 각 지자체에서 구사하는 지역발전 프로젝트의 틀은 다음과 같이 설명할 수 있다. 1. 현재의 자원과 조건을 그대로 활용하거나 개선하여 지역발전을 도모하는 기초발전전략, 2. 지역 나름대로의 독특한 전략을 구사하여 지역소득을 높이고 주민들의 삶의 질을 높이는 특성화 발전전략, 3. 1960년대 이후 우리나라의 중앙 및 지방 관료들이 끊임없이 강조해온 제조업 중심의 발전전략 등 크게 세 가지로 구분될 수 있으며 다음의 표와 같다.

구분하여 접근하면 다음과 같다.

### (1) 도시 문화적 측면

우선 도시 문화적 측면에서 살펴보면 '과거가 현재에 의해 전유되는 방식' 또는 '현재 속에서 서로 경합하는 과거' 그리고 '자원'의 개념은 장소판매를 분석한 현대사회에서의 주도적 경제개념이다. 그리고 그것은 도시문화를 둘러싼 권력관계와 계급적 갈등이 존재하고 있다는 것을 말해준다. 유물론적 관점에서 시간과 공간은 물질의 객관적인 형태를 표현한다. 또한 공간은 본질적으로 애초에 주어진 것인지는 모르지만 공간의 조직과 의미는 사회적 해석, 이행, 경험의 산물인 것이다.[113] 바로 그런 의미에서 도시의 문화적 특성은 끊임없이 변화하고 발전하며 그 과정은 늘 새로운 사회적 관계를 형성한다. 공동체가 해체되는 과정은 그 자체로 새로운 공간생산에서 발생하는 갈등의 존재를 의미하는 것이고 새로운 공간의 생산은 기존 상징과 이미지에 대한 해체를 수반하는 것이다.

국내의 경우 지역 문화의 특성을 바탕으로 하는 지역 정체성에 대한 가치제고는 1994년 본격적으로 시작된 지방자치제의 실시와 함께 새롭게 사회적 관심을 불러일으키는 계기가 되었으며, 그것은 곧 지역 및 도시정책에 있어서 중요한 질적 전환을 가져왔다. 즉

지역특성화 발전전략의 유형과 내용

| 내용 | 구체적 내용 또는 사례 | | |
|---|---|---|---|
| 기초발전전략 | 지역 정보화 사업(지역 정보통신 인프라 및 시스템)<br>행정개혁(법령 정비와 제도개선) | | |
| 지역특성화<br>발전전략 | Intelligence polis 건설 | 지역 전통산업 재활성화 | 문화유산산업 |
| | | 테크노폴 건설 | 첨단정보통신산업<br>신산업, 벤처기술 육성 |
| | Art polis 건설 | 지역 문화산업 특화 | 문화특구 조성<br>이벤트산업(축제 등) |
| | | 관광·레저 단지 개발 | 디즈니랜드 형의 레저단지개발 |
| | Eco-polis 건설 | Sun City 개발 | 리타이먼트 커뮤니티 퇴직자 마을 등 |
| | | 환경도시 건설 | 습지보호·도시의 공원화 걷고 싶은 거리 |
| 제조업 중심 전략 | 대단위 공장건설, 대규모 공장유치 | | |

※ 자료: 김영정, 지역정보화와 지역발전의 관계, 지역사회학회편, 2000, pp.80-83

이 가운데 두 번째 지역활성화 또는 특성화 전략이 특히 문화산업 전략을 포괄하는 개념이다. 이들 도시들은 다시 Intelligence Polis, Art Polis, Eco-polis로 구분될 수 있으며, 이러한 특성화 발전전략은 지역이 주도적으로 추진하면서 다른 도시들과 구별되는 특수한 전략을 구상·실천함으로써 도시의 활성화와 경쟁력을 높이는 사업이 되는 것이다.

113) Edward Soja, The City: Los Angeles and Urban Theory at the End of the Twentieth Century, University of California Press, 1997, p.106

정체성을 기본적으로 구별짓기(distinction)와 차별화(differentiation)를 통해서 형성되는 사회적 태도라고 본다면 지방자치제 이후 국내의 각 지방자치단체들이 추구하고 있는 문화적 상징을 통한 지역정체성의 구축은 각 지역이 하나의 독립적인 단위로서 성장할 수 있느냐를 판가름하는 중요한 요소로 평가받았던 것이다. 도시문화를 둘러싼 사회적 관계가 실재한다면, 역사와 문화라는 자원을 동원하는 방식을 둘러싼 경쟁과 갈등의 관계라는 점에서 도시공간은 또 하나의 사회운동의 장(場)으로 평가될 수 있다. 도시문화의 사회적 관계는 도시의 집합적 정체성에 영향을 미치며 이를 통해 도시적 정체성이 형성되어가는 과정은 그 자체로 문화적 가치표현의 장(場)이 된다.

이와 같은 특징은 도시의 역사와 문화적 특성을 바탕으로 설명할 수 있으며, 역사도시에 기본적으로 내재해 있는 정체성을 통해 현대사회에 가시화될 수 있다.

### (2) 경제적인 측면

역사도시는 오늘날 경제적 측면에서의 다양한 가능성을 제공하고 있다. 특히 역사도시의 가치와 함께 문화의 중요성이 부각되면서 역사도시를 문화산업과 연계하여 21세기 특성화 전략산업화하고 있으며, 경제적 부가창출에 기여하고 있다.[114]

특히 2000년대부터 문화의 중요성이 부각되면서 역사문화환경 등의 보전을 강조하는 사회적 환경의 변화와 함께 경제성이 강조되게 되었다. 과거에는 역사도시의 보전이 경제적 손실이었으나 보전이 경제적 이익으로 변화하였으며, 역사도시의 환경이 역사문화자산으로 경제적 가치가 변화하고 있는 것이다. 문화재는 정서의 공유대상이며, 한 사회의 정체성은 시간적 그리고 공간적인 공유에 의해서 형성된다. 이것은 공동의 정서를 담은 문화재가 그 매개가 된다. 역사도시의 역사문화환경을 계속적으로 보전하고 조성함으로써 역사적 정체성과 우리 문화의 정체성을 확립할 수 있다. 아울러 문화의 지방성과 보편성을 확대할 수 있고 세계화와 지방화 추세에 대응할 수 있는 지역경쟁력을 제고할 수 있다. 세계화 추세로 중앙정부의 역할이 줄어드는 대신 지방정부의 역할이 증대되어, 국가 대 국가의 관계보다 도시 대 도시 간의 관계가 중요해지고 있다. 역사도시의 역사문화환경을 계획적으로 관리하여 역사도시가 가진 역사문화의 고유성을 살리는 한편 관광자원

---

114) 하지만 유네스코위원회에서는 역사도시를 관광도시와 연관해 판단하는 것에 대해 우려를 표하고 있다. 2009년 2월, 「서울 4대문 안 역사지구의 사회적 지속가능성」, 국제심포지엄 발표 중

으로서의 보편성을 확보하여 지역 경쟁력을 높일 수 있다.

또한 역사도시의 관리는 단순히 역사문화자산을 보전한다는 의미에서만이 아니라, 도시재생사업 차원에서 시행된다.[115] 따라서 중·장기적으로 역사문화환경과 주거환경이 크게 개선되어 주민들은 보다 나은 생활환경을 영위할 수 있으며, 역사환경이 내재된 구도심의 재생으로 차별화된 역사문화경관을 조성할 수 있어 관광객 증가와 지역경제 활성화를 도모할 수 있다(표 2-18 참조).

〈표 2-18〉 경제적 측면에서 역사환경의 중요성 변화양상

| 구분 | | 1960~1990년대 중반 | 1990년대 후반 | 2000년대 이후 |
|---|---|---|---|---|
| 추구가치 | | · 경제적 효율성<br>· 개발우위 | · 친환경성<br>· 보존 중요성 인식 | · 문화성·친환경성 |
| 보전의 효과 | 개인 | · 경제적 손실 | · 경제적 손실 | · 경제적·정신적 이익 |
| | | · 정서저 만족 | · 정서적 만족 | · 정서적 만족 |
| | 국가 | · 경제적 손실 | · 이익 | · 경제적·사회적 이익 |

## 3) 소결

이상 살펴본 바와 같이 다양화(多樣化)·다변화(多變化)·다층화(多層化)되어가는 현대사회에서 도시의 역할과 기능은 점차 분화되고 '특성화'의 양상이 나타나며, 도시(공간)의 문제에 대해 접근함에 있어 다차원적(多次元的)인 접근의 필요성이 제기되는 시대이다. 이에 대한 접근의 시각으로 모더니즘적 접근을 통한 물리적 분석방법론에 더하여 오늘날 르페브르(Lefebvre), 하비(Harvey) 등 도시를 정치경제학적으로 바라보는 사회학자들의 방법론을 통한 접근의 필요성에 대해 사고(思考)하였다.

과거 1960년대까지 역사도시의 가치는 역사유산의 점적인 측면에서 보존을 통한 가치 중심이었으며, 1980년대 들어서 역사환경은 면적 보전을 통한 가치로 변화하였고, 1990년대 후반에 들어서 현대사회에서 역사도시는 도시(공간)의 합리적 관리를 통한 가치의 창출 개념으로 변화하는 양상에서 이에 대한 중요성과 가치의 논의는 정치·경제 등 다양한 접근을 통한 분석의 필요성을 설명하고 있다. 또한 이는 역사도시에 대한 '가치'의 이

---

115) 초기 도시재생사업은 도시 내의 특정지역에 생동감을 불어넣음으로써 도시의 활력을 되찾고자 하는 생산적이고 발전적인 목적을 지녔으며, 이는 근대 이후 도시의 고유한 정체성이 사라진 기능주의적 양식의 건축물로 채워지는 경향이 나타났으나, 1970년대부터 자연환경 및 역사문화유적 보전에 대한 인식이 확산되면서 철거개발 중심적 도시재생방법에서 문화중심의 도시재생방법으로 변화하였다. 이를 통해 도시의 정체성을 회복하기 위한 방법으로 역사적 환경을 보전하면서 도시의 기능을 재생시키는 사업이 활발히 진행되어왔다.

념변화를 바탕으로 도시의 사회상 속에서 논의가 필요한 것이다.

즉 역사환경 중심의 접근에서 이를 포함하는 도시(공간)개념을 통한 가치설정으로 관점의 전환을 가져온 것이다. 앞서 살펴본 바와 같이 지역특성화 전략을 통한 역사문화도시와 연관성을 가지며[116] 이를 통한 역사문화 관광도시로의 전개 또한 지역의 특성화 전략을 통해 얻을 수 있는 현대가치의 일면이라고 볼 수 있다. 이는 기본적으로 앞서 언급한 1990년대 이후 도시(공간)의 합리적 관리 개념과의 연관성을 통해 접근이 가능하다.

즉 가치의 문제는 사회적 접촉이 많아질수록 인문적·사회적·경제적 특성 등을 수반하게 되며 다양한 양상으로 도시공간에 반영된다.

---

116) '문화도시'란 역사성을 바탕으로 자기정체성을 갖고 있는 도시이며, 공공성이 확장되고 보장되는 도시로 정의될 수 있다. 1990년대 들어서면서 역사도시에 대한 인식은 점차 역사문화도시의 개념으로 전환되고 있다. 송인호, 서울의 옛 도시조직과 새로운 도시건축, KunWon, 2004, p.126

# 역사도시의 가치설정과
# 분석의 틀*

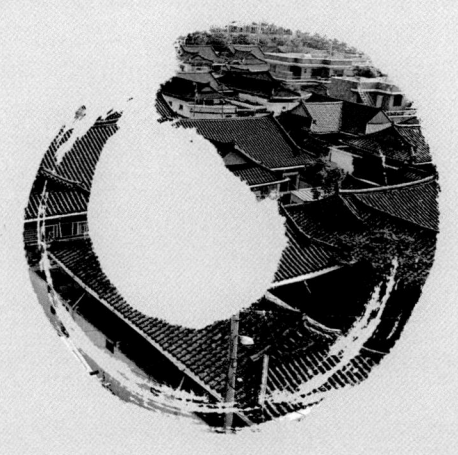

\*  제3장 '역사도시의 가치설정과 분석의 틀'은 박훈·정재용의 도시공간정치학적 측면에서 역사도시의 가치설정 방법론
   연구, 대한건축학회논문집 계획계, 제25권 제8호(통권 250호), 2009.08, pp.301–312의 내용을 중심으로 작성하였다.

# 1. 역사도시 가치설정의 배경 및 필요성과 가능성

## 1) 역사도시 가치설정의 배경

본 저서에서 역사도시의 가치설정과 함께 보전 및 관리방안 제안의 가능성을 사고하기 위하여 현대사회의 특성을 종합적으로 반영한 역사도시의 가치설정 기준마련이 필요하다.

역사도시, 역사문화, 역사관광 등 21세기에 들어 사회전반에 걸쳐 역사도시에 대한 관심이 높아지면서 역사도시에 대한 연구를 진행하고, 합리적인 역사도시의 보전 및 관리방안을 제안하기 위하여 가치를 설정하는 기준마련의 필요성이 제기된다.

이는 전문가와 일반인을 포함하여 사회적 공감대가 형성되고 공통적으로 지각하는 역사도시의 가치를 설정할 수 있는 방법론 개발의 필요성으로 설명할 수 있다. 또한 역사도시의 중요성에 대해 국외에서 제안하고 있는 특성을 포함하여 다양한 기관 및 학자들이 제안하고 있는 가치기준의 항목들을 대신할 수 있고 신뢰성과 타당성을 갖는 측정도구의 개발 또한 포함한다.

이를 통해 궁극적으로 기존 역사도시에 대한 가치기준의 문제점을 지각하고, 현대사회에서 '역사도시'가 가지는 특성을 규명하며 가치를 측정할 수 있는 도구 개발의 필요성과 함께 종합적인 가치설정의 필요성을 사고해 볼 수 있다.

## 2) 역사도시 가치설정의 필요성과 가능성

### 역사도시 가치설정의 필요성

현대사회에서 역사도시는 경제적·문화적 측면 등 다양한 분야의 접근을 통해 중요성과 가치가 논의되고 있으며, 연구 또한 지속적으로 이루어지고 있다. 하지만 개별 역사환경요소의 중요성과 가치 연구가 주를 이루고 있는 시점에서 종합적인 차원에서 개개의 역사환경요소가 가지는 중요성을 연구하는 데는 어려움이 있다. 또한 이에 선행하여 역사도시의 현대 가치를 설정하고, 이를 합리적으로 평가할 수 있는 기준이 마련되어 있지 않은 현실에서 역사도시 각각의 가치를 설정하고 보전 및 관리방안 그리고 개발방안을 마련하는 데는 한계가 있다. 이에 도시적 차원에서의 역사도시 특성분석, 역사환경요소 등의 분석을 통해 해당 역사도시가 지니는 근본가치를 파악하고, 이를 통해서 역사도시에 부합하는 도시적 차원의 특성분류와 역사환경의 가치를 논하는 일은 필수적이다.

또한 현대사회에서 각각의 역사도시가 가지는 도시공간의 특성을 인식하고, 각각의 차이에 부합하는 가치를 설정하며, 도시적 특성파악을 통해 해당 도시가 가지는 가치를 정치경제적 측면에서 해석한다. 그리고 역사환경요소의 도출을 통해 특성화된 가치설정이 필요하며, 이에 부합하는 보전 및 관리방안이 뒤따라야 한다. 이와 함께 전문가와 일반인들이 인지하는 역사도시의 가치설정요인의 제안을 통해 국외에서 제안하고 있는 역사도시의 중요성과 유네스코 및 역사도시연맹 등 다양한 기관 및 학자들이 연구논문 등을 통해 제안하고 있는 가치기준의 항목들을 대표할 수 있으며, 신뢰성과 타당성을 갖는 항목을 설정할 수 있다. 이와 같은 종합적 과정을 통해 역사도시의 특성을 규명하고 가치를 설정할 수 있다.

이를 통해 궁극적으로 역사도시의 종합적인 특성을 규명하고, 보전 및 관리방안을 수립하며, 도시설계 측면에서 합리적이고 효율적인 체계 구축을 기대할 수 있다.

### 역사도시 가치설정의 가능성

현대사회에서 정치적, 경제적, 그리고 환경적인 원인으로 다양한 이름의 도시가 만들어지며, 기존 도시가 새롭게 부각되는 등 도시의 환경이 지속적으로 변화하고 있는 현실에서 역사도시는 그 용어 자체에서 의미하는 바와 같이 역사적 성격을 담고 있는 도시로서, 역사적 환경요소를 지니며, 또한 환경적으로 지속가능한 도시로서의 가능성을 지니고 있음을 알 수 있다. 앞서 살펴본 바와 같이 모든 것이 급하게 변화하고 있는 현대사회에서 역사도시 역시 그간의 다양한 변화 특성이 내재하고 있으며, 역사도시의 가치설정 방법론의 제안을 통한 요인의 설정은 현대인들에게 역사도시 가치의 중요성을 다양한 측면에서 논의하는 데 가능성을 제공할 수 있다. 또한 각기 다른 성격과 특성 또는 도시의 역사성을 비교 분석하여 각각의 도시에 적합한 역사환경의 보전 및 관리방안 수립이 가능해진다. 이는 이론적 논의와 함께 건축 및 도시분야 그리고 경제분야 등 다양한 분야의 전문가들 및 일반인에 의해 제안되고 있는 역사도시의 인지요소 설정을 통해 가능성을 더할 수 있다.

가치의 개념은 상대적이며 주관성이 우선될 수 있는 것이지만 현대사회를 살아가면서 사회적으로 공감대가 형성되는 공통의 가치를 설정하고, 이를 통해 객관화의 가능성을 검토하고자 한다.


## 3) 소결

과거 역사도시(지구)는 전통적으로 역사유산을 중심으로 하는 보존 중심의 대상이었고, 거주하고 있는 지역주민에게는 환경적으로 생활에서의 불편을 초래하는 결과를 낳았으며, 경제적으로는 타 지역에 비하여 지속적 손실을 초래하는 구조였다. 하지만 앞서 살펴본 바와 같이 1990년대 들어서면서 문화에 대한 가치와 중요성이 강조되면서 각 도시 또는 각 지역이 가지고 있는 고유의 문화자원에 대한 인식이 변화하게 되었다.

이와 같은 사회적 변화양상을 바탕으로 서구 선진국에서는 이미 다양한 분야에서 역사환경을 통한 이익의 창출을 현실화하고 있는 반면에 국내에서는 이를 활용한 구체적 실천방안이 아직 초보적인 단계에 머무르고 있는 실정이다.

이에 현대인이 중요하게 사고하는 역사도시의 가치를 설정하고, 이를 바탕으로 역사도시의 보전 및 관리방안을 설정하는 것은 시대환경에 부합하는 일이다. 그리고 이를 바탕으로 '사회성'을 반영하는 가치를 재논의하는 것은 마땅히 우리가 해야 할 책무와도 같다.

특히 근대 이후 도시공간의 특성은 다양화, 다변화되어가고 있으며, 사회가 급하게 변화하는 양상에 비견하여 도시의 특성을 분석하는 경향은 차이가 있음을 인식할 수 있다. 그리고 현대사회에 접어들면서 기존의 분석방법론은 한계에 이르게 되었으며, 이에 대한 대안으로 현대도시공간의 문제점을 분석하고 재해석하려는 시도가 도시공간정치학적인 차원에서 지속적으로 이루어져 왔다.

이는 르페브르(Henri Lefebvre), 하비(David Harvey) 등 막스(Karl Heinrich Marx) 이후 자본론에 주목하는 다수의 이론가들에 의해 시도되어 왔으며, 이들의 주요이론은 다원적, 지방분권적, 다가치를 추구하는 포스트모던적 현대사회를 이해하는 데는 필수적인 요소라고 할 수 있다.[1] 이와 같은 특성을 바탕으로 현대사회에서 논의의 중심에 있는 '가치'의 문제를 역사도시의 범주에서 고민해 볼 수 있으며, 또한 현재 제안되고 있는 역사도시의 중요성과 가치에 대한 기준[2]을 검토하고 이를 포괄하며, 국내 정서에 부합하는 가치기준 설정을 위한 방법론 제안이 가능하다.

## 2. 역사도시의 가치설정을 위한 방법론의 제안

### 1) 구성체계의 제안

역사도시, 역사문화, 역사관광 등 21세기에 들어 역사도시에 대한 관심이 높아지고 학계와 실무계 그리고 사회적으로 또한 관심이 증대되고 있는 상황에서 역사도시에 대한 연구를 진행하고, 역사도시의 보전 및 관리방안을 제안하기에 앞서 역사도시의 특성을 분석하기 위해 측정하는 척도개발의 필요성이 제기된다. 이를 통해서 현대사회에서 다양한 유형으로 나타나는 역사도시의 특성 및 역사 현황을 분석하고 이에 부합하는 보전 및 개발방안의 가능성을 확인할 수 있다. 이는 도시적 차원에서의 분석, 역사환경의 특성 분석 그리고 현대인의 인지요소 분석을 통해 접근이 가능하며, 이들의 상호연관관계는 그림 3-1과 같다. 위와 같은 배경을 바탕으로 앞서 살펴본 이론적 차원에서 역사도시의 개념과 보존철학에 관한 이해와 함께 현대사회에서의 역사도시에 대해 논의되고 있는 논쟁을 고찰하며, 이를 통해 현대사회에서 역사도시가 갖는 가치척도 HVIS(Historic city Value Item Set)를 설정하고 탐구하고자 한다.

---

1) 최병두는 근대의 도시공간을 모더니즘적인 공간계획에, 현대의 도시공간을 포스트모던 공간계획과 연관해 설명하고 있다. 그리고 포스트모던 공간계획은 다원적, 지방분산적, 지역혁신, 지역공동체 등의 특성을 갖고 있다고 설명하고 있다. 근대적 공간의 한계, 2002, pp.118-121

2) 현재 UNESCO, CIVVIH, 세계역사도시연맹 등에서는 역사도시의 중요성과 가치기준을 설정하고 있으나 한국적 정서와는 차이가 있으며, 개념 위주의 언급으로 인해 다의적 해석의 문제 또한 가지고 있다. 이를 보완하고 독특한 (unique) 가치척도 설정의 필요성이 제기된다.

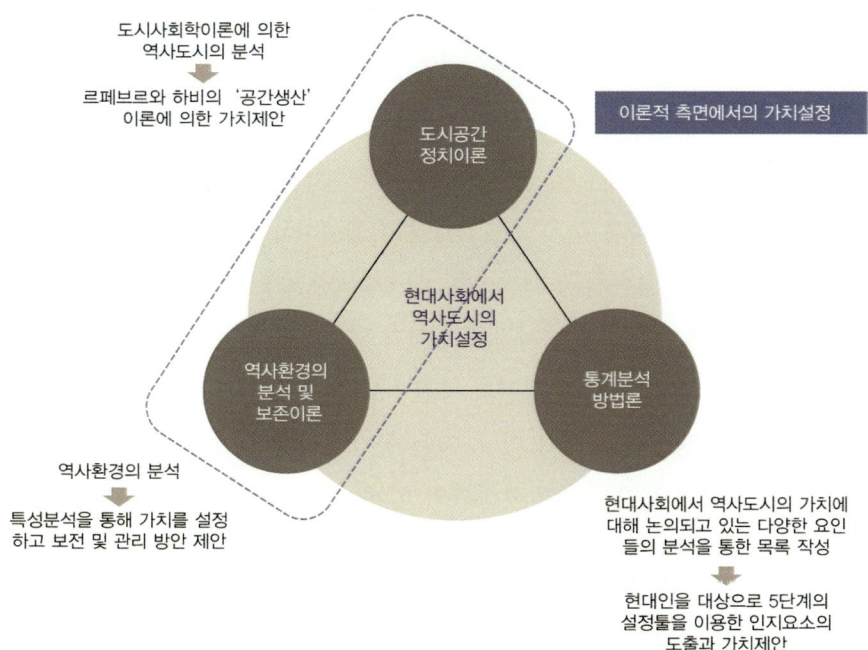

〈그림 3-1〉 역사도시의 가치설정을 위한 개념도

## 2) 가치설정의 이론적 배경 및 구성체계

### 현대도시와 도시공간정치이론

#### (1) 르페브르(Lefebvre, 1901~1983)와 하비(Harvey, 1935~)의 공간정치이론

도시사회학적 차원[3])에서 현대도시의 해석 방안은 모더니즘적인 근대도시공간의 해석 방법론과 비교하여 다변화, 다가치의 개념접근을 통한 도시공간해석이 필요하며, 이와 같은 측면에서 접근하는 대표적인 이론가로는 르페브르와 하비를 들 수 있다. 이들은 근본적으로 도시의 공간성과 시간성에 주목하고 있으며, 이를 공간정치학적인 견지에서 분석하고 있다.[4]) 이와 같은 배경을 바탕으로 '도시사회학'적 접근을 통해 '공간의 생성'[5])이론

---

3) 1900년대 도시사회학 견지에서의 발전은 초기 도시생태학 이후 복잡화된 현대사회를 해석하기 위해 정치경제학적 견지 그리고 이후 사회공간적 이념 등이 주요 도시사회학 이념으로 자리하고 있다. 이와 같은 도시사회학 이론은 다음과 같은 개념을 바탕으로 도시를 이해한다. 1970년대 이후 도시는 독특한 유형도 필연적으로 운명 지어진 것이 아니며, 공간 형태는 그 사회를 지배하는 독특한 생산양식에 의해 규정된다. 그리고 외생적인 기술에 의해서가 아니라 내성적인 정치·경제적 힘들에 의해 형성된다는 마르크스의 도시관에 입각하여 도시이론을 전개한다. Gordon, David M. 1984. p.22

4) 르페브르와 하비는 도시공간에 관한 다양한 이론을 제기하고 있으나 본 저서에서는 도시공간에 있어서 '시간과 공간

에 관한 도시공간적 차원에서의 가치에 관하여 논의하고자 한다.

르페브르는 철학적·형이상학적·수학적 공간과 대비되는 공간으로서 '사회적 공간'을 논하고 있다. '사회적 공간'은 선험적으로 주어진 것이 아니라 인간생활과 더불어 항상 함께하면서 형성·변화해가는 것으로 이해되어야 한다. 공간은 사회적 과정이 작동하는 장소이며 동시에 그 작동에 영향을 미치는 조건으로 이해되어야 한다. '사회적 공간'은 인간의 일상적 삶의 행위들이 이루어지는 장소이며 타인과 상호작용하면서 만들어지고 변화되는 공간이다. 또한 그 속에서 활동하는 사람들의 삶과 규범, 가치관에 일정한 영향을 미친다.[6]

르페브르는 사회적 공간을 사회 실천의 공간으로 파악하면서 공간을 단순히 물리적 특성만으로 바라보는 입장을 거부하고 있다. 그는 공간생산의 의미를 파악하기 위해서는 논리적이며-수학적인 공간의 형식적인 추상화와 함께 사회공간의 실천적-감각적 영역의 설명이 필요하다고 보고 있다.[7] 공간을 만들어가는 전문가들의 실천뿐만 아니라 이상적 삶을 통해 이루어지는 다양한 공간 활용과 공간에 대한 의미 부여를 포함한 인간의 공간실천행위를 이해할 때, '공간생산'의 의미를 보다 명확히 파악할 수 있다고 주장한다.

이에 더하여 르페브르는 이러한 '공간'이 자본주의적 생산과정을 통해 하나의 상품으로 만들어지는 과정, 즉 '상품으로서 공간의 생산'을 바라보려 한다.[8] 상품으로서의 공간은 일련의 행위(operation) 과정의 산물로서 단순한 사물로 환원될 수 없으며, 행위를 제안하거나 금지하면서 새로운 행위가 일어날 수 있도록 허용한다. 이러한 행위들 사이에서 어떤 사람들은 공간의 생산에 봉사하고 어떤 사람들은 공간을 소비하게 된다.[9]

'상품으로서의 공간'은 물질 생산을 위한 환경을 조성해주며 이 과정에서 공간 자체가 하나의 생산요소가 되고 나아가 주요한 생산력으로 자리 잡게 된다. 공간생산을 위한 행위 과정에서 물리적 공간 위에 존재하는 사물들과 환경들은 재조정의 과정을 겪게 되며 공간의 의미와 구성, 질서는 변화하게 된다.

---

의 개념'과 '도시의 생산 개념'에서 제안하고 있는 공간의 개념에 한하여 접근하였다.

5) 이는 단순하게 공간에 대한 지식을 획득하는 것이 아니라 공간이 자본주의 사회의 유지·전환에 어떻게 기여하는가에 관한 의문을 해명하고, 공간문제를 둘러싼 실천적 행동을 위한 기반을 제공하기 위해 제안되었다. 박훈·정재용, 도시공간정치학적 측면에서 역사도시의 가치설정 방법론 연구, 대한건축학회논문집, 2009.08, p.308

6) Lefebvre, The production of space, Oxford UK: Blackwell, 1991

7) Lefebvre, 앞의 책, p.15

8) 이를 통해서 르페브르는 공간생산에 관한 이론화를 시도했으며 이러한 이론화는 단순하게 공간에 대한 지식을 획득하는 것이 아니라 공간이 자본주의 사회의 유지·전환에 어떻게 기여하는가에 관한 의문을 해명하고 공간문제를 둘러싼 실천적 행동을 위한 기반을 제공하는 데 목적이 있다고 할 수 있다. 최병두, 근대적 공간의 한계, 1991, p.76

9) Lefebvre, 앞의 책, p.73

사회적 공간은 자연이나 과거의 역사로서 적절하게 설명될 수 없다. …… 집단들의 행위, 지식, 이데올로기, 재현 영역 안에 존재하는 요인들이라는 매개물을 고려해야 한다. 사회적 공간은 자연적이고 사회적인 대단히 다양한 사물(objects)들을 담고 있다. …… 이러한 사물들은 단순한 물건만이 아니라 관계를 포함한다. 사물로서 그것들은 독특성(peculiarity)과 윤곽(contour), 형태(form)를 가진다. 사회적 노동은 그것들의 물질성, 자연적 상태에 영향을 주지 않으면서 시공간적 지형(configuration) 속에서 그것들의 위치를 재조정함으로써 그것들을 변형시킨다.[10]

르페브르는 이러한 변화의 과정을 통해 형성되는 공간은 하나의 가치나 의미를 갖는 것이 아니라 다가치적(polyvalence) 특성을 갖게 된다고 본다. 또한 동일한 물리적 공간 위에는 다양한 사회적 공간이 형성되며 겹쳐지게 된다. 사회적 공간들이 서로 겹쳐지거나 침투하게 되는 원리에 대한 분석을 함으로써 부분공간들이 갖고 있는 다양한 사회적 관계를 알 수 있게 된다. 공간 배치와 재조정의 과정에는 다양한 사회적 계급과 사회적 존재의 의도와 이해관계가 개입하게 되며 이를 통해 다양한 사회적 공간이 생성되고 겹쳐지게 된다. 사회적 공간들이 서로 겹쳐지거나 침투하게 되는 원리에 대한 분석을 함으로써 부분공간들이 갖고 있는 다양한 사회적 관계를 알 수 있게 된다. 공간 배치와 재조정의 과정에는 다양한 사회적 계급과 사회적 존재의 의도와 이해관계가 개입하게 되며 이를 통해 다양한 사회적 공간이 생성되고 겹쳐지게 된다. 이 과정에서 각각의 계급은 자신들의 이해관계를 반영할 수 있는 공간구조와 질서를 만들기 위해 끊임없는 투쟁과 실천을 벌여나가게 된다. 르페브르는 이러한 공간실천이 구체적으로 어떠한 층위를 갖고 수행되는가를 보려 하였으며 그것을 '공간적 실천(spatial practice)', '공간의 재현(representations of space)', '재현의 공간(representational spaces)'이라는 세 가지 층위로 제시한다. 르페브르는 세 가지 층위를 다음과 같이 정의하고 있다.

1. 공간의 실천: 공간의 생산과 재생산, 특정한 입지(location), 각각의 사회적 양식의 공간적 구성의 특성(spatial sets characteristic of each social formation)을 포함, 공간적 실천은 영속성과 어느 정도의 고정성을 보장해준다. 사회의 공간적 실천은 변증법적 상호작용 속에서 사회적 공간을 은폐하게 된다. 공간 해독 작업을 통해서 사회의 공간적 실천이 드러나게 된다. 일상적 실재와 도시 생활의 실재 사이에서 공간적 실천은 밀접한 결합을 재현한다. 모든 상호 구성원의 특정한 공간적 특성과 행위 수행(performance)은 경험적으로 평가될 수 있다. 공간적 실천은 확실한 고정성(cohesiveness)을 가져야 하지만 그렇다고 명확하게 파악될 수 있는 것은 아니다.

---

10) Lefebvre, 앞의 책, p.77

2. 공간의 재현: 생산관계, 생산관계가 부과하는 질서, 지식, 기호(sign), 부호(code), '표면적(frontal)' 관계와 연결되어 있다. 개념화된 공간, 과학자, 계획자(planner), 도시계획가(urbanist), 관료적 구획분할자(technocratic subdivider), 사회공학자의 공간, 어느 사회에서든지 지배적 공간이 된다. 이들의 공간 개념은 언어적(지적인 모습으로 구성된 intellectually worked out) 기호체계를 향하게 된다.

3. 재현의 공간: 복합적 상징, 부호를 재현하며 사회적 삶의 숨겨진 부분과 연결된다. 조합된(associated) 이미지와 상징을 통해 직접적으로 살아가는 공간, '거주자'와 '이용자'의 공간, 묘사하는 것 이상을 열망하지 않는 예술가와 작가, 철학자들의 공간, 변화와 전유를 추구하는 상상력의 공간, 상징 사용을 통해서 물리적 공간을 덧씌우는 공간, 비언어적 상징과 기호로 구성된, 일말의 명석함(more of less coherent)을 갖는 체계를 향한다.11)

건물이나 구조물을 만든다거나 공간을 일상적으로 이용하는 것이 '공간적 실천'을 구성하게 된다. 이 과정에서 사람들 사이의 상호작용이 이루어지며 상호작용을 통해 형성되는 다양한 사회적 관계망을 바탕으로 사회적 공간이 형성된다. 그렇게 만들어진 공간은 일정한 영속성과 특성을 갖게 된다.12) 지배적 계급에 의해 만들어진 공간은 사회적 관계를 은폐하는 역할을 하게 되면 숨겨진 사회적 관계는 공간에 대한 분석을 통해서 드러날 수 있다고 르페브르는 보고 있다.

'공간의 재현'은 공간계획을 입안하고 공간 개념을 만들어 내는, 소위 말하는 공간 전문가들에 의해 만들어지는 개념화된 공간이라고 할 수 있다. 이들이 만들어내는 공간 개념이 한 사회의 지배적 공간 개념이 된다. 공간 개념을 만들어내고 이를 구체화시키려 하는 사람들은 자신들의 개념 체계가 하나의 언어적 기호체계 혹은 주류 담론체계로 보이게 함으로써 사람들이 그것을 자연스럽게 체화하고 받아들일 수 있도록 한다. 우리가 사회의 지배적 언어체계, 기호체계에 자연스럽게 적응하고 그것을 따르듯이 공간에 대한 지배적 개념들을 자연스럽게 체화하고 그 규칙과 질서에 적응하고 순응하도록 하는 역할을 하게 된다.

그리고 '재현의 공간'은 구체적인 삶의 장소에서 행위를 수행하는 사람들에 의해서 만들어지는 상상의 공간 혹은 상상에 의해 만들어질 수 있는 공간이라고 할 수 있다. 이미지와 상징의 변화, 상징 행위의 수행을 통해서 기존의 공간 이미지를 변화하고 새로운 공간에 대한 이상을 만들어가는 공간적 실천이라고 할 수 있다. 이 과정을 통해서 공간의 재현이

---

11) Lefebvre, 앞의 책, pp.33-38

12) 공간구조는 일단 형성되면 지속성을 갖게 되며 변화에 저항하는 특성을 갖게 된다. 뮌헨사회지리학에서는 공간구조를 사회현상과 비슷한 속도로 변화하지 않는다고 보고 있으며 공간구조는 사회구조와 마찬가지로 '지속성의 원리' 즉 일종의 관성의 원리에 의해 특징지어진다고 한다(Werlen, 2000/2003, 168p). 하나의 구조가 형성되면 그것은 일정한 형식과 틀을 유지하려 하고 변화에 저항하면서 항상성을 유지한다는 특성을 갖는다고 할 때 공간과 사회라는 구조 역시 항상성을 유지하며 영속적 특성을 가지려 한다고 할 수 있다.

표현하고 있는 지배적 공간 개념에 저항하거나 공간적 실천을 통해 일정한 영속성을 확보하고 있는 기존의 공간 위에 새로운 공간 개념을 덧씌우는 작업을 수행하게 된다.[13]

공간의 재현이 공간을 어떻게 정의내릴 것인지에 관심을 집중한다면 재현의 공간은 공간을 이용하며 사회적 의미를 만들어내고 전달하며 표현하려는 인간의 구체적이고 주체적인 행위의 측면, 실천의 측면에 집중하게 된다.

이러한 공간실천을 통해서 공간의 재현과 재현의 공간이라는 사회 공간의 두 가지 층위가 모순되고 긴장된 관계를 형성하며 지배적 코드에 대한 전복이나 도전이 이루어지게 된다.[14] 일상적 삶을 영위하는 사람들은 대부분 공간의 재현, 공간적 실천을 통해 형성된 공간을 소비하게 되며 이 과정에서 지배적 공간 개념과 질서를 익숙하게 받아들이며 순응하게 된다. 반면에 일부의 사람들은 공간 소비행위 과정에서 새로운 공간 개념을 찾으려 노력하며 새로운 공간 이용 행위를 통해서 기존의 공간이 갖고 있던 개념과 질서를 전복하게 되는 것이다.[15]

또한 르페브르는 지배공간과 전유공간을 제시하고 있다. 지배공간은 기술, 실천에 의해 매개된 공간으로서 정치적 권력 자체와 그 기원을 같이한다. 전유공간은 자연 공간이 어떤 집단의 필요와 기대를 위해 변형될 때 말할 수 있는 것으로 어떤 측면에서, 어떤 방식으로, 누구에 의해, 누구를 위하여 전유되어 왔는가에 따라 다른 구조를 가지게 된다.[16] 공간의 재현은 지배공간을 만들어내려는 지배계급의 의도가 반영된다고 할 수 있다. 재현의 공간은 전유의 과정, 즉 각각의 계급과 주체가 자신의 의도하에 공간을 점유하고 새롭게 이용함으로써 지배공간과 다른 공간을 만들어내는 것이라 할 수 있다. 따라서 전유된 공간은 다양성의 측면을 갖고 있으며 이러한 다양성과 공간의 재전유는 새로운 공간생산에 대해서 우리에게 많은 것을 가르쳐주기 때문에 중요한 의미를 갖는다고 르페브르는 보고 있다.

한편 하비[17]는 공간의 정치경제학을 통해서 자본주의 사회의 공간구조가 어떻게 형성되

---

13) '재현의 공간'은 공간이 갖고 있는 지배적 생산기제에 대한 저항이라고 할 수 있다. 공간의 의미를 '재약호화'하거나 '탈악호화'하는 것, 지배적인 공간 의미를 다시 구성하거나 제시되고 강요되는 공간의 의미를 무시하거나 파괴하는 행동이라고 할 수 있다. 이는 공간에 의해 권력화되고 제도화된 담론을 혁명적으로 재편하는 과정이라고 할 수 있다. 로즈 쉴즈 著, 조명래 譯, 앙리르페브르; 일상생활의 철학 '공간과 사회' 2000, p.20

14) 박세훈, 현대성의 공간적 상상력: 르페브르의 공간철학, 공간환경, 통권 49호, 1994, p.25

15) 르페브르는 담론과 공간, 언어가 상호 포섭과 배제에 의해 접합된다고 본다. 그는 이어 철학의 두 가지 측면을 살피는 데 하나는 기호가 지식체계, 일반적인 이론적 지식의 중요한 지점이 된다는 것이며 다른 하나는 언어가 하나의 죽음의 전조로서 기호를 바라보는 것이다. 즉 언어는 존재의 파괴와 존재의 다른 형태로의 재구축을 가능하게 한다는 것이다.

16) Lefebvre, 앞의 책, pp.164-165

17) 하비는 공간 정치경제학의 대표적 학자라고 할 수 있다. 공간정치경제학은 자본축적 과정에서 공간이 구조화되는 과

고 변화하는지를 자본축적이라는 내적 동인들을 통해서 살펴보려 한다. 자본축적이라는 목적에 따라 공간의 의미와 기호들이 성립되고 새로운 건조환경에 대한 계획과 건설이 이루어지면서 사람들의 공간실천에 일정한 영향을 주게 되는 과정을 살펴보게 되는 것이다.

하비는 르페브르가 제시한 공간실천 3층위를 관습적 이해들로부터 생겨난 공간적 실천의 네 가지 측면을 더하여 열두 가지 측면에서 공간실천을 바라보고 있다. 특히 하비는 르페브르의 세 가지 층위 중 '공간적 실천'은 생산과 사회적 재생산을 보장하기 위하여 공간 속에서, 공간에 걸쳐 발생하는 물리적이고 구체적인 흐름, 이동, 상호작용으로, '공간의 재현'은 구체적 실천에 대해 이야기하고 이해할 수 있게 해주는 것으로, 그리고 '재현의 공간'은 공간적 실천을 위한 새로운 의미나 가능성을 떠올리게 해주는 정신적 발명품으로 정리하고 있다.[18]

하비는 여기에 표 3-1과 같이 네 가지 층위를 덧붙인다. '접근성과 거리화(accessibility & distanciation)'는 공간에 대한 접근도를 효율적으로 구성하는 문제라든가 공간으로부터 특정한 사람들을 배제하거나 공간에 포섭하는 문제와 관계된다. '공간의 전유'는 공간을 점유하고 사용함으로써 공간에 의미를 부여하는 인간의 활동을 의미한다. '공간의 지배'는 특정한 개인, 집단, 계급이 공간에 대한 자신들의 통제구역을 확보하기 위해 다양한 수단을 사용하여 공간을 지배하는 것을 말한다. 그리고 '공간의 생산'은 토지 이용, 교통·통신, 영역적 조직 등의 새로운 체계가 어떻게 생산되고 새로운 표현양식들이 어떻게 발생하는지를 살펴보는 것이다.

하비는 공간적 실천의 층위를 르페브르의 세 가지 층위와 자기가 추가한 네 가지 층위를 통하여 열두 가지의 격자구조로 살펴보고 있지만 그 각각의 요소가 명확하게 구분되고 독립적이라고 보지는 않는다. 하비는 각각의 경우가 상호 중첩되거나 한 차원의 지속이 다른 차원으로 변화된다는 것을 인정하고 있다.[19]

---

정을 바라보면서 공간과 사회의 관계를 다음과 같이 정리하고 있다. 첫째 공간은 하나의 사회적 실체이다. 둘째, 공간은 사회적 과정의 산물인 동시에 사회적 과정들이 공간 속에서 조직화되면서 공간과 사회가 서로 변증법적으로 관계를 맺게 된다. 셋째, 자본주의 사회에서 공간구조는 축적의 내적 동인들 속에서 파악되어야 한다. 넷째, 이러한 논의를 통해서 공간을 하나의 물신화한 대상이 아니라 사회적 과정의 산물임을 인식할 때 공간에 대한 다양한 사회적 요소를 살펴볼 수 있을 뿐 아니라 공간구조의 역동적 변화를 제대로 추적할 수 있다. 김왕배, 공간정치경제학의 기본 개념과 분석틀, 한국공간환경학회(편), 2000, pp.57~70

18) Harvey, David, The Condition of Postmodernity, 구동회·박영민 역, 포스트모더니티의 조건, 서울: 한울, 1994

19) 르페브르가 제안하고 있는 세 가지의 층위와 하비가 제안하고 있는 네 가지의 공간실천개념은 상호연관관계를 가지며 현대사회에서 도시공간이 가질 수 있는 다양한 가능성을 설명하고 있다. 특히 하비의 이론은 르페브르가 제안하고 있는 '공간생산' 3단계의 개념을 실제적으로 구체화할 수 있는 가능성을 제공하고 있는 데에서 의의를 찾을 수 있다. 즉 르페브르 및 하비 등 공간 정치학자들은 현대도시공간은 복수적 특성을 가지며, 다의적으로 해석되어야 한

<표 3-1> 공간적 실천의 '격자표'

| 구분 | 접근성과 거리화 | 공간의 전유, 활용 | 공간의 지배, 통제 | 공간의 생산 |
|---|---|---|---|---|
| 구체적인 공간적 실천 Material spatial practices (경험)[20] | 재화·화폐·사람·노동력·정보 등의 흐름; 교통·통신체계; 시장과 도시 계층; 집접 | 토지이용과 건조 환경; 사회적 공간 및 기타 '텃세권' 지정; 의사소통과 상호부조의 사회적 네트워크 | 토지의 사적 소유, 국가와 행정적 공간 구분; 배타적 공동체와 근린; 배제적 지배제(zoning)와 여타 사회통제 형태 (치안유지와 감시) | 물리적 하부구조의 생산 (교통·통신; 건조환경; 토지 정리 등); 사회적 하부구조(공식적·비공식적)의 영역적 조직화 |
| 공간의 재현 Representation of space (지각)[21] | 사회·심리·물리적 거리 측정; 지도 만들기; '거리마찰'이론(최소노력의 원리, 사회물리학, 재화의 도달범위, 중심지 및 기타 입지이론) | 개인적 공간; 점유공간에 대한 심상 지도; 공간적 계층; 상징적인 공간표현; 공간적 '담론들' | 금지된 공간; 영역적 규범; 공동체; 지역문화; 민족주의; 지정학; 계층 | 지도화·영상표현·통신 등 새로운 체계; 새로운 예술 및 건축 '담론들'; 기호학 |
| 재현의 공간 Spaces of representation (상상)[22] | 유인/격퇴; 거리/욕망; 접근/부인; '미디어가 곧 메시지'임을 초월 | 친숙함; 가정; 열린공간; 대중적 스펙터클을 위한 장소(거리·광장·시장); 도상학(iconography)과 낙서; 광고 | 생소함; 두려움의 공간; 자산과 소유; 기념비적 제시(ritual) 공간; 상징적 장벽과 상징적 자본; '전통'의 생성; 억압의 공간 | 유토피아적 계획; 상상의 경관; 과학소설 존재론과 공간; 예술가들의 스케치; 공간과 장소의 신화; 공간의 시학 요망의 공간 |

※ 참조: David Harvey, The Condition of Postmodernity, 1989, pp.220-221

공간적 실천의 이러한 네 개의 차원은 서로 독립적인 것이 아니다. 거리의 마찰은 공간의 지배와 전유를 이해하는 데 포함되어 있으며, 하나의 특정한 집단에 의한 지속적인 공간의 전유는 그러한 공간을 사실상 지배하는 것이다. 공간의 생산은 그것이 거리의 마찰을 감소시키는 한 거리화 및 전유나 지배의 조건을 변경시킨다.[23]

또한 하비는 앞에서 제시한 표만으로는 아무런 중요성이 없으며 공간적 실천은 그것이 작용하는 사회적 관계의 구조를 통해서만 사회적 삶에서 효력을 낸다고 보고 있다.[24] 공간에 누구를 접근시키고 배제할 것인가? 누가 공간을 이용할 수 있는가? 누가 공간을 지배하고 통제하는가 하는 문제는 사회적 관계의 문제와 밀접하게 연결되는 것이다.

사람들은 개인, 혹은 집단적으로 공간을 점유하고 그 속에서 일상의 삶을 영위하며 오랜

---

다고 주장한다. Gottdiener, Mark, The Social Production of University of Texas Press, 1985, p.123

20) 경험(experience)의 개념은 일반적으로 인간이 감각이나 내성(內省)을 통해서 얻는 것 및 그것을 획득하는 과정을 의미하며, 본 분석틀에서 설명하는 경험의 개념은 '공간생산개념의 3층위'를 설명함에 있어 일상적 도시공간의 이용에 따른 경험의 체득을 의미한다.

21) 지각(perception)의 개념은 감각기관을 통해 환경을 인지하는 것을 의미하며, 본 저서에서는 공간의 재현을 통해 개념화된 공간에 대해 지각을 위한 방법적 제안을 의미한다.

22) 상상(imagination)은 일반적으로 과거의 경험으로 얻어진 심상(心像)을 새로운 형태로 재구성하는 정신작용으로 설명할 수 있으며, 본 저서에서는 재현의 공간적 접근을 통한 상상을 통해 만들어질 수 있는 공간의 개념으로 설명할 수 있다.

23) David Harvey, The Condition of Postmodernity, 1994, p.73

24) David Harvey, 앞의 책, p.73

시간의 상호작용과 공간적 실천을 통하여 특정 공간을 지배하게 된다. 하비는 공간에 대한 지배가 사회적 권력의 원천이라는 앙리 르페브르의 주장을 발전시켜서 자본주의 사회 속에서 서로 얽혀 있는 "화폐, 시간, 그리고 공간에 대한 지배"가 실질적인 사회적 권력관계를 형성한다는 것을 밝히려 한다. 그는 화폐, 시간, 공간에 부여된 물질화와 의미들이 정치권력의 유지를 위해 적지 않은 중요성을 갖지만 보다 중요한 문제는 이런 것들의 객관적 성질이 확립되는 사회적 과정을 이해하는 것이라고 주장하고 있다. 또한 하비는 화폐, 시간, 공간의 구체적인 실체, 형태, 의미를 정의하는 사람들이 사회적 게임의 기본규칙을 정하게 되며 사회생활 관계들의 화폐화가 시간과 공간의 성질을 변화시킨다고 보고 있다.25)

자본주의 체제가 위기를 맞게 되면서 자본은 보다 빠른 자본과 상품의 회전이 필요하게 되고 이를 위해서는 공간이 갖는 장벽을 제거함으로써 가능해진다고 할 수 있다. 기존의 공간구조와 질서를 해체하거나 파괴함으로써 새로운 입지를 찾아 공간 조직을 이동시키거나 새로운 건조 환경을 구성함으로써 공간이 가지고 있는 물리적 한계를 극복하고 공간이동의 효율성을 재고하는 것이 자본의 중요한 관심사로 떠오르게 된다고 보고 있는 것이다.

그러나 하비는 이러한 자본주의적 공간질서와 사회적 권력 사이의 관계 속에서 공간적 실천이 갖는 저항의 실마리를 찾으려 한다. 하비가 보강한 공간적 실천의 격자표에서 드러나듯이 공간적 실천에 참여하는 것은 자본가 계급과 그 이해관계를 따르는 세력뿐만 아니라 자본주의적 공간질서 속에서 다양한 행위를 통하여 일상적 삶을 영위해 나가는 사람들이 있다고 할 수 있다. 자본가계급의 반대편에 서 있는 이들이 공간적 실천은 기존의 공간질서가 갖는 함의를 번복하고 새로운 유토피아적 공간 질서를 꿈꾸고 실천할 수 있게 해주는 가능성을 제시한다고 할 수 있다.

### (2) 공간적 실천과 새로운 공간정치

르페브르와 하비는 자본의 특정한 의도와 계획, 이해관계에 따라 사회적 공간이 생산되며 사람들은 그러한 공간 속에서 생활하며 공간이 갖는 질서와 구조에 순응하게 됨을 논의하고 있다. 하지만 자본주의적 공간이 가지고 있는 공간질서와 구조는 일방적으로 그 속에서 생활하고 있는 사람들을 통제하는 것은 아니다. 공간환경을 관리·통제할 수 있는 계획을 둘러싼 자본 축적의 논리와 시민 사회의 요구가 대립하며 이 과정에서 자본주의

---

25) David Harvey, 앞의 책, pp.277-279

사회의 공간환경은 유지되거나 변화하게 된다.[26] 공간에서 구체적 삶을 살아가는 사람들의 공간적 실천과 새로운 의도가 기존의 공간질서·구조와 끊임없이 충돌하며 새로운 공간이용과 배치를 가져오는 경우가 나타나게 되는 것이다. 여기서 더 나아가 공간의 의미까지도 변화시킬 수 있는 가능성이 있다고 하겠다.

이 과정에서 모더니즘적인 공간계획과 실천에 반대하는 포스트모던 공간계획이 제기되기도 한다. 포스트모던 공간계획은 다원적, 지방 분산적, 지역 혁신, 지역공동체 등의 특성을 갖고 이를 강조하면서 공간환경의 형태, 합리적 이상, 정치적 중립성에 대한 이전의 합의를 해체시키는 역할을 하였다. 그러나 사회 공간적 규범이나 개혁의 '대서사'를 거부하고 단기적 전략을 우선시하는 한계를 갖는다.[27]

근대적 공간계획과 생산[28]이 자본의 계급적 이해관계라는 틀 속에서 합리적이고 보편적 공간질서를 계획하고 구성해나갔다면 포스트모던 공간계획은 보편적 합리성의 특징이 해체에 그 목적이 있다고 하겠다. 하지만 이러한 공간계획은 각각의 장소[29]가 갖는 특성을 강조하고 다양성을 부각시킬 수 있겠지만 이들을 연결할 수 있는 집합적 공간실천의 가능성은 배제할 위험이 있는 것이다. 여전히 위력을 발휘하고 있는 보편적 합리성의 공간구조에 저항하고 새로운 공간질서를 만들어내는 데 이러한 분산성은 큰 힘을 발휘하지 못할 가능성을 제공한다고 할 수 있다. 더군다나 자본은 그들의 공간적 실천을 통해 장소가 갖고 있는 공간적 차이마저 상품성과 입지선정을 위한 조건으로 활용함으로써 포스트모던한 공간계획의 의도를 흡수해버릴 수 있는 힘을 갖고 있다고 할 수 있다.

---

26) 최병두, 근대적 공간의 한계, 삼인, 2002, pp.114-115

27) 최병두, 앞의 책, pp.118-121

28) 근대적 공간계획의 생산과 의미 형성에 사람들의 참여를 배제하는 특성을 갖는다. 이푸 투안은 과거의 건축 활동에는 하나의 세계를 창조하는 의식과 의례적 측면이 있다고 보았다. 그러나 근대적 공간계획에서는 이러한 의례적 측면이 사라지면서 공간생산에 대한 적극적 참여가 축소된다고 보고 있다. 구동회·심승희 譯, Tuan, Yi-Fu 著, 공간과 장소, 서울: 대윤, 2005

29) 이푸투안(Tuan, 1977/2005)에게 공간은 개방성, 자유, 추상성을 갖는 것을 여겨진다. 반면에 장소는 안전과 고착, 가치의 중심지, 정지의 의미를 갖는 것으로 보고 있다. 공간이미지의 알 수 없는 영역이라면 장소는 우리가 삶을 위해 필수적인 행위를 수행하는 영역으로서 인간에 의해 가치가 부여되며 해석되는 영역으로 바라보는 것이다. 우리가 일상적 삶을 살아가고 상호작용을 통하여 의미를 만들어내고 교환하는 구체적 영역이 바로 장소이다. 개인이 하나의 인간 존재로서 자기 자신뿐만 아니라 타인에게 정체성을 확인받을 수 있는 영역이라고 할 수 있다. 상호작용의 영역으로서 구성원들의 일정한 소속감과 유대감을 이끌어내게 된다. 장소는 독특한 정체성을 갖게 되며 이는 다른 장소와 구분되는 경계를 형성하기도 한다. 장소의 정체성은 구성원들의 정체성에 상호작용하며 영향을 주고받는다. 그리고 각각의 국가와 사회는 수많은 장소를 만들어내며 각각의 장소는 저마다의 독특한 특색과 정체성을 갖는다. 하지만 자본주의적 공간생산의 과정에서 장소가 갖는 특색과 정체성은 변형되거나 자본주의적 공간 논리 속에서 흡수되게 된다. 장소의 특색은 이윤 생산의 논리 속에서 이용당하고 착취당하며 지역적 특색이 사라지거나 천편일률적인 상업지구, 관광지구, 공업지구로 전락하게 된다고 설명하고 있다.

지역사회의 전략적 공간환경 계획은 개별 지역이 특성에 부응한다는 명분으로 국지화되고, 지역 사회의 다양한 이해관계를 반영하는 과정에서 분절화되며, 거대 이론을 거부하는 개별 계획으로 파편화됨으로써 지역을 포함한 전체 사회의 개혁에 미치지 못하고 있다.[30]

단순히 지역적, 장소적 특징만을 강조하고 부각시키려는 포스트모던한 공간계획만으로는 자본의 공간계획에 대항하기에는 역부족이라고 할 수 있다. 최병두는 이러한 한계를 인식하고 장소가 갖는 '차이'에 기반을 둔 장소의 정치에서 더 나아가 거시적인 '공간의 정치'와 결합되어야 함을 주장하고 있다.[31] 이를 위해서 새로운 '공간의 정치'는 근대성의 전개와 세계화 과정에 내재된 문제성의 불확실성에 대한 성찰을 전제로 해야 하며 국지적인 위치에서의 실천이 있어야 한다. 또한 대립의 정치를 극복하고 다원주의적 관점에서 진정한 '차이'와 '타자성'을 인정해야 하며 '해방의 정치'를 부정하지 않지만 삶의 질을 위한 '삶의 정치'를 더욱 강조하게 된다.[32]

새로운 공간정치는 각각의 장소가 갖는 차이에 주목해야 한다. 차이에 대한 주목은 차이에 대한 이해 그리고 그 속에서 생활해나가는 나와 다른 '타자'에 대한 이해를 전제로 한다고 할 수 있다. 타자와 장소적 차이에 대한 상호 이해는 타자와의 자연스런 연대의 기반이 될 수 있을 것이다. 이러한 연대는 장소별로 고립된 국지적 공간 실전체에서 벗어나 다양한 공간실천의 상호 연대를 가져올 수 있을 것이다. 이러한 연대의 힘이 자본주의적인 합리적 공간계획에 저항할 수 있는 힘을 제공해 줄 수 있는 것이다. 이를 위해서 장소의 정치는 국지적 차원에서의 다양한 공간실천을 필요로 한다. 그것은 장소 속에서 구체적 삶을 살아가는 사람들의 삶의 질에 대한 관심과 연결될 때보다 큰 힘을 발휘할 수 있을 것이다. 기존의 '해방의 정치'가 거대 서사에 매몰됨으로써 개별적이고 구체적인 개인과 장소의 문제에 집중하지 못한 것은 사실이다. 따라서 새로운 장소의 정치는 개별적이고 구체적인 장소에서의 삶의 질의 문제에 집중해야 한다. 나아가 상호 연결된 연대의 망을 형성함으로써 자본주의적 거대 서사에 저항할 수 있는 힘을 만들 수 있어야 한다.[33]

---

30) 최병두, 앞의 책, p.133
31) 최병두, 앞의 책, p.185
32) 최병두, 앞의 책, pp.207-210
33) 이푸투안의 논의에서 장소는 고정된 이미지를 갖는다. 그러나 이푸투안은 이러한 장소가 변화하지 않는 것으로 보지는 않는다. 그에게 장소는 현재이며 우리의 경험적 실재이다. 실존이 불완전하게 얽혀 있는 기쁨과 슬픔을 느끼게 하는 지점이다. 이에 반해 미래는 전망이며 변화라고 할 수 있다. 그는 변화에 대한 전망과 욕망이 없다면 삶은 진부해질 것이라고 보고 있다. 그런데 이푸투안에게 이러한 장소는 인간의 유대를 벗어나서는 아무 것도 줄 수 없으며, 친밀함은 진실한 앎과 교환의 순간에 타오르는 것으로 인식된다. 장소 속에서 살아가는 사람들의 일정한 친밀함과 유대가 장소에 대한 애착과 의미를 형성할 수 있게 해준다고 보는 것이다. 장소의 정치는 이러한 장소애(愛)의 지역을

거시만을 보다 미시를 놓쳤던 한계를 넘어서 미시를 통한 거시의 확보가 새로운 '장소의 정치' 과정이 되어야 할 것이다.

　과거 '해방의 정치'가 보이지 않는 유토피아를 상정하고 이를 일방적으로 실현하려 했다면 새로운 '장소의 정치'는 이와는 다른 유토피아적 공간을 만들어야 한다. 최병두는 이를 세 가지 측면에서 바라보고 있다. 실질적·구체적이며 일상적으로 생활하고 매일 경험하는 현재적 조건에서 상상을 시작해야 하며 이데올로기적 기만이나 강제가 없는 의사소통을 통해 합의되어야 하고 유토피아를 실현할 수 있는 실천적 능력을 전제로 해야 한다.[34] 지금까지 해방의 정치가 전위에 의한 선도적 기획과 실천에 의해 주도되면서 일방적 특성을 갖고 있었다면 새로운 '장소의 정치'에서 공간적 실천은 장소 속에서 생활하는 구체적 시민의 삶에서 시작하며 이들 사이의 의사소통을 통한 합의에 기반을 두어야 한다. 이를 위해서는 의사소통의 과정에 참여하고 일상생활의 과정에서 기존의 공간질서를 비틀고 변화시킬 수 있는 구체적 실천을 수행할 능력이 우선되어야 할 것이다. 장소에서 살아가는 구체적 시민, 사회적 약자나 소외계층의 능동적 공간실천이 필요한 것이다.

　하비는 르페브르의 '공간적 실천표'를 확대하면서 '공간의 접근성과 거리화', '공간의 전유와 활용', '공간의 지배, 통제' 및 '공간의 생산'이라는 네 가지 차원이 독립적인 것은 아니라고 설명한다. 예를 들어 거리의 마찰은 공간의 지배와 전유를 이해하는 데 포함되어 있으며, 하나의 특정한 집단에 의한 지속적인 공간 전유는 그러한 공간을 사실상 지배하는 것이다. 역사도시의 문제도 상호배타적으로 명확히 구분되지 않을 수 있다. 그리고 역사도시에 대한 각 부분의 설명은 자동적으로 권력의 문제를 암시적으로 표현하게 된다는 것이다. 르페브르에 의하면 공간의 생산양식은 그 시대의 생산양식에 의해 구성된다고 본다. 생산관계와 생산양식은 사회관계와 권력관계를 결과적으로 구성하기 때문이다.

　이상과 같이 살펴본 르페브르와 하비의 이론을 정리하면 다음 그림 3-2와 같다.

---

뛰어넘는 연대의 차원으로 발전시킬 것을 요구한다. 구동회·심승희 譯, Tuan, Yi-Fu 著, 앞의 책, 2005
34) 최병두, 앞의 책, pp.325-326

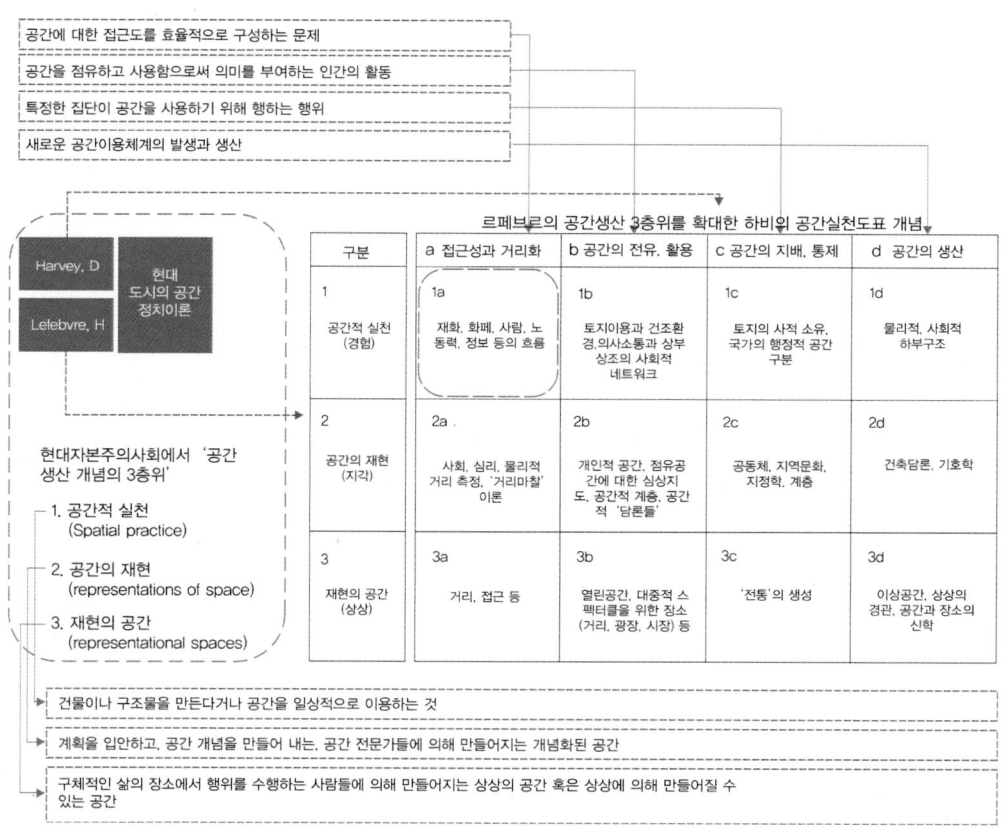

공간에 대한 접근도를 효율적으로 구성하는 문제

공간을 점유하고 사용함으로써 의미를 부여하는 인간의 활동

특정한 집단이 공간을 사용하기 위해 행하는 행위

새로운 공간이용체계의 발생과 생산

르페브르의 공간생산 3층위를 확대한 하비의 공간실천도표 개념

현대 도시의 공간 정치이론

Harvey, D

Lefebvre, H

현대자본주의사회에서 '공간 생산 개념의 3층위'

1. 공간적 실천 (Spatial practice)

2. 공간의 재현 (representations of space)

3. 재현의 공간 (representational spaces)

| 구분 | a 접근성과 거리화 | b 공간의 전유, 활용 | c 공간의 지배, 통제 | d 공간의 생산 |
|---|---|---|---|---|
| 1<br>공간적 실천<br>(경험) | 1a<br>재화, 화폐, 사람, 노동력, 정보 등의 흐름 | 1b<br>토지이용과 건조환경,의사소통과 상부상조의 사회적 네트워크 | 1c<br>토지의 사적 소유, 국가의 행정적 공간 구분 | 1d<br>물리적, 사회적 하부구조 |
| 2<br>공간의 재현<br>(지각) | 2a<br>사회, 심리, 물리적 거리 측정, '거리마찰' 이론 | 2b<br>개인적 공간, 점유공간에 대한 심상지도, 공간적 계층, 공간적 '담론들' | 2c<br>공동체, 지역문화, 지정학, 계층 | 2d<br>건축담론, 기호학 |
| 3<br>재현의 공간<br>(상상) | 3a<br>거리, 접근 등 | 3b<br>열린공간, 대중적 스펙터클을 위한 장소 (거리, 광장, 시장) 등 | 3c<br>'전통'의 생성 | 3d<br>이상공간, 상상의 경관, 공간과 장소의 신학 |

건물이나 구조물을 만든다거나 공간을 일상적으로 이용하는 것

계획을 입안하고, 공간 개념을 만들어 내는, 공간 전문가들에 의해 만들어지는 개념화된 공간

구체적인 삶의 장소에서 행위를 수행하는 사람들에 의해 만들어지는 상상의 공간 혹은 상상에 의해 만들어질 수 있는 공간

〈그림 3-2〉 현대사회에 대한 도시공간정치학 측면에서의 논의
(르페브르와 하비의 이론을 통해 제안하는 공간실천 도표)

### (3) 하비의 공간실천도표를 통한 역사도시의 가치설정 시도

하비가 르페브르의 공간실천도표에서 영감을 얻어 구성한 도표를 기반으로 공간생산의 문제를 역사도시의 범주에서 재구성해 보았다(표 3-2 참조).

하비는 르페브르의 공간적 실천도표를 확대하면서 공간의 접근성과 거리화, 공간의 전유와 활용, 공간의 지배, 통제 및 공간의 생산이라는 네 가지 차원이 배타적으로 독립적인 것은 아니라고 설명하고 있다. 예를 들어 거리의 마찰은 공간의 지배와 전유를 이해하는 데 포함되어 있으며, 하나의 특정한 집단에 의한 지속적인 공간 전유는 그러한 공간을 사실상 지배하는 것이다.

새로운 공간을 계획하고 만들어내며 공간 속에서 삶을 영위하면서 공간을 이용하는 행위를 공간실천이라고 부를 수 있다. 근대 이후 사회에서 공간실천의 중요한 부분을 차지하는 것은 공간의 생산이다. 공간의 생산은 단순히 공간구조를 만들어내는 건조행위만을 일컫는 것이 아니라 자본주의적 상품으로 공간을 만들어내는 것을 말한다. 그 과정에서 공간이 갖고 있는 장소적 특질은 사라지고 추상성을 갖는 동질화된 공간이 만들어진다. 이렇게 생산된 공간은 공간구조가 갖는 투명성과 가시성으로 인해 공간이 갖는 자본의 이해관계나 이데올로기를 은폐시키게 된다. 반면 공간구조와 의미에 의문을 던지며 새롭게 공간을 이용하고 변형시킴으로써 기존의 공간 질서와 구조를 흔들고 새로운 공간적 대안을 만들려는 또 다른 공간실천이 존재한다.

〈표 3-2〉 하비의 '공간실천도표'와 현대사회에서 역사도시[35]

| 구분 | 접근성과 거리화 | 공간의 전유, 활용 | 공간의 지배, 통제 | 공간의 생산 |
|---|---|---|---|---|
| 구체적인 공간적 실천 (경험) | · 지자체 재정의 흐름과 경제성의 변화양상<br>· 관광객 및 관광수입의 변화추이<br>→ 공간실천분석을 위한 경제성 분석 | · 도시의 토지이용<br>· 역사문화유산의 현황과 관련 법·제도<br>· 도시의 건조환경 (built environment)<br>→ 도시공간의 네트워크 분석 | · 토지의 소유 현황<br>· 행정구역의 변화<br>→ 공간의 물리적 지배 관계 | · 물리적 하부구조<br>· 사회적 하부구조<br>→ 전통적 사회기반에 관한 논의(생산시스템의 조직화) |
| 공간의 재현 (지각) | · 역사(문화)도시 조성을 위한 지역적 특성<br>· 입지이론에 따른 영향 범위<br>→ 공간의 지역성과 영향 범위 해석 | · Figure & Ground를 통한 심상지도 공간분석<br>· 도시적 차원의 공간 '담론들'<br>→ 공간의 지각을 통한 가치분석 | · 시민공동체를 통한 지역 문화개발 가능성 분석<br>→ 지역 내 시민단체의 활용을 통한 가치제고의 가능성 분석 | · 건축물 개발 현황<br>→ 역사지역 내 건축물 개발 현황분석을 통한 공간 재현의 경향 분석 |
| 재현의 공간 (상상) | · 언론을 통한 공간소개<br>→ 언론매체가 새로운 장소를 향한 사람들의 유입 유도 | · 거리, 광장, 시장 등의 대중적 공간의 활용<br>→ 환경적·물리적 재현의 공간분석 | · 전통의 생성을 위한 지역문화(행사)의 특성<br>→ 문화적 특성분석을 통한 접근 | · 역사문화도시 조성사업을 통한 도시(공간)의 관리방안<br>· 장기발전계획에 따른 공간적 생산 및 실천<br>→ 미래가치를 위한 방향 설정 |

이러한 공간실천을 역사도시의 범주에서 어떻게 연관해 해석할 수 있겠는가 하는 것이 본 저서에서 도시적 차원의 분석을 위하여 중요하게 사고해야 할 지점이다. 공간생산과정이 역사도시에서는 어떻게 나타날 수 있는가? 역사도시에서 공간 재현의 개념은 어떻게 해석가능한가? 재현의 공간에서 역사도시의 개념은 무엇을 의미하는가? 라는 질문에 대

---

35) 이 표를 통해 하비의 문제틀을 역사도시의 범주에 적용시켜볼 때 관심을 갖고 살펴볼 문제가 무엇인지에 대해 간략하게 설명하고자 하였으며, 하비의 문제틀을 시간, 공간 그리고 역사도시에 적용할 때 각각의 칼럼 속에 포함될 내용이 무엇인지 정리하였다.

한 답을 찾아가는 것이 역사도시의 가치를 논함에 있어 중요한 논제인 것이다. 이러한 내용을 바탕으로 '공간실천'과 역사도시의 관계를 도시화하며, 이를 그림 3-3과 같이 설명할 수 있다.

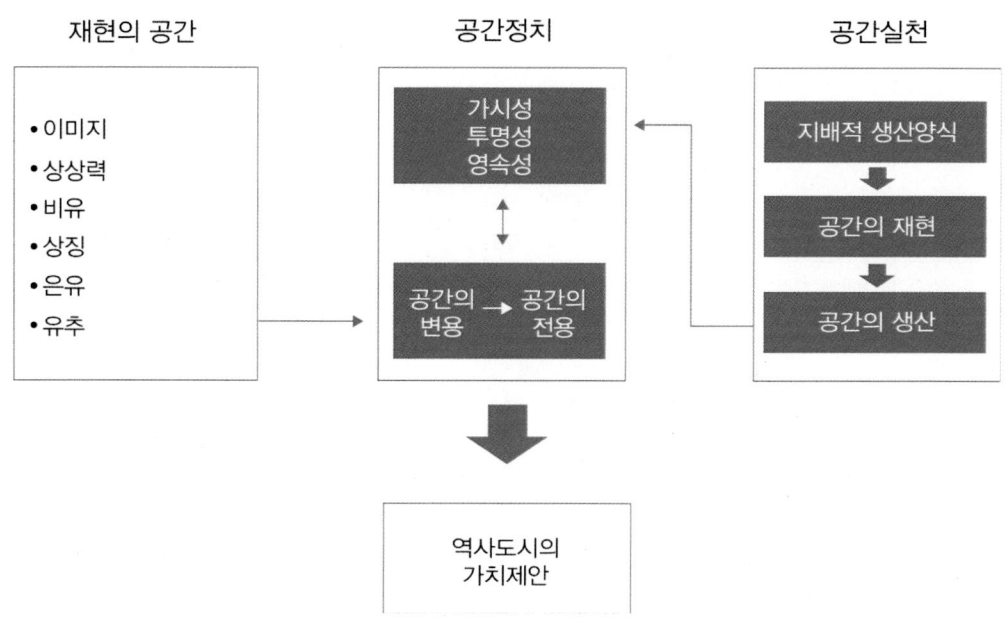

<그림 3-3> 역사도시에서 공간실천의 연구

역사환경의 분석틀 설정

### (1) 역사환경의 분석개념

역사도시 내 역사환경의 가치를 설정하기 위한 세부요소는 Matthew Carmona[36]와 J. Kirk Irwin,[37] 그리고 James M. Fitch[38]를 중심으로 이론가들이 제안하고 있는 역사환경의

---

36) Matthew Carmona는 영국의 도시설계 이론가로서 다양한 저서를 편찬하였으며, 특히 '도시설계' 장소 만들기의 여섯 차원을 통해서 도시설계에서 중요하게 고려되어야 할 요소를 제안하고 있다. 이 중 형태적 차원에서 도시 형태와 도시공간의 배치 및 형상에 관해 설명하고 있으며, 도시 형태는 토지이용, 건축물, 필지의 유형, 가로패턴을 중심으로 설명하며, 도시공간의 배치와 형상에 관련해서는 공공공간의 배치와 형태 특성으로 구분하여 설명하고 있다. 또한 도시설계 범주에서 이는 각각 건축적 형태와 건축공간의 개념과 연관성을 갖는다. Matthew Carmona 외 저, 정재용 외 역, 도시설계, 2009, pp.118-161

37) J. Kirk Irwin는 미국의 역사환경보전 전문가이자 Evanston 보존위원회의 전임의장을 역임하기도 하였다. 다수의 역사적 건축물의 보전을 위한 프로젝트를 진행하였으며, 본인의 저서를 통해 형태와 (공공)공간, 기술과 함께 의미와 정책의 중요성을 강조하고 있다. 한편 그의 저서에서 건물의 형태는 구성원리의 관점에서 접근해야 하며, 건축구성은 역사적 건물들과 사이트의 기하학, 구조, 장식에 대한 이해를 수반한다고 설명하고 있다. 그리고 건물의 역사성 평가

특성 분석을 위한 분석요소를 통해 가치를 분석할 수 있으며, 역사환경의 특성분석과 보전 및 관리를 위한 분석요소를 통해 가치를 설정할 수 있다. 특히 역사환경을 분석하기 위한 조건으로서 조직, 재료, 구조, (건축)요소, (구축)원리 등은 하위개념으로서, 그리고 형태, (공공)공간, 기술, 의미,[39] 정책 등의 요소는 상위개념으로서 역할을 기대할 수 있으며, 이들 상·하위 개념의 상호 관계(직접적 또는 간접적)를 통한 가치분석이 필요하다.[40]

이 중 상위개념에 해당하는 형태와 (공공)공간, 그리고 기술의 개념을 통해 개별 역사환경의 가치를 개념적이면서 도시적 차원까지 확대하여 살펴볼 수 있으며, 하위개념으로서의 조직, 재료, 구법, 구조, (건축)요소, 장식, 관계 등의 요소는 구체적이면서 건축적 차원에서의 분석을 위한 하위요소로 인식할 수 있다. 이들 요소의 분류는 근본적으로 건축 및 도시적 차원으로의 접근 이전에 개념적 차원에서의 접근을 시도하는 것이지만, 실제로 이들 분석요소들을 통해 다양한 역사환경요소의 가치를 평가하고 보전 및 관리를 위해 고려되어야 할 필요성 또한 가지고 있다. 그리고 이들 요소 간의 직접적 또는 간접적 상호관계성을 통해 각각의 역사환경이 갖는 의미를 사고(思考)하고, 이에 따라 합리적인 차원에서의 보전, 관리 및 활용을 위한 정책을 수립한다. 이를 도시화하면 그림 3-4와 같다.

---

에 있어 건물의 요소들이 물리적으로 결합하는 방식으로 이는 지역의 특징을 결정한다고 설명하고 있다. 기존의 재료 및 기술의 특징을 인정하는 것 그리고 공공 환경의 특징을 인식하는 것을 배우는 것은 물리적 환경의 기존요소를 회복하는 요소로 설명하고 있다. J. Kirk Irwin, Historic Preservation Handbook, McGraw-Hill, 2003

38) James M. Fitch는 미국의 역사적 건축물 보존 전문가로 저서를 통해, 역사적 건축물의 보존에 있어서의 다양한 보존 관련 이론을 제안하고 있다.

39) 역사환경의 보전은 역사적 태도와 감성에 대한 해석을 필요로 하며, 의미 있는 역사환경을 조성, 복원하려면 그것의 맥락(context) 내에서 논의되어야 한다. 역사에 대한 해석은 역사보전을 보다 많은 사람들에게 알리기 위해서 대상(이야기가 어떻게 말해지고 누구에 의해 그리고 어떠한 관점에서 비평되는지, 감성이 시대와 장소에 따라 어떻게 변했는지 등)에 대한 이해를 보여주어야 한다. J. Kirk Irwin, Historic Preservation Handbook, McGraw-Hill, 2003

40) 본 저서에서 역사환경의 분석은 역사환경의 특성분석 (Ⅰ), (Ⅱ), (Ⅲ)의 개념으로 세분화하여 접근하였으며, 이는 각각 도시 형태론적, 건축적 그리고 건축의 구성요인의 개념으로 분류하여 접근하였다.

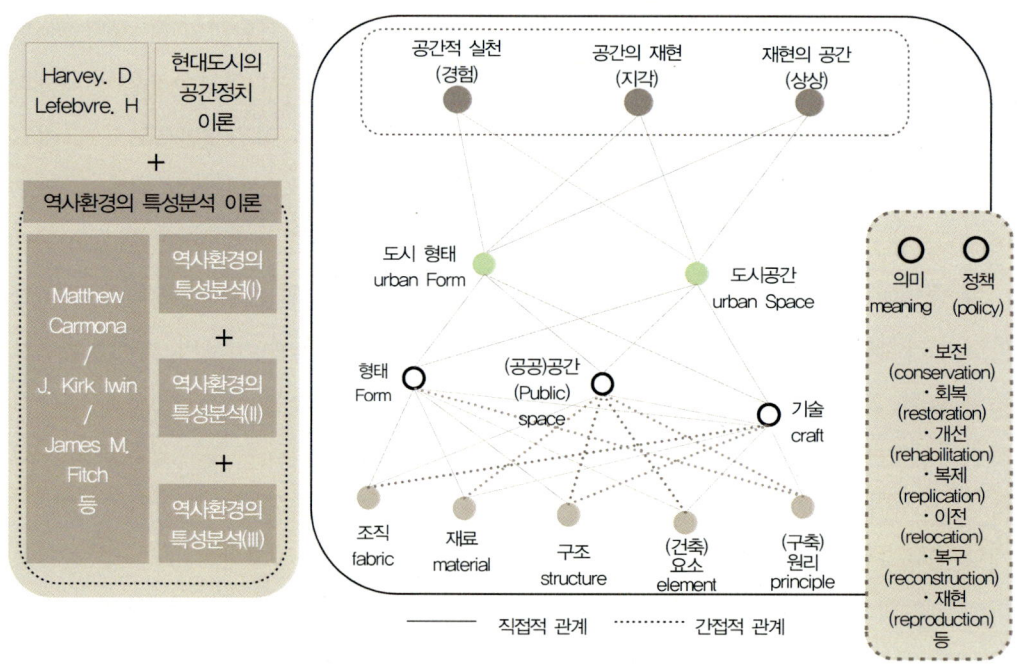

〈그림 3-4〉 이론적 측면에서의 역사도시 가치설정 논의 단계

## (2) 도시조직(Urban Tissue), 맥락(Context)

도시조직은 도시의 물리적 측면에 해당하는 대상을 구분하거나 구성하는 원리를 나타낸다. 그 대상은 일반적으로 지형, 가로, 필지, 건축물 등으로 구성된다.[41] 즉 도시조직이란 위와 같은 요소 간의 구성방식을 통해 집합체로 나타나는 형태적 결과물을 의미한다. 이러한 도시조직은 장소에 내재된 고유의 시간성을 간직하고, 지역성은 그것이 만들어내는 형태를 통해 직접적으로 전달해줌으로써 그 도시의 정체성을 담고 있기 때문에 역사환경으로서 가치가 있다. 특히 고도 및 역사도시는 그 자체의 환경적 특성으로 가치를 더한다고 볼 수 있다.

또한 자연환경을 바탕으로 시간의 경과에 따라 형성되는 물리적, 인문적 상황이 질서

---

41) 도시조직은 현재를 기준으로 과거의 형태변화양상을 추적하여 구성원리를 분석할 수 있으며, 현재의 도시환경을 우선 고려하는 사고가 필요하다. 그리고 궁극적으로는 과거의 변화양상을 추적한다는 개념으로 역사환경요소로 볼 수 있다. 이와 같은 도시조직은 형태학에서 도로의 패턴, 필지형상, 건물들로 이루어진다고 정의하고 있으며, 시간이 경과함에 따라 형성되는 것이라고 설명하고 있다. 한편 무라토리(Saverio Muratori)의 경우에는 건축, 필지, 가구 형태, 가로, 오픈스페이스를 기초단위로 보고 있으며, 카니지아(Caniggia)는 집합된 건물, 공간, 그리고 접근로가 통합된 개념으로 사용하고 있다. 한편 콘젠(M. R. G. Conzen)은 가로, 필지, 건물을 도시조직의 기본요소로 보고 세부요소는 도로, 필지, 필지패턴, 필지열, 건물평면 등을 구분하여 설명하고 있다. 박훈·정재용, 역사도시의 도시조직 특성과 가치에 관한 연구, 대한건축학회논문집 제25권 제5호, 2009.05, pp.249-260

화된 것으로 그 속에서 살아온 도시민의 삶을 바탕으로 서로 유기적인 관계를 가지고 성장한다. 현재의 도시환경은 과거도시 역사의 누적에 의해 만들어지며, 이렇게 만들어진 도시환경은 지난 역사의 흔적을 담은 채로 현재의 도시민의 삶의 바탕이 되는 역사환경으로 작용하게 된다. 따라서 도시조직에 관한 연구는 도시가 가지고 있는 역사의 지층을 밝혀내고, 도시조직의 가치판단과 평가를 통하여, 현재 도시환경의 보존 혹은 계승 발전의 방향이 설정될 수 있도록 이루어져야 할 것이다. 이는 오랜 역사를 갖는 역사도시에서 도시조직이 중요하고, 역사환경에 대한 가치판단 기준이 필요한 이유가 된다.[42]

도시조직의 역사환경으로서의 가치는 앞에서 언급한 역사환경의 가치를 판단하는 기준에 의하여 평가될 수 있다. 오래된 도시조직이라 하여 모두 다 보존해야 할 가치가 있는 대상은 아니다. 도시조직의 생성과 발전 과정에서 역사적 가치를 간직하고 있어야 하며, 이를 바탕으로 현재 도시민의 삶에서 미래 도시 발전의 잠재력을 찾을 수 있을 때, 그 도시조직은 의미가 있을 것이다. 역사환경으로서 도시조직에 대한 연구는 현재의 도시조직 연구를 통하여 그 속에 녹아 있는 과거 도시의 역사성을 새롭게 밝혀낼 수 있다는 점과 도시조직에 대한 고찰과 평가에 의해서 앞으로의 도시 발전방향을 제시할 수 있다는 점에서 의의를 갖는다. 도시조직의 가치는 결국, 도시조직의 가치판단과 평가를 통하여 현재 도시환경의 보존 혹은 계승·발전의 방향을 설정하는 데 의의가 있다. 특히 역사도시에서 도시조직에 대한 사고의 필요성은 도시의 발달과정에서 훼손된 역사도시공간구조의 복원을 위해 필요하며, 역사도시에 얽혀 있는 다양한 시기의 나이테를 분류하여, 도로, 주거지 등 현재의 도시공간구조로 단절된 유적 간의 연계축을 확보하고 고도의 역사, 문화적 골격을 회복시키는 사고가 필요하다. 그리고 역사도시의 특성을 가진 지방도시의 도시화과정에서 나타나는 필지 및 가구의 규모와 유형의 변화과정에 관한 탐구 또한 필요하며, 도시조직과 필지 내 건축 배치와의 관계를 통해 근대 이후 주거의 유형 및 개발계획의 변화에 대한 탐구 또한 필요하다. 이상의 내용을 통해 역사환경으로서 도시조직의 가치를 가늠할 수 있다. 또한 다양한 사회적 관계로부터 물리적 관계를 해석하는 데 도시조직에 대한 분석은 필수적이다. 이와 같은 도시조직의 특성은 다른 역사환경요소들 간의 맥락(Context) 속에서 가치를 더하게 된다.

---

42) 박훈·정재용, 앞의 논문, 2009.05, p.253

## 3) 역사도시에 대한 인지요소 설정

### 인지요소의 필요성

가치(value)는 상대적이며, 주관적이고, 다의적인 개념으로 현대인(관련 전문가 및 공무원, 그리고 일반인 등)을 대상으로 하는 통계적 분석방법을 통해 이론적 측면에서의 가치 설정을 보완해줄 필요가 있다. 또한 역사도시의 개념은 본질적으로 복합적이며 다양성을 내포하고, 그리고 역사(歷史)의 속성 자체가 다양한 요인들의 인과관계를 통한 상호작용의 결과로 나타나는 특징을 지닌다. 이에 다른 어떠한 경제, 사회 현상보다 정량적인 통계 방법론을 이용하여 나타내기는 어려운 것이다.

그러나 오늘날 역사도시는 다양한 방법론을 통해서 도시의 역사성을 설명하고자 하는 노력이 지속되고 있으며, 이를 바탕으로 역사문화도시개발에 온통 관심을 집중하는 양상이 나타나고 있다. 이와 같은 양상이 가능한 원인이 도시의 역사성 및 문화성43)을 가시적으로 나타내주는 물리적인 환경요소와 불가분하게 연결되어 있으며, 또한 문화와 조화되어 개인이나 집단의 성격과 밀접한 관련을 맺고 있음을 부인할 수 없다. 다시 말해서 오늘의 역사도시는 도시가 갖는 정체성을 '소개'하는 다양한 매체의 발전과 수용자들의 요구에 의해 크게 좌우될 수 있다.

### 이론적 배경 및 가치측정단계

#### (1) 이론적 배경

역사도시의 가치를 설정하는 방법은 앞서 설명한 이론적 측면에서 가치설정과 함께 인지요소 설정의 필요성이 제기된다. 이에 대한 필요성은 '가치value'의 개념 자체가 주관적이며, 지각에 의해 인지되기 때문에 지각된 가치에 따른 유형패턴을 살펴볼 수 있다. 아래 그림과 같이 가치에 대한 주체는 대인과 개인적 차원으로 분류 가능하며, 각각이 느끼는 지각의 요소에 따라 독특성, 환경성, 사회성, 역사성, 감성적, 이성적 요소 등으로 또한 분

---

43) 오늘날 역사문화 관광도시의 개발에 있어 주요한 개념은 21세기에 접어들어 도시 이미지 자체가 하나의 브랜드로 인식되면서, 도시공간의 재생과 정비, 친환경적인 도시조성, 매력적인 도시경관 조성과 산업구조의 전환을 모색하는 과정에 문화가 하나의 전략으로 채택되면서 '문화도시'라는 용어가 등장하게 되었다. '문화도시'란 역사성을 바탕으로 자기정체성을 갖고 있는 도시이며, 공공성이 확장되고 보장되는 도시로 정의되고 있다. 이와 같은 문화도시가 되기 위해서 갖추어야 할 요건으로 '역사성과 정통성', '공동체성', '도시미학', '지속가능한 성장동력' 등이 선행연구에 의해 제시되고 있다. 문화재청・국토연구원, 앞의 책, 2007.08, pp.33-34

류할 수 있다. 그리고 각각이 추구하는 이와 같은 분류는 또한 대응양상에 따라 순종, 확신, 동의 등으로 표현가능하며, 궁극적으로는 가치에 대한 유형으로 만족감, 즐거움, 합리적 가치 등으로 정리할 수 있다. 이와 같은 상호연관성은 인터렉티브(interactive)하게 관계를 가지며, 이를 통해 종합적으로 역사도시의 가치에 대한 판단이 가능하다. 이상과 같은 배경으로 구조모형을 제안하며(그림 3-5 참조), 이를 바탕으로 설문조사를 통한 가치척도의 가능성을 제안하고자 한다.

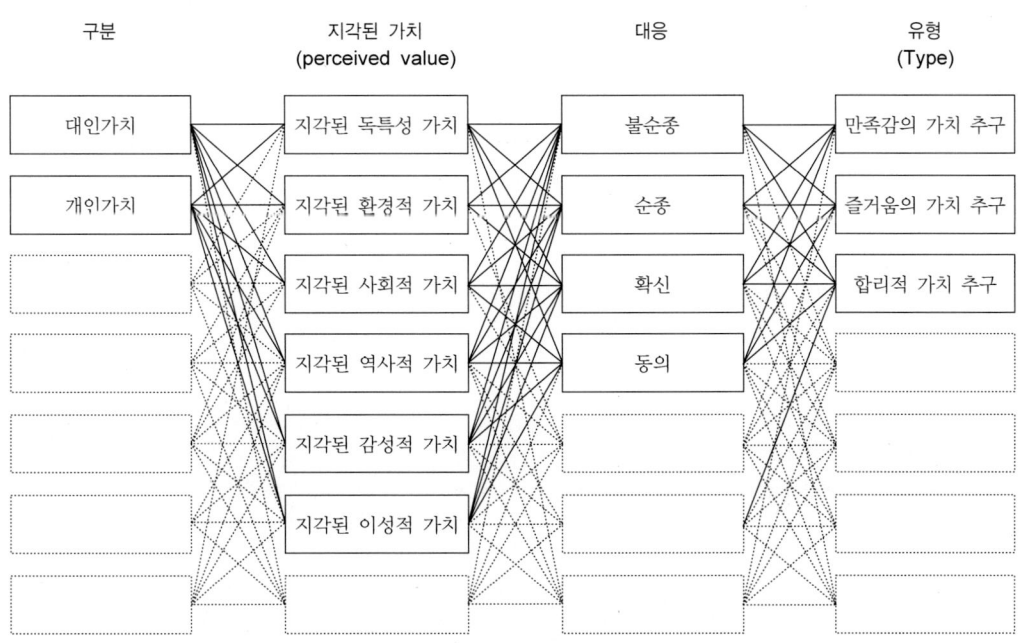

〈그림 3-5〉 지각된 가치유형에 따른 가치구조

## (2) 가치측정 단계

통계적 분석방법론을 이용한 요인의 도출은 사회·문화·환경적으로 공감대를 형성하기 어려운 문제에 대해 공통의 견해를 도출해내는 데 있어서 가능성을 가지고 있다. 그리고 다양한 분야에서 이를 이용한 방법론이 실제 적용되고 있다. 그러나 요인분석의 방법론이 아무리 신뢰성이 높고 유용성이 있다고 하더라도 역사도시 가치를 통계적 방법론으로 도출하기는 어렵다. 역사도시는 본질적으로 복합적 특성을 지니며, 또한 역사의 속성은 다양한 요인들의 인과관계의 상호작용 결과로 나타난 현상이기 때문에 다른 어떠한 경제, 사회현상보다 통계방법론을 이용하여 나타내기는 어려운 것이다.

그러나 오늘날 역사도시는 이를 가시적으로 나타내주는 물리적인 환경요소와 불가분하게 연결되어 있으며, 또한 문화와 조화되어 개인이나 집단의 성격과 밀접한 관련을 맺고 있음을 부인할 수 없다. 다시 말해서 오늘의 역사도시는 도시가 갖는 정체성을 직간접적으로 전파하는 다양한 매체의 발전과 수용자들의 인식정도에 따라 크게 좌우될 수 있다.

이에 역사도시의 가치를 설정하는 방법에 있어서 앞서 설명한 이론적 측면에서의 가치설정과 함께 인지요소 설정의 필요성이 제기된다. 역사도시 가치의 인지요소 설정단계의 틀은 Churchill(1979)이 제안한 측정도구 개발의 패러다임[44]을 참조하여 다섯 단계의 분석을 실시하였다[45](표 3-3 참조). 이를 세부적으로 설명하면 우선 1단계의 항목도출은 이론적으로 관련 학자들이 제안하고 있는 역사도시의 중요성과 가치를 지표화하고 기존 역사도시, 도시 및 건축 등 관련 연구논문에서 대상으로 하는 역사도시 연구의 요소와 연구분야 그리고 UNESCO, CIVVIH, ICOMOS 등에서 제안하고 있는 역사도시를 설명하는 항목을 도출하여 내용타당성 평가를 실시하여 항목을 정리하였다.[46] 그리고 이를 통해 1차 적합성 평가,[47] 연관성평가,[48] 2차 적합성 평가[49] 등을 거쳐 측정항목들을 객관화하며, 항

---

44) Gilbert A. Churchill, jr. A Paradigm for Developing Better Measures of Marketing Constructs, Journal of Marketing Research, 1979.02, pp.64–73

45) Churchill이 제안한 방법론과 본 저서를 통해 제안한 인지적 특성 분석의 방법론에는 평가항목의 개발 및 항목정제의 대상 선정 등에 있어 차이를 보이며, 본 저서에서는 전문가, 일반인 그리고 대학생을 대상으로 진행하였다.

46) 이를 위한 목록의 작성은 유네스코한국위원회, "Cultural Landscape" 개념과 관점의 차이(2005), 유네스코한국위원회, 세계문화유산 Global Theme 개발연구(2003), UNESCO, Urban Development and Preservation of the Morphology of World Heritage Fortress Cities(2000), 유네스코, 「서울 4대문 안 역사지구의 사회적 지속가능성」 국제심포지엄 자료(2009), 서울시, 돈화문로의 역사문화적 가치회복을 위한 심포지엄 자료(2009), Unesco, Historic districts for all(2008) 자료 등과 대한건축학회, 한국도시설계학회, 대한국토·도시계획학회 등에 발표된 논문을 검토하였으며, 다수의 이론적 검토를 통해 설정하였다. 이를 통해 도출한 항목은 '시대를 대표하는 건물(군)이 존재한다' 등 총 110개 항목에 이른다. 또한 세부내용을 살펴보면, 문화의 다양성과 보편성, 물리적 측면에서의 역사환경, 환경적 측면에서의 역사환경요소 등 다양한 측정을 가능하게 할 수 있는 요소들을 선정하였다. 연구자 및 석사과정, 박사과정 등 7인이 내용타당성 평가(content validity)를 실시하여 49개 항목으로 축약하였다. 항목제거의 기준은 다음과 같다.: 1) 역사도시를 설명함에 있어 명확성이 부족한 항목들을 제거하였음. 2) 의미가 유사한 항목들을 제거함. 이상의 기준에 따라 평가자 7인이 모두 동의한 항목들만 제거하였으며, 최종적으로 49개 항목을 남겼다.

47) 적합성 평가의 전문가 및 일반인들을 대상으로 역사도시를 설명할 수 있는 항목들의 적합성을 조사하여 적합성이 낮은 항목들을 제거하는 것으로 설문의 항목은 적합한 항목에 V 표시를 하도록 요청하였으며, 응답자들의 비율이 20% 미만인 항목들을 제거하였다. 설문대상자는 전문가 45인, 일반인 50인, 대학생 126인 등 총 221인을 대상으로 하였으며, 282부 배포에 회수율 78.4%로 조사되었다. 설문의 내용은 이를 통해 49개 항목에서 44개의 항목으로 축약하였다.

48) 연관성 평가는 총 302부를 배포하여 246부가 회수되었으며, 회수율 81.5%로 조사되었으며, 설문대상자는 전문가 45인, 직장인 58인, 가정주부 55인, 대학(원)생 88인을 대상으로 조사되었다. 설문의 항목은 역사도시와의 연관성에 관한 내용으로 5점 척도로 질문하였다(1: 관계가 없다, 3: 보통이다. 5: 연관성이 크다). 응답자들이 답한 44개의 항목에 대해 빈도분석을 실시하여 전체 응답자들의 top 2(4: 연관성이 있다, 5: 연관성이 크다) 비율이 50% 미만인 항목을 제거하였다. 이러한 과정을 거쳐 총 44개 항목에서 18개 항목이 제거되고 27개의 항목이 남게 되었다.

목을 점차 압축해나간다.

<表 3-3> 현대사회에서 역사도시가 갖는 가치척도
HVIS(Historic city value item system) 측정단계의 요약 제안

| 측정도구개발단계 | 조사대상자 | 분석방법 | cut-off 기준 | 결과 |
|---|---|---|---|---|
| 1. 항목 도출 | 전문가, 대학생, 일반인 (n=약 7인) | 내용타당성 평가 (content validity) | 주관적 기준 | 110개에서 49개로 감소함 |
| 2. 적합성 평가 (항목 제거) | 20~50대 전문가, 대학생 일반인 (n=약 221인) | 동의여부 표시 (이분척도 사용) | 항목에 동의한 응답자 20% | 49개에서 44개로 감소함 |
| 3. 연관성 평가 (항목 제거) | 20~50대 전문가, 대학생 일반인 (n=약 246인) | 동의여부 표시 (5점척도 사용) | top 2 비율[1) 50% | 44개에서 27개로 감소함 |
| 4. 2차 적합성 평가 (항목 제거) | 20~50대 전문가, 대학생 일반인 (n=약 219인) | 동의여부 표시 (5점척도 사용) | top 2 비율 50% | 27개에서 19개로 감소함 |
| 5. 항목축약과 신뢰성 분석 | - | 요인분석[2) Cronbach's d[3) | - | 4개 요인 도출 수용가능한 내적 일관성 |

※ 참조 1: top 2 비율: 5점 척도에서 (4: 어느 정도 연관성이 있다. 5: 연관성이 크다)를 가리킴.
※ 참조 2: 요인분석: 다수변수들 간의 상관관계를 분석하여 변수들의 바탕을 이루는 공통차원들로써 이 변수들을 설명하는 통계기법. 3) Cronbach's: 0~1의 값을 가지며, 높을수록 바람직함. 일반적으로 0.6~0.7이면 수용할 만함.
※ 참조 3: 4단계 2차 적합성평가를 통해 19개의 항목이 도출되었으나, 요인분석과 신뢰성 분석을 실시하는 과정에서 5개 항목이 부적합하여 제외되었으며, 최종적으로 14개 항목으로 연구를 진행하였음.
※ 참조 4: 본 저서에서 설문은 단계별 200~300인을 대상으로 하였으며, 이는 객관적 데이터를 구할 수 있는 최적의 수로 인정.

이와 같은 방법론이 가지는 가장 큰 의미는 질적 연구의 대상으로만 생각되어 온 가치의 영역을 수량적인 비교를 가능하게 한 데 있다. 즉 역사도시의 가치를 정량화하고, 비교적 단순화하였고, 이를 통해 도시별 중요성의 차이와 함께 상호 특성의 비교를 통해 적합한 보전 및 관리방안의 마련이 가능하고 지역 간 차이의 정도까지도 측정할 수 있다. 그리고 시계열 비교의 가능성 또한 가지고 있다.

---

49) 2차 적합성 평가는 연관성 평가를 통해 제거되고 남은 26개의 항목들에 대한 익숙성(familiarity) 평가를 통해 일반인들이 평소 역사도시를 인지하는 항목을 측정하는 설문으로 5점 척도(전혀 적합하지 않다~매우 적합하다) 상에 응답하도록 요청하였다. 응답자들이 답한 27개의 항목에 대해 빈도분석을 실시하여 전체 응답자들의 top 2(4: 적합하다. 5: 매우적합하다) 비율이 50% 미만인 항목을 제거하였다. 이에 최종적으로 총 19개의 항목들이 남게 되었다.

변수의 도출

## (1) 인지요소[50]

위와 같은 방법론을 이용하여 도출한 19개의 항목을 대상으로 탐색적 요인분석방법론을 통하여 인지요소를 도출하였으며, 내적 일관성을 검토하기 위하여 신뢰성 분석을 실시하였다. 이를 통해 다음의 표 3-4와 같은 최종적인 결과를 도출하였다. 최종적으로 도출한 14개의 항목들은 4개의 차원을 갖는 것으로 분석되었으며, 이들 항목들의 특성에 따라 요인 1. 진정성, 요인 2. 역사성, 요인 3. 환경성, 요인 4. 전통성 등으로 구분하였다.[51] 이에 대한 세부 사항은 다음과 같다. 4개의 요인은 Cronbach's α값이 .661, .664, .682, .635로 내적 일관성을 갖고 있음을 확인할 수 있으며, 특히 요인 1은 건물(군), 정주지, 그리고 다양한 역사유적 등을 포함하는 진정성의 요인으로 묶일 수 있으며, 요인 2는 오랜 시간에 걸쳐 평범한 사람들의 일상생활을 통해 생겨난 진실성의 의미와 다른 장소와 구별되는 총체적 특성의 의미를 지니며, 특별한 의미가 부여된 공간을 갖고 있다. 그리고 도시조직에서 변해가는 역사의 켜, 오랜 시간의 누적 등의 문항을 대표하는 역사성으로 분류되었다. 요인 3은 현재성의 차원으로 교육적으로 중요하다, 역사적 정체성을 가지고 있다, 독특한 역사문화경관의 특성과 구성요소를 가지고 있다, 다양한 유형의 전통역사가로가 있다고 분류되었다. 그리고 요인 4는 전통성의 차원으로 다양한 유무형의 전통과 문화적 전통을 보유하고 있다는 문항으로 분류되었다(표 3-4 참조).[52]

---

50) 인지(cognitive)의 개념은 인식과 과정에 대한 용어로 어떤 대상을 느낌으로 알거나 이를 분별하고 판단하는 의식적 작용을 의미한다.

51) 최초 19개의 문항을 대상으로 요인분석을 실시하였으나, 요인분석의 분석과정에서 기준수치 이하의 요인 적재치 값과 신뢰성 분석에서의 내적 연관성 부재로 인하여 5개의 항목이 제거되었으며, 최종적으로 14개의 항목을 통해 인지요소를 분석하였다.

52) 요인분석을 통해 분류한 4가지 요인은 각 요인의 명칭을 정함에 있어 '정당성' 및 '합리성'에서 다소 이견이 제기될 수 있으나 본 저서에서는 기본적인 요인분석 방법론의 결과를 진정되게 반영하는 데 우선하여 연구를 진행하였으며, 이를 바탕으로 인지요소를 도출하는 데 우선하였다.

〈표 3-4〉 탐색적 요인분석을 통한 인지요소 도출

| 요인 | 문항 | 요인 적재치[1] | 설명되는 총분산(%) | Cron.α[2] |
|---|---|---|---|---|
| 1. 진정성 | ① 역사도시에는 시대를 대표하는 건물(군)이 존재한다. | .746 | 15.318 | .661 |
| | ② 역사도시에는 한 문화를 대표하는 전통적 정주지가 있다. | .679 | | |
| | ③ 역사도시에는 지역을 대표하는 건물(군)이 존재한다. | .666 | | |
| | ④ 역사도시에는 성곽, 왕릉, 고분, 사찰, 서원 등 다양한 역사유적이 존재한다. | .574 | | |
| 2. 역사성 | ① 역사도시는 오랜 시간에 걸쳐 평범한 사람들의 일상생활을 통해 생겨난 진실성의 의미를 갖는다. | .724 | 15.109 | .664 |
| | ② 역사도시는 다른 장소와 구별되는 총체적 특성을 지니며, 의미가 부여된 공간을 갖고 있다. | .697 | | |
| | ③ 역사도시는 도시조직에서 변해가는 역사의 켜를 읽을 수 있다. | .651 | | |
| | ④ 역사도시는 오랜 시간의 누적에 의해 형성된다. | .521 | | |
| 3. 환경성 | ① 역사도시는 교육적으로 중요하다. | .811 | 13.768 | .682 |
| | ② 역사도시는 역사적 정체성을 가지고 있다. | .651 | | |
| | ③ 역사도시는 독특한 역사문화경관의 특성과 구성요소를 가지고 있다. | .583 | | |
| | ④ 역사도시에는 다양한 유형의 전통역사가로가 있다. | .513 | | |
| 4. 전통성 | ① 역사도시에는 다양한 유·무형의 전통이 전해져 내려오고 있다. | .822 | 11.701 | .635 |
| | ② 역사도시는 문화적 전통을 보유하고 있다. | .716 | | |

※ 참조 1: +1과 −1 사이의 값을 가짐. ±.5 이상일 때 유의성을 갖게 됨.
※ 참조 2: 0~1의 값을 가지며 높을수록 바람직하다. 흔히 0.6 이상이면 수용하기에 적합함.

## (2) 인지요소의 특성

이상과 같은 분석결과를 살펴보면 역사도시에 대한 인지요소는 이론적 측면에서 제안하고 있는 역사성, 전통성, 진정성, 현재성의 요소와 유사한 내용적 특성을 보이며, 특히 전통적으로 역사도시로서의 중요요소로 인지하고 있는 부분과 내용적 경향이 유사함을 알 수 있다. 그러나 서두에 제시한 다양한 유형의 역사도시와는 각각이 지닌 역사환경적 측면에서 차이가 있으며, 이는 인지적 측면에서 역사도시의 가치를 설정함에 있어 중요하게 고려해야 하는 사항임을 알 수 있다.

## 4) 소결

이상 살펴본 바와 같이 현대사회에서 역사도시의 가치설정을 위하여 이론적 측면과 인지요소의 도출을 통한 방법론 등을 종합하여 역사도시가 가진 특성을 분석하고 가치를 설정할 수 있는 방안제시의 가능성을 확인하였으며, 이를 정리하면 다음과 같다.

첫째, 현대사회에서 도시공간을 분석함에 있어 다양화·다변화되어가는 사회에 유연하게 대응할 수 있는 대안으로서 도시사회학적 측면에서 분석가능성을 제안하였으며, 이는 거시적 차원에서의 접근으로 개념적 접근의 가능성을 확인할 수 있었다.[53]

둘째, 건축 및 도시적 차원에서 역사환경요소의 특성은 분석요인들의 상호 관계를 통해 각각이 가지는 가치를 분석할 수 있음을 확인하였으며, 특히 형태와 공간을 통해 나타나는 도시적 차원의 역사환경요소 특성은 내부적으로 건축적 차원의 다양한 특성을 포함하며, 이를 통해 종합적으로 역사환경의 가치를 제고할 수 있는 가능성을 확인하였다. 그리고 각각의 특성요인들이 갖는 의미 요인을 통해 종합적 차원의 보전 및 관리방안 마련의 필요성 또한 확인할 수 있다.[54]

셋째, 네 차례에 걸친 설문조사와 이를 이용한 빈도분석 및 요인분석을 통해 역사도시의 가치를 설명할 수 있는 문항들을 도출하였으며, 이들 문항들의 상호 간 내적 연관성 분석을 통해 신뢰성과 타당성을 확보하고 있는 4가지 요인으로 분류하였다. 이들 각각의 문항들은 역사도시에 대해 실제적으로 현대인들이 중요하게 인지하고 있는 요인으로 설명가능하며, 앞서 살펴본 두 가지의 이론적 측면 분석과 함께 관계하여 종합적인 분석방법론의 객관성을 확보하고 타당성을 갖는 데 주요한 역할을 기대할 수 있다.

이상과 같이 공간정치학의 견지에서 역사도시의 가치와 역사환경요소를 통한 가치분석 그리고 현대인을 대상으로 하는 인지요소의 도출을 통해 현대사회에서 역사도시의 가치를 종합적으로 설정할 수 있는 가능성을 확인하였다. 이를 종합하면 다음 그림 3-6과 같다.

---

53) 다변화, 다양화, 다가치를 추구하는 현대사회에서 체계적으로 역사도시의 특성을 분석하기 위하여 이에 부합하는 이론을 통한 합리적인 분석방법론의 필요성이 제기된다. 본 저서를 통해 현대도시공간개념에서 역사도시의 분석을 위해 제기하는 도시공간정치학이론은 과거와 현재에 나타나는 사회·정치·경제적 특성의 종합적 분석을 통해 미래를 예측하고, 대처할 수 있는 가능성을 제공하며, 또한 이를 통해 사회성이 반영된 도시적 차원의 가치변화에 유연하게 대응할 수 있는 가능성을 지닌다. 그리고 기존의 모더니즘적 방법론에 더하여 물리적, 환경적, 인지적 특성 등 다양한 분야를 포괄하는 분석방법론과의 연계를 통한 분석 또한 시도할 수 있다. 박훈·정재용, 앞의 논문, 2009.08, p.311

54) 도시공간적 측면과 역사환경의 특성분석은 이론적 측면에서의 가치기준을 바탕으로 하며, 특히 역사환경에 대한 특성분석은 현대도시환경 속에서 기존 보존 중심에서의 정책변화와 함께 사회환경 속에서 점차 다양한 가치로의 제고가 가능한 특성을 파악할 수 있다. 이와 함께 추가적으로 인지요소와의 상호 관계성을 통해 주관적인 측면이 강한 가치(문제)의 접근에 현대인이 사고하는 가치에 대한 객관성을 부여하며, 종합적 차원에서의 타당성과 합리성을 확보할 수 있는 가능성을 확인할 수 있다. 박훈·정재용, 앞의 논문, 2009.08, p.311

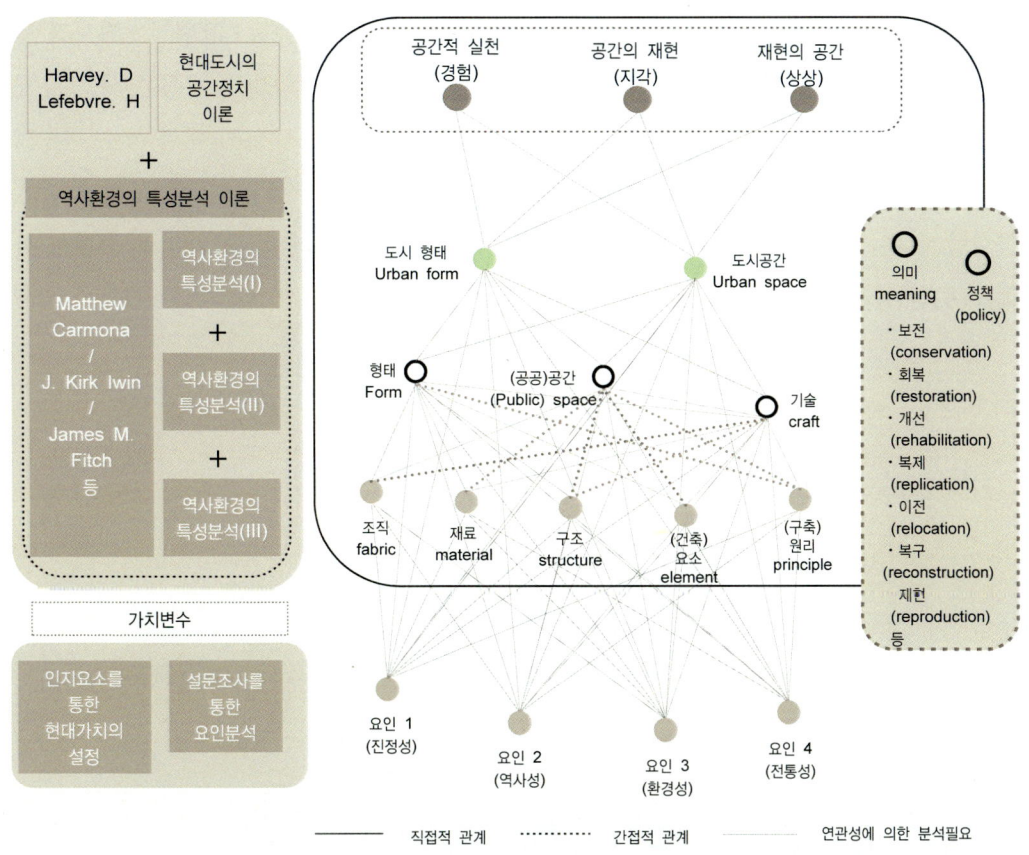

〈그림 3-6〉 현대사회에서 역사도시의 가치설정을 위한 도구의 설정

# 3. 분석의 틀 설정

## 1) 가치설정을 위한 분석의 틀 제안

본 저서에서 제시하고 있는 역사도시의 가치분석을 위한 분석방법의 틀은 앞서 살펴본 바와 같이 크게 세 가지 개념에 근거한다. 첫째는 도시적 차원에서 분석을 통한 가치설정, 둘째는 역사환경의 특성 분석을 통한 가치설정, 셋째는 설문조사를 통한 인지요소의 도출 등이다. 이를 바탕으로 이론적 측면에서의 가치요소와 함께 통계방법론의 요인분석을 통해 현대가치를 설정할 수 있는 분석틀을 제안하였다. 그리고 이와 같은 가치설정 방법론을 바탕으로 이론적 가치분석과 함께 역사적·실증적·유형적 접근을 통한 사례연구를

실시한다. 또한 대상지의 답사 및 다양한 문헌의 고찰을 통해 실증적·유형적·역사적 사례 분석을 실시하여 역사도시의 가치특성을 도출하고, 인지요소와의 관계성 분석을 통해 가치 유형을 제안한다.

이를 바탕으로 원고의 결론부에 본문을 통해 분석된 역사도시의 가치와 특성에 대한 종합단계로서 역사도시의 종합적 가치를 제안하고, 보전 및 관리방안제안의 가능성을 사고(思考)한다(그림 3-7 참조).

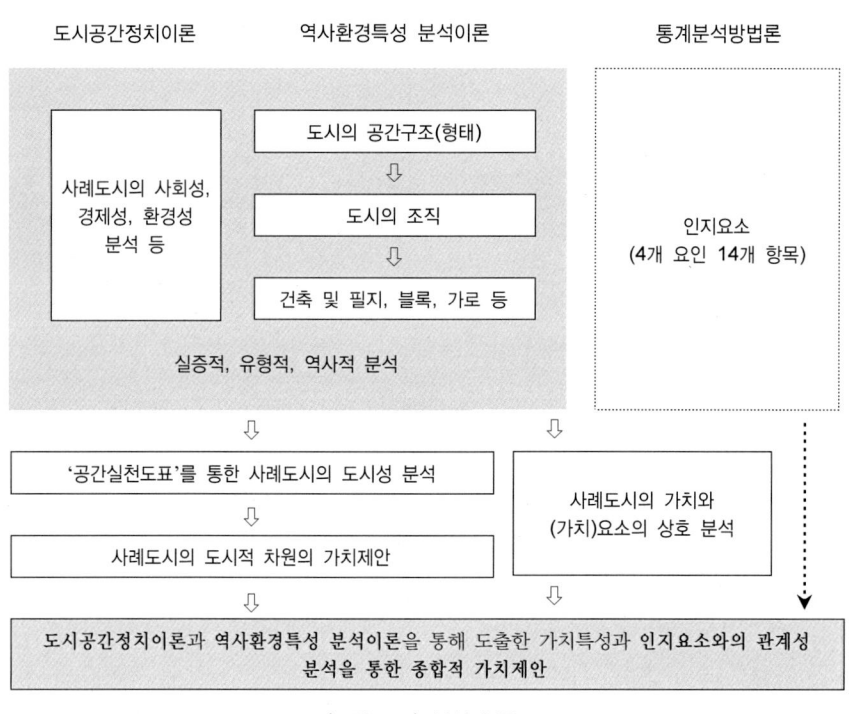

도시공간정치이론    역사환경특성 분석이론    통계분석방법론

사례도시의 사회성, 경제성, 환경성 분석 등

도시의 공간구조(형태)
⇩
도시의 조직
⇩
건축 및 필지, 블록, 가로 등

실증적, 유형적, 역사적 분석

인지요소
(4개 요인 14개 항목)

'공간실천도표'를 통한 사례도시의 도시성 분석
⇩
사례도시의 도시적 차원의 가치제안

사례도시의 가치와
(가치)요소의 상호 분석

도시공간정치이론과 역사환경특성 분석이론을 통해 도출한 가치특성과 인지요소와의 관계성 분석을 통한 종합적 가치제안

〈그림 3-7〉 분석의 틀

## 2) 소결

이상과 같은 분석의 틀을 바탕으로 본 저서를 통해 제시하고자 하는 바는 현대사회에서 도시가 가진 정체성 및 역사성 등을 포함하는 문화의 중요성이 부각되면서 역사도시를 대상으로 역사환경의 보전과 문화 그리고 관광개발 등 다양한 측면에서의 접근을 통해 연구 및 개발이 활발히 진행되고 있으나, 이에 앞서 도시가 가진 내적 특성의 가치를 깊이 있게 고찰하고 이에 따라 합리적인 보전 및 관리를 위한 체계적 분석의 필요성을 인

지하여 3가지 개념을 통한 가치설정의 방법론을 제안하였으며, 전체적인 가치분석을 위한 프로세스를 제안하였다.

다변화, 다양화, 다가치를 추구하는 현대사회에서 체계적으로 역사도시의 특성을 분석하기 위하여 이에 부합하는 이론을 통한 합리적인 분석방법론의 필요성이 제기되며, 본 원고를 통해 현대도시공간개념에서 역사도시의 분석을 위해 제기하는 도시공간정치학이론은 과거와 현재에 나타나는 사회·정치·경제적 특성의 종합적 분석을 통해 미래를 예측하고, 대처할 수 있는 가능성을 제공하며, 또한 이를 통해 사회성이 반영된 도시적 차원의 가치변화에 유연하게 대응할 수 있는 가능성을 지닌다. 그리고 기존의 모더니즘적인 방법론에 더하여 물리적·환경적·인지적 특성 등 다양한 분야를 포괄하는 분석방법론과의 연계를 통한 분석 또한 시도할 수 있다.

그리고 도시공간적 측면과 역사환경의 특성분석은 이론적 측면에서의 가치기준을 바탕으로 하며, 특히 역사환경에 대한 특성분석은 현대도시환경 속에서 기존 보존 중심에서의 정책변화와 함께 사회의 변화 속에서 점차 다양한 가치로 제고 가능한 특성을 파악할 수 있다. 이와 함께 추가적으로 인지요소와의 상호 관계를 통해 주관적인 측면이 강한 가치(문제)의 접근에 현대인이 사고하는 가치에 대한 객관성을 부여하며, 종합적 차원에서의 타당성과 합리성을 확보할 수 있는 가능성을 확인할 수 있다.

이와 같은 방법론을 통해 현대사회에서 중요성 및 가치가 더해가고 있는 역사도시에 대해 시대 환경에 부합하는 합리적이고 체계적인 분석을 실시하고, 도시설계를 통한 체계적인 보전 및 관리방안 그리고 개발방안을 마련함에 있어 정당성을 확보하며 궁극적으로 사회적으로 지속가능한 역사도시 구현이 가능할 것으로 기대해 볼 수 있다.

# 도시공간정치이론에 의한 역사도시의 분석

# 1. 접근성과 거리화에 따른 실천분석

## 1) 공간적 실천(경험)

### 지자체의 재정 및 경제성의 변화

하비는 르페브르의 '공간생산개념'에 '공간적 실천'에 따른 구체적인 실천원리로서 '접근성과 거리화'를 제안하였으며, 이는 공간의 실천 측면에서 재화, 화폐, 사람, 노동력 등의 흐름을 중심으로 분석을 시도할 수 있다. 또한 역사(문화)도시의 범주에서 지자체 재정의 흐름과 경제성의 변화로 접근 가능하다.

특히 현대사회에 들어서 경제성을 중요한 도시가치의 요소로 판단하게 되면서 지방자치단체의 세입 및 세출 현황에 대한 경향 분석과 재정적 자립도[1] 및 경제성 분석에 대한 중요성이 커지고 있다.

우선하여 살펴본 내용은 각 지자체의 세입 및 세출 현황[2] 중 '사회개발비' 집행비율의 변화양상을 1991년부터 비교해 보았다.[3] 다음 표를 통해 확인할 수 있듯이 경주는 이미

---

1) 재정자립도의 산정은 지방세, 세외수입, 자치단체 예산규모 등을 통해 산정하며, 이를 통해 자치단체의 건전성을 확인할 수 있음. 국내 상당수의 중소도시는 도시화에 따른 인구, 재정의 집적화 현상으로 어려움을 겪고 있다. 이를 해소하기 위한 방안으로 지역균형발전 정책 등이 지속적으로 이루어지고 있으며, 대표적으로 공주, 부여, 경주지역에 추진되고 있는 역사문화도시조성사업 등을 들 수 있다.

2) 사례 대상지인 공주, 부여, 경주는 1991년부터 2008년까지의 세입 및 세출 현황에 있어서 급격한 성장을 이루었다. 공주의 경우 세입 6배, 세출 7배, 부여의 경우 세입 6.3배, 세출 5.6배, 경주의 경우 세입 10.5배, 세출 10.1배의 성장수치를 보인다.

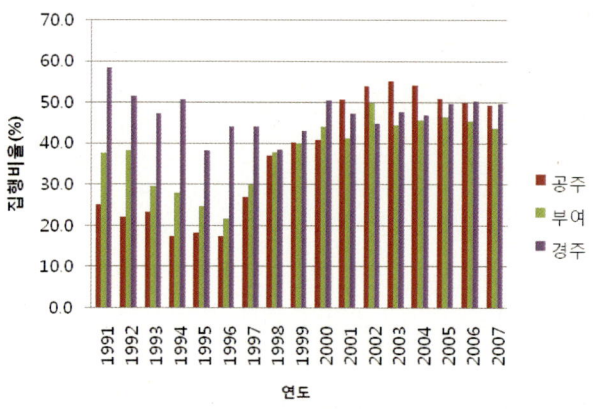

※ 참조: 행정안전부에서 제공하는 자료를 바탕으로 분석

〈그림 4-1〉 공주·부여·경주의 연도별 사회개발비 집행 비율

1990년대 초반부터 50% 내외의 재정적 투자가 이루어지고 있었으며, 공주와 부여(특히 공주의 경우)는 이와 상당한 차이를 보이고 있다. 하지만 1990년대 후반에 들어서 세 곳 지자체는 '사회개발비'에 대한 집행비율이 유사하게 나타나고 있으며, 이는 (역사)문화에 대한 보전과 관리의 중요성 및 가치를 인식하여 투자를 늘리는 양상으로 나타나며, 이를 통해 각 도시의 (역사)문화에 대한 가치의 변화양상을 사고할 수 있다[4](그림 4-1 참조).

한편 각 도시의 경제성 분석을 위하여 재정자립도 현황을 비교하였다. 대상도시들은 그림 4-2와 같이 1990년대 이후 2002년까지 재정자립도가 감소하는 경향을 보이고 있으나, 경주는 기본적으로 공주 및 부여와 비교하여 상대적으로 건전한 재정자립도율을 보이고 있다. 그러나 경주 또한 1999년 이후 감소추세를 보이고 있으며, 이후 증감을 반복하고 있다. 공주와 부여의 경우 경주와 비교하여 감소폭이 적으나 4% 내외의 변화폭을 보이고 있음을 알 수 있다. 대상지역은 전국의 경제자립도 평균에 비하여 공주, 부여, 경주 모두 상대적으로 열악한 경제환경을 확인할 수 있으며, 이와

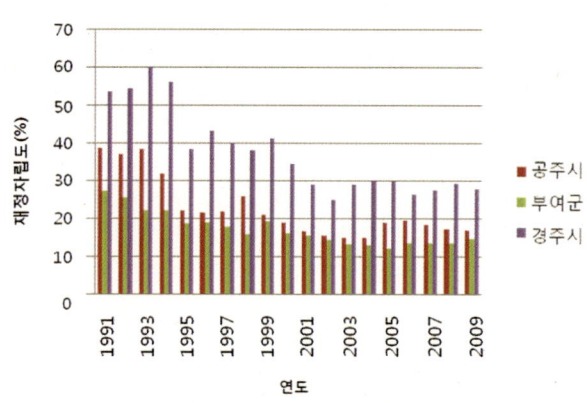

※ 참조: 행정안전부에서 제공하는 자료를 바탕으로 분석

〈그림 4-2〉 공주·부여·경주 및 전국평균 재정자립도 현황

---

3) 절대적인 집행 비용은 각 지자체별 경제규모에 따라 차이가 있으므로 상대적 비교를 위해서는 집행 비율을 통한 비교가 적합하다. 또한 전체 세출구성에서 사회개발비가 문화사업 등을 포함하는 제 경비로서 도시 내 역사(문화)도시의 제반조성을 위해 투입되는 경비로 볼 수 있다.

4) 그래프에서 나타나는 1990년대 후반의 양상은 전국적으로 역사문화도시에 대한 관심의 증대와 함께 투자가 본격적으로 시작되던 시기이다.

같은 현상은 2000년대 들어서면서 더욱 심화되고 있음을 알 수 있다.5) 이와 같이 나타나는 공통의 특징에 대한 원인은 1995년 시작된 지방자치제도에 의해 무리한 정책의 추진에 의해 재정자립도가 악화되는 데서 원인을 찾을 수 있다. 이는 각 도시에서 역사문화 분야에 투자할 수 있는 재정적인 건전성을 전망할 수 있는 자료로서 이용가능하다.

이상과 같이 나타나는 경제성 및 재정자립도 현황을 통해 도시의 과거 경제성과 현재의 경제성 그리고 이를 통해 미래의 경제성을 예견해 볼 수 있는 기회를 제공한다.

### 관광객과 관광수입의 변화추이

현대사회에서 문화의 중요성이 커지면서 오랜 역사의 축적으로 역사문화도시로서의 발전가능성을 내재하고 있는 역사도시들을 중심으로 다양한 정책이 이루어지고 있다. 이는 지역문화를 소개하고 홍보하여 관광자원화하는 정책으로 나타나고 있으며, 앞서 분석한 내용을 바탕으로 사례 도시의 관광객 현황과 관광수입에 대한 비교분석을 실시하였다.

그림 4-3에서 나타나는 바와 같이 공주와 부여지역은 1990년대 중반 이후 급격한 관광객의 증가 양상을 발견할 수 있다. 그러나 경주의 경우 꾸준히 다수의 관광객을 확보해오고 있음을 알 수 있으며, 이는 국내 대표적 역사도시로서의 특징이 장점으로 나타나는 결과라고 할 수 있다. 그리고 이와 함께 살펴본 대상도시의 관광수입 현황을 살펴보면 더욱 큰 차이를 확인할 수 있다.

경주시의 경우 상대적으로 높은 인지도와 많은 역사문화유적으로 인하여 방문객 수 및 이들이 소비하는 1인당 금액이 크게 나타나는 것을 확인할 수 있으며, 공주와 부여의 경우와는 차이가 많다. 이는 시간이 갈수록 더욱 많은 경제적 차이로 나타나고 있으며, 이에

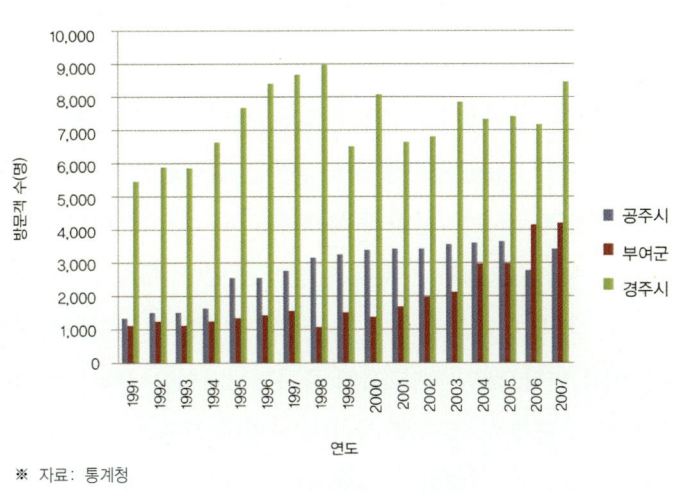

※ 자료: 통계청

〈그림 4-3〉 공주·부여·경주 지역의 관광객 변화

---

5) 위 기간 동안 전국 평균 재정자립도는 91년 64%, 2000년 59%, 2008년 54% 등 본 저서에서 대상으로 하는 지역과 비교하여 높은 수준이지만 역시 점차 감소하고 있다.

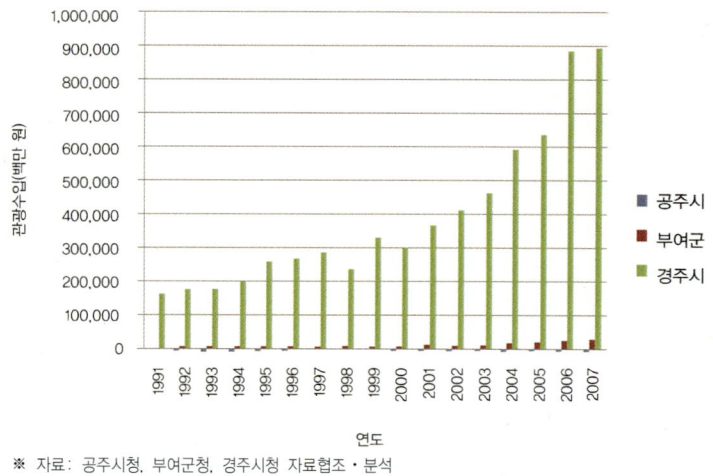

대한 원인은 기본적으로 도시가 가지고 있는 역사유산과 함께 도시가 가지는 역사환경으로서의 가치가 경제적 특징으로 나타나는 결과로 볼 수 있다(그림 4-4 참조).

위와 같은 내용을 통해 경주가 다른 두 곳의 도시와 비교하여 재정적 측면에서의 건전성과 함

※ 자료: 공주시청, 부여군청, 경주시청 자료협조·분석
※ 참조: 관광수입은 유료 관광지 수입통계를 통해 산출하였으며, 이는 실제 관광수입과는 차이가 있음.

〈그림 4-4〉 공주·부여·경주 지역의 관광수입 변화

께 역사환경을 통한 경제적 건전성 확보가 유리하다는 것을 판단할 수 있다.

## 2) 공간의 재현(지각)

### 역사문화도시 조성을 위한 지역적 특성

역사문화도시의 조성을 위한 지역적 특성분석과 함께 입지론에 따른 영향범위의 관계를 살펴보았다.

국내에서 문화관광도시의 개발을 위해 전국을 7대 문화관광권지역[6]으로 분류하고 있으며, 공주와 부여는 충청권에 경주는 경북권에 속한다. 관광영역에 속하는 도시들은 역사적 특성과 고유한 문화적 특성 그리고 다수의 관광자원을 보유하고 있는 도시로서 현대사회에서 중요성과 가치를 인정받고 있다. 특히 본 저서에서 대상으로 하는 공주, 부여, 경주는 국내 대표적인 역사도시로서 역사문화 관광도시발전의 중요한 축을 담당하고 있다. 이를 바탕으로 사례도시의 특화관광사업을 살펴보면 공주는 공주문화관광지 조성, 백제문화제 국제화, 공산성 성안마을 정비 등 3개 사업,[7] 부여는 백제문화제 국제화, 계백장군 무예촌조성, 백제역사재현단지 조성 등 3개 사업[8]이 해당된다. 한편 경주는 보문단

---

6) 7대 문화관광권 개발사업은 7개의 문화관광권, 14개의 문화관광벨트, 시·군·구 단위의 30개 문화관광거점지역, 130개의 특화관광 개발사업(50개 중점사업, 80개 연계사업) 등의 체계로 추진하고 있다.

7) 이 중 공주문화관광지 조성사업은 실효성의 문제로 2000년 초반 중지되었으며, 백제문화제 국제화는 부여군과 같이 추진되고 있다. 그리고 공산성 성안마을 정비사업은 2009년 현재 발굴작업이 진행 중이다.

지 전통공연장 활성화, 남산일원 관광명소화, 신라전통음식점 유성, 양동민속마을 관광명소화 등 5개 사업이 속한다. 이상과 같이 공주, 부여, 경주는 지역이 가지는 역사성을 바탕으로 '역사문화 관광도시'를 지향하고 있음을 알 수 있다(표 4-1 참조).

〈표 4-1〉 7대 문화관광권 지역

| 문화관광권 | 광역지자체 | 문화관광거점지역 |
|---|---|---|
| 수도권 | 서울(4) | 종로구, 중구, 용산구, 송파구 |
| | 인천(2) | 중구, 강화군 |
| | 경기(3) | 수원시, 용인시, 이천시 |
| 강원도 | 강원(3) | 속초시, 강릉시, 춘천시 |
| 충청권 | 대전(1) | 유성구 |
| | 충북(1) | 충주시 |
| | 충남(2) | 공주시, 부여군 |
| 대구·경북권 | 대구(1) | 중구 |
| | 경북(2) | 경주시, 안동시 |
| 부산·경남권 | 부산(2) | 중·동구, 해운대구 |
| | 울산(1) | 남구 |
| | 경남(1) | 통영시 |
| 호남권 | 광주(1) | 동구 |
| | 전북(1) | 남원시 |
| | 전남(3) | 목포시, 영암군, 진도군 |
| 제주권 | 제주(2) | 제주시, 서귀포시 |
| 계 | | 30개 지역 |

※ 자료: 문화관광부
※ 참조: 상위계획인 4차 국토종합계획자료

## 입지(론)에 따른 영향범위

또한 '공간의 재현분석'을 위해 사례도시의 '입지(론)에 따른 영향범위'를 검토하였다.

역사문화(관광)도시의 입지결정에 가장 큰 영향을 미치는 것은 도시가 가진 역사적 가치와 함께 관광자원과 관광시장의 존재 여부, 주민을 포함한 국토성, 지역성, 역사성, 국민성 등으로 설명할 수 있다. 이러한 입지조건은 지역 또는 나라에 따라 큰 차이가 있다.

문화관광입지의 기초적 조건을 이루고 있는 곳은 관광지의 개성을 지니게 되며 이러한 개성미에 관광객은 많은 호기심을 가지게 된다. 문화관광사업은 복합성을 띤 산업으로 관광지리가 지닌 입지조건과 밀접한 관계를 갖고 발전한다.

---

8) 한편 부여의 경우 백제문화제의 국제화는 공주와 함께 추진 중에 있으며, 계백장군 무예촌 조성사업은 중단되었고, 백제역사재현단지 조성사업은 2010년에 완공될 예정이다.

특히 역사문화관광지 입지조건으로 중요시되는 3요소인 기후, 교통, 대중성은 각각 지역성을 가지고 있어 이를 규명하는 데도 지리학의 역할이 중요하다. 이와 같이 지리학은 관광입지와 관광사업 발전에도 큰 역할을 담당하게 된다.

이와 같은 맥락에서 공주와 부여의 경우 충청권에 입지하며, 백제문화 중심의 문화관광도시개발정책의 축을 지향하고 있으며, 경주의 경우 경북에 위치하고, 신라문화권에 바탕을 두고 있다. 표 4-2에서와 같이 공주, 부여는 입지특성에서 상호연관성을 가지며, 대전, 청주까지 영향권 범위를 두고 있다. 한편 경주시는 포항을 1차적 영향범위에 포함하고 있다.[9] 하지만 현대사회는 전통적 지역범위의 경계가 모호해지는 경향이 나타나고 있으며, 인터넷, 언론매체 등을 통한 영향범위의 확대로 전통적 장소의 개념 또한 변화하고 있다.

〈표 4-2〉 7대 문화관광권 지역의 영향범위

| 문화관광권 | 문화관광축 | 영향범위 |
|---|---|---|
| 수도권 | 통일안보 | (파주)-서울-(철원) |
| | 해양위락 | (옹진)-인천-강화 |
| | 복합관광 | 서울-수원-용인-이천-(여주)-(광주) |
| 강원도 | 남북교류 | (고성)-속초-(양양)-강릉-(동해) |
| 충청권 | 백제문화 | 대전-공주-부여-(청주) |
| | 중원문화 | (단양)-제천-충주-(청주) |
| | 온천휴양 | (아산)-대전-충주 |
| 대구·경북권 | 유교문화 | (영주)-안동-대구-(합천)-(청도) |
| | 신라문화 | 경주-(포항) |
| 부산·경남권 | 동남해양 | 울산-부산-(진주)-통영-(거제)-남해 |
| | 가야문화 | 부산-(김해)-(창녕) |
| 호남권 | 전통문화 | (전주)-남원-(담양)-광주 |
| | 서남해양 | 목포-영암-진도-(강진)-(여수) |
| 제주권 | 섬문화 | 제주-(북제주)-서귀포-(남제주) |

※ 참조 1: 문화관광부, 4차 국토종합계획자료 참조
※ 참조 2: ( )는 자원성 확보를 위한 연계지역

---

9) 한편 일부의 주장이지만 2009년 현재 공주와 부여 그리고 경주와 포항 간의 행정구역 통합을 통한 지역발전을 도모하고자 필요성이 제기되고 있다. 하지만 이는 단순히 경제적 논리보다는 지역의 문화적, 환경적 특성을 면밀히 검토 후에 결정되어야 할 것이다.

현대사회에서 새로운 생산양식이 등장한 이후, 장소는 자유경쟁시장에서 자본의 유입을 위해 서로 경쟁하는 사회·경제적 기호로 여겨지게 되었으며, 이러한 이유로 장소의 특성과 이미지가 중요한 입지결정 요인으로 작용하게 되었다. 즉 장소(도시)는 상품화되고 소비되며 광고될 뿐만 아니라 판매되는 대상으로 간주되고 있으며, 이러한 일련의 과정과 관련된 현상이 현대도시(장소)에서 나타나는 것이다. 이렇듯 역사도시 또한 도시의 이미지 작업을 통해 많은 관광객들이 그 장소를 방문하도록 유도하거나 기업의 자본을 유치하려는 경제논리가 기본적으로 내재되어 있다. 이와 같이 공주, 부여, 그리고 경주의 각기 다른 입지적 특성은 지역적·환경적 특성과 함께 관광객을 유도하거나 기업의 자본을 유치하는 데 있어 각기 다른 차별화된 접근을 요구한다.

국내에서도 1990년대 들어 장소(도시)의 상품화를 통한 가치 제고를 위한 노력이 나타나기 시작하였으며, 세계화의 담론 속에서 각 도시 간의 경쟁증가와 관광수요 증가, 관광형태의 변화 추세, 지방자치제 실시 및 문화정책의 변화라는 특수상황의 분석을 통해 접근할 수 있다.

## 3) 재현의 공간(상상)

### 언론을 통한 (도시)공간소개

도시공간은 전통적으로 분석되어 온 물리적 방법론과는 별개로 현대사회에서 매스미디어를 통한 공간의 접근과 이용가치가 중요한 요소로 작용하고 있다. 즉 과거 물리적 요소에 의해 (도시)공간이 소개되고 가치가 논의되던 때와는 달리 현대사회에서는 매스미디어의 역할이 중요성을 더하게 된다. 이에 매스미디어를 통해 다양한 측면에서 도시(공간)가 소개되고 있는 보도 자료를 분석해 보았다.[10] 이는 현대사회에서 언론매체가 새로운 장소를 향한 실제적 유도와 함께 현재와 미래의 도시이미지를 제고하는 데 중요한 역할을 기대할 수 있다.

공주, 부여, 그리고 경주지역에 대한 매스미디어의 소개는 1991년부터 현재에 이르기까지 지속적 증가추세를 보이고 있다.[11] 그림 4-5에서와 같이 전체적으로 역사문화도시에

---

10) 이는 언론재단에서 제공하는 기사검색자료를 통해 분석하였으며, 대상은 서울지역 종합일간지, 서울 외 지역 종합일간지, 경제일간지, 인터넷신문, 지역주간신문, TV뉴스 등을 대상으로 하였다.

11) 공주의 경우 1991년 568건이 2008년 약 4,000여 건으로 증가하였으며, 부여의 경우 1991년 3,239건이 2008년 37,035건으로 경주의 경우 1,127건이 2008년 6,132건으로 증가하였다. 세 곳 역사도시에서 모두 지속적 증가

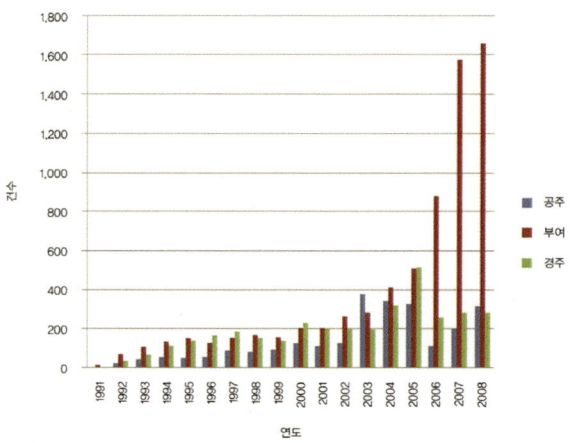

대한 언론보도 역시 증가하고 있다. 증가율에 있어서 공주의 경우 2003년에 급격히 증가하게 되었으며, 부여의 경우 2005년 이후, 경주의 경우에는 2004년 이후 뚜렷한 증가추세를 보이고 있다. 또한 내용상 변화추세를 분석해보았을 때 역사문화유산의 보전문제에 주목하던 초기 보도 내용은 2000년에 들어서면서 점차 보전과 활용 그리고 역사문화 관광도시로서의 발전 가능성에 대한 언

※ 자료: 언론재단 기사검색자료(http://www.kpf.or.kr/)

〈그림 4-5〉 공주·부여·경주지역의 역사문화도시 관련 언론보도 경향

론보도가 이어지고 있다(그림 4-5 참조). 이를 통해 도시(공간)의 재현적 공간구성 방향을 파악해 볼 수 있다.

이상 살펴본 바와 같이 세 곳의 역사도시는 모두 언론보도의 측면에서 그 횟수가 지속적으로 증가하였으며, 특히 부여군의 급격한 증가는 특징적으로 설명할 수 있다. 이와 같은 특성과 함께 지역 내부 언론매체의 활발한 활동을 통해 각 역사도시의 미래가치를 제고할 수 있는 가능성을 가진다.

## 4) 소결

이상과 같이 하비의 구체적 실천원리인 '접근성과 거리화'의 범주에서 분석을 실시하였다. 이는 르페브르의 '공간생산개념의 3층위'에 확장하여 하비가 제안한 '공간적 실천경험'으로써 공간에 대한 접근도를 효율적으로 구성하는 문제에 대해 정량적·정성적 자료의 분석을 통해 접근하였다.

공주·부여·경주지역의 역사문화환경 조성과 관련하여 '사회간접비'의 투자 현황을 파악했을 때, 1990년대 초반 다소의 차이가 있었으나 2000년대 들어서 유사한 투자비율로 나타나고 있으며, 이는 역사환경 관리의 중요성에 대한 인식변화의 결과로 판단할 수 있

추세를 보였으나 특히 2003년부터 2005년까지는 급격히 증가하였던 횟수가 이후 다시 줄어들고 있다.

다. 그러나 기본적으로 공주·부여 및 경주가 가지고 있는 재정자립도에서의 한계는 역사 문화도시로서의 가치제고를 위하여 극복해야 할 문제이다. 또한 관광객 수와 함께 관광수입의 차이 또한 공주, 부여와 경주와의 차이가 상당하며, 이에 대한 원인은 도시가 가진 '역사성'과 '역사환경'에 있으며, 상대적으로 불리한 환경의 공주, 부여는 역사환경의 지속적인 회복 노력과 함께 주변 자연환경의 활용을 통한 관광객 유입을 유도하는 정책으로의 전환을 고려해 볼 수 있다.

또한 지역적 특성을 살펴보았을 때 공주와 부여의 경우 인접한 입지특성으로 인해 상호 연계된 계획의 필요성이 제기되며, 이는 공주와 부여가 가지고 있는 장소성과 역사성의 가치분석을 통해 세부적 활용방안이 정해져야 할 것이다. 한편 언론매체의 활용적 측면에서 전반적으로 2000년 이후 매체의 활용이 증가하는 추세는 역사도시에 대한 관심의 증대와 함께, 지역문화의 홍보를 통한 도시의 사회적 가치를 높이고자 하는 데서 나타나는 결과로 볼 수 있다.

이와 같은 특성을 도시공간적 측면, 역사환경적 측면, 그리고 인지적 측면에서 상관분석을 정리하면 다음의 표 4-3, 4-4, 4-5와 같이 설명할 수 있다.

상관분석표를 통해 확인할 수 있는 대표적 특성으로는 각 지역에 존재하는 전통적 건축물의 특성에 따라 가치의 기준이 달라질 수 있다는 것이다. 공주와 부여의 경우 개개의 건축물을 가치평가할 수 있는 환경이 상대적으로 부족하나 경주는 풍부한 건조환경을 통해 역사환경의 분석요소 간에 상대적 긴밀감을 유지하며, 또한 이들 요소의 분석을 통해 가치제고의 가능성을 높이고, 도시공간이론과 인지요소 간 관계성을 높여주고 있다.

<表 4-3> '접근성과 거리화'에 따른 상관성 분석 (1)

| 도시 | | 분석 |
|---|---|---|
| 공주 | 상관도 | 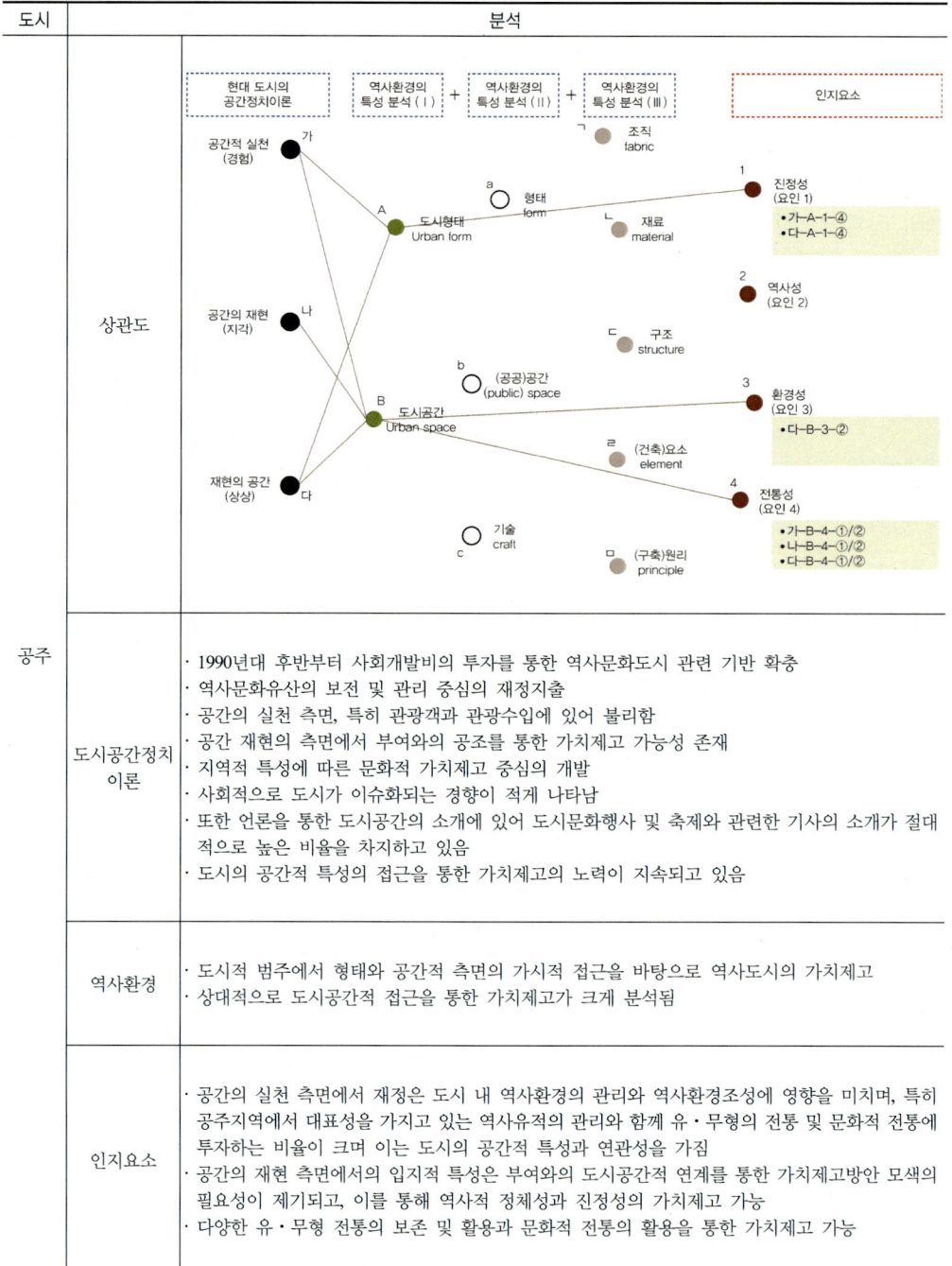 |
| | 도시공간정치<br>이론 | · 1990년대 후반부터 사회개발비의 투자를 통한 역사문화도시 관련 기반 확충<br>· 역사문화유산의 보전 및 관리 중심의 재정지출<br>· 공간의 실천 측면, 특히 관광객과 관광수입에 있어 불리함<br>· 공간 재현의 측면에서 부여와의 공조를 통한 가치제고 가능성 존재<br>· 지역적 특성에 따른 문화적 가치제고 중심의 개발<br>· 사회적으로 도시가 이슈화되는 경향이 적게 나타남<br>· 또한 언론을 통한 도시공간의 소개에 있어 도시문화행사 및 축제와 관련한 기사의 소개가 절대<br>  적으로 높은 비율을 차지하고 있음<br>· 도시의 공간적 특성의 접근을 통한 가치제고의 노력이 지속되고 있음 |
| | 역사환경 | · 도시적 범주에서 형태와 공간적 측면의 가시적 접근을 바탕으로 역사도시의 가치제고<br>· 상대적으로 도시공간적 접근을 통한 가치제고가 크게 분석됨 |
| | 인지요소 | · 공간의 실천 측면에서 재정은 도시 내 역사환경의 관리와 역사환경조성에 영향을 미치며, 특히<br>  공주지역에서 대표성을 가지고 있는 역사유적의 관리와 함께 유·무형의 전통 및 문화적 전통에<br>  투자하는 비율이 크며 이는 도시의 공간적 특성과 연관성을 가짐<br>· 공간의 재현 측면에서의 입지적 특성은 부여와의 도시공간적 연계를 통한 가치제고방안 모색의<br>  필요성이 제기되고, 이를 통해 역사적 정체성과 진정성의 가치제고 가능<br>· 다양한 유·무형 전통의 보존 및 활용과 문화적 전통의 활용을 통한 가치제고 가능 |

※ 참조 1: 본 장에서 이용한 공간실천도표를 통해 역사환경의 특성분석과 가치를 논하기에는 다소 부족하며, 이에 역사환경에 관한 구체적이고
    실증적인 분석은 제5장에서 실시하였음.
※ 참조 2: 본 저서는 도시적 차원에서 역사도시의 가치를 제안하는 데 목적이 있는바 국가지정 및 지자체가 지정하여 관리하고 있는 역사문화유
    산의 세부분석은 제외하였음.

<표 4-4> '접근성과 거리화'에 따른 상관성 분석 (2)

| 도시 | 분석 | |
|---|---|---|
| 부여 | 상관도 | 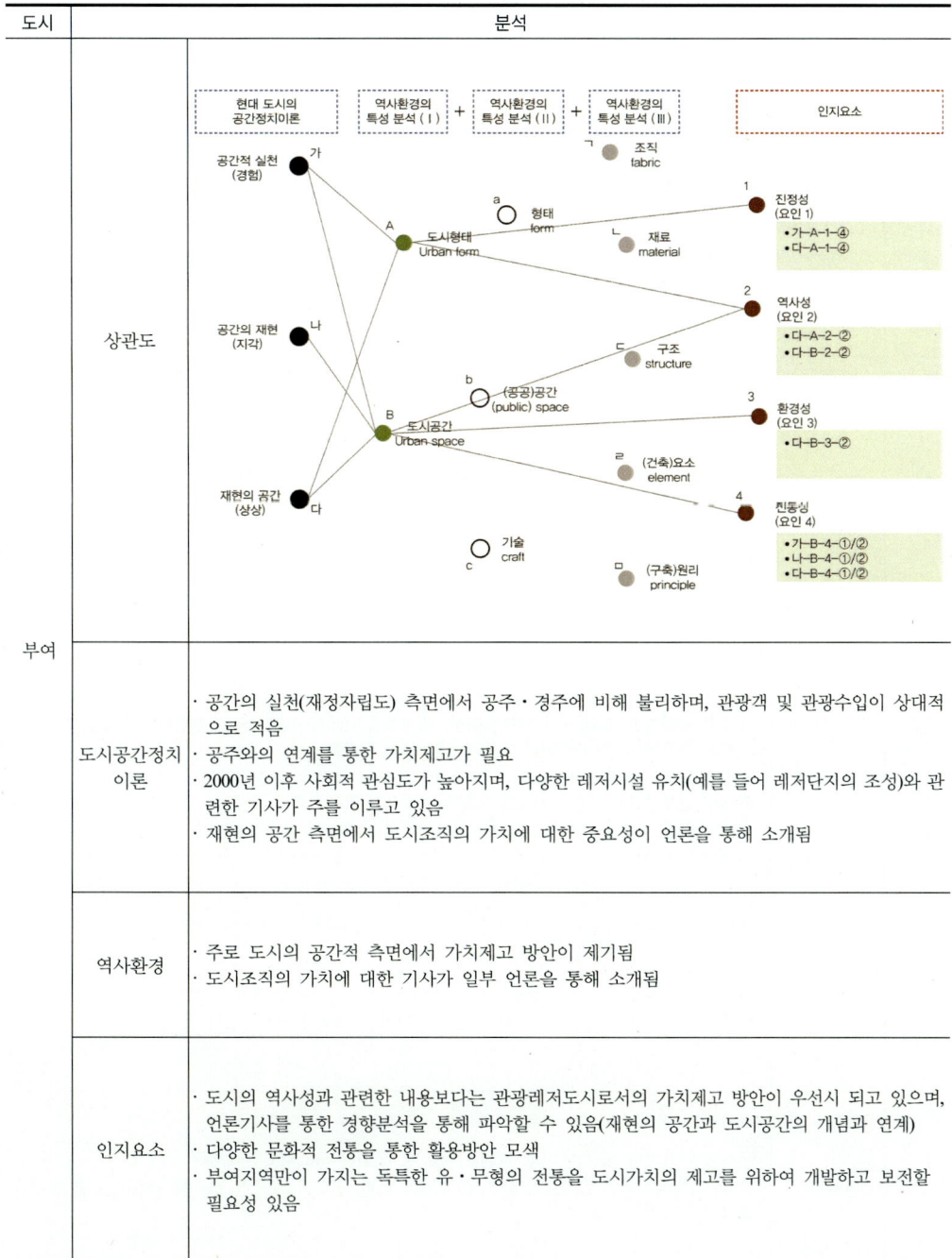 |
| | 도시공간정치<br>이론 | · 공간의 실천(재정자립도) 측면에서 공주·경주에 비해 불리하며, 관광객 및 관광수입이 상대적으로 적음<br>· 공주와의 연계를 통한 가치제고가 필요<br>· 2000년 이후 사회적 관심도가 높아지며, 다양한 레저시설 유치(예를 들어 레저단지의 조성)와 관련한 기사가 주를 이루고 있음<br>· 재현의 공간 측면에서 도시조직의 가치에 대한 중요성이 언론을 통해 소개됨 |
| | 역사환경 | · 주로 도시의 공간적 측면에서 가치제고 방안이 제기됨<br>· 도시조직의 가치에 대한 기사가 일부 언론을 통해 소개됨 |
| | 인지요소 | · 도시의 역사성과 관련한 내용보다는 관광레저도시로서의 가치제고 방안이 우선시 되고 있으며, 언론기사를 통한 경향분석을 통해 파악할 수 있음(재현의 공간과 도시공간의 개념과 연계)<br>· 다양한 문화적 전통을 통한 활용방안 모색<br>· 부여지역만이 가지는 독특한 유·무형의 전통을 도시가치의 제고를 위하여 개발하고 보전할 필요성 있음 |

※ 참조 1: 본 장에서 이용한 공간실천도표를 통해 역사환경의 특성분석과 가치를 논하기에는 다소 부족하며, 이에 역사환경에 관한 구체적이고 실증적인 분석은 제5장에서 실시하였음.
※ 참조 2: 본 저서는 도시적 차원에서 역사도시의 가치를 제안하는 데 목적이 있는바 국가지정 및 지자체가 지정하여 관리하고 있는 역사문화유산의 세부분석은 제외하였음.

<표 4-5> '접근성과 거리화'에 따른 상관성 분석 (3)

| 도시 | | 분석 |
|---|---|---|
| 경주 | 상관도 | |
| | 도시공간정치이론 | · 공간의 실천경험 측면(사회개발비 집행, 재정자립도)에서 상대적으로 건전함<br>· 도시의 입지에 따른 차별화된 가치제고의 전략이 필요<br>· 언론을 통한 사회발전의 가능성은 상대적으로 크지 않으나 국내 대표적인 역사도시로서 정체성과 역사성에 대한 소개는 지속적으로 이루어지고 있음<br>· 재현의 공간(언론매체의 활용)을 구체화함에 있어 공간적 실천경험(사회개발비용)을 적극 활용할 필요성이 있음 |
| | 역사환경 | · 다양한 건조환경의 분석을 통한 역사도시의 가치제고 가능성 존재<br>· 형태, 공간, 기술적 측면 등 복합적 분석을 요하는 다수의 역사환경이 존재 |
| | 인지요소 | · 역사환경의 가치 회복을 위한 경제적, 정책적 지원이 이루어지고 있음<br>· 도시공간정치이론과 인지요소 상호 간 도시적 측면, 건축적 측면 등 다수의 관계를 통한 밀접한 관련성을 가지고 있음 |

※ 참조 1: 본 장에서 이용한 공간실천도표를 통해 역사환경의 특성분석과 가치를 논하기에는 다소 부족하며, 이에 역사환경에 관한 구체적이고 실증적인 분석은 제5장에서 실시하였음.
※ 참조 2: 본 저서는 도시적 차원에서 역사도시의 가치를 제안하는 데 목적이 있는바 국가지정 및 지자체가 지정하여 관리하고 있는 역사문화유산의 세부분석은 제외하였음.

## 2. 공간의 전유 및 활용에 따른 실천분석

### 1) 공간의 실천(경험)

#### 토지이용

하비의 '공간의 전유 및 활용'에 관한 실천분석과 르페브르의 '공간의 실천(경험)원리'는 도시의 토지이용, 도시의 건조환경 특성분석(용도 현황, 층수 현황) 등을 통해 접근할 수 있다. 이를 위하여 사례 대상도시의 토지이용과 건조환경 분석을 실시하였다.

공주시는 금성동, 교동, 산성동, 반죽동, 중동지역을 중심으로 도시가 형성되어 있으며, 전체 940.50㎢에 걸쳐 퍼져 있다. 공주시 전체의 토지이용 현황을 살펴보면, 전·답·임야가 86.3%로 대부분을 차지하며, 그밖에 주거용지로 이용되는 토지가 약 2.2%, 상업용지가 약 0.2%, 국공유지 등 기타용지가 11.1%로 이용되고 있다. 특히 도면분석을 통해 전체 공주시 지역에 비해 상대적으로 도심공간이 협소하게 형성되어 있는 것으로 파악할 수 있다. 또한 문화재구역 등으로 지정된 보존구역은 39.1%가 전·답·임야로 이용되고 있으

며, 도시용지로 이용되는 면적은 주거용지가 29.6%, 상업용지가 9.9%를 차지하고 있는 것으로 분석되었다. 그리고 도시용지의 대부분은 공주시지역에 주로 위치하고 있음을 알 수 있다. 이는 상대적으로 주거용도의 토지이용이 많음을 설명하고 있다. 한편 구도심 내 보존구역 대부분은 전·답·임야가 차지하고 있으며, 극히 적은 일부 주거용 토지가 확인된다(그림 4-6, 표 4-6 참조).

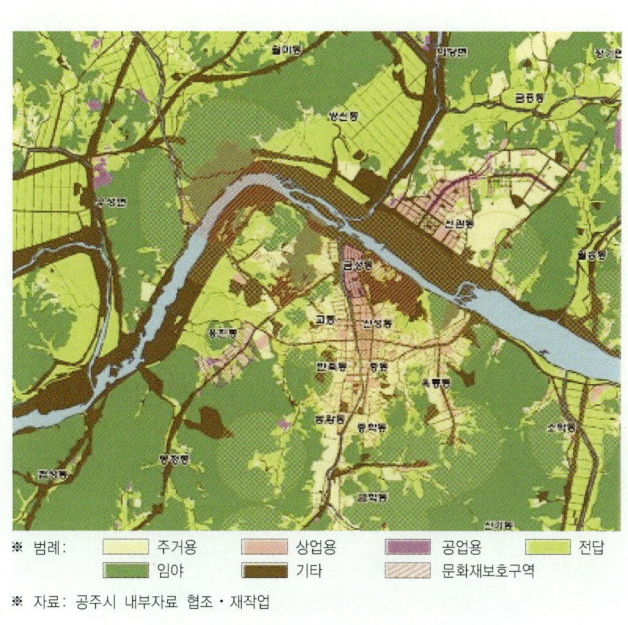

※ 범례: 주거용 / 상업용 / 공업용 / 전답 / 임야 / 기타 / 문화재보호구역

※ 자료: 공주시 내부자료 협조·재작업

〈그림 4-6〉 공주시 도심지역 토지이용 현황

〈표 4-6〉 공주시 토지이용 현황

(단위: k㎡, %)

| 토지이용 | 공주시 전체 | 보존구역 | |
|---|---|---|---|
| | | 내 | 외 |
| 주거용 | 20.53 | 1.44 | 19.10 |
| | 2.18 | 29.62 | 2.04 |
| 상업용 | 2.25 | 0.48 | 1.77 |
| | 0.24 | 9.88 | 0.19 |
| 공업용 | 2.36 | 0.01 | 2.35 |
| | 0.25 | 0.15 | 0.25 |
| 전·답·임야 | 811.18 | 1.89 | 809.29 |
| | 86.25 | 39.09 | 86.49 |
| 기타 | 104.17 | 1.03 | 103.14 |
| | 11.08 | 21.27 | 11.02 |
| 합계 | 940.50 | 4.85 | 935.65 |
| | 100.00 | 100.00 | 100 |

※ 자료: 공주시 내부자료 협조 및 분석
※ 보존구역 (내)는 문화재로부터 200~500m 이내 구역이며, 보존구역 (외)는 500m를 벗어나는 지역
※ 지적도·수치지형도·국토이용계획도 등을 중첩하여 분석하였음.

부여군의 경우 전체 토지이용 현황을 살펴보면, 전·답·임야가 전체의 82%로 대부분을 차지하고 있음을 확인할 수 있다. 그리고 주거용으로 이용되는 토지가 3%, 상업용지와 공업용지가 각각 0.3%, 0.4%로 이용되고 있다. 한편 문화재구역 등으로 지정된 보존구역의 토지이용을 보면, 68%가 임야이긴 하나, 주거용지가 6.2%, 상업용지가 4.9%로 분포하고 있어, 규제를 받고 있는 지역이 그렇지 않은 지역보다 도시적 토지이용 비율이 높은 편이다. 도심지역의 대부분이 백마강 동쪽 구도심지역에 위치하며, 또한 상당부분의 도시용지가 규제대상이 되고 있음을 시사한다(그림 4-7, 표 4-7 참조).

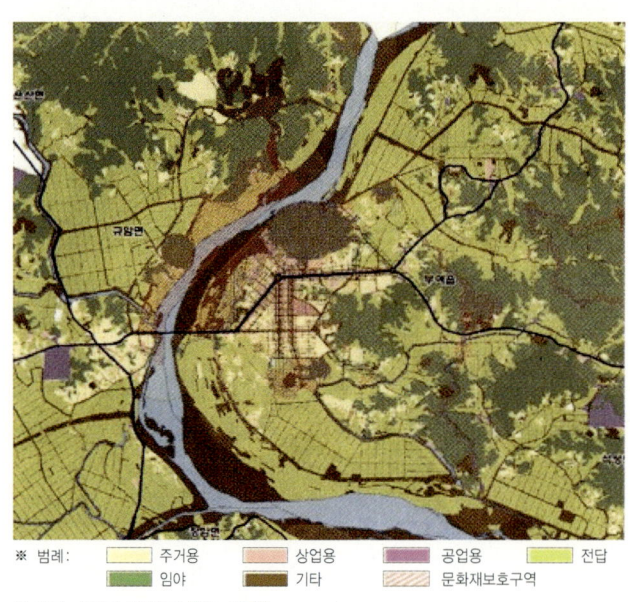

※ 범례: ▢ 주거용  ▢ 상업용  ▢ 공업용  ▢ 전답
▢ 임야  ▢ 기타  ▨ 문화재보호구역
※ 자료: 부여군 내부자료 협조·재작업

〈그림 4-7〉 부여군 도심지역 토지이용 현황

〈표 4-7〉 부여군 토지이용 현황

(단위: ㎢, %)

| 토지이용 | 부여군 전체 | 보존구역 | |
|---|---|---|---|
| | | 내 | 외 |
| 주거용 | 18.88 | 0.46 | 18.41 |
| | 3.03 | 6.16 | 2.99 |
| 상업용 | 1.56 | 0.37 | 1.18 |
| | 0.25 | 4.94 | 0.19 |
| 공업용 | 2.71 | 0.00 | 2.71 |
| | 0.44 | 0.03 | 0.44 |
| 전·답·임야 | 511.35 | 5.11 | 506.24 |
| | 82.04 | 67.99 | 82.21 |
| 기타 | 88.79 | 1.57 | 87.22 |
| | 14.25 | 20.88 | 14.16 |
| 합계 | 623.29 | 7.52 | 615.77 |
| | 100.00 | 100.00 | 100.00 |

※ 자료: 부여군 내부자료 협조 및 분석
※ 보존구역 (내)는 문화재로부터 200∼500m 이내 구역이며, 보존구역 (외)는 500m를 벗어나는 지역
※ 지적도·수치지형도·국토이용계획도 등을 중첩하여 분석하였음.

그리고 경주시 지역의 전체 토지이용 현황을 살펴보면, 전·답·임야가 84.3%로 대부분을 차지하고, 주거용지와 상업용지로 이용되는 토지는 각각 2.4%, 0.4%이다. 이외에 국공유지를 포함한 기타용지가 12.2%이다. 용도지역별로 토지이용 현황을 분석해보면, 주거지역 내 토지의 47.5%가 주거용으로 이용되고 있고 7.3%가 상업용으로 이용되고 있다. 자연녹지지역은 81.0%가 전·답·임야이고, 2.4%가 주거용으로 이용되며, 관리지역은 69.3%가 전·답·임야이고, 6.0%가 주거용지로 이용되고 있음을 확인할 수 있다. 한편 보존구역 내·외 토지이용 현황의

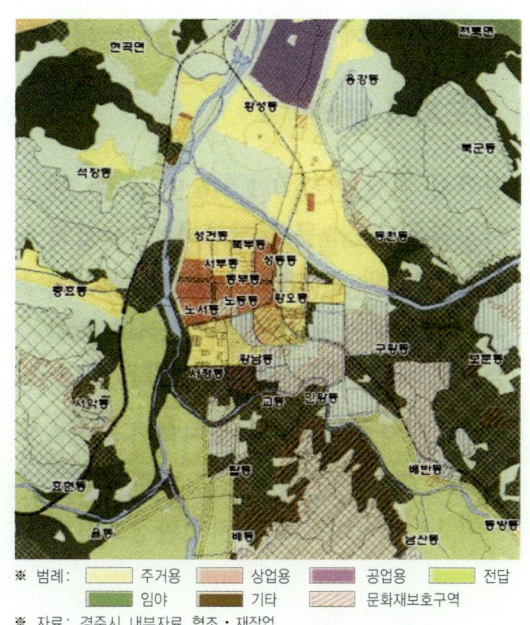

※ 범례: 주거용 상업용 공업용 전답
임야 기타 문화재보호구역
※ 자료: 경주시 내부자료 협조·재작업
〈그림 4-8〉 경주시 도심지역 토지이용 현황

특성을 살펴보면 주거용도의 경우 보존구역 내·외 비율은 유사하며, 상업용지는 보존구역

내부에 주로 위치하고, 공업용지는 보존구역 외부에 상대적으로 크게 위치하고 있음을 확인할 수 있다. 따라서 위 내용을 통해 보존구역 내에는 상대적으로 주거용도 토지가 많이 위치하고 있음을 알 수 있다(그림 4-8, 표 4-8 참조).

<표 4-8> 경주시 토지이용 현황

(단위: ㎢, %)

| 토지이용 | 경주시 전체 | 보존구역 | |
|---|---|---|---|
| | | 내 | 외 |
| 주거용 | 31.08 | 4.29 | 26.79 |
| | 2.36 | 2.66 | 2.32 |
| 상업용 | 5.11 | 1.46 | 3.65 |
| | 0.39 | 0.90 | 0.32 |
| 공업용 | 10.53 | 0.02 | 10.51 |
| | 0.80 | 0.01 | 0.91 |
| 전·답·임야 | 1,109.58 | 139.68 | 969.90 |
| | 84.25 | 86.66 | 83.92 |
| 기타 | 160.65 | 15.74 | 144.91 |
| | 12.20 | 9.77 | 12.54 |
| 합계 | 1,316.94 | 161.18 | 1,155.76 |
| | 100.00 | 100.00 | 100.00 |

※ 자료: 경주시 내부자료 협조 및 분석
※ 보존구역 (내)는 문화재로부터 200∼500m 이내 구역이며, 보존구역 (외)는 500m를 벗어나는 지역
※ 지적도·수치지형도·국토이용계획도 등을 중첩하여 분석하였음.

이와 같은 사례 대상도시의 토지이용 현황을 살펴본 바와 같이 세 도시지역 모두가 주로 주거 및 상업용지가 도심지역에 대다수 위치하고 있음을 확인할 수 있으며, 대부분의 규제 또한 도심지역을 중심으로 이루어지고 있음을 확인하였다. 이는 토지의 활용과 관리 방안을 수립하는 데 있어서 거주민과 지역주민을 대상으로 설득과 이해를 우선하여 고려해야 함을 시사하며, 향후 관리방안을 수립하는 데 중요하게 고려해야 할 시사점 또한 제시하고 있다. 이와 함께 역사도시로서 도시의 물리적 특성 분석을 통해 가치를 논할 수 있다.

### 역사(문화)유산의 특성

'공간의 전유 및 활용'에 따른 공간의 실천(경험)분석을 역사(문화)유산의 특성분석을 통해 접근하면 다음과 같다. 공주·부여·경주는 대표적 역사도시로서 다양한 유·무형

의 역사유산을 보유하고 있으나 각 도
시별 역사유산의 위치와 도시공간과의
관계에 따라 도시관리에 미치는 영향이
다르게 나타날 수 있다.

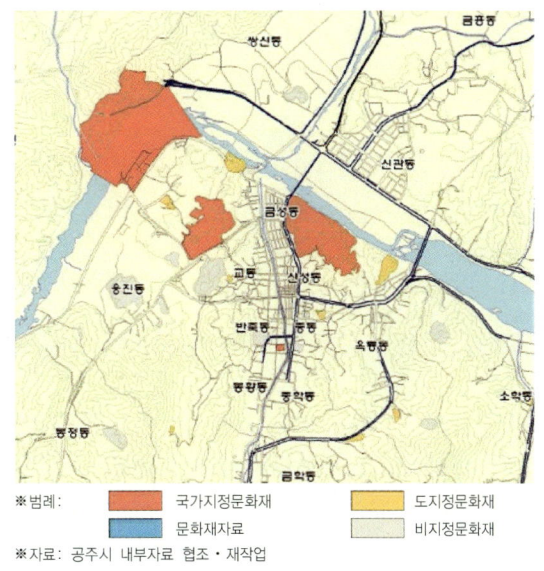

먼저 공주지역에 분포하는 지정문화
재는 전체 185건이며, 이 중 국보 16건,
보물 18건, 사적 7건을 포함하는 국가지
정문화재가 41건을 차지하며, 이외에 도
지정문화재가 56건, 문화재자료가 33건
에 이르고, 공주시에서 지정한 향토문화
유적이 55건에 달한다. 공주시 문화재는
시 전역에 걸쳐 분포되어 있지만, 특히

※범례: 🟥 국가지정문화재  🟨 도지정문화재  🟦 문화재자료  ⬜ 비지정문화재
※자료: 공주시 내부자료 협조·재작업

〈그림 4-9〉 공주 도심 문화재 분포 현황도

현재 공주의 도심지역인 금강 이남의 공주 분지에 집중분포하고 있다(그림 4-9 참조).

공주는 상대적으로 개별 문화재의 규모가 작은 편이나 면적으로 규모가 큰 문화재들이
도심지역에 분포하고 있다. 이들 문화재의 대부분은 지정문화재로서, 도시 개발요구와 문
화재 보존이 동일한 공간에서 상충되고 있다.

특히 도심지역에는 17건의 지정문화재가 있고, 이 중에서 국가지정문화재가 5건(공산
성, 대통사지, 고마나루, 송산리고분군, 우금치전적지), 도지정문화재가 9건에 이른다. 이
외에도 향토문화유적이 3건, 등록문화재가 2건, 비지정문화재 32건이 분포하고 있다(표
4-9 참조). 이와 같이 공주지역은 타 역사도시에 비해 공간적 규모가 크지 않으므로 그 지
역 내에 분포하고 있는 유형문화재 실체는 적은 편이다.[12]

〈표 4-9〉 공주시 지역의 문화재 분포 현황

| 합계 | 국가지정 | | | 도지정 | | | | 문화재자료 | 향토문화유적 |
|---|---|---|---|---|---|---|---|---|---|
| | 국보 | 보물 | 사적 | 유형 | 무형 | 기념물 | 민속자료 | | |
| 185 | 16 | 18 | 7 | 31 | 4 | 19 | 2 | 33 | 55 |

※참조: 공주고도 도시재생 마스터플랜, 2008

---

12) 한편 공주에 분포하고 있는 총 468개의 문화재 중 백제시대 유적이 105건이고, 조선시대 유적은 이 보다 많은 231
   건이다. 그리고 청동기시대 유적 32건, 통일신라시대 21건, 고려시대 30건으로 조선시대나 백제시대 유적보다는 적
   은 편이다. 문화재청·국토연구원, 고도보존 기초조사 연구, p.32

공주의 역사문화유산 분포 현황을 종합해 보면, 공주에는 백제가 475년에 한성에서 웅진으로 천도한 이후 63년간 왕도로서 기능하면서 이와 관련된 유적들이 많이 남아 있다. 그리고 웅진도읍기 이후 통일신라시대의 웅천주, 조선시대의 충청감영 소재지로서 중부권의 정치·행정의 거점 역할을 담당하면서 문화재가 공주 중심 시내에 분포하고 있다. 지정문화재와 비지정문화재를 시대별로 분류해 보면, 공주에는 공주가 왕도로서 역할을 했던 백제시대의 문화재와 충청감

※범례: ■ 국가지정문화재 ■ 도지정문화재
　　　　■ 문화재자료 　　□ 비지정문화재
※자료: 부여군 내부자료 협조·재작업

〈그림 4-10〉 부여 도심 문화재 분포 현황도

영의 소재지였던 조선시대의 문화재가 대부분을 차지하고 있다.[13)

한편 부여지역에 분포하는 지정문화재는 187건이며, 이 가운데 국가지정문화재가 45건, 도지정문화재가 55건이다. 이외에도 문화재자료가 40건, 부여군에서 지정한 향토유적이 47건 소재하고 있다.[14) 문화재의 성격에 따라 분류해보면, 고분과 불교유적 문화재가 전체의 48.6%를 차지하고 있어 부여 고도의 문화재 성격이 고분과 불적이 중심이 되고 있다(그림 4-10, 표 4-10 참조).[15)

〈표 4-10〉 부여군 지역의 문화재 분포 현황

| 합계 | 국가지정 | | | | | | | 도지정 | | | | 문화재자료 | 향토문화유적 |
|---|---|---|---|---|---|---|---|---|---|---|---|---|---|
| | 국보 | 보물 | 사적 | 사적 및 명승 | 천연기념물 | 중요민속자료 | 무형 | 유형문화재 | 도기념물 | 도민속자료 | 무형 | | |
| 187 | 5 | 14 | 20 | 1 | 1 | 3 | 1 | 25 | 25 | 0 | 5 | 40 | 47 |

※ 참조: 충남문화재연구원, 부여 문화재 분야 기초조사, 2006

---

13) 지정문화재와 비지정문화재를 시대별로 분류해 보면, 공주에는 공주가 왕도로서 역할을 했던 백제시대의 문화재와 충청감영의 소재지였던 조선시대의 문화재가 대부분을 차지하고 있다.

14) 시대별로 분류해 보면, 청동기시대 유물 6건, 백제시대 97건, 고려시대 7건, 조선시대 이후의 문화재가 71건으로 부여가 수도로서 역할을 했던 백제시대의 문화재가 대부분을 차지하고 있다.

15) 한편 부여지역 문화재는 대체로 외형적으로 인지되는 건물 중심으로 이루어져 매장문화재를 비롯한 무형문화재에 대한 보존관리 대책이 미흡하고, 문화재 자체의 보존에 치중하여 주변의 역사문화경관의 훼손에 대한 보존대책이 미흡한 실정이다.

그리고 경주는 '신라 천년의 고도'라는 이미지에 맞게 다양한 역사문화유산을 보유하고 있다. 경주지역에 분포해 있는 지정문화재는 전체 297건이며, 이 가운데 국가지정문화재가 205건, 도지정문화재가 51건, 문화재자료가 41건이다. 이외에 경주시가 보유하고 있는 무형문화재는 국가지정문화재 2건(경주 교동법주, 누비장), 지방지정문화재(가야금병창, 가곡), 전수교육관 1곳 등을 보유하고 있다.[16]

문화재의 공간 분포 특성을 살펴보면, 경주시 전 지역에 걸쳐 분포되어 있고, 특히 경주 도심부, 즉 북천과 서천, 남산으로 둘러싸인 지역에 집중 분포하고 있다. 지정문화재의 대부분이 경주도심지에 집약적으로 분포하고 있어 도시개발과 문화재 보존 간의 이해가 상충되고 있다(그림 4-11 참조).

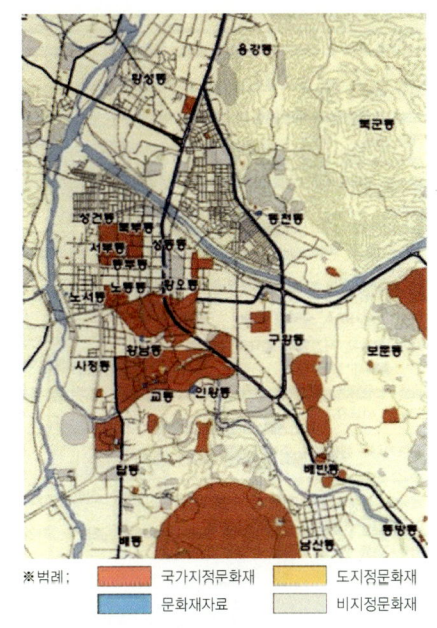

※범례;

| | | | |
|---|---|---|---|
| 🟥 국가지정문화재 | | 🟨 도지정문화재 | |
| 🟦 문화재자료 | | ⬜ 비지정문화재 | |

※자료: 경주시 내부자료 협조·재작업

〈그림 4-11〉 경주 도심 문화재 분포 현황도

한편 경주 도심지를 중심으로 문화재 분포 현황을 살펴보면 다음과 같다. 월성·황룡사 일대 지역은 월성, 첨성대, 황룡사지, 분황사지, 대릉원, 노동·노서동 고분군 등 신라시대의 왕경 관련 유적들이 집중적으로 분포하고 있다. 경주 읍성·시가지 일대 지역은 삼국시대의 생활유적, 통일신라의 집경전지, 도로유구, 고려시대의 읍성, 조선시대 관아 등의 문화재가 시대적으로 누적되어 있다. 낭산·명활산 일대 지역은 통일신라시대의 사지와 왕릉이 많이 분포하고 있고, 사지로는 사자사지, 사천황사지, 망덕사지, 보문사지 등이 있고, 왕릉으로는 신문왕릉, 진평왕릉, 설총묘 등이 있다. 남산 일대 지역은 남산 전체가 하나의 역사문화유산으로 삼국시대부터 고려시대까지의 문화재가 많이 분포하고 있고, 남산 자락에 지마왕릉, 경애왕릉, 헌강왕릉, 천은사지, 남간사지, 창림사지, 서물지, 동·서창지 등이 위치하고 있다(표 4-11 참조).

---

16) 문화유산을 시대별로 분류해 보면, 청동기시대 1건, 삼국시대 44건, 통일신라시대 77건, 고려시대 3건, 조선시대 18건으로 경주가 수도로서 역할을 했던 삼국시대와 통일신라시대의 문화재가 대부분을 차지하고 있다. 또한 여기에 고려시대와 조선시대의 유적이 누적적으로 분포되어 있다. 경주의 문화재는 삼국과 통일신라시대의 고분과 불교유적이 중심이며 문화재 전체의 73.7%를 차지하고 있다.

〈표 4-11〉 경주시 지역의 문화재 분포 현황

| 합계 | 국가지정 | | | | | | 도지정 | | | 문화재<br>자료 |
|---|---|---|---|---|---|---|---|---|---|---|
| | 국보 | 보물 | 사적 | 사적 및<br>명승 | 천연<br>기념물 | 민속자료 | 도 유형<br>문화재 | 도 기념물 | 도 민속<br>자료 | |
| 297 | 31 | 78 | 75 | 2 | 3 | 16 | 30 | 17 | 4 | 41 |

※ 자료: 경주시, 경주시사, 2006

이상과 같이 역사문화유산은 각 도시의 역사성에 따라 각기 다른 유형으로 나타나고 있는 것을 확인할 수 있다.

공주·부여·경주지역에 적용되고 있는 관련 법·제도

### (1) 현행 법·제도

'역사(문화)유산의 입지 특성'과 더불어 이를 관리하고 통제하는 제도를 통해 접근해 볼 수 있다.

공주는 '문화재보호법'에 의해 문화재구역이 지정되어 있거나 문화재영향 검토 심의를 받아야 하는 지역이 있고, 이외에 '국토계획법'과 도시계획 조례로 미관지구와 고도지구가 지정되어 있다. 미관지구는 역사문화미관지구와 중심지미관지구, 일반미관지구를 지정하고 있으며, 이들 미관지구에서는 각각 2층에서 3층까지 건축물 높이를 규제하고 건물층수, 색채 등을 규제하고 있다. 또한 최고고도지구는 주거지역의 경우 16m, 상업지역은 25m 이하로 높이를 규제한다.[17] 현재 '문화재보호법'에 의한 문화

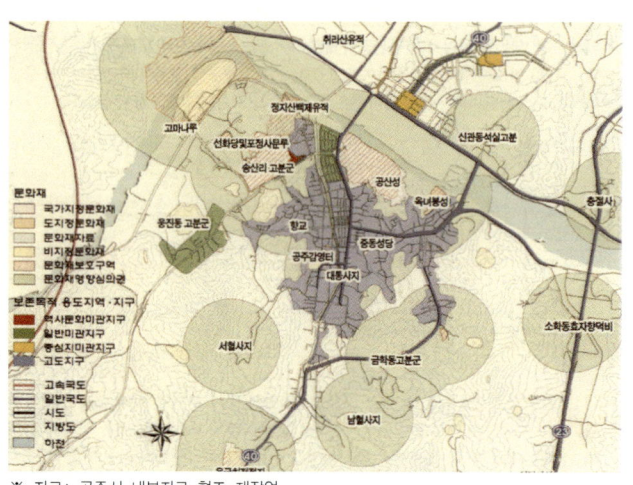

※ 자료: 공주시 내부자료 협조·재작업

〈그림 4-12〉 공주시 도심지역 문화재 관련 규제 현황도

---

17) 공주지역의 최고고도 규제는 1997년 강남지역에 대우아파트가 건축되면서 역사환경의 훼손을 우려하여 공주시에서 입안하고 충남도에서 결정하여 시행되고 있다. 박훈·정재용, 국내 고도(古都)의 현황 및 특성에 관한 연구, 2008년 추계학술발표대회 논문집, 한국도시설계학회, p.463

재구역은 2.23㎢, 문화재영향검토권은 51.85㎢로 공주시 전체의 5.5%를 차지하고 있고, 최고고도지구와 미관지구 등은 7.42㎢가 지정되어 있다. 구체적 범위는 공산성, 옥녀봉성, 송산리고분군, 고마나루 등이 문화재구역으로 지정되어 있고, 기존 시가지 내에는 고도지구와 일반미관지구를 지정하여 건축물 높이 등을 규제하고 있다(그림 4-12, 표 4-12 참조).[18]

〈표 4-12〉 공주시 문화재 관련법의 행위제한 내용 및 지정 면적

| 구분 | | 건축물 | | | | | 국토 계획법 | 면적 (㎢, %) |
|---|---|---|---|---|---|---|---|---|
| | | 용도 규제 | 높이 | 층수 | 형태 | 색채 | | |
| 문화재 보호법 | 문화재구역 | ○ | ○ | ○ | ○ | ○ | 영향 심의 | 2.23 (0.24) |
| | 문화재영향권검토 | ○ | ○ | ○ | ○ | ○ | | 51.85 (5.51) |
| 국토 계획법 | 미관지구 | ○ | | ○ | ○[1) | ○ | | 0.15 (0.05) |
| | - 역사문화미관지구<br>- 중심지미관지구<br>- 일반미관지구 | | | 3층 이하<br>3층 이하<br>2층 이하 | | | | 0.02(0.00)<br>0.09(0.01)<br>0.04(0.04) |
| | 고도지구<br>- 최고고도지구 | | 주거지역 16m 이하 / 상업지역 25m 이하 | | | | | 7.27 (0.55) |

※ 주 1): 지붕, 처마, 건물양식, 대문, 담장, 설비 등의 형태를 제한
※ 자료: 문화재보호법·국토계획법·공주시 조례를 분석하여 정리

부여지역에는 '문화재보호법'에 의해 문화재구역이 지정되어 있고 문화재영향검토를 받고 있으며, 이외에 '국토계획법'과 도시계획조례로 미관지구, 고도지구, 보존지구, 경관지구 등이 지정되어 있다. 미관지구는 역사문화미관지구가 지정되어 있어 건물 층수를 3층으로 규제하고 있으며, 보존지구로는 문화자원보존지구가 지정되어 있다. 또한 시가지경관지구와 수변경관지구가 지정되어 있으며 수변경관지구는 건축물 높이와 층수 규제를 동시에 실시하여 건축물 높이 12m, 층수 3~5층으로 규제하고 있다. 구역 및 지구 지정현황을 보면, '문화재보호법'에 의한 문화재구역이 6.25㎢ 지정되어 있고, 문화재영향검토권이 65.9㎢으로 부여군 전체의 11.6%를 차지하고 있다. 그리고 미관지구, 최고고도지구 등 '국토계획법'상의 용도지구가 3.23㎢(0.5%) 지정되어 있다. 부소산성, 구두래일원, 화지산

---

18) 한편 공주시는 1990년 이후 최근까지 구도심 전역에 지정되어 있던 최고고도지구가 2008년 일부(162만 3,000㎡)가 해제 결정됨에 따라 오늘날과 같은 저층 위주의 공주시 도시경관이 훼손될 것으로 우려되며, 후속 규제 조치의 필요성이 제기된다. 박훈·정재용, 앞의 논문, p.463

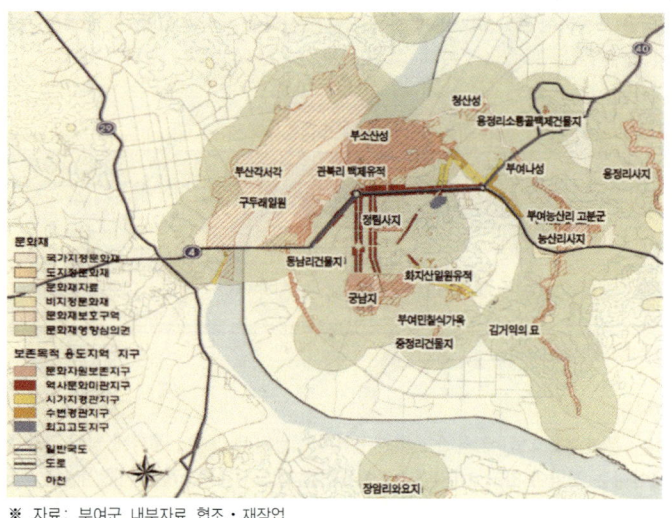

※ 자료: 부여군 내부자료 협조·재작업

〈그림 4-13〉 부여군 도심지역 문화재 관련 규제 현황도

일원유적 등이 문화재구역으로 지정되어 있고, 도로를 따라 시가지 경관지구 등이 지정되어 있다. 특히 백마강과 사비나성에 의해 둘러싸여 있는 부여 구도심은 거의 대부분이 문화재구역, 문화재영향검토권에 속해 있거나 미관지구, 보존지구 등에 의해 규제를 받고 있는 것으로 분석되었다 (그림 4-13, 표 4-13 참조).

〈표 4-13〉 부여군 문화재 관련법의 행위제한 내용 및 지정 면적

| 구분 | | 건축물 | | | | | 비고 | 면적 (㎢, %) |
|---|---|---|---|---|---|---|---|---|
| | | 용도규제 | 높이 | 층수 | 형태 | 색채 | | |
| 문화재보호법 | 문화재구역 | ○ | ○ | ○ | ○ | ○ | 영향심의 | 6.52 (10.4) |
| | 문화재영향권검토 | ○ | ○ | ○ | ○ | ○ | | 65.94 (10.56) |
| 국토계획법 | 미관지구 - 역사문화미관지구 | ○ | | ○ 3층 이하 | ○[1] | ○ | | 0.36 (0.06) |
| | 고도지구 - 최고고도지구 | | 해발 43m | | | | | 0.03 (0.00) |
| 국토계획법 부여군조례 | 보존지구 - 문화자원보존지구 | | | | | | 제1종, 2종 지구단위계획 수립 | 2.56 (0.41) |
| | 경관지구 | | | | | | | 0.28 (0.05) |
| | - 시가지경관지구 | | | | | | 연면적 1,500㎡ 이하 건폐율 40% 이하 | 0.21 (0.03) |
| | - 수변경관지구 | | 12m | 3층~5층 | | | | 0.07 (0.01) |

※ 주 1): 지붕, 처마, 건물양식, 대문, 담장, 설비 등의 형태를 제한
※ 자료: 문화재보호법·국토계획법·부여군 조례를 분석하여 정리

한편 경주에는 '문화재보호법'에 의해 문화재구역이나 문화재영향검토권이 지정되어 있고, 이외에 '국토계획법'과 도시계획조례로 역사문화미관지구, 최고고도지구, 문화자원보존지구 등이 지정되어 있다. 그리고 '자연공원법'에 의거하여 국립공원이 지정되어 있다. 그 규모를 살펴보면, '문화재보호법'에 의한 문화재구역이 34.53㎢, 문화재영향검토권이 164.89㎢로 경주시 전체의 15.1%를 차지하고 있고, 최고고도지구 등의 '국토계획법'상의 용

※ 자료: 경주시 내부자료 협조·재작업

〈그림 4-14〉 경주시 도심시역 문화새 관련 규세 현황노

〈표 4-14〉 경주시 문화재 관련법의 행위제한 내용 및 지정 면적

| 구분 | | 건축물 | | | | | 비고 | 면적 (㎢, %) |
|---|---|---|---|---|---|---|---|---|
| | | 용도 규제 | 높이 | 층수 | 형태 | 색채 | | |
| 문화재 보호법 | 문화재구역 | ○ | ○ | ○ | ○ | ○ | 영향심의 | 34.53 (2.62) |
| | 문화재영향권검토 | ○ | ○ | ○ | ○ | ○ | | 164.89 (12.52) |
| 국토 계획법 | 미관지구 | ○ | | ○ | ○[1) | ○ | | 5.96 (0.46) |
| | - 역사문화미관지구 | | | 2층 | | | | 5.61 (0.43) |
| | - 중심지미관지구 | | | | | | | 0.11 (0.01) |
| | - 일반미관지구 | | | 2~6층 | | | | 0.24 (0.02) |
| | 고도지구 - 최고고도지구 | | 25m | 5~10층 | | | | 7.27 (0.55) |
| 국토 계획법 경주시조례 | 보존지구 - 문화자원보존지구 | | | | | | 제1종, 2종 지구단위계획 수립[2) | 6.88 (0.52) |
| 자연 공원법 | 국립공원 | | | | | | 건축물 신축, 증축, 개간, 형질 변경 등 | 138.59 (10.52) |

※ 주 1): 지붕, 처마, 건물양식, 대문, 담장, 설비 등의 형태를 제한
  주 2): 기존건축물 대수선, 문화재관리건물만 가능
※ 자료: 문화재보호법·국토계획법·경주시 조례를 분석하여 정리

도지구가 20.11㎢(1.5%) 지정되어 있다. 그리고 국립공원은 남산, 소금강을 위시하여 토함산 등이 지정되어 있다. 이와 같이 경주시 전체로 보면 문화재 관련 규제를 받고 있는 면적 비율이 4.6%로 크지 않지만, 경주의 구도심지역(서천, 북천, 남산, 낭산이 둘러싼 지역)은 거의 대부분이 문화재구역, 문화재영향검토권, 최고고도지구, 역사문화미관지구, 국립공원 등으로 지정되어 규제를 받고 있는 것으로 분석되었다(그림 4-14, 표 4-14 참조).

### (2) 변경예정인 법·제도

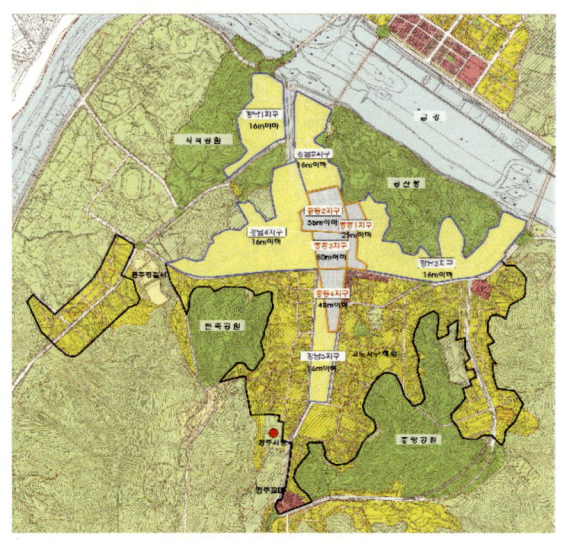

※ 자료: 공주시 내부자료 협조·재작업

〈그림 4-15〉 2012년부터 규제완화 조치가 결정되어
시행되고 있는 공주시 고도범역

한편 역사지구 내 지역주민의 규제완화 요구와 정부차원의 규제강화에 대한 가치의 상충 문제는 지속적으로 사회적 이슈가 되어 왔다. 대표적으로 공주지역에서 진행되고 있는 규제완화에 대한 가치상충의 문제를 통해 양상과 시사점을 살펴보면 다음과 같다. 앞서 그림 4-12에서 설명한 현재의 역사지역 내 규제범역은 2010년부터 다음 그림 4-15와 같이 규제 범위가 축소되고, 또한 규제 자체가 완화되는 변화를 맞게 되었다. 역사도시내 고도제한 규제가 1990년대 초반부터 도시의 개발로 역사환경이 훼손되는 것을 막기 위해 지역주민들의 자발적 제안을 통해 시작되었다는 것과 비교하면 지난 20여 년간 역사적 가치인식에 대한 상당한 의식의 변화가 있었음을 확인할 수 있다. 그러나 표 4-15의 내용과 같이 완화되는 규제로 인해 그림 4-16과 같은 도시경관이 변화하게 되는 것은 도시의 가치제고를 어렵게 할 것으로 예상된다. 역사도시의 가치는 지속적이고 체계적인 관리를 통해 이루어져야 하며, 여러 시대를 거쳐 형성되는 것으로 향후 결과에 대해 우려되는 바이다. 특히 완화지역을 중심으로 공주의 중요한 도시적 가치요소와 주변의 배경이 되는 역사경관을 완전히 상실하게 될 것으로 판단된다.

<표 4-15> 규제완화 세부내용

| 구분 | 면적 | 높이 |
|---|---|---|
| 중동 1지구<br>(중동 일반상업지역 내) | 196,530㎡ → 175,590㎡<br>감) 20,940㎡ | 건축물 높이<br>25, 35, 40, 50m 이하 |
| 강남지구<br>(강남지역 제2종 일반주거지역 및 준주거지역) | 2,555,310㎡ → 952,986㎡<br>감) 1,602,324㎡ | 건축물 높이 16m 이하 |

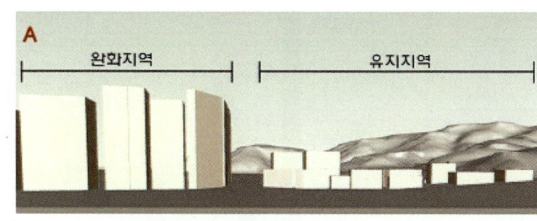
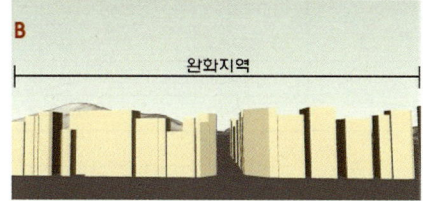

중동사거리에서 공산성 지역을 바라본 경관        중동사거리에서 고마나루 지역을 바라본 경관

〈그림 4-16〉 규제완화로 인해 변화가 예상되는 공주지역의 역사경관 시뮬레이션

## 건조환경의 특성

역사도시의 건조환경을 통한 가치는 건축물 용도 현황, 건축물 층수 현황, 그리고 시대별 건축물 현황을 통해 파악할 수 있다. 이들 건조환경(Built Environment)은 도시 내 역사환경의 특성을 파악할 수 있는 중요한 요소이다.

### (1) 건축물 용도 현황

도시공간의 '전유와 활용'의 측면에서 공주·부여·경주의 건축물 용도 현황을 살펴보면 다음과 같다.

우선 공주지역의 전체 건축물은 총 41,000여 동에 이르며, 보존구역 내에는 5,938동, 보존구역 외에는 35,149동이 입지해 있다. 건축물이 주로 분포하고 있는 용도지역을 살펴보면 주거지역에 공주시 전체 건축물의 69.52%(28,564동), 그리고 상업지역에 14.7%(6,033동)가 분포하고 있다. 그리고 기타건축물이 13.4%(5,533동)로 나타나고 있다. 특히 보존구역 내에는 상대적으로 상업용도의 건축물 비율이 높은 것을 확인할 수 있다. 이와 같은 특성은 보존구역 내·외지역에서도 비슷한 비율로 나타나고 있으며, 이상과 같이 공주시의 '도시공간의 전유' 특성을 건조환경을 통해 파악할 수 있다(표 4-16 참조).

〈표 4-16〉 공주시 건축물 용도 현황

| 용도 | 공주시 전체 | 보존구역 | | 공주시 전체 용도 현황 |
| | | 내 | 외 | |
| --- | --- | --- | --- | --- |
| 주거 | 28,564 | 4,120 | 24,444 | |
| | 69.52 | 69.38 | 69.54 | |
| 상업 | 6,033 | 1,710 | 4,323 | |
| | 14.68 | 28.80 | 12.30 | |
| 공업 | 875 | 11 | 864 | |
| | 2.13 | 0.19 | 2.46 | |
| 기타 | 5,533 | 87 | 5,446 | |
| | 13.47 | 1.47 | 15.49 | |
| 누락 | 82 | 10 | 72 | |
| | 0.20 | 0.17 | 0.20 | |
| 합계 | 41,087 | 5,938 | 35,149 | |
| | 100.0 | 100.0 | 100.0 | |

(단위: 동, %)

※ 자료: 공주시 내부자료 협조·분석
※ 보존구역 (내)는 문화재로부터 200~500m 이내 구역이며, 보존구역 (외)는 500m를 벗어나는 지역
※ 지적도·수치지형도·국토이용계획도 등을 중첩하여 분석하였음.
※ 누락자료는 건축물 대장을 통해 파악할 수 없는 건축물

한편 2006년 기준으로 부여지역의 건축물은 총 33,788동이며, 부여읍 등 도시지역에 22.1%가 집중적으로 입지하고 있다. 규제를 받고 있는 보존구역 내에는 전체 건물의 4.8%에 해당하는 1,606동이 있다. 그리고 문화재영향 심의를 받는 지역[19])에는 부여군 전체 건물의 24.9%(7,499동)가 분포하고 있음을 확인하였다.

부여지역 건물 용도를 살펴보면, 총 78.6%(26,634동)의 건축물이 주거용이고, 11.3%(3,821동)가 상업용, 공업용 건물은 1.6%(530동), 그리고 기타 건축물이 8.1%(2,745동)를 차지하고 있다. 또한 다른 지역과 비교하여 특징적인 것은 상대적으로 보존구역 내에 상업용도의 건축물이 많이 위치하고 있다는 점이다. 또한 역사유산의 분포가 도심에 다수 위치하며, 주거지역보다 상대적으로 지가가 비싼 상업지역에 위치하여, 향후 보전 및 관리방안을 설정하는 데 있어 고려해야 하는 시사점을 발견할 수 있다(표 4-17 참조).

---

19) 이는 문화재구역으로부터 500m 이내를 일컫는다.

〈표 4-17〉 부여군 건축물 용도 현황

| 부여군 건축물 용도 현황 | | | | 부여군 전체 용도 현황 |
|---|---|---|---|---|

(단위: 동, %)

| 용도 | 부여군 전체 | 보존구역 | |
|---|---|---|---|
| | | 내 | 외 |
| 주거 | 26,634 | 821 | 25,813 |
| | 78.83 | 51.12 | 80.21 |
| 상업 | 3,821 | 710 | 3,111 |
| | 11.31 | 44.21 | 9.67 |
| 공업 | 530 | 12 | 518 |
| | 1.57 | 0.75 | 1.61 |
| 기타 | 2,745 | 59 | 2,686 |
| | 8.12 | 3.67 | 8.35 |
| 누락 | 58 | 4 | 54 |
| | 0.17 | 0.25 | 0.17 |
| 합계 | 33,788 | 1,606 | 32,182 |
| | 100.00 | 100.00 | 100.00 |

※ 자료: 부여군 내부자료 협조·분석
※ 보존구역 (내)는 문화재로부터 200～500m 이내 구역이며, 보존구역 (외)는 500m를 벗어나는 지역
※ 지적도·수치지형도·국토이용계획도 등을 중첩하여 분석하였음.
※ 누락자료는 건축물 대장을 통해 파악할 수 없는 건축물

　　그리고 경주시 건축물은 총 64,957동이며, 보존구역 내에는 13,325동으로 20.5%가 입지해 있다. 건축물이 주로 분포되어 있는 용도지역을 보면, 경주시 전체 건축물의 29.9%(19,395동)가 주거지역에, 그리고 8.4%(5,433동)가 상업지역에 분포되어 있다. 비도시지역 중에서는 관리지역에 29.1%(18,914동), 농림지역에 6.0%(3,892동)가 입지하고 있다. 경주시 건축물 전체의 70.6%(45,827동)가 주거용 건물이며, 15.5%(10,075동)가 상업용 건물로 분석되었다. 반면 공업용 건축물은 2,910동으로 4.5%에 불과하다. 한편 보존구역 내 건축물의 주요용도는 72.0%가 주거용이며, 25.6%가 상업용으로 이용되는 특성을 보인다(표 4-18 참조).

〈표 4-18〉 경주시 건축물 용도 현황

| 경주시 건축물 용도 현황 | | | | 경주시 전체 용도 현황 |
| --- | --- | --- | --- | --- |
| 용도 | 경주시 전체 | 보존구역 | | |
| | | 내 | 외 | (단위: 동, %) |
| 주거 | 45,827 | 9,585 | 36,242 | |
| | 70.55 | 71.93 | 70.19 | |
| 상업 | 10,075 | 3,406 | 6,669 | |
| | 15.51 | 25.56 | 12.92 | |
| 공업 | 2,910 | 30 | 2,880 | |
| | 4.48 | 0.23 | 5.58 | |
| 기타 | 6,089 | 295 | 5,794 | |
| | 9.37 | 2.21 | 11.22 | |
| 누락 | 56 | 9 | 47 | |
| | 0.09 | 0.07 | 0.09 | |
| 합계 | 64,957 | 13,325 | 51,632 | |
| | 100.00 | 100.00 | 100.00 | |

※ 자료: 경주시 내부자료 협조 · 분석
※ 보존구역 (내)는 문화재로부터 200~500m 이내 구역이며, 보존구역 (외)는 500m를 벗어나는 지역
※ 지적도 · 수치지형도 · 국토이용계획도 등을 중첩하여 분석하였음.
※ 누락자료는 건축물 대장을 통해 파악할 수 없는 건축물

이상 살펴본 바와 같이 세 곳의 사례 도시는 건축물의 용도 현황과 면적에 있어서 유사한 분포 특성을 보이고 있었으며, 보존구역 내 · 외부의 특성에 있어서 부여지역의 건축물만이 다소의 차이를 보이고 있음을 확인하였다. 공주의 경우 보존구역 내 건축물이 전체의 16.8%에 이르며, 부여는 4.9%, 경주의 경우 25.8%에 이르고 있다. 이는 경주시 지역의 문화유산이 도시지역에 주로 분포하여 가장 영향을 많이 받고 있으며, 상대적으로 부여군의 경우 역사유산이 도심 외곽에 위치함에 따라 영향을 받는 정도가 가장 적게 나타나는 특징을 보인다. 또한 세 곳 역사도시 모두에서 주거유형의 건축물 비율이 절대적으로 우위를 차지하고 있음을 확인하였다.

이와 같은 현황은 도심 내 역사환경의 특성파악과 함께 용도와의 상관성조사를 통해 향후 국내 역사도시에서 제도화의 필요성이 제기되는 고도범역 설정[20])과, 도시설계 차원에서 보전 및 관리방안을 수립해야 하는 필요성을 상징적으로 보여주고 있다.

---

20) 앞서 이론고찰을 통해 살펴보았듯 이미 서구에서는 면적인 측면에서의 역사환경보전을 위해 고도범역의 설정을 통해 도시 전체를 보전 · 관리하고 있으며, 국내에서 또한 이에 대한 필요성이 지속적으로 제기되고 있는 실정이다.

## (2) 건축물 층수 현황

한편 '공간의 전유와 활용'의 개념을 접근함에 있어 (도시)공간 내 건축물의 층수 현황 또한 역사도시의 가치와 보전 및 관리방안을 수립하는 데 중요한 요소로 역할을 한다.[21] 공주시 전역의 건축물 층수 현황을 살펴보면 대다수의 건축물이 1층 혹은 2층의 저층유형으로 개발되었음을 확인할 수 있다(약 97%). 이는 구도심지역이 고도범역으로 설정되어 고층개발이 제한된데 따른 영향으로 오늘날의 공주시 도시경관을 유지하는 데 중요한 역할을 하였다.[22] 그러나 이에 대한 민원의 증가로 차츰 규제가 완화되고 있으며, 강남의 고도범역 외곽지역과 강북의 신도심지역을 중심으로 고층건물이 지속적으로 개발되고, 특히 보존구역외곽지역에서 이와 같은 현상은 더욱 두드러지게 나타나고 있음을 알 수 있다. 이는 공주 구도심의 역사환경을 보전 및 관리하는 데 불리하게 작용할 수 있는 부분이다.

한편 보존구역 내·외의 건축물 현황을 살펴보았을 때 전체 건축물의 14%가 보존구역 내에 위치하며, 보전구역 외 지역에 위치하는 건축물이 전체의 86%에 이르며, 오히려 보전구역 내 건축물의 현황이 보존구역 외 지역에 비하여 2~4층 규모가 많고, 1층 규모는 적은 것을 알 수 있다(표 4-19, 그림 4-17 참조).

〈그림 4-17〉 공주시 지역의 저층건물 중심의 경관(사진: 공주시 구도심지역의 주된 경관을 형성하고 있는 현황)

---

21) 이는 도시 내 건조환경 중 하나인 건축물의 높이 현황을 파악하여 도시의 경관관리를 통한 역사도시의 이미지 조성을 위한 필수요소이다.

22) 공주시 구도심지역의 고도범역 설정은 1997년 '공주시 도시계획 재정비' 수립 당시 구도심지역에 고층건물이 들어서면서 역사환경 훼손이 우려되어 최고고도를 설정하여 규제를 실시하였다. 구도심지역 중 196,530㎡을 25m 이하, 2,555,310㎡의 면적을 16m 이하로 규제하였다.

<표 4-19> 공주시 건축물 층수 현황

(단위: 동, %)

| 토지이용 | 공주시 전체 | 보존구역 | |
|---|---|---|---|
| | | 내 | 외 |
| 1층 | 35,084 | 3,651 | 31,433 |
| | 85.39 | 61.49 | 89.43 |
| 2~4층 | 5,272 | 2,137 | 3,135 |
| | 12.83 | 35.99 | 8.92 |
| 5~9층 | 215 | 97 | 118 |
| | 0.52 | 1.63 | 0.34 |
| 10~14층 | 16 | 6 | 10 |
| | 0.04 | 0.10 | 0.03 |
| 15층 | 66 | 15 | 51 |
| | 0.16 | 0.25 | 0.15 |
| 누락 | 434 | 32 | 402 |
| | 1.06 | 0.54 | 1.14 |
| 합계 | 41,087 | 5,938 | 35,149 |
| | 100.00 | 100.00 | 100.00 |

※ 자료: 공주시 행정자료 협조·분석
※ 보존구역 (내)는 문화재로부터 200~500m 이내 구역이며, 보존구역 (외)는 500m를 벗어나는 지역
※ 지적도·수치지형도(1/5000)·국토이용계획도 등을 중첩하여 분석하였음.
※ 누락자료는 건축물 대장을 통해 파악할 수 없는 건축물

그리고 부여군의 경우 전체적으로 저층의 건축물이 도시의 경관을 형성하고 있으며, 건축물 대부분(약 92%)이 1층의 유형으로 조사되었으며, 2층 이상의 건축물이 상대적으로 소수의 개발에 그치고 있다. 이는 근대 그리고 현대도시로 발전하는 과정에서 공주와 경주에 비하여 상대적으로 지역적, 환경적으로 불리한 조건으로 개발이 이루어지지 못한 데 따른 결과로 유추할 수 있다.[23] 이에 더하여 부여군 구도심지역의 상당범위가 고도범역으로 설정되어 높이제한을 받고 있어 표 4-19와 같이 오히려 보존구역 내에 상대적으로 높은 비율의 2~4층 규모의 주택과 1층 규모의 적은 비율 분포가 나타나게 된다. 도심지역을 중심으로 개발이 제한되어 왔으며, 특히 보존구역 내에는 강화된 규제로 인한 개발특성으로 위와 같은 도시적 특성이 나타나고 있음을 알 수 있다(표 4-20, 그림 4-18 참조).

23) 부여군은 지리적으로 공주와 인접하여 역사적으로 볼 때, 행정적, 정치적, 경제적 측면에서 다소 중요성이 덜하였다. 그러나 공주와 비교하여 상대적으로 긴 왕도기간은 오늘날에 와서 역사도시로서의 가치를 더욱 중요하게 평가받고 있다.

<표 4-20> 부여군 건축물 층수 현황

(단위: 동, %)

| 토지이용 | 부여군 전체 | 보존구역 | |
| --- | --- | --- | --- |
| | | 내 | 외 |
| 1층 | 31,154 | 1,049 | 30,105 |
| | 92.20 | 65.32 | 93.55 |
| 2~4층 | 2,411 | 526 | 1,885 |
| | 7.14 | 32.75 | 5.86 |
| 5~9층 | 67 | 9 | 58 |
| | 0.20 | 0.56 | 0.18 |
| 10~14층 | 9 | 8 | 1 |
| | 0.03 | 0.50 | 0.00 |
| 15층 | 14 | 0 | 14 |
| | 0.04 | 0.00 | 0.04 |
| 누락 | 133 | 14 | 119 |
| | 0.39 | 0.87 | 0.37 |
| 합계 | 33,788 | 1,606 | 32,182 |
| | 100.00 | 100.00 | 100.00 |

※ 자료: 부여군 행정자료 협조·분석
※ 보존구역 (내)는 문화재로부터 200~500m 이내 구역이며, 보존구역 (외)는 500m를 벗어나는 지역
※ 지적도·수치지형도(1/5000)·국토이용계획도 등을 중첩하여 분석하였음.
※ 누락자료는 건축물 대장을 통해 파악할 수 없는 건축물

<그림 4-18> 부여군 지역의 저층건물 중심의 경관(사진: 부여군 구도심지역의 주된 경관을 형성하고 있는 현황)

한편 경주시 또한 대부분의 건축물이 1층 및 2층의 유형을 보이고 있음을 알 수 있다 (약 98%). 이는 국내 대표적인 역사도시로서 오래전부터 이미 역사환경보전을 위한 엄격한 규제가 이루어진 결과라고 볼 수 있다. 이에 더하여 다른 두 곳 공주·부여와 또 다른 특징으로 보존구역 외 지역에서 이와 같은 현상이 더욱 강하게 나타나고 있음을 알 수 있다. 이와 같은 도시의 건조환경 특성은 (도시)공간의 '전유와 활용'의 측면에서 분석될 수

있는 요소이며, 이를 통해 현재 도시공간에서 전유되고 있는 건축적 특성을 파악하고 향후 활용방안 수립을 위한 역할을 기대할 수 있다(표 4-21, 그림 4-19 참조).

그리고 이와 같은 분석결과를 이용해 궁극적으로 도시공간의 물리적 네트워크 분석 또한 실시할 수 있다.

<표 4-21> 경주시 건축물 층수 현황

(단위: 동. %)

| 토지이용 | 경주시 전체 | 보존구역 | |
|---|---|---|---|
| | | 내 | 외 |
| 1층 | 53.364 | 9,199 | 44,165 |
| | 82.15 | 69.04 | 85.54 |
| 2~4층 | 10,548 | 3,840 | 6,708 |
| | 16.24 | 28.82 | 12.99 |
| 5~9층 | 700 | 222 | 478 |
| | 1.08 | 1.67 | 0.93 |
| 10~14층 | 54 | 18 | 36 |
| | 0.08 | 0.14 | 0.07 |
| 15층 | 107 | 13 | 94 |
| | 0.16 | 0.10 | 0.18 |
| 누락 | 184 | 33 | 151 |
| | 0.28 | 0.25 | 0.29 |
| 합계 | 64,957 | 13,325 | 51,632 |
| | 100.00 | 100.00 | 100.00 |

※ 자료: 경주시 행정자료 협조·분석
※ 보존구역 (내)는 문화재로부터 200~500m 이내 구역이며, 보존구역 (외)는 500m를 벗어나는 지역
※ 지적도·수치지형도(1/5000)·국토이용계획도 등을 중첩하여 분석하였음.
※ 누락자료는 건축물 대장을 통해 파악할 수 없는 건축물

<그림 4-19> 경주시 지역의 도시 경관(사진: 경주시 구도심지역의 주된 경관을 형성하고 있는 현황)

## (3) 시대별 건축물 용도 현황

이에 더하여 시대별 건축물 용도 현황 파악을 통
해 도시공간의 네트워크를 분석할 수 있으며, 대상
지인 공주시, 부여군, 경주시의 시대별 건축물 용도
현황은 다음과 같다.[24] 먼저 공주시의 경우를 살펴
보면 전체 건축물 중 67%가 주거용도의 건축물이
며, 약 13%가 상업용도 등으로 이루어져 있다. 시
대별 내용을 살펴보면 조선시대 이전 건축물은 1채
에 불과하며, 조선시대 건축물은 주거용도 외에 상

※ 사진: 공주시 중동지역 현황

〈그림 4-20〉 공주시 구도심지역의
도시환경

업 및 기타 건축물이 일부 존재하고 있다. 주거용도의 건축물을 중심으로 일제 강점기의
건축물은 구도심지역에 다수 존재하고 있음을 확인하였다. 반면 전체 건축물 중 약 78%
는 해방 이후 건축물로 조사되었으며, 이는 역사도시로서 공주의 건조환경 특징을 단적으
로 보여주는 경우라 할 수 있다. 이는 그림 4-20과 표 4-22를 통해 확인할 수 있다.

〈표 4-22〉 공주시 시대별 건축물 용도 현황

(단위: 동, %)

| 토지이용 | 주거 | 상업 | 공업 | 기타 | 누락 | 계 |
|---|---|---|---|---|---|---|
| 해방 이후 (1945년 이후) | 20,366 | 5,180 | 945 | 5,142 | 2,029 | 33,662 |
| | 60.50 | 15.39 | 2.81 | 15.28 | 6.02 | 100 |
| 일제 강점기 (1910~1945년) | 4,907 | 84 | 9 | 26 | 41 | 5,067 |
| | 96.84 | 1.66 | 0.18 | 0.51 | 0.81 | 100 |
| 조선시대 (1392~1910년) | 205 | 8 | 0 | 24 | 2 | 239 |
| | 85.78 | 3.35 | 0 | 10.03 | 0.84 | 100 |
| 조선시대 이전 (1392년 이전) | 0 | 0 | 0 | 1 | 0 | 1 |
| | 0 | 0 | 0 | 100 | 0 | 100 |
| 누락 | 3,516 | 331 | 34 | 327 | 88 | 4,296 |
| | 81.84 | 7.70 | 0.79 | 7.61 | 2.06 | 100 |
| 계 | 28,994 | 5,603 | 988 | 5,520 | 2,160 | 43,265 |
| | 67.02 | 12.95 | 2.28 | 12.76 | 4.99 | 100 |

※ 자료: 공주시 2008년 기준 건축물 대장 분석

---

24) 제3장의 설문조사에서 현대인이 역사도시에 대해 갖는 중요한 특징 중에 하나가 시대를 대표하는 건축물이라고 조사
된 바 있다. 그러나 국내 대표적인 역사도시인 공주시, 부여군, 경주시는 도시 내에서 실제로 대표할 만한 건축군을
확인하는 것이 어렵다. 이는 앞으로도 역사문화도시를 지향하는 세 도시의 입장에서 중요하게 고려해야 하는 문제라
할 수 있다.

〈그림 4-21〉 부여군 구도심지역의 도시환경

그리고 부여에서 나타나는 시대별 건축물 현황을 살펴보면 건축물 대부분이 주거의 용도로 해방 이후 건축물임을 확인할 수 있다. 그리고 일제 강점기 건축물과 조선시대 건축물의 유형이 다음의 비율을 보이고 있다. 하지만 부여의 경우 타 도시에 비해 상대적으로 절대적인 비율 및 상대적 비율 모두 도시의 역사성을 설명할 수 있는 용도의 건축물이 소수에 그치고 있음을 알 수 있다. 또한 특히 구도심지역을 중심으로 정비가 요구되는 수준의 주거가 상당수에 이르고 있음을 파악할 수 있었다. 이와 같은 건축적 특징은 역사문화도시 환경을 조성하는 데 문제로 지적될 수 있다(그림 4-21, 표 4-23 참조).

〈표 4-23〉 부여군 시대별 건축물 용도 현황

(단위: 동, %)

| 토지이용 | 주거 | 상업 | 공업 | 기타 | 누락 | 계 |
|---|---|---|---|---|---|---|
| 해방 이후 (1945년 이후) | 16,930 | 3,427 | 503 | 2,629 | 33 | 23,522 |
| | 71.98 | 14,57 | 2,14 | 11.18 | 0.14 | 100.00 |
| 일제 강점기 (1910~1945년) | 7,684 | 161 | 21 | 58 | 9 | 7,933 |
| | 96.86 | 2.03 | 0.26 | 0.73 | 0.11 | 100.00 |
| 조선시대 (1392~1910년) | 1,685 | 13 | 2 | 12 | 1 | 1,713 |
| | 98.37 | 0.76 | 0.12 | 0.70 | 0.06 | 100.00 |
| 조선시대 이전 (1392년 이전) | | 1 | | | | 1 |
| | | 100.00 | | | | 100.00 |
| 누락 | 335 | 219 | 4 | 46 | 15 | 619 |
| | 54.12 | 35.38 | 0.65 | 7.43 | 2.42 | 100.00 |
| 계 | 26.634 | 3.821 | 530 | 2,745 | 58 | 33.788 |
| | 78.83 | 11.31 | 1.57 | 8.12 | 0.17 | 100.00 |

※ 자료: 부여군 2008년 기준 건축물 대장 분석

한편 경주의 경우 해방 이후 특히 주거용도의 건축물이 가장 높은 비율을 차지하고 있지만 일제 강점기 건축물과 조선시대 건축물 또한 공주시와 부여군에 비하여 상대적으로 높은 비율이 존재하고 있음을 확인할 수 있다. 또한 상업, 공업 용도의 건축물 또한 타 지역에 비하여 많은 건축물들이 존치되고 있는 특징을 보인다. 그리고 경주는 일찍부터 도시의 역사환경을 보전·관리하기 위한 노력을 지속하고 있으며, 지역민들에 대한 지원 또한 적극적으로 하고 있다. 경주는 이를 바탕으로 역사도시의 구현을 위한 역사성을 확보하고 있음을 확인할 수 있다(그림 4-22, 표 4-24 참조).

〈그림 4-22〉 경주시 구도심지역의 도시환경

〈표 4-24〉 경주시 시대별 건축물 용도 현황

(단위: 동, %)

| 토지이용 | 주거 | 상업 | 공업 | 기타 | 누락 | 계 |
|---|---|---|---|---|---|---|
| 해방 이후 (1945년 이후) | 32,649 | 9,541 | 2,798 | 5,906 | 20 | 50,914 |
| | 64.1 | 18.7 | 5.5 | 11.6 | 0.0 | 100.0 |
| 일제 강점기 (1910~1945년) | 10,670 | 314 | 37 | 65 | 11 | 11,097 |
| | 96.2 | 2.8 | 0.3 | 0.6 | 0.1 | 100.0 |
| 조선시대 (1392~1910년) | 1,967 | 51 | 2 | 8 | 3 | 2,031 |
| | 96.8 | 2.5 | 0.1 | 0.4 | 0.1 | 100.0 |
| 조선시대 이전 (1392년 이전) | 1 | 0 | 0 | 0 | 0 | 1 |
| | 100.0 | 0.0 | 0.0 | 0.0 | 0.0 | 100.0 |
| 누락 | 540 | 169 | 73 | 110 | 22 | 56 |
| | 59.1 | 18.5 | 8.0 | 12.0 | 2.4 | 0.1 |
| 계 | 45,827 | 10,075 | 2,910 | 6,089 | 56 | 64,957 |
| | 70.5 | 15.5 | 4.5 | 9.4 | 0.1 | 100.0 |

※ 자료: 경주시 2008년 기준 건축물 대장 분석

이상과 같이 세 도시의 시대별 건축물 현황을 비교하였을 때 건축물의 다양성과 역사성 등의 측면에서 경주시 지역이 공주시와 부여군에 비하여 상대적으로 역사환경조성이 잘 이루어지고 있음을 알 수 있으며, 이는 앞으로 역사문화도시 조성을 위한 다양한 사업에서 장점을 보일 것으로 전망된다.

## 2) 공간의 재현(지각)

### Figure & Ground를 통한 심상지도 공간분석

'공간의 재현' 개념을 공간의 전유와 활용의 측면에서 분석하기 위하여 공주, 부여 및 경주 지역을 대상으로 Figure & Ground 분석을 실시하였다. 이를 통해 도시의 공공공간망과 기간시설망의 특성을 살펴볼 수 있으며,[25] 도시의 공간이 사적공간과 공적공간, 내외부공간의 형태적, 유형적 특성을 통해 분석 가능하다.

우선 공주시의 경우 가로 네트워크 분석 (a)를 살펴보면 주요 가로망이 공주시 구도심 지역을 중심으로 다양하게 형성되어 있음을 알 수 있다. 특히 주요 생활공간인 구도심지역의 중심부는 소로와 중로의 가로망이 세밀하게 형성되어 있으며, 이는 도시 전역의 역

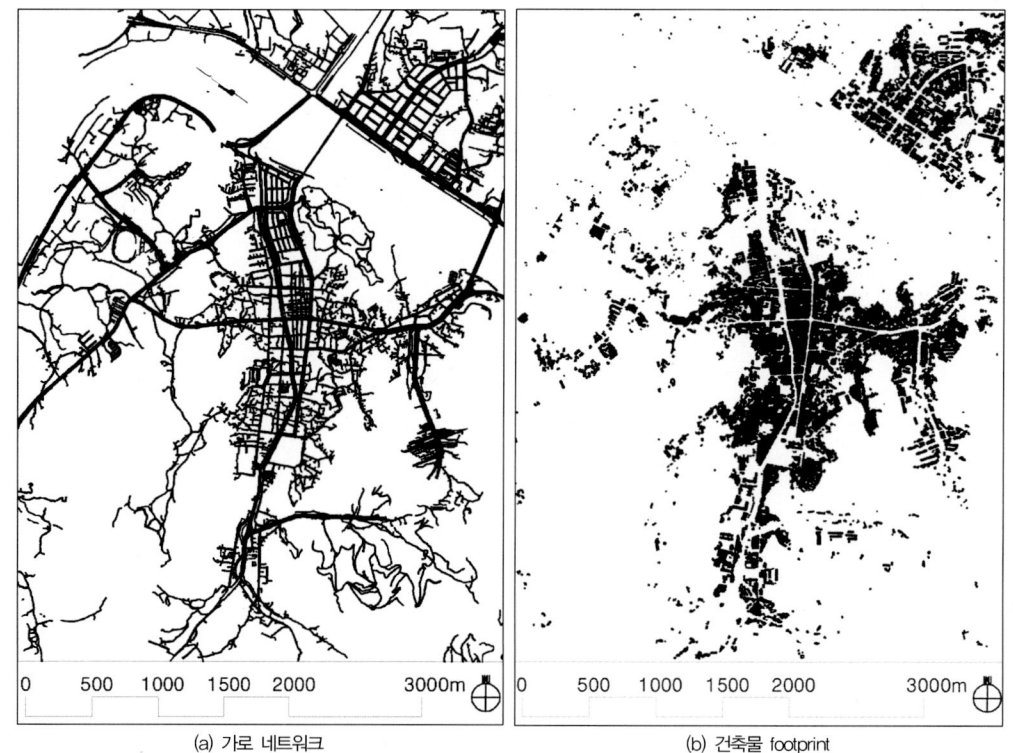

|  |  |
|---|---|
| (a) 가로 네트워크 | (b) 건축물 footprint |

※ 자료: 공주지역의 도시 분석은 1/5,000 스케일의 수치지도를 통해 분석하였음.

〈그림 4-23〉 공주시 도심지역의 figure & ground 분석

---

25) 가로 패턴은 도시영역 내 공공공간의 네트워크를 형성하며, 넓은 의미에서 기간시설망의 중요한 요소이다. 공공공간 망은 이동공간인 동시에 사회적 공간으로서의 가치를 지닌다.

사문화유산을 효율적으로 연결해주는 역할과 함께 보행자로 하여금 다양한 역사적 경관을 체험할 수 있게 해준다. 한편 우측의 건축물 (b) footprint를 살펴보면 과거부터 오늘날까지의 누적된 가로 및 블록의 개발패턴을 살펴볼 수 있다. 지형적 특성으로 남북장축의 개발특성을 보이는 공주구도심지역은 고도지구의 효율적인 관리와 도시개발의 합리적 관리를 위해 1980년대 들어 강북으로 도시지역이 확장되었으며,26) 두 곳을 비교하였을 때 도시의 가로 및 블록개발 패턴 그리고 개별매스의 규모면에서 기존 구도심지역과 차이를 확인할 수 있다(그림 4-23 참조).

한편 부여군의 경우 백마강 (금강) 동쪽지역을 중심으로 역사도심이 형성되어 왔으며, 현재 나타나는 주요골격의 형태는 1930

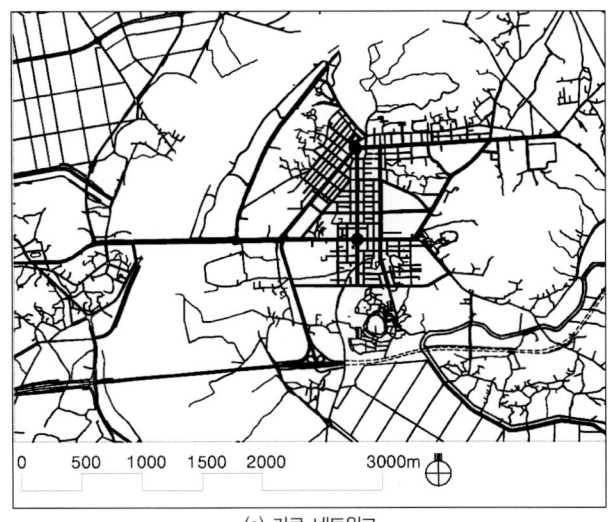

(a) 가로 네트워크

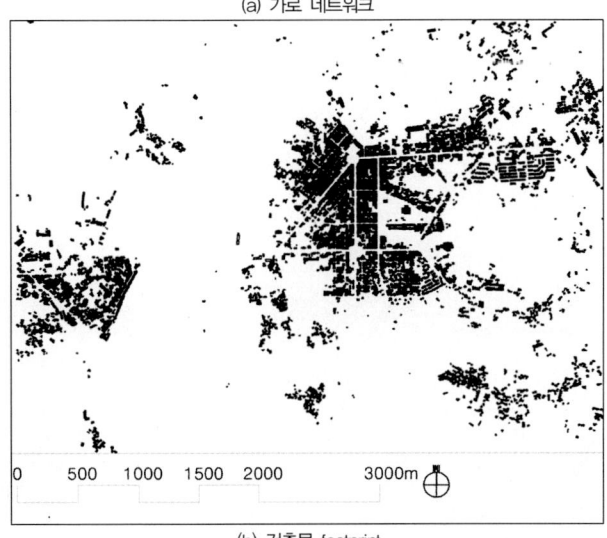

(b) 건축물 footprint

※ 자료: 부여지역 도시 분석은 1/5,000 스케일의 수치지도를 통해 분석하였음.

〈그림 4-24〉 부여군 도심지역의 figure & ground 분석

년대 일제에 의해 조성된 '도시조직'이다. 이와 같은 도시 구조 속에서 자연적인 형태의 '도시조직'은 찾아보기 어렵다.27) 또한 1980년대 들어서 정책적으로 확장개발된 백마강 서쪽지역은 오늘날 다양한 교육·문화시설의 개발이 이루어지고 있다. 구도심지역의 역

---

26) 공주시는 1982년 도시지역의 확장계획을 통해 강북 신시가지를 개발 추진하였으며, 전체 도시지역이 13.19㎢에서 22.27㎢으로 확장되었음. 공주도시재정비계획, 공주시, 1997

27) 부여지역에 주도적으로 나타나는 도시조직의 특성은 1939년 추진된 부여신도건설계획에 의해 형성된 도시골격을 일컬으며, 이에 대한 역사적 조성경위와 관련한 내용은 제5장 역사환경의 특성분석에서 설명하겠다.

사환경을 보존하기 위한 정책의 일환으로 개발되었으며, 구도심지역의 쾌적한 역사도시 이미지를 제고하는 데 중요한 역할을 하고 있다.[28] 다른 두 곳의 도시와 비교하여 근대적 도시개발이 구도심지역에 상당수 누적되어 있는 부여지역은 (a) 가로 네트워크와 (b) 건축물 footprint에서 나타나는 광장과 연결가로 등의 배치를 통해 기능성과 효율성을 지향하는 근대도시개발기법을 통한 영향을 확인할 수 있다(그림 4-24 참조).

한편 경주시의 경우 도면에 나타나는 바와 같이 동서방향으로 흐르는 북천을 경계로 강북 신도심과 강남의 구도심지역으로 분류되어 있다. 고대부터 근대에 이르기까지 북천 이남지역이 경주의 중심지 역할을 하였으며, (a) 가로네트워크와 (b) 건축물 footprint에서 보이는 신라왕경의 흔적으로 확인할 수 있고, 공간적 범위가 신도심지역까지 미쳤음을 짐

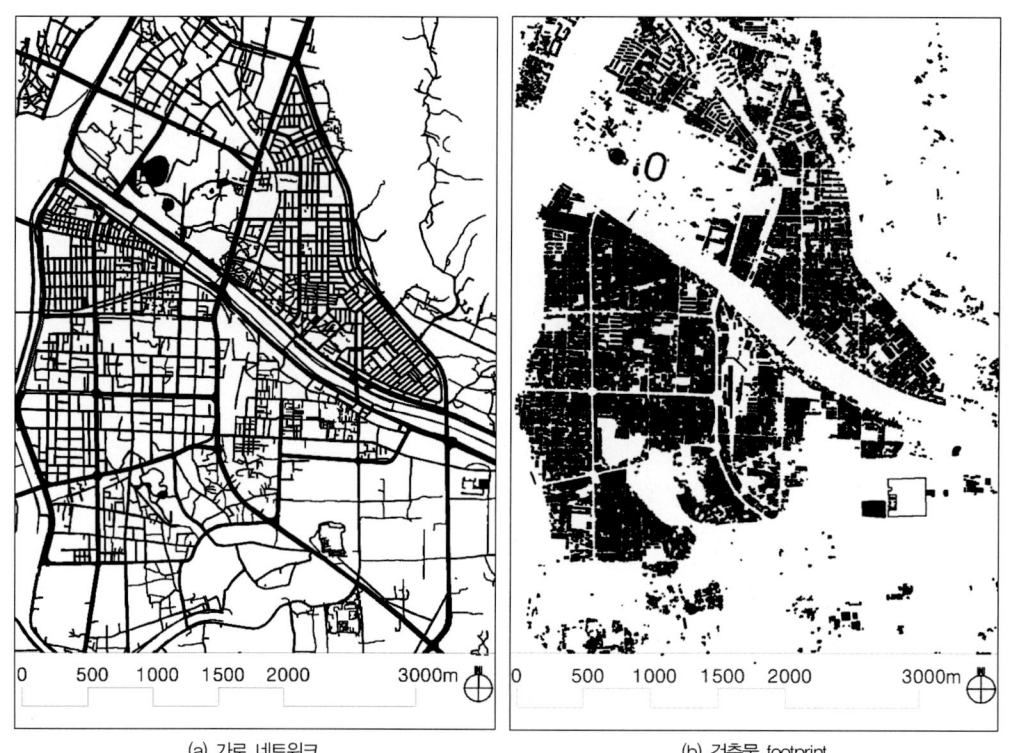

(a) 가로 네트워크　　　　　　　　　　　　(b) 건축물 footprint

※ 자료: 경주지역의 도시 분석은 1/5,000 스케일의 수치지도를 통해 분석하였음.

〈그림 4-25〉 경주시 도심지역의 figure & ground 분석

28) 실제로 부여지역은 공주, 경주와 비교하여 신·구도심 간 경계가 명확하지 않다. 아직까지 주요행정기관이 구도심지역에 위치하고 있으며, 주요 상업기능 또한 구도심지역에 위치하고 있다.

작가능하게 한다.[29] 좌측의 도면을 통해 정방형의 격자형 가로와 블록 내부의 세분화된 가로의 형태를 확인할 수 있으며, 이는 도시공간의 용도(주거지역, 상업지역 등)와도 밀접한 관계를 가지며 조직화된다. 경주지역의 (a) 가로네트워크는 기본적으로 신라왕경의 구조를 바탕으로 하며, 이후 조성된 세부가로를 통해 다양한 공간 연계가 이루어지고 있다.[30] 우측의 (b) 건축물 footprint도면을 살펴보면 다양한 규모의 void한 공간이 연속되고 있음을 알 수 있다. 현재 구도심지역의 중심지역으로 발전하고 있는 경주읍성중심지역이 세분화되어 있는 도시조직의 특성을 확인할 수 있다(그림 4-25 참조).

　대상지 세 곳 구도심지역의 세부 블록 현황은 다음의 그림 4-26과 같다. 사례지 세 곳 구도심지역의 블록패턴은 기본적으로 정방형의 블록과 가로패턴으로 개발되고 있음을 알 수 있다. 이를 바탕으로 공주시의 경우 곡선형의 가로유형이 세로에서 나타나고 있으며, 부여군의 경우 원형광장이 교차로로 조성되어 있는 형태적 특징을 보인다. 한편 경주시의 사례 도면을 통해 +자 형태로 서로 교차하는 가로의 패턴과 함께 블록 내 다양한 크기의 매스와 void한 공간이 위치하고 있음을 확인할 수 있다. 유사한 성격의 구도심지역이지만 여러 가지 역사적, 환경적 차이로 인하여 도시(공간)가 가지고 있는 밀도, 가로의 연속성, 특히 블록의 규모 및 형태 등의 차이는 각기 다른 도시의 '도시성'을 표현해주고 있다.

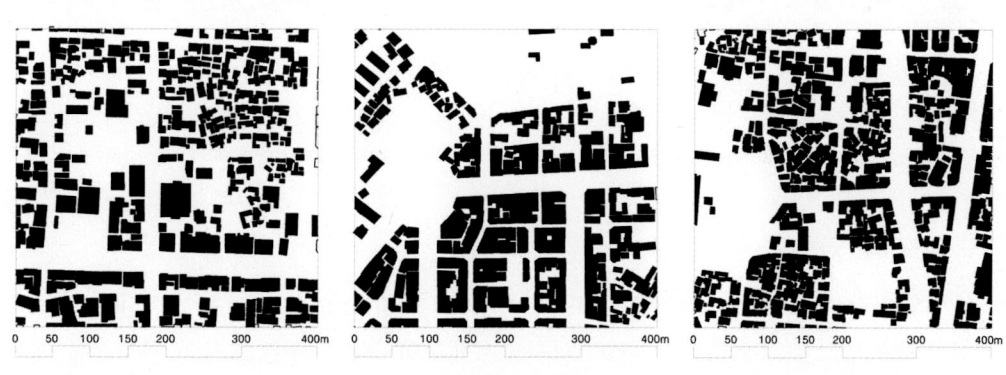

공주시 구도심　　　　　　부여군 구도심　　　　　　경주시 구도심

〈그림 4-26〉 공주·부여·경주 구도심지역의 figure & ground 분석

---

29) 이는 신라왕경의 기본 형태로 이미 당시에 강북지역에 이르기까지 영역이 확대되었음을 확인할 수 있으며, 현재 강남지역을 중심으로 형성되어 있는 역사지구 외에 강북의 역사환경에 대해서도 적극적인 보전방안 마련이 필요한 근거이다.

30) 이와 관련한 역사적 측면에서의 분석은 제5장 역사도시 구도심지역의 역사환경 특성분석에서 수행하였다.

한편 세 도시의 신도심지역 개발패턴을 살펴보면 다음의 그림 4-27과 같다. 각 도시의 근대화 과정에서 구도심지역의 역사환경을 보전하고, 한편으로는 도시의 발전을 유도하고자 정책적으로 개발된 신도심지역은 각 지자체의 특성에 따라 밀도, 건축물의 규모, 가로의 개발패턴에서 차이를 확인할 수 있다. 공주 및 경주와 비교하여 부여의 경우 상대적으로 자유로운 형태로 개발되고 있음을 알 수 있으며, 기능성과 효율적 가치를 지향하는 계획을 읽을 수 있다. 경주시의 경우 지역 전반에 걸쳐 이미 조성되었던 신라왕경의 기본틀이 신도심지역까지 이어져 있었음을 또한 확인할 수 있다. 한편 전체적으로 건조환경(built environment) 측면에서 신도심지역 건축물이 정형화되고 규모 또한 차이를 보이며, 가로의 폭이 넓고, 곧은 직선형의 가로에서 차이를 확인할 수 있다.

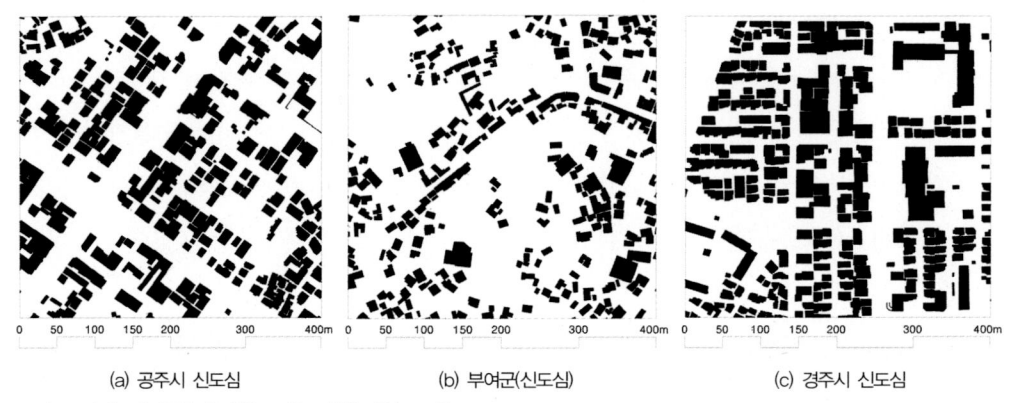

(a) 공주시 신도심　　　(b) 부여군(신도심)　　　(c) 경주시 신도심

※ 자료: 각 신도심지역의 대표성을 보이는 지역을 대상으로 함.

〈그림 4-27〉 공주·부여·경주 신도심지역의 figure & ground 분석

## 도시공간의 '담론들'

앞서 살펴본 도시 전체의 figure & ground 특성에 더하여 세 곳 역사도시 사례를 도시공간 담론의 개념으로 논의하고자 한다. 역사도시에서의 공간담론은 도시의 역사성을 배가시켜 줄 수 있는 설화의 장소 및 역사적 장소[31]와 관련하여 사고(思考)할 수 있다. 다음 표 4-25에서와 같이 공주·부여·경주지역은 역사적으로 다양한 설화 및 역사적 장소가 존재해 왔다.

---

31) 역사적 장소나 설화 장소는 역사도시에서의 역사문화환경을 풍부하게 만들어 줄 수 있는 장소이다. 설화나 역사적 사건이 발생한 장소 등은 역사도시의 스토리텔링이 가능한 요소들로서 도시의 장소성과 함께 역사적 상징성을 높여 줄 뿐 아니라 관광요소로 활용 또한 가능하다.

〈표 4-25〉 공주 · 부여 · 경주지역의 공간담론

| 구분 | 도면 | 설화 및 역사적 장소(담론) |
|------|------|--------------------------|
| 공주 | 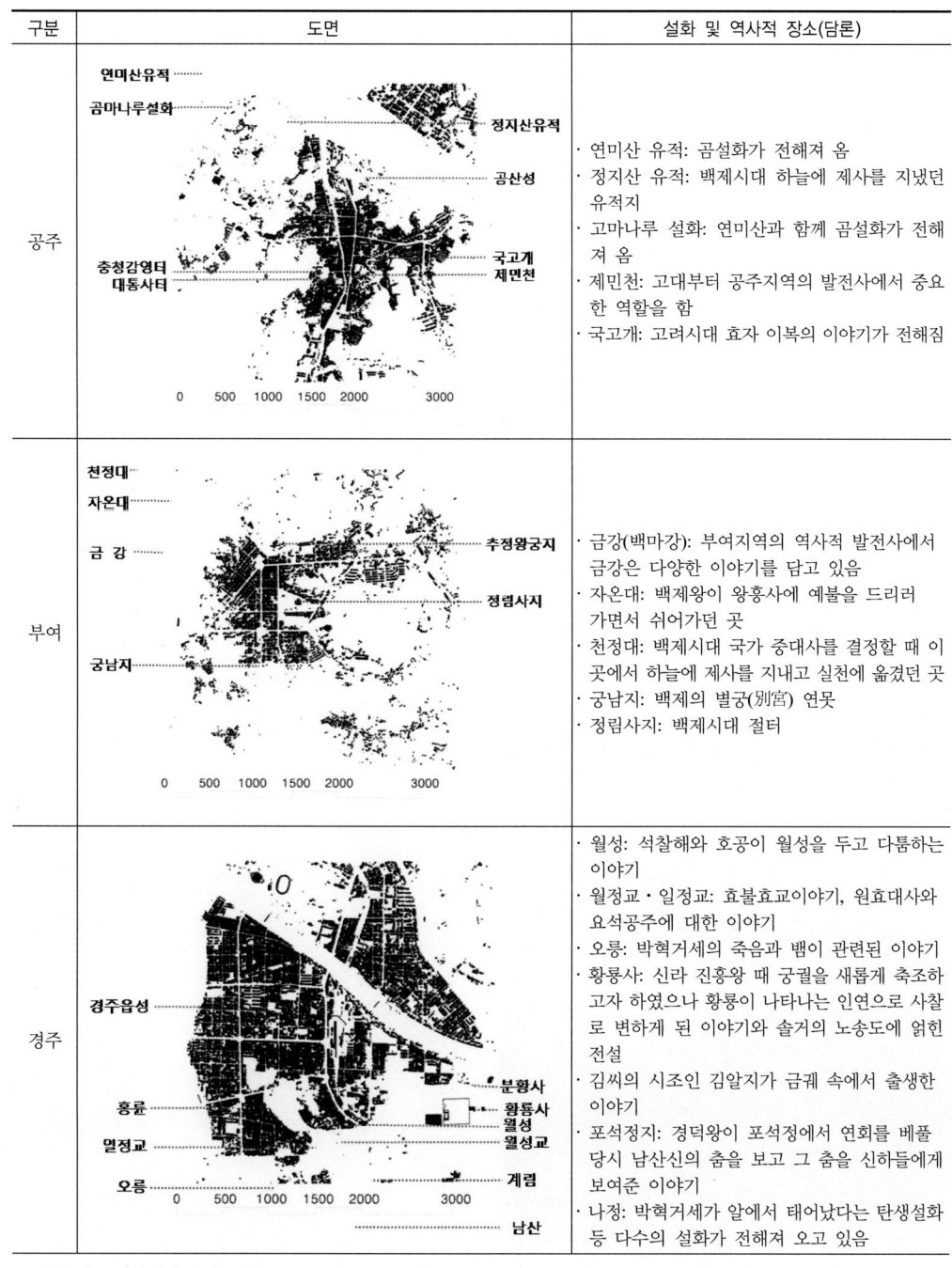 | · 연미산 유적: 곰설화가 전해져 옴<br>· 정지산 유적: 백제시대 하늘에 제사를 지냈던 유적지<br>· 고마나루 설화: 연미산과 함께 곰설화가 전해져 옴<br>· 제민천: 고대부터 공주지역의 발전사에서 중요한 역할을 함<br>· 국고개: 고려시대 효자 이복의 이야기가 전해짐 |
| 부여 |  | · 금강(백마강): 부여지역의 역사적 발전사에서 금강은 다양한 이야기를 담고 있음<br>· 자온대: 백제왕이 왕흥사에 예불을 드리러 가면서 쉬어가던 곳<br>· 천정대: 백제시대 국가 중대사를 결정할 때 이곳에서 하늘에 제사를 지내고 실천에 옮겼던 곳<br>· 궁남지: 백제의 별궁(別宮) 연못<br>· 정림사지: 백제시대 절터 |
| 경주 |  | · 월성: 석찰해와 호공이 월성을 두고 다툼하는 이야기<br>· 월정교 · 일정교: 효불효교이야기, 원효대사와 요석공주에 대한 이야기<br>· 오릉: 박혁거세의 죽음과 뱀이 관련된 이야기<br>· 황룡사: 신라 진흥왕 때 궁궐을 새롭게 축조하고자 하였으나 황룡이 나타나는 인연으로 사찰로 변하게 된 이야기와 솔거의 노송도에 얽힌 전설<br>· 김씨의 시조인 김알지가 금궤 속에서 출생한 이야기<br>· 포석정지: 경덕왕이 포석정에서 연회를 베풀 당시 남산신의 춤을 보고 그 춤을 신하들에게 보여준 이야기<br>· 나정: 박혁거세가 알에서 태어났다는 탄생설화 등 다수의 설화가 전해져 오고 있음 |

※ 자료: 각 도시 수치지도 1/1,000
※ 참조: 1. 공주시: 공주시지. 2. 부여군: 부여군지. 3. 경주시: 경주시지 등 다수의 자료를 참조

도면을 통해 나타나는 바와 같이 세 도시 모두에서 주로 나타나는 설화장소는 오늘날 구도심의 중심지역을 형성하고 있는 지역과는 공간적으로 일치하지 않는다. 이는 당시의 시대상과 철학적 사고, 그리고 정치적 상황의 변화에 따라 도시공간구조가 변화하였으며, 이에 대한 결과로 나타나는 특징으로 설명할 수 있다.

공주의 경우 설화장소는 대표적으로 연미산유적, 정지산유적 그리고 고마나루를 들 수 있으며, 이는 모두 백제와 연관된 설화로 입지 면에서 구도심 동북쪽에 위치한다.

부여의 경우 대표적 설화장소로 자온대, 금강, 천정대 등을 들 수 있다. 특히 부여에서 백마강(금강)은 자연해자로서 적의 침입으로부터 방어의 역할을 하는 등 역사적으로 중요한 기능을 해왔으며, 백제의 흥망성쇠와 관련한 많은 역사적 사건과 설화가 깃든 곳이다.

한편 경주의 경우 월성, 일정교·월정교, 황룡사, 오릉, 포석정지 등 다양한 역사적 설화 장소를 가지고 있다. 대부분이 현재 경주시를 중심으로 하였을 때 남·동지역에 분포하고 있으며, 이는 역사유적지역으로 관리되고 있다. 이와 같은 도시공간에서의 다양한 담론은 도시의 역사성을 풍부하게 해주며, 장소성을 제고해주는 역할을 하고, 궁극적으로 역사도시로서의 가치 또한 높여주는 역할을 기대하게 한다.

## 3) 재현의 공간(상상)

### 거리, 광장, 시장 등 대중적 공간의 특성 및 활용

도시공간에서 대중적 공간으로서 상호 소통이 이루어지는 곳으로 거리,[32] 광장 및 시장 등의 공간을 들 수 있다. 이들 요소는 도시적 차원에서 상호 소통을 이룰 수 있는 전통적인 공간으로 의미를 지닌다. 또한 이와 같은 공간은 역사도시에서의 가치와 진정성이 담긴 공간으로 대변할 수 있다.

〈그림 4-28〉 공주시 국고개

먼저 공주의 경우 국고개 가로(그림 4-28 참조)와 웅진로를 들 수 있다. 국고개[33]는

---

32) 도시적 차원에서 거리에 대한 접근은 공주·부여·경주지역을 대표하는 가로를 중심으로 하였으며, 도시의 전반적인 가로특성과 역사성에 대한 분석은 제5장 역사환경의 특성분석에서 실시하고자 한다.

고려 효자 이복의 이야기[34]가 전해오는 가로로 대표적인 역사가로로 인식되고 있으나 오늘날 가로의 현황은 '역사성'과 '진정성' 등의 역사적 가치를 담아내기에는 다소 부족하나 근래에 들어서 역사문화가로 조성사업을 통한 역사성 회복의 노력이 가시화되고 있다.[35] 그리고 웅진로의 경우에는 공주의 대표적인 상업가로이며 주변은 상권이 형성되어 다양한 상업시설이 입지해 있는 가로이다. 공주시는 웅진로에서 대백제전 행사와 함께 연중 다양한 문화 행사를 진행하고 있으며, 물리적·문화적 소통과 교류의 공간으로서 충분한 가능성을 제공하고 있다.

한편 부여의 구드래길[36]은 부여지역의 대표적인 역사가로이자 지역 대표축제인 대백제전 행사가 치러지는 가로이다. 이 가로는 부여의 추정왕궁지와 구드래를 연결해주는 가로로 상징성을 가지나 가로주변 환경에 재현의 공간으로서 상징성을 설명하기에는 다소 부족하다.[37] 이와 함께 부여의 주작대로로 추정되는 궁남로(성왕로로부터 정림사지로 연결되는 가로)는 주변으로 부여의 대표적인 상권이 형성되어 있으며, 주민들 간에 연중 활발한 소통이 이루어지는 곳이다.

그리고 경주의 봉황로[38](그림 4-29 참조)는 대표적인 역사가로이자 또한 상업가로로서 주민들 간 왕성한 소통이 이루어지며, 방문객들로 하여금 경주의 문화적 특성을 체험할 수 있는 대표적 공간이다. 그리고 역사적으로 신라와 조선의 역사성을 가지고 있는 가로로 설명할 수 있다(표 4-26 참조).[39]

〈그림 4-29〉 경주시 봉황로

---

33) 길이가 약 1km, 폭이 15m의 왕복 2차선 도로이다.

34) 공주시 중동과 옥룡동 사이의 고개로서 고려시대 이복이라는 효자가 어머니 봉양을 위해서 국을 얻어 품에 안고 고개를 넘다가 국을 쏟아서 국고개라고 한다. 디지털공주문화대전 참조.

35) 현재 국고개에는 중동성당(1936), 충남역사박물관(1972), 구 읍사무소(1920) 등 역사적 건축물이 일부 존재하며, 주변 건축물들 역시 시간의 흔적을 보여주는 건축물이 다수 존재하지만 대중적 소통의 공간으로서의 가치는 극히 적다고 할 수 있다.

36) 길이가 약 800m, 폭이 15m로 왕복 2차선 도로이다.

37) 현재 구드래가로는 주변 건축물이 2층 내지 3층 규모를 보이며, 가로변을 중심으로 상업용도 건축물이 위치한다. 그리고 주변지역을 중심으로 백제추정왕궁지 발굴 및 유적발굴이 지속되고 있다.

38) 길이가 약 550m, 폭이 8m로 보차혼용도로유형이다.

39) 봉황로는 경주읍성 내 十자형 가로를 중심축으로 남북으로 형성된 가로로서 신라왕경의 역사성과 고려 그리고 이후

〈표 4-26〉 공주·부여·경주지역의 주요거리

| 구분 | 거리명 | 특성 |
|---|---|---|
| 공주시 | · 국고개 가로 (역사문화거리) | · 역사성: 효자 이복의 이야기가 전해지는 곳<br>· 역사성을 담고 있으나 도시가로환경은 불리함<br>· 2009년 현재 간판정비사업 및 역사문화거리조성사업이 진행 중 |
| | · 웅진로 | · 다양한 역사문화행사의 주요 행사루트<br>· 공주시의 대표적인 상권이 형성되어 있는 중심가로 |
| 부여군 | · 구드래 가로 (역사문화거리) | · 대백제전 행사가 일어나는 주요 가로<br>· 추정왕궁지 등 다수 유적발굴지역 |
| | · 궁남로(주작대로) | · 부여군의 대표적 상권이 형성되어 있는 가로<br>· '주작대로'로 추정되는 상징성을 가짐 |
| 경주시 | · 봉황로(전통문화가로) | · 조선과 신라의 역사성을 담고 있는 주요가로<br>· 경주지역의 대표적 상권이 형성되어 있음 |
| | · 양정로 | · '주작대로'로 추정되는 상징성을 가짐<br>· 일반적인 도시가로의 형태를 보임 |
| | · 화랑로<br>· 원화로 | · 구도심 내 중심상업가로 |

※ 자료: 1. 공주시자료: 공주시청, 중소기업청 시장경영지원센터 2. 부여군 자료: 부여군지, 부여군청, 중소기업청 시장경영지원센터 3. 경주시 자료: 경주시지, 경주시청
※ 참조: 현재 각 지자체에서는 대표적인 역사가로를 통해 역사문화거리조성사업과 함께 축제행사 시 주요루트로 활용하여 가치를 높이고 있음.

역사도시에서 재래시장은 지역민의 다양한 사회적 교류가 이루어지는 곳으로 '진정성'을 담고 있는 공간으로 가치를 지닌다.

공주시의 경우 재래시장의 수가 두 개에 이르며, 구도심에 입지하는 산성시장은 일제, 근대의 역사를 함께해온 시장으로 장소성과 역사성을 지닌다.[40) 산성시장의 시작은 구한말 정기시장이 효시이며, 이후 장소가 남측으로 이동, 변화하여 오늘에 이르고 있다. 산성시장의 점포별 면적을 살펴보면 평균 13.6평에서 25.6평 규모로 분석되었으며, 전체 점포 수가 495개에 이른다(그림 4-30 참조).

〈그림 4-30〉 공주시 산성시장

조선 및 근대 등 경주지역의 대표적 역사성을 가진 가로로 상징성을 지닌다. 그러나 일제 강점기 이후 경주여중 앞으로 남북의 가로가 형성되면서 일제에 의해 의도적으로 가로의 중심 성격이 중앙로로 변경되게 되었으며 오늘에 이르게 되었다.

40) 산성시장은 1900년대 초반 한 차례의 이전을 통해 오늘에 이르고 있으며, 이에 대한 역사적 발전과 가치에 대한 구체적 설명은 제5장 역사환경의 변화에서 추가로 논하였다.

부여군의 대표적인 재래시장인 부여시장은 5일장으로서 1916년 개장되었다. 현대에 들어서 지속적 성장과 함께 시장 주변으로 노점상이 증가하여 도시문제를 야기하게 됨에 따라 정비의 필요성이 제기되고 있다. 부여군에서는 부여시장을 중심으로 '부여문화 관광형 시장 조성사업'을 준비하고 있으며, 이를 통해 관광특화시장으로의 개발을 유도하고 있다(그림 4-31 참조).

〈그림 4-31〉 부여재래시장

한편 경주시의 경우 도시 전역에 13개의 재래시장이 존재하지만 경주시 도심지역에는 1960년대 이후 형성된 재래시장만이 존재한다. 이는 1900년대 초반 조성된 재래시장이 존재하는 공주, 부여와의 차이로 볼 수 있다(표 4-27 참조).

〈표 4-27〉 공주·부여·경주지역의 재래시장

| 구분 | 시장 | 특성 |
|---|---|---|
| 공주시 | · 산성시장(1937년 개장) 외 1곳 | · 구한말 공주부 내의 정기시장이 효시<br>· 1918년 공주시가지 정비계획에 의해 대통교를 중심으로 발달하였으며, 이후 현재의 위치로 이동하여 발전해왔음<br>· 현재 점포 수가 총 720개에 이르며, 점포의 평균면적은 13.6평에 이름 |
| 부여군 | · 부여시장(1916년 3월 15일 개장) 외 4곳 | · 5일장<br>· 부여군 부여읍 구아리 420번지 위치<br>· 부여문화 관광형 시장 조성사업 대상(관광특화시장)<br>· 현재 점포 수가 총 320개에 이름 |
| 경주시 | · 성동시장(1971) 외 12곳 | · 경주시 성동동 51-1<br>· 현재 점포 수가 총 300개에 이름(중형시장)<br>· 2005년 환경개선사업 실시 |

※ 자료: 1. 공주시 자료: 공주시청, 중소기업청 시장경영지원센터(www.sijang.or.kr/), 2. 부여군 자료: 부여군지, 부여군청, 중소기업청 시장경영지원센터, 3. 경주시 자료: 경주시지, 경주시청 및 답사를 통해 조사
※ 참조: 현재 지자체에서는 도시의 대표적인 문화유산인 재래시장의 상품화를 통해 도시의 문화적 가치를 높이고자 하는 노력을 지속하고 있음.

그리고 공주, 부여, 경주지역에는 가로광장, 교육시설 등 다양한 유형의 물리적 오픈스페이스가 존재한다. 1900년대 들어서 일제 강점기 또는 근대적 도시화의 과정에서 도시계획에 의해 오픈스페이스가 증가하게 되었으며, 이와 같은 공간은 지역주민들의 활발한 교류와 행사가 가능하게 개발되었다. 공주의 경우 지리적으로 좁은 지형조건으로 인하여 구도심지역의 집적도가 높은 편이며, 역사유산주변지역, 교육기관 그리고 공공주차장을 중

〈그림 4-32〉 부여군의 오픈스페이스 유형

〈그림 4-33〉 경주시의 오픈스페이스
유형(고분군)

※ 출처: 경주문화원, 국역 경주군. 2008

〈그림 4-34〉 1918년 사정동 경주역사
(현 서라벌 문화회관 조성)

심으로 오픈스페이스를 확보하고 있다. 특히 부여의 경우 일제 강점기 부여신도건설계획에 의해 조성된 주요(대)가로와 광장을 확인할 수 있으며, 이는 부여의 도시조직을 결정 짓는 데 중요한 역할을 하였다(그림 4-32 참조). 한편 경주시의 경우 경주역사 전면광장, 교육시설, 역사유적주변지역 등의 오픈스페이스를 확보하고 있으며, 특히 도시적 스케일에서의 역사유적은 경주의 중요한 오픈스페이스로서 역할을 하고 있다(그림 4-33 참조).

오픈스페이스의 유형을 살펴보면 학교시설과 관공서, 공공주차장, 가로광장 및 공원 등 상호 유사한 특성을 보이며, 용도의 활용 또한 공통적 특성이 나타나고 있다. 특히 광장 및 오픈스페이스의 활용은 도시 내 다양한 축제의 행사장으로 쓰이고 있는 경향이 대부분이며, 지역주민과 방문객 간 다양한 교류의 장소로 활용되고 있다(표 4-28 참조). 특히 경주지역의 철도광장은 근대 역사의 발전 과정에서 몇 차례에 걸쳐 이전이 이루어져 왔으며, 오늘날과 같은 경주역사가 자리하게 된 것은 1936년의 일이다[41](그림 4-34 참조). 이후 경주역사는 주변지역에 위치하는 상업시설 및 업무시설 등과 함께 경주지역의 중심지로서의 역할을 지속해 왔다.

---

41) 경주지역 철도교통의 발전은 앞서 설명한 바와 같이 도시의 역사성을 훼손하면서 발전하였으며, 수차례에 걸친 노선 및 역사의 이전이 진행되었다. 1918년까지 협궤선을 이용한 경주지역 역사로 발전하였으며, 1936년 이후 현재의 위치인 경주 황오동 일대 지역으로 이전하였고 2010년 이후 고속철도 역사와 통합을 앞두고 있다. 이는 구도심 내 역사환경보전의 중요성과 함께 역사성 회복을 위한 지속적 노력에 의해 오늘에 이르게 되었다.

| 구분 | 광장(오픈스페이스) | 특성 |
|------|------------------|------|
| 공주시 | · 학교시설, 관공서<br>· 주차<br>· 가로광장, 공원<br>· 역사문화유산지역 | · 대백제전 등 다양한 문화축제행사장으로의 활용<br>· 관광객 및 지역민들에게 편의시설 제공<br>· 협소한 지형적 특성으로 도심 오픈스페이스 확보 불리함 |
| 부여군 | · 학교시설, 관공서<br>· 주차<br>· 가로광장, 공원<br>· 역사문화유산지역 | · 대백제전 등 다양한 문화축제행사장으로의 활용<br>· 관광객 및 지역민들에게 편의시설 제공 |
| 경주시 | · 학교시설, 관공서<br>· 주차<br>· 가로광장, 공원<br>· 역사문화유산지역<br>· 역전광장 | · 다양한 문화축제 행사의 진행<br>· 관광객 및 지역민들에게 편의시설 제공<br>· 도심 곳곳에 위치하는 역사문화유산지역을 중심으로 커뮤니티 공간 확보<br>· 경주지역은 몇 차례에 걸친 철도노선의 변경과 역사의 변경이 이루어져 왔으며, 초기 정책적 결정에 의해 이루어졌던 노선의 결정이 점차 도시의 역사성 보전과 효율적 공간관리를 위한 방안으로 변경되게 됨 |

※ 자료: 오픈스페이스의 활용특성조사는 현지답사와 공주시, 부여군, 경주시에서 제공하는 자료를 통해 도출하였음.

본 저서의 대상지인 공주, 부여, 경주지역에는 이상 살펴본 바와 같이 도시의 역사성 및 장소성을 담아내는 가로, 시장, 광장 등의 공간을 보유하고 있으며, 이는 도시의 역사적 발전과 함께 성장ㆍ발전하며, 지역주민의 생활상과 문화적 가치를 담아내는 공간으로서 의미를 지닌다.[42]

## 4) 소결

이상과 같이 하비의 구체적 공간실천 개념을 '공간의 전유와 활용'의 범주에서 분석하였다. 르페브르가 언급한 현대 자본주의 사회에서 '공간생산개념의 3층위'에 확장하여 하비가 제안한 '공간적 실천경험'으로써 공간을 점유하고 사용함으로써 의미를 부여하는 특성을 건조환경과 함께 지도의 분석을 통해 접근하였으며 다음과 같은 결론을 도출하였다.

우선 토지이용 현황을 살펴보면 세 곳 도시지역 모두에서 주로 주거 및 상업용지가 도심지역에 위치하고 있음을 확인할 수 있으며, 이는 도시적 토지이용비율이 높은 공통의 결과로 이해할 수 있다.

그리고 건조환경의 분포에 있어 상업용도의 시설이 보존구역 내에 많이 분포(특히 부여지역의 경우)하는 것으로 분석되었으며, 이는 주거용도보다 지가가 비싼 상업용지로 보

---

42) 가로, 시장, 광장 등의 도면을 통한 가치분석은 pp.192-194에서 실시하였다.

전 및 관리계획 수립 시 고려해야 할 것이다. 또한 세 도시 모두 주도적인 건조환경은 1945년 이후 건조된 건축물이 주를 이루고 있으며, 특히 경주지역의 경우 조선시대와 일제 강점기 축조된 건축물이 18%로 상대적으로 차이를 보이고 있다. 이를 통해 경주의 역사성을 파악할 수 있으나 공주·부여의 경우 건축물을 통해 도시의 역사성을 파악하는 데 한계로 작용할 수 있다.

한편 Figure & Ground 분석을 통해 살펴본 세 곳 역사도시의 사례에서 각각의 지역적 특성에 따른 차이에 의해 블록 및 가로가 형성되었으며, 이는 지속적으로 누적되어 오늘날 가시적으로 나타나고 있음을 확인하였다. 특히 근대화 과정에서 형성된 도시패턴이 구도심지역에 주요 형태로 남아 있는 것을 확인할 수 있다. 그리고 도시공간에 전해져 내려오는 다양한 유형의 설화는 도시공간의 역사성을 제고하는 데 주요한 역할을 기대할 수 있다.

거리, 광장, 시장 등 대중적 공간에 관한 분석은 역사성을 담고 있는 공간요소의 분석을 통해 가치도출의 가능성 또한 확인할 수 있었다. 세 곳의 역사도시 모두에서 역사와 전통을 가지고 있는 가로 및 광장 그리고 시장이 형성되어 있으며, 활발한 도시 내 활동이 오늘날까지 일어나고 있음을 알 수 있다. 이와 같은 공간은 지역사회의 역사문화적 특성이 전해져 내려오는 곳으로 전체적인 역사도시의 가치를 제고하는 데 중요한 역할을 할 수 있다.

이상의 내용을 바탕으로 공간정치이론, 역사환경, 인지요소 간 상관성 분석을 통해 세 곳 역사도시의 특성을 비교하여 살펴보면 다음 표 4-29, 4-30, 4-31과 같다. 이와 같이 공주, 부여, 경주지역 각각의 가치는 특히 역사환경의 특성에 따라 차이를 확인할 수 있으며, 궁극적으로 세 가지 분석의 틀 상호 간의 연관성 차이가 영향을 미치는 것을 확인할 수 있다.

## 〈표 4-29〉 '공간의 전유 및 활용'에 따른 상관성 분석 (1)

| 도시 | | 분석 |
|---|---|---|
| | 상관도 | 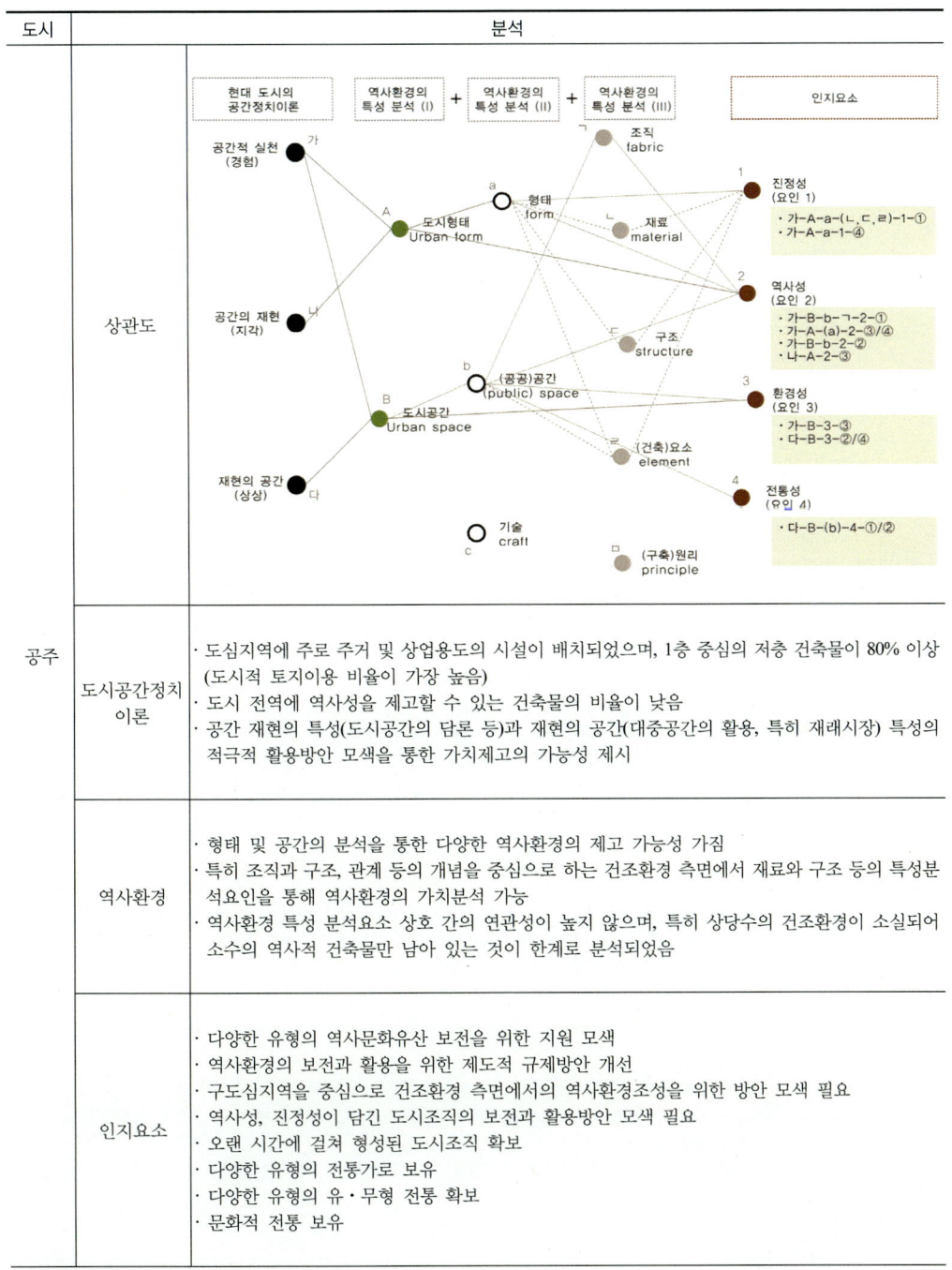 |
| 공주 | 도시공간정치이론 | · 도심지역에 주로 주거 및 상업용도의 시설이 배치되었으며, 1층 중심의 저층 건축물이 80% 이상 (도시적 토지이용 비율이 가장 높음)<br>· 도시 전역에 역사성을 제고할 수 있는 건축물의 비율이 낮음<br>· 공간 재현의 특성(도시공간의 담론 등)과 재현의 공간(대중공간의 활용, 특히 재래시장) 특성의 적극적 활용방안 모색을 통한 가치제고의 가능성 제시 |
| | 역사환경 | · 형태 및 공간의 분석을 통한 다양한 역사환경의 제고 가능성 가짐<br>· 특히 조직과 구조, 관계 등의 개념을 중심으로 하는 건조환경 측면에서 재료와 구조 등의 특성분석요인을 통해 역사환경의 가치분석 가능<br>· 역사환경 특성 분석요소 상호 간의 연관성이 높지 않으며, 특히 상당수의 건조환경이 소실되어 소수의 역사적 건축물만 남아 있는 것이 한계로 분석되었음 |
| | 인지요소 | · 다양한 유형의 역사문화유산 보전을 위한 지원 모색<br>· 역사환경의 보전과 활용을 위한 제도적 규제방안 개선<br>· 구도심지역을 중심으로 건조환경 측면에서의 역사환경조성을 위한 방안 모색 필요<br>· 역사성, 진정성이 담긴 도시조직의 보전과 활용방안 모색 필요<br>· 오랜 시간에 걸쳐 형성된 도시조직 확보<br>· 다양한 유형의 전통가로 보유<br>· 다양한 유형의 유·무형 전통 확보<br>· 문화적 전통 보유 |

※ 참조 1: 본 장에서 이용한 공간실천도표를 통해 역사환경의 특성분석과 가치를 논하기에는 다소 부족하며, 이에 역사환경에 관한 구체적이고 실증적인 분석은 제5장에서 실시하였음.

※ 참조 2: 본 저서는 도시적 차원에서 역사도시의 가치를 제안하는 데 목적이 있는바 국가지정 및 지자체가 지정하여 관리하고 있는 역사문화유산의 세부분석은 제외하였음.

<표 4-30> '공간의 전유 및 활용'에 따른 상관성 분석 (2)

| 도시 | 분석 | | |
|---|---|---|---|
| 부여 | 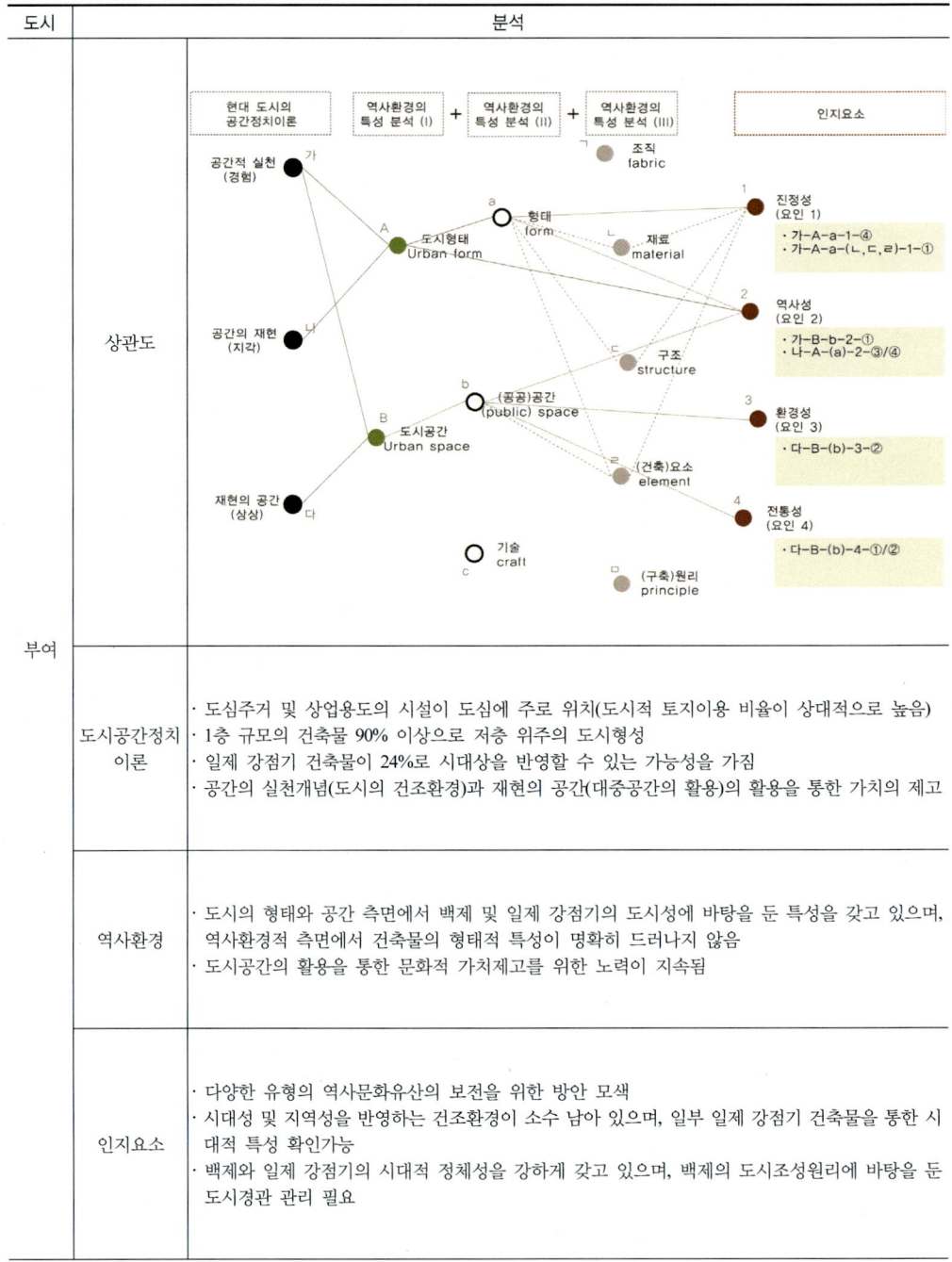 | | |
| | 도시공간정치이론 | · 도심주거 및 상업용도의 시설이 도심에 주로 위치(도시적 토지이용 비율이 상대적으로 높음)<br>· 1층 규모의 건축물 90% 이상으로 저층 위주의 도시형성<br>· 일제 강점기 건축물이 24%로 시대상을 반영할 수 있는 가능성을 가짐<br>· 공간의 실천개념(도시의 건조환경)과 재현의 공간(대중공간의 활용)의 활용을 통한 가치의 제고 | |
| | 역사환경 | · 도시의 형태와 공간 측면에서 백제 및 일제 강점기의 도시성에 바탕을 둔 특성을 갖고 있으며, 역사환경적 측면에서 건축물의 형태적 특성이 명확히 드러나지 않음<br>· 도시공간의 활용을 통한 문화적 가치제고를 위한 노력이 지속됨 | |
| | 인지요소 | · 다양한 유형의 역사문화유산의 보전을 위한 방안 모색<br>· 시대성 및 지역성을 반영하는 건조환경이 소수 남아 있으며, 일부 일제 강점기 건축물을 통한 시대적 특성 확인가능<br>· 백제와 일제 강점기의 시대적 정체성을 강하게 갖고 있으며, 백제의 도시조성원리에 바탕을 둔 도시경관 관리 필요 | |

※ 참조 1: 본 장에서 이용한 공간실천도표를 통해 역사환경의 특성분석과 가치를 논하기에는 다소 부족하며, 이에 역사환경에 관한 구체적이고 실증적인 분석은 제5장에서 실시하였음.
※ 참조 2: 본 저서는 도시적 차원에서 역사도시의 가치를 제안하는 데 목적이 있는바 국가지정 및 지자체가 지정하여 관리하고 있는 역사문화유산의 세부분석은 제외하였음.

| 도시 | 분석 | | |
|---|---|---|---|
| 경주 | 상관도 | | |
| | 도시공간정치<br>이론 | · 주로 주거 및 상업시설이 도심에 위치하는 입지 특성<br>· 일제 강점기 건축물이 17% 정도 위치하며, 조선시대 건축물이 4.3%로 건조환경이 가지는 역사<br>성이 상대적으로 풍부함<br>· 도시(공간)에 내재된 역사적 담론의 특성을 바탕으로 재현의 공간을 조성할 수 있는 가능성이 높음<br>· 신·구도심의 공간분화를 통한 관리와 구도심에 내재된 고대 도시계획이 가지는 가치가 큼 | | |
| | 역사환경 | · 도시적 차원의 형태 및 공간에 대한 분석과 함께 다양한 유형의 건조환경이 다수존재<br>· 시대성을 분석할 수 있는 (구축)원리, 구조, 재료 등 건축적 차원의 분석요소가 상대적으로 다수<br>존재하며, 이는 전반적으로 도시의 역사적 가치를 높여줌 | | |
| | 인지요소 | · 역사문화유산의 전통성 유지와 함께 역사성의 회복을 위한 지속적 노력이 필요함<br>· 시대적 특성 및 역사적 정체성을 반영하는 독특한 역사문화경관이 확보되고 있으며, 다양한 유<br>형의 가로 또한 확보하고 있음<br>· 시간의 흐름에 따라 도시조직의 변화양상을 파악할 수 있음<br>· 도시공간의 진정성 및 정체성이 상대적으로 큼<br>· 다양한 역사문화유산이 존재하며, 시대성, 지역성을 반영하는 건조환경 또한 다수 존재하여 역사<br>도시로서의 가치를 제고 | | |

※ 참조 1: 본 장에서 이용한 공간실천도표를 통해 역사환경의 특성분석과 가치를 논하기에는 다소 부족하며, 이에 역사환경에 관한 구체적이고
실증적인 분석은 제5장에서 실시하였음.
※ 참조 2: 본 저서는 도시적 차원에서 역사도시의 가치를 제안하는 데 목적이 있는바 국가지정 및 지자체가 지정하여 관리하고 있는 역사문화유
산의 세부분석은 제외하였음.

## 3. 공간의 지배 및 통제에 따른 실천분석

### 1) 공간적 실천(경험)

#### 토지의 소유 현황

하비의 '공간의 지배 및 통제에 따른 실천분석'과 르페브르의 '공간의 실천'에 대한 사고는 대상지역의 토지소유 현황분석[43]을 통해 접근할 수 있다.

공주·부여·경주의 2008년 기준 토지소유 현황을 비교했을 때 다음의 표 4-32와 같다. 민유지(개인소유지)가 약 62~64%로 유사하게 나타나고 있음을 확인할 수 있다. 또한 국유지, 도유지, 시(군)유지의 경우에도 세 도시는 유사하게 나타나며, 이는 향후 도시의 보존과 관리방안을 수립하는 데 있어 유사한 영향을 미칠 것으로 예상할 수 있으며, 도시공간적으로 가치제고 및 관리가 가능하다.[44]

좌측의 그림에서 나타나듯 공주시, 부여군, 경주시의 사유지 변화량은 큰 차이를 보이지 않는다. 단지 경주시의 경우 완만한 경사를 보이며 사유지가 차츰 감소하는 경향을 보인다[45](그림 4-35 참조).

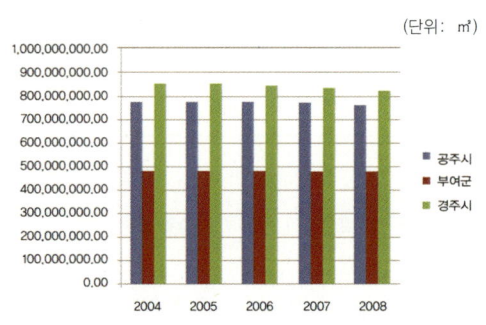

(단위: ㎡)

〈그림 4-35〉 공주·부여·경주의 사유지 변화추세

〈표 4-32〉 토지소유 현황(2008년 기준)

(단위: ㎡, %)

| 구분 | | 민유지 | 국유지 | 도유지 | 시(군) 유지 | 법인 | 기타 | 계 |
|---|---|---|---|---|---|---|---|---|
| 공주시 | 면적 | 595,886,768.60 | 150,288,199.60 | 8,849,921.20 | 20,127,131.20 | 31,847,685.40 | 133,363,229.80 | 940,362,935.80 |
| | 비율 | 63.37 | 15.98 | 0.94 | 2.14 | 3.39 | 14.18 | 100 |
| 부여군 | 면적 | 392,143,369.3 | 105,997,783.3 | 12,468,054.0 | 10,709,526.2 | 17,993,290.3 | 84,316,741.3 | 624,667,647.2 |
| | 비율 | 62.78 | 16.97 | 2.00 | 1.71 | 2.88 | 13.50 | 100 |
| 경주시 | 면적 | 820,707,654.8 | 139,645,404.2 | 23,892,065.9 | 92,939,830.3 | 118,102,790.3 | 129069752.5 | 1,324,357,498.0 |
| | 비율 | 61.97 | 10.54 | 1.80 | 7.02 | 8.92 | 9.75 | 100 |

※ 자료: 공주시청, 부여군청, 경주시청 지적공부등록 소유구분별 현황 자료 참조

---

43) 도시사회학 측면에서 전통적으로 토지 소유의 관계는 공간 지배와 통제의 수단 개념으로 접근할 수 있다.

44) 토지에 대한 소유 현황이 국·공유지가 많을 시 정부에 의한 정책의 구현이 신속히 진행될 수 있는 장점을 지닌다.

45) 이는 2003년 이후 경주시가 정책적으로 역사문화도시조성사업을 본격적으로 시작하면서 일부의 사유지를 매입하는 과정에서 나타나는 현상이라 볼 수 있다.

그리고 그림 4-36과 같이 국·공유지의 현
황 및 변화량을 살펴보면 공주시 및 부여군
의 경우 변화량이 거의 보이지 않으며, 경주
시의 경우 사유지의 변화량과 반대로 차츰
증가하고 있다. 이는 도시설계의 측면에서
도시공간을 이용하는 데 있어 효율성을 높일
수 있으며, 거주민에 대한 보상에 관계없이
정책을 추진할 수 있는 가능성을 높여준다.

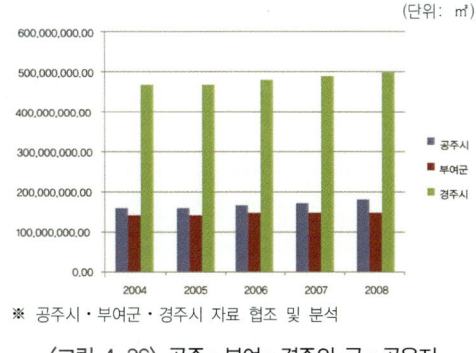

(단위: ㎡)

※ 공주시·부여군·경주시 자료 협조 및 분석

〈그림 4-36〉 공주·부여·경주의 국·공유지
변화추세

실제로 경주시가 공주시 및 부여군에 비하여 국·공유지의 절대수치가 배 이상 높은 것
은 상대적으로 역사문화유산이 많이 위치하고 있으며, 이들 대부분을 국·공공기관이 소
유하는 데 따라 나타나는 특징이다.

### 지가

대상도시의 지가변화율을 살펴보면 그림 4-37과 같이 1990년대 들어서 지가변동률이
마이너스(-)를 보이고 있음을 확인할 수 있다. 이는 당시의 사회 전반에 걸친 경기와 연관
성을 가지며, 특히 1993년과 1998년의 급격한 변동률 하락은 유의 깊게 볼 필요가 있다.
그리고 이와 같은 양상은 2000년대 들어서면서 경기회복과 함께 다시 증가추세로 변화하

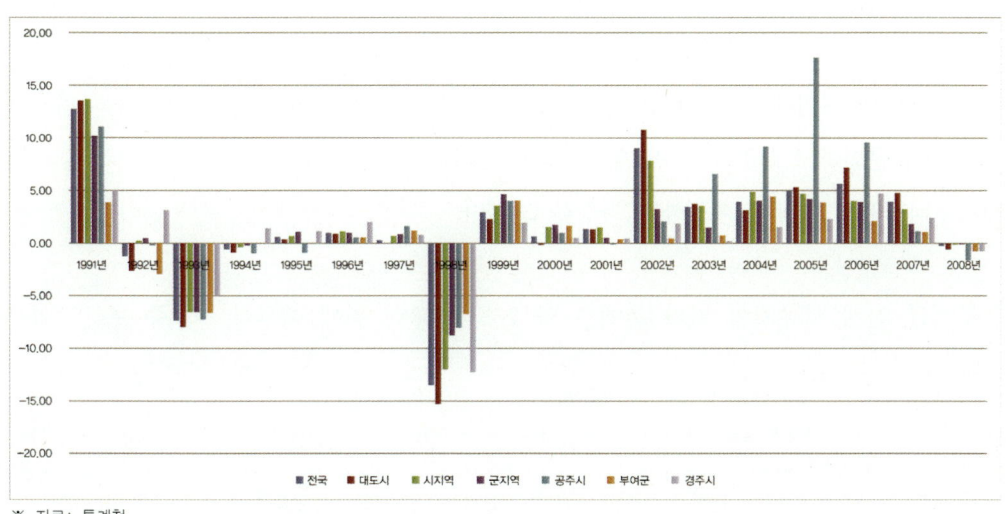

※ 자료: 통계청

〈그림 4-37〉 공주·부여·경주의 지가 변동률 변화양상

고 있다. 또한 2003년 이후 2005년까지 공주시의 그래프가 급성장하는 것은 세종특별자치시[46]의 확정과 개발에 따른 기대이익으로 볼 수 있다. 하지만 이와 같은 증가추세는 2000년 후반기에 들어서면서 다시 변동률 하락으로 나타나고 있다. 이와 같이 사회적 이슈에 따른 지가변동률은 내부적으로 각 도시에서의 지가변동에도 영향을 미치며, 본 저서에서 대상으로 하는 세 곳의 역사도시 역시 이와 같은 배경을 바탕으로 지가 현황을 살펴보았다. 2005년도 개별공시지가[47]를 기초로 지가 현황을 분석해 보면 공주시 전체 사유지의 지가총액은 약 6조 1,333억 원이며 이 중 보존구역이 6,789억 원에 이른다. 공주시 전체의 평균지가는 약 7천 원/㎡ 정도로 매우 낮지만, 보존구역의 경우 약 17만 원/㎡ 정도로 공주시 전체에 비해 상당히 높은 편이다. 통상 지가결정이론[48]에 따르면 규제를 받는 지역이 규제가 없는 지역보다 지가수준이 낮고, 규제지역에 근접할수록 지가가 하락하는 것이 일반적인 패턴이다. 하지만 고도지역에서는 이와 반대로 문화재에 근접할수록 지가가 높아지는 경향을 보인다(표 4-33 참조).

〈표 4-33〉 공주시 지가 현황

(단위: 억 원, %, 원/㎡)

| 토지이용 | 공주시 전체 | 보존구역 | |
|---|---|---|---|
| | | 내 | 외 |
| 총액지가 | 61,333 | 6,789 | 54,544 |
| 비율 | 100.00 | 11.07 | 88.93 |
| 평균지가 | 7,280 | 173,218 | 6,505 |

※ 자료: 공주시 내부자료 협조(2005년 기준)

문화재와의 거리에 따른 단위면적당 지가수준을 살펴보면, 100만 원/㎡이 넘는 필지의 약 88%가 문화재로부터 500m 내에 분포하고 있어, 상대적으로 비싼 토지가 대부분 문화재로부터 500m 이내에 분포하는 특징을 보인다.

부여군 전체 사유지의 지가 총액은 약 2조 9,948억 원에 이른다. 이 중 보존구역은

---

46) 2012년 7월 1일 출범하였으며, 향후 50만을 목표인구로 설정하고 있다.
47) 개별공시지가는 지역별로 차이가 있으며, 대개는 시가의 60~80% 정도로 시가보다 낮다. 본 저서에서는 개략적인 지가수준으로 분석하였다.
48) 지가결정에 관련한 이론은 근대적 지가결정이론과 현대적 지가결정이론으로 구분하여 볼 수 있으며, 이는 접근방법에 있어서 미시적 지가분석과 총량적, 거시적 지가분석으로 분류하여 설명할 수 있다. 양측 모두에서 다양한 접근방법론이 제안되고 있지만 본 저서에서 설명하는 상황에 대해서는 공통적 결론으로 귀결될 수 있다.

3,305억 원이고, 전체 지가 총액의 약 11%를 차지한다. 부여군 전체의 평균지가는 5,476원/㎡으로 매우 낮지만, 보존구역의 경우 53,337원/㎡으로 부여군 전체에 비해 높은 편이다. 이처럼 규제를 많이 받고 있는 보존구역의 지가가 상대적으로 더 높은 이유는 기존 도심지의 대부분이 보존구역으로 지정되어 있는 데서 원인을 찾을 수 있다. 용도지역별 지가현황을 살펴보면 보존구역 중 역사문화미관지구의 평균지가가 44만 6천 원/㎡로 가장 높고, 문화재보호구역이 1만 1천 원/㎡으로 가장 낮다(표 4-34 참조).[49]

〈표 4-34〉 부여군 지가 현황

(단위: 억 원, %, 원/㎡)

| 토지이용 | 부여군 전체 | 보존구역 | |
|---|---|---|---|
| | | 내 | 외 |
| 총액지가 | 29,948 | 3,305.07 | 26,643.31 |
| 비율 | 100.00 | 11.04 | 88.96 |
| 평균지가 | 5,470 | 53,337.31 | 4,928.32 |

※ 자료: 부여군 내부자료 협조(2005년 기준)

2005년도 개별공시지가[50]를 기초로 경주시의 지가 현황을 분석해 보면, 경주시 전체 사유지의 지가총액은 약 8조 7,028억에 달한다. 이 중 보존구역은 2조 1,321억 원에 이른다. 경주시전체의 평균지가는 7,420원/㎡으로 매우 낮지만, 보존구역의 경우 14,489원/㎡으로 경주시 전체에 비해 2배가량 높은 편으로 나타났다. 보존구역의 평균지가가 상대적으로 높은 이유는 도심지의 기존 시가지 대부분이 보존지역에 해당하기 때문이다(표 4-35 참조).

〈표 4-35〉 경주시 지가 현황

(단위: 억 원, %, 원/㎡)

| 토지이용 | 경주시 전체 | 보존구역 | |
|---|---|---|---|
| | | 내 | 외 |
| 총액지가 | 87,028 | 21,321 | 65,706 |
| 비율 | 100.00 | 24.50 | 75.50 |
| 평균지가 | 7,420 | 14,489 | 6,406 |

※ 자료: 경주시 내부자료 협조(2005년 기준)

---

49) 문화재보호구역과 그것이 지정되어 있는 용도지역별로는 지가 차이가 크다. 주거지역에 지정된 문화재보호구역의 경우 평균지가가 16만 8천 원/㎡, 상업지역은 49만 3천 원/㎡인 반면, 자연녹지지역에 지정된 문화재보호구역은 1만 8천 원/㎡으로 분석되었다.

50) 개별공시지가는 지역별로 차이가 있으나 대개 현 시가의 60~80% 정도로 낮다. 본 저서에서는 이를 참고하여 참고 자료로 개략적인 지가수준을 분석하였다.

세 곳의 지가에서 공통적으로 나타나는 특성은 통상적인 지가결정이론에서 나타나는 규제를 받는 지역일수록 지가가 낮게 나타나는 것이 일반적인 패턴이나, 세 지역의 경우에는 이와 반대로 문화재에 근접할수록 지가가 높아지는 경향을 보임을 알 수 있다. 이는 건축물 층수, 용적률, 경과연수 등과도 맥을 같이하는 것으로 공주시, 부여군, 경주시의 도심지가 역사환경의 중심지 기능을 해온 지역에 위치하고 있기 때문이다. 이와 같은 분석을 통해 본 저서에서 대상으로 하는 역사도시 세 곳 도심지역의 경제적 중요성을 평가할 수 있으며, 향후 역사도시의 역사환경을 보존 및 관리하는 데 있어서 이를 고려한 관리계획 수립의 필요성이 제기된다.[51]

## 행정구역의 변화

공간의 지배 및 통제에 관한 공간실천개념으로서 행정구역의 변화를 들 수 있다. 국내

〈표 4-36〉 공주·부여·경주지역의 행정구역 면적

(단위: km²)

| 연도 | 공주시 | 부여군 | 경주시 |
|---|---|---|---|
| 1991 | 75.94 | 668.02 | 218.84 |
| 1992 | 76.41 | 665.05 | 218.84 |
| 1993 | 76.41 | 625.09 | 218.87 |
| 1994 | 76.86 | 624.97 | 218.87 |
| 1995 | 940.98 | 624.87 | 1,324.83 |
| 1996 | 941.13 | 624.80 | 1,323.88 |
| 1997 | 940.58 | 624.81 | 1,323.88 |
| 1998 | 940.63 | 624.92 | 1,323.75 |
| 1999 | 940.71 | 624.85 | 1,323.70 |
| 2000 | 940.64 | 624.85 | 1,323.69 |
| 2001 | 940.81 | 624.51 | 1,323.84 |
| 2002 | 940.91 | 624.60 | 1,323.85 |
| 2003 | 940.82 | 624.60 | 1,323.87 |
| 2004 | 940.74 | 624.60 | 1,324.00 |
| 2005 | 940.74 | 624.60 | 1,324.08 |
| 2006 | 940.50 | 624.50 | 1,324.03 |
| 2007 | 940.50 | 624.50 | 1,324.03 |
| 2008 | 940.50 | 624.50 | 1,324.03 |

※ 자료: 1. 공주시지, 공주시통계연보. 2. 부여군지, 부여군통계연보. 3. 경주시지, 경주시통계연보 등
※ 참조: 공주시, 경주시는 1995년 행정구역 개편으로 면적이 확대

51) 또한 보존지역에서 지가가 더욱 높게 나타나는 특성은 대상지인 공주, 부여, 경주지역의 주요한 역사유산이 도심에 상당수 위치하고 있으며, 이는 도심지역의 지가를 결정하는 데 중요한 요인으로 나타나게 되는 것이다.

도시는 실제로 정책에 의해 지배적 특징이 변화해 왔으며, 이와 더불어 도시공간의 지배특징은 사회적 이슈와 이념에 따라 변해왔다. 표 4-36에서 나타나는 바와 같이 가치탐구의 대상지인 공주시, 부여군, 경주시는 1995년 전국적인 행정구역 개편 외에 행정구역 면적은 크게 변화 없이 발전해왔으나,[52] 1995년 지방자치제도의 시작과 함께 단행된 행정구역의 개편으로 공주시와 경주시는 물리적, 경제적, 환경적 측면 등에서 변화를 맞게 된다.

오늘날 공주시와 부여군의 경우 인접한 지리적 연관성과 함께 역사적 맥락에서의 연관성으로 인하여 대백제전 등 주요한 역사문화행사가 공동으로 개최되고 있는 반면,[53] 경주시의 경우 상대적으로 독립적 문화 특성을 지니고 있으며,[54] 행정구역에서 또한 독립적 위치를 갖고 있어 역사·문화적 측면에서의 집중력 있는 투자 및 준비가 가능하다.

## 2) 공간의 재현(지각)

### 시민공동체와 지역문화

한편 공주·부여·경주의 지역발전은 지역문화자원의 경쟁력 강화를 통해 도시의 가치를 또한 높일 수 있다.

현재 공주와 부여 및 경주에는 환경 관련, 복지 관련 사회단체 및 직능단체 성격의 시민단체가 활동하고 있다. 이들 대부분이 환경·정치·사회 분야에 해당하며, 시민사회단체는 그 숫자도 절대적으로 적고, 대부분 직능단체 성격을 띠고 있어 자발적 시민단체라고 보기에는 어려운 것이 현실이다. 이와 같은 시민단체 지원을 통해 도시계획·지역개발 등 지역분야 논의에 참여하여 시민주도의 상향식 지역발전이 형성되도록 하는 일환으로 시민공동체 활동을 지원하는 방안 또한 필요하다.

공주와 부여 및 경주에는 각각 지역혁신협의체가 구성되어 있다. 협의회 조직의 취지

---

52) 1995년 행정구역의 개편 당시 행정구역 개편에 대한 논의는 초기 인구 10만 명 미만 도시를 중심으로 논의되었으나, 단순한 인구기준이 아니라 생활권, 역사성 등을 종합적으로 고려하여 재검토되었으며, 최종적으로 역사적인 동질성, 동일생활권, 지형적 조건, 지역균현발전가능성, 시·군 명칭 등을 주요 고려대상으로 결정되었다. 이병철, 행정구역개편에 관한 연구, 울산대학교 사회과학 논집 제4편 제2호, p.28

53) 특히 앞서 언급한 대백제전은 지난 54년간 지속적으로 진행되어온 축제행사로 90년대 중반부터 공주와 부여지역에서 격년제로 개최되고 있으며, 2010년 대백제전을 국제적 축제행사로 치룬 바 있다.

54) 경주시는 특히 신라 수도로서의 역사성이 강하게 작용하여, 타 지역과는 차별되는 특징을 보이는 반면, 역사문화의 다양성 면에서는 다소의 단점으로 나타날 수 있다. 고려 및 조선시대 형성된 읍성 및 관련 유적은 일제 강점기 및 근대화를 거치면서 상당부문 소실되어 현재 복원을 위한 용역을 진행 중이다.

는 지역혁신역량 결집과 혁신전략사업을 발굴하는 것이 협의회의 기능이며, 각 자치단체의 비전을 제시하고 다양한 지역의 균형적인 발전을 도모하는 중심축으로서 역할을 다하기 위해 설립한 것이다. 부여군의 지역혁신협의회 경우 혁신 전략사업을 발굴하고 지역발전을 선도하기 위해 학계와 연구소, 시민단체 등 30여 명으로 구성되어 있다.

이들 혁신협의회는 참여정부 시절에 균형발전법에 근거한 협의체로서 그 기능과 역할에 있어서 한계점이 많고, 무엇보다도 협의체 구성원 스스로가 자발성이 부족하기 때문에 협의체의 생명력, 즉 지속가능성에 한계를 드러내고 있다. 따라서 이와 같은 협의체 활동이 활성화를 모색하고, 지역개발에 있어서 지역주민 또는 지역사업자(민)가 참여하여 파트너십을 이룬 협력체를 구축하여 지역의 개발방안을 논의하는 접근이 필요하다. 이와 같이 공주·부여·경주에 존재하는 주민자치 조직들과 공무원 등의 연합회를 조직하여 실질적인 주민자치를 능동적으로 도모하도록 하고, 이들의 활발한 지역주민활동을 뒷받침하기 위하여 자문기구로서 법적, 행정적, 정치적 지원을 수행할 수 있도록 체계 구축의 필요성이 제기된다(표 4-37 참조).

〈표 4-37〉 공주·부여·경주지역의 사회단체 현황

| 지역 | 사회단체(환경) | 사회단체(복지) | 직능단체 |
|---|---|---|---|
| 공주 | · 공주녹색소비자연대<br>· 환경실천연합회(공주지회)<br>· 공주녹색연합 | · 공주민주시민사회단체협의회 | · 한국예술문화단체총연합회 공주지부(공주예총), 한국연극협회 공주지부, 금월지구 생존권투쟁위원회, 새마을단체, 바르게살기위원회, 자유총연맹 등 |
| 부여 | - | · 부여정의사회시민연대 | · 한국예술문화단체총연합회 부여지부, 부여민주단체연합(노동조합), 새마을단체, 바르게살기위원회, 자유총연맹 등 |
| 경주 | · 환경운동실천협의회<br>· 경주환경운동연합<br>· 환경보호국민운동 등 | · 경주희망시민연대 | · 경주세계문화엑스포재단, 신라문화동인회, 경주시 청년연합회, 경주 YWCA, 한국자유총연맹, 경주시민문화연구회 등 |

※ 자료: 각 지자체 홈페이지 및 공주시지, 부여군지, 경주시지 등 관련 자료

## 3) 재현의 공간(상상)

### 전통의 생성을 위한 지역문화(행사)의 특성

역사도시에서의 지역문화 특성은 각 도시에서 활동하고 있는 지역문화기관 및 단체, 문화행사, 그리고 문화시설의 현황과 역할을 통해 살펴볼 수 있다.

공주시, 부여군 등의 사례도시는 1950년대부터 다양한 지역문화를 보존 및 관리하기

위한 단체들이 활동하고 있으며, 이는 자생적으로 지역주민에 의해 조성된 단체와 전국적인 규모로 조성된 문화단체의 지회 등으로 구분될 수 있다. 경주시의 경우 이보다 빠른 1900년대 초반부터 지역문화기관 및 단체가 활동하고 있음을 알 수 있다.

그리고 지역문화축제행사의 특성을 살펴보면 세 곳의 도시 모두에서 다양한 역사문화행사가 연중 진행되고 있음을 확인할 수 있다. 이는 대부분 도시의 역사성과 문화적 특성을 제고하고자 하는 취지로 진행되고 있으며, 프로그램에 따른 양상 또한 다양하게 나타난다.55) 부여지역의 경우에는 상대적으로 역사성을 바탕으로 하는 문화행사가 적으나 1955년부터 시작된 백제문화제는 대표적인 문화축제행사로 공주와 함께 진행되어 지역적 경계를 넘어 세계적 축제행사로 발전을 기대하고 있다(그림 4-38 참조).56) 경주의 경우 이와 같은 대표적 문화축제행사로 신라문화제를 들 수 있다(그림 4-39 참조). 한편 문화시설의 경우 세 곳의 역사도시에는 박물관, 문화예술회관, 미술관 등 다양한 시설을 확보하고 있으며, 공주와 부여의 경우 특히 1990년 이후 다수의 문화시설이 증가추세에 있다. 이는 역사도시의 지역문화특성을 홍보하고 자원화하고자 하는 노력의 일환으로 볼 수 있다. 또한 타 도시와 비교하여 상대적으로 경주시는 최근 문화시설의 확충이 거의 없는 것으로 파악되었다.

〈그림 4-38〉 공주와 부여지역의 대표적인 문화축제행사인 대백제전

〈그림 4-39〉 경주지역의 대표적 문화행사인 신라문화제

그리고 각 지역의 무형문화재는 도시공간적으로 접근하여 분석하는 것이 용이하지 않으며, 성격상 문화시설과 연계하여 접근할 수 있다. 각 지역을 대표하는 무형문화는 전시관 및 홍보시설을 통해 소개되는 경향이 대부분이며, 이와 같은 영향으로 공주지역의 경우 지역문화를 대표하는 무형문화인 박동진판소리전수관과 같은 문화시설을 통해 가치를 보전하고 있다. 이와 같은 양상은 공주와 부여지역에서 90년대 이후 더욱 가속화되어 나타나고 있으며, 이는 상대적으로 지역의 역사문화유산으로서 가치제고가 불리한 한계를 문화 콘텐츠의 개발을

---

55) 지역축제는 지역문화예술 역량을 총체적으로 보여주는 기회이자 주요 관광자원으로 각 자치단체마다 특성화된 지역의 축제 개최와 활성화에 많은 관심을 기울이고 있다. 또한 최근에는 축제의 규모보다는 내실을 지향하여, 소규모 마을축제의 활성화 역시 지역 정체성 확립의 측면에서 중요성을 인정받고 있다.

56) 대백제전의 경우 1955년 부여군에서 시작된 축제행사로 이후 공주와 부여지역을 대표하는 축제행사로 성장하였으며, 2010년 세계대백제전을 개최하였다. 이를 위해 2010년까지 총사업비 240억이 투자되었다. http://www.baekje.org/

통한 역사성 구현의 방안을 통해 극복하고 있는 것으로 설명할 수 있다.57)

이상과 같이 살펴본 지역문화의 특성을 지역문화기관 및 단체의 현황, 문화행사 그리고 문화시설을 통해 살펴보았으며 이는 다음의 표 4-38과 같다.

〈표 4-38〉 공주·부여·경주지역의 지역문화 현황

| 구분 | 지역문화기관 및 단체 | 문화행사 | 문화시설 |
|---|---|---|---|
| 공주 | · 백제문화선양위원회(1956)<br>· 한국예총<br>· 한국미술협회(1980)<br>· 한국사진작가협회(1992)<br>· 동학농민전쟁우금티 기념사업회(1994)<br>· 한국문인협회(1996)<br>· 계룡문화회(1996)<br>· 탄천장승제보존회(1996)<br>· 한국국악협회(1997)<br>· 한국무용협회(1997)<br>· 계룡산산신제보존회(1997)<br>· 시민모임 한겨레(1998)<br>· 예술마을추진위원회(1998)<br>· 성곡오페라단(1999) 등 | · 계룡산산신제(3월)<br>· 웅진성수문병근무교대식(4월)<br>· 선락리지게놀이(5월)<br>· 금강자연비엔날레(8월)<br>· 박동진판소리명창명고대회(9월)<br>· 백제문화제(10월)<br>· 고마나루전통축제(10월)<br>· 고마나루 전국향토 연극제(10월)<br>· 우금티거리예술제(11월)<br>· 탄천소라실장승제<br>· 공주봉현리상여소리(12월) 등 | · 공주문화예술회관(1986)<br>· 공주문화원(1954)<br>· 충남역사박물관(1973)<br>· 공주민속극박물관(1995)<br>· 국립공주박물관(2002)<br>· 공주민속박물관<br>· 박동진판소리전수관<br>· 임립미술관 외 다수 |
| 부여 | · 부여문화원(1954)<br>· 내포제시조보존회(1954)<br>· 부여국악원(1957)<br>· 백제사적연구회(1960)<br>· 아사달회(1976)<br>· 부여예사회(1979)<br>· 산유화가보존회(1982)<br>· 사비문학회(1990)<br>· 아사달청년회(1980) | · 성흥산 해맞이 축제(1월)<br>· 은산별신제(3월)<br>· 갓개포구우어축제(4월)<br>· 송국리선사놀이 축제(5월)<br>· 백마강수박축제(5월)<br>· 부여서동·연꽃축제(7월)<br>· 백제문화제(10월) | · 부여도서관(1971)<br>· 부여군민체육관(1987)<br>· 국립부여문화재연구소(1990)<br>· 은산별신제전수회관(1990)<br>· 국립부여박물관(1993)<br>· 부여문화원(1994)<br>· 정산김영학조각관(1996)<br>· 부여청소년수련관 외 다수 |
| 경주 | · 신라회와경주고적보고회(1910)<br>· 신라문화동인회(1956)<br>· 경주시립도서관(1963)<br>· 경주문화원(1964)<br>· 국립경주문화재연구소(1973)<br>· 통일전(1977)<br>· 서라벌문화회관(1979)<br>· 선재미술관<br>· 신라역사과학관(1988)<br>· 신라문화원(1990)<br>· 신라문화진흥원(1997)<br>· 경주세계 문화엑스포 조직위원회(1999)<br>· 동리·목월기념사업회(2000) | · 신라제(1935년 8월)<br>· 신라예술제(1954년 9월)<br>· 신라문화제(1962년)<br>· 경주세계문화엑스포(1996년)<br>· 경주한국의 술과 떡잔치(1998년/3월)<br>· 경주시민문화축제<br>· 동학예술제<br>· 보문야외국악공연 | · 국립경주박물관(1926년)<br>· 경주문화원(1964년)<br>· 국립경주문화재연구소(1973년)<br>· 통일전(1974년)<br>· 서라벌문화회관(1979년)<br>· 선재미술관(1988년) |

※ 자료: 1. 공주시: 공주시지, 공주시청 홈페이지 2. 부여군: 부여군지, 부여군청 홈페이지 3. 경주시: 경주시지, 경주시청 홈페이지 등

---

57) 세 곳의 무형문화재로는 부여지역의 은산별신제, 공주의 판소리 그리고 경주의 교동법주와 가야금 병창을 들 수 있으며, 이와 같은 무형문화재는 각 도시의 역사문화행사와 함께 문화시설을 통해 보전 및 관리되어오고 있다.

## 4) 소결

이상과 같이 하비의 구체적 실천원리인 '공간의 지배와 통제에 따른 실천분석'의 범주에서 르페브르가 제안한 '공간생산개념의 3층위'의 개념을 파악하였다. 이는 르페브르의 '공간생산개념의 3층위'에 더하여 하비가 제안한 '공간적 실천경험'으로 특정한 집단이 공간을 사용하기 위한 행위에 관한 내용으로 접근할 수 있으며, 이를 바탕으로 토지의 소유 현황, 지가, 지역문화의 특성 등을 중심으로 분석하였다.

세 곳의 역사도시 모두 토지소유 현황에 있어 60% 이상이 민유지로 분류되어 있으며, 국·공유지가 30~40%에 이르고 있다. 특히 공주, 부여와 비교하여 경주는 2배 이상의 면적을 국·공유지로 확보하고 있음을 알 수 있다. 이는 문화유산지역이 대부분 국·공유지에 해당하며, 궁극적으로 도시(공간)의 보전과 관리계획을 수립하고 운영하는 데 있어 유리할 수 있는 부분이다.

그리고 지가의 변동률에 있어 1990년대 후반까지 등락을 되풀이하던 지가는 1999년 이후 지속적 증가추세를 보이며, 특히 2003년 이후 그 증가세는 더욱 뚜렷하게 나타난다. 이는 전국적인 변화양상과 비교하여 그 폭은 크지 않으나 2003년부터 2006년까지 공주지역의 높은 변동률은 시사하는 바가 있다. 그리고 전체적으로 지속적인 증가율을 보이는 지가추세는 역사문화도시로서의 가치제고에 영향을 미치고 있음을 연관해 생각해 볼 수 있다.

한편 도시 전체의 지가와 보존구역 내·외의 지가분석을 통해 보존구역 내에서 상대적으로 외부보다 지가가 비싸게 나타나는 특징을 확인할 수 있었다. 이는 주로 역사문화유산이 도심부에 위치하여 나타나는 특징으로 설명할 수 있으며, 현대사회에서 역사도시를 보존·관리함에 있어 경제적 영향권하에서 정책이 시행되어야 함을 설명해주고 있다.

또한 지역문화의 특성에 있어 경주는 이미 1900년대 초반부터 문화적 중요성을 인식하여 관련 기관 및 문화시설이 생겨나게 되었으며, 문화행사 또한 시행되기 시작하였으나, 공주와 부여의 경우 이와 같은 양상이 1950년대 이후 나타나게 된다. 오늘날에 들어서 지역적 격차를 가늠하기는 어렵지만 역사문화환경에 대한 지역적 관심도를 확인할 수 있다.

이와 같은 특성을 도시별로 상관성 분석을 통해 정리하면 다음의 표 4-39, 4-40, 4-41과 같이 정리할 수 있다.

<표 4-39> '공간의 지배 및 통제'에 따른 상관성 분석 (1)

| 도시 | 분석 | |
|------|------|------|
| 공주 | 상관도 | 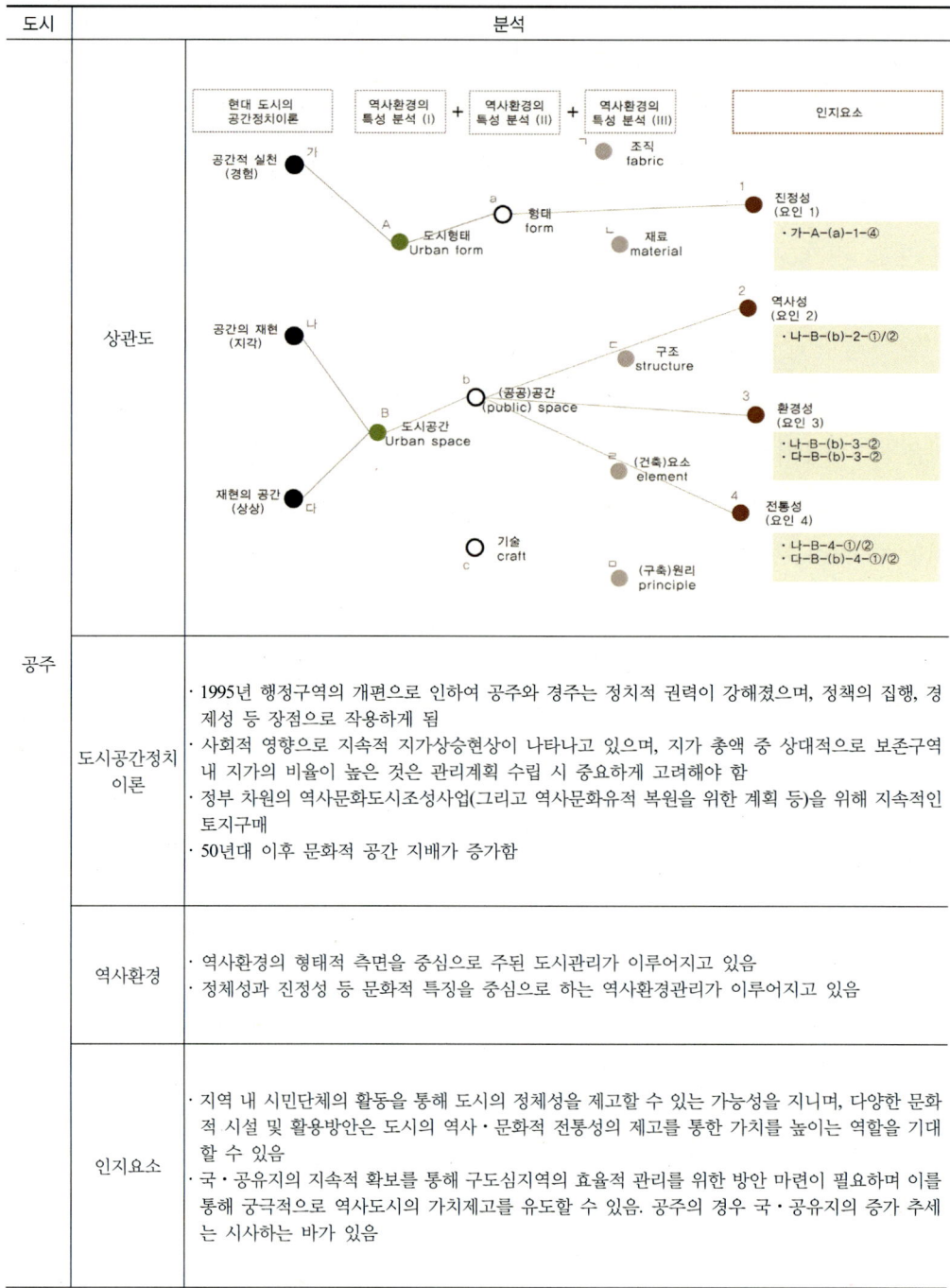 |
| | 도시공간정치<br>이론 | · 1995년 행정구역의 개편으로 인하여 공주와 경주는 정치적 권력이 강해졌으며, 정책의 집행, 경제성 등 장점으로 작용하게 됨<br>· 사회적 영향으로 지속적 지가상승현상이 나타나고 있으며, 지가 총액 중 상대적으로 보존구역 내 지가의 비율이 높은 것은 관리계획 수립 시 중요하게 고려해야 함<br>· 정부 차원의 역사문화도시조성사업(그리고 역사문화유적 복원을 위한 계획 등)을 위해 지속적인 토지구매<br>· 50년대 이후 문화적 공간 지배가 증가함 |
| | 역사환경 | · 역사환경의 형태적 측면을 중심으로 주된 도시관리가 이루어지고 있음<br>· 정체성과 진정성 등 문화적 특징을 중심으로 하는 역사환경관리가 이루어지고 있음 |
| | 인지요소 | · 지역 내 시민단체의 활동을 통해 도시의 정체성을 제고할 수 있는 가능성을 지니며, 다양한 문화적 시설 및 활용방안은 도시의 역사·문화적 전통성의 제고를 통한 가치를 높이는 역할을 기대할 수 있음<br>· 국·공유지의 지속적 확보를 통해 구도심지역의 효율적 관리를 위한 방안 마련이 필요하며 이를 통해 궁극적으로 역사도시의 가치제고를 유도할 수 있음. 공주의 경우 국·공유지의 증가 추세는 시사하는 바가 있음 |

※ 참조 1: 본 장에서 이용한 공간실천도표를 통해 역사환경의 특성분석과 가치를 논하기에는 다소 부족하며, 이에 역사환경에 관한 구체적이고 실증적인 분석은 제5장에서 실시하였음.
※ 참조 2: 본 저서는 도시적 차원에서 역사도시의 가치를 제안하는 데 목적이 있는바 국가지정 및 지자체가 지정하여 관리하고 있는 역사문화유산의 세부분석은 제외하였음.

| 도시 | 분석 | |
|---|---|---|
| 부여 | 상관도 | |
| | 도시공간정치<br>이론 | · 경제적 평가에 있어 다른 두 곳의 역사도시와 비교하여 상대적으로 낮은 지가총액을 보임<br>· 도시외곽지역을 중심으로 관광레저시설의 확충<br>· 지가 총액 중 상대적으로 보존구역 내 지가의 비율이 높은 것은 관리계획 수립 시 중요하게 고려해야 함<br>· 문화적 측면에서 50년대 이후 문화적 공간 지배가 증가함 |
| | 역사환경 | · 형태적 측면에서 주로 역사유산보전 중심의 도시관리가 이루어짐<br>· 도시의 역사문화적 가치를 중심으로 하는 역사환경 활용방안이 지속적으로 이루어짐 |
| | 인지요소 | · 문화적 공간 지배측면에서 경주, 공주에 비해 상대적으로 역할이 미비함<br>· 시민단체의 활동을 통해 도시공간적 가치특성에 영향을 미치며, 역사도시로서의 가치제고방안 추진 필요 |

※ 참조 1: 본 장에서 이용한 공간실천도표를 통해 역사환경의 특성분석과 가치를 논하기에는 다소 부족하며, 이에 역사환경에 관한 구체적이고 실증적인 분석은 제5장에서 실시하였음.
※ 참조 2: 본 저서는 도시적 차원에서 역사도시의 가치를 제안하는 데 목적이 있는바 국가지정 및 지자체가 지정하여 관리하고 있는 역사문화유산의 세부분석은 제외하였음.

<표 4-41> '공간의 지배 및 통제'에 따른 상관성 분석 (3)

| 도시 | 분석 | |
|---|---|---|
| 경주 | | 상관도 |
| | | |
| | 도시공간정치이론 | ·1995년 행정구역 개편으로 인하여 공주와 경주는 정치적 권력이 강해졌으며, 정책의 집행, 경제성 등이 장점으로 작용하게 됨<br>·평균지가 면에서는 가장 높은 지가의 특징을 보이나 지가 총액 중 상대적으로 보존구역 내 지가의 비율이 높은 것은 관리계획 수립 시 중요하게 고려해야 함<br>·또한 국·공유지의 비율이 가장 높게 나타난 특성은 도시공간관리의 실효성을 높일 수 있음을 의미함<br>·다양한 역사환경 관련 규제(지방 조례 등)에 시민단체의 개입정도가 상대적으로 크며, 실제적 영향력 또한 증가추세에 있으며, 가치제고를 위해 긍정적 영향을 미침<br>·전통적으로 지역문화의 공간지배가 강하며, 이는 다양한 역사문화시설과 단체의 활동으로 표출됨 |
| | 역사환경 | ·다양한 지방조례를 통해 역사환경의 회복과 지속성의 유지<br>·형태와 도시공간의 이용 측면 등에서 역사환경의 가치를 평가할 수 있는 다양한 가능성을 보유하고 있음<br>·특히 건조환경 측면에서 가치설정의 가능성은 도시 전체의 역사적 가치제고를 유도함 |
| | 인지요소 | ·공주, 부여와 비교하여 상대적으로 높은 국·공유지 비율과 증가추세는 역사도시구현의 수월성을 높여줌<br>·전통성을 지닌 다양한 문화축제를 통해 도시의 유·무형 전통을 제고 |

※ 참조 1: 본 장에서 이용한 공간실천도표를 통해 역사환경의 특성분석과 가치를 논하기에는 다소 부족하며, 이에 역사환경에 관한 구체적이고 실증적인 분석은 제5장에서 실시하였음.

※ 참조 2: 본 저서는 도시적 차원에서 역사도시의 가치를 제안하는 데 목적이 있는바 국가지정 및 지자체가 지정하여 관리하고 있는 역사문화유산의 세부분석은 제외하였음.

# 4. 공간의 생산에 따른 실천분석

## 1) 공간적 실천(경험)

### 물리적 하부구조

역사문화도시의 범주에서 사고하였을 때 공간의 생산에 따른 실천분석의 측면에서 물리적 하부구조는 도로, 철도 등의 개발 현황 및 특성을 통해 분석할 수 있다.

도로는 한 지역의 경제 및 사회 발전을 결정짓는 주요 요인으로 도로가 개통됨으로써 낙후되었던 지역이 갑자기 발전하는 예를 국내외 도시사에서 흔히 발견할 수 있으며, 공간에 대한 물리적 접근의 가능성을 설명할 수 있다.

경주시의 경우 도로 길이[58]의 변화는 1993년 이후 지속적으로 증가추세에 있으며, 부여군의 경우 1990년대 초반부터 완만한 상승곡선을 그리고 있다. 한편 경주시의 경우 1995년 급격한 증가는 행정구역의 개편에 의한 것으로 볼 수 있으며, 2002년을 기점으로

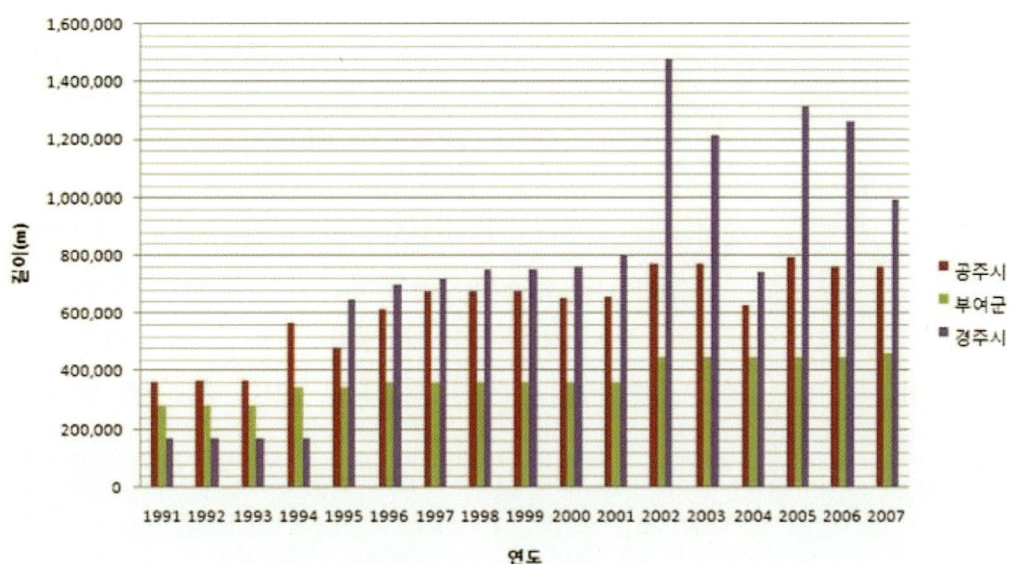

〈그림 4-40〉 공주·부여·경주지역의 연도별 도로 길이 변화 비교

---

58) 이는 공주시의 전체 도로 길이로 일반국도, 지방도, 시도의 길이를 합한 수치이다. 특히 지방도로의 기준은 1. 도청소재지로부터 시청 또는 군청소재지에 이르는 도로, 2. 시청 또는 군청소재지 상호 간을 연결하는 도로, 3. 도내의 비행장, 항만, 역 또는 이와 밀접한 관계가 있는 비행장, 항만 또는 역을 상호 연결하는 도로, 4. 도내의 비행장, 항만 또는 역에서 이와 밀접한 관계가 있는 고속도로·국도 또는 지방도로를 연결하는 도로 등으로 정의하고 있다.

다시 급격하게 증가하는 양상이 나타난다(그림 4-40 참조). 앞의 내용 공주, 부여, 경주지역의 역사문화유산 분포 현황에서 설명되었듯이 주로 점적인 차원의 문화유산이 주를 이루고 있는 현실에서 문화재의 활용과 합리적 관리를 위해 도로의 확장을 통해 접근성을 높이고 문화재 간 연계된 계획을 실시하는 일은 필수적이다.[59]

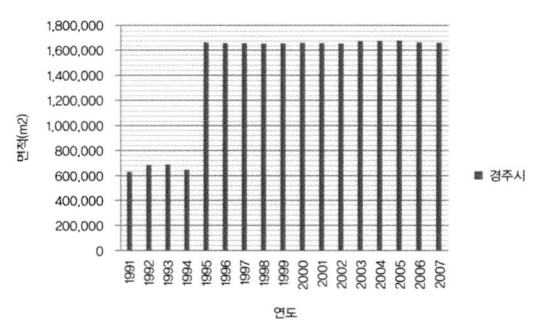

〈그림 4-41〉 경주시 지역의 연도별 철도용지 변화추세

한편 세 곳 철도용지의 현황 및 변화량은 다음 그림 4-41과 같다. 철도는 전통적으로 도시에 접근하는 중요한 기능을 해 왔으며, 이에 대한 중요성은 오늘날에도 유지되고 있다.[60] 공주와 부여의 경우 근대화 과정에서 철도의 개발 축에서 제외되어 있었으며, 이로 인하여 철도노선이 통과하는 도시와

견주어 상대적으로 도시발전의 동력을 잃게 되었다. 반면 경주의 경우 철도는 지속적으로 중요한 도시발전의 수단으로 이용되어 왔다. 특히 철도와 도로 등을 이용한 교통시설의 네트워크화는 현대사회에서 도시의 기능을 강화하는 역할을 하고 있으며, 또한 도시의 가치요소를 제안하는 가능성을 부여할 수 있다.[61]

### 사회적 하부구조

공간의 생산에 따른 실천분석의 측면에서 사회적 하부구조는 전통적으로 도시구성의 사회적 특성으로 분류할 수 있는 인구 현황,[62] 주거 현황 등을 통해 파악하였다.

다음 그림 4-42와 같이 공주·부여·경주지역의 인구변화추세를 살펴보면 세 도시 모두에서 점차적인 인구감소 추세를 확인할 수 있다. 특히 도시 규모가 가장 작은 부여에서

---

59) 특히 공주의 경우 구도심 내 점적인 차원의 역사문화유산의 효율적 연계를 위하여 가로환경의 정비와 관련한 사업을 지속적으로 추진하고 있다. 홍익대학교 건축대학·삼우종합건축사사무소, 공주고도 도시재생 마스터플랜, 200812

60) 공주는 1900년대 초반 도청이 대전으로 이전되면서 행정의 중심역할을 상실하게 되었다. 이를 계기로 충남을 지나는 철도가 대전을 통과하게 되었으며, 이후 100여 년간 경제발전에서 빗겨 있었다. 그러나 2000년대 들어서 호남고속철도가 공주지역을 정차하는 것이 결정되었으며, 경주지역 또한 고속철도가 통과하여 이용객들의 접근성을 높이는 중요한 계기가 되었다.

61) 한편 호남고속철도가 공주를 경유하게 된 결정으로 도시의 발전가능성은 미래가치의 측면에서 높아질 수 있는 기회를 제공하고 있다.

62) 도시 내 인구 현황을 '도시사회학'적 견지에서 접근하면, 인구가 많아지면 개체적 변이와 잠재적 분화가 일어나 도시 지역사회구성원의 개인적 기질, 직업, 문화생활 등 넓은 범위에서의 상호관계를 통한 사회적 가치를 높일 수 있다. 한편 2010년 하반기에 개통된 신경주역으로 인해 경주로의 접근성이 높아지는 효과를 갖는다.

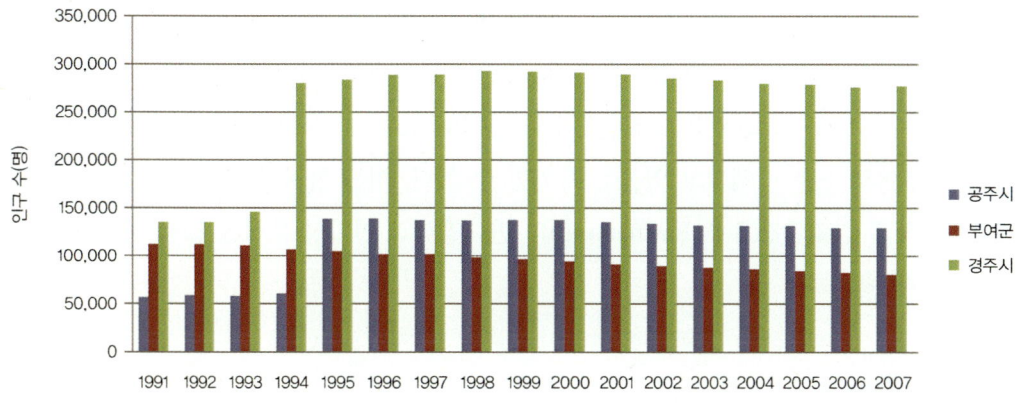

※ 참조: 공주시 및 경주시의 경우 1994년 공주군과 공주시, 경주군과 경주시가 통합되면서 지역 인구수치가 증가하게 되었음.
※ 자료: 공주·부여·경주지역 통계연보자료(1991~2007)

〈그림 4-42〉 공주·부여·경주 지역의 인구 변화(1991~2007)

인구변화가 더욱 특징적으로 나타나고 있음을 확인하였다. 공주 및 경주시가 신·구도심의 분리를 통한 도시관리가 이루어지고 있는데 반하여 부여지역의 경우 도시정비계획상에는 신·구도심의 분리를 통한 도시관리 방안이 명시되어 있으나, 90년대 들어서 지속적인 인구감소로 인해 이와 같은 도시관리에 어려움을 겪고 있다. 이는 일반적인 지방 중소도시에서 나타나는 공통된 특징으로 지역의 경제성과 거주환경의 문제와도 연관해 볼 수 있다.

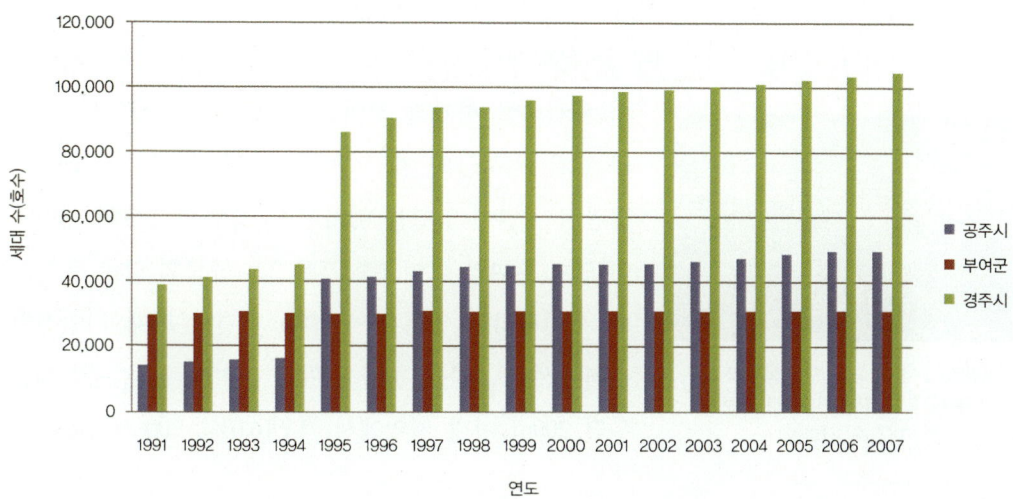

※ 참조: 공주시 및 경주시의 경우 1994년 공주군과 공주시, 경주군과 경주시가 통합되면서 세대수가 증가하게 되었음.
※ 자료: 공주·부여·경주지역 통계연보자료(1991~2007)

〈그림 4-43〉 공주·부여·경주 지역의 세대수 변화(1991~2007)

그리고 또한 사회적 하부구조로 각 도시의 세대수 현황을 통해 파악할 수 있다. 세 곳 사례 도시의 1991년 이후 변화양상은 다음 그림 4-43을 통해 비교할 수 있다. 세 곳 도시 인구가 지속적으로 감소추세에 있는 경우와 반하여 공주와 경주의 세대수는 증가추세에 있으며, 부여의 경우 정체되고 있음을 확인할 수 있다. 이는 특히 역사도시인 세 곳의 도시개발정책과 건조환경(Built Environment)의 변화양상과 연관성 분석을 통해 경향을 파악할 수 있다.[63]

## 2) 공간의 재현(지각)

### 건축물 개발 현황에 대한 특성 분석

르페브르의 '공간의 생산'에 따른 실천분석과 하비의 '공간의 재현'으로서의 개념은 역사도시 내 건축물의 건축 현황 분석을 통해 접근할 수 있다. 이를 위해 2000년에 들어서 6년간의 건축 현황 및 경향을 파악하고 사례도시의 특징적 차이를 분석하였다. 우선 최근 6년간 공주시의 건축물 허가건수를 분석하면 총 1,191건 중 신축이 894건(75.1%)으로 가장 많고, 다음으로 증축 276건(23.2%), 재축 14건(1.2%) 순이다. 보존구역으로 지정된 곳에서도 약 255건(공주시 전체 대비 21.4%)의 허가가 이루어졌으며, 신축이 220건(보존구역 전체 대비 86.3%)으로 대부분을 차지하고 있다. 이를 각 지구별로 살펴보면, 최고고도지구에서의 건축허가비율이 공주시 전체 대비 16.8%(200건)로 대부분을 차지하고 있으며, 문화재구역이나 역사문화미관지구 등 문화재와 직접적으로 관련되어 있는 지구·지역에

〈그림 4-44〉 공주 구도심지역 내 주거지 재건축 현황(제민천변 재건축 건축물)

서는 건축물 허가가 거의 없는 것으로 분석되었다. 이와 같은 건축물의 재건축허가비율은 도심지역 전체의 경관적 차원에 영향을 미치고 있으며, 대다수의 재건축이 그림 4-44와 같이 1층 혹은 2층 규모의 양옥 유형으로 재건축되고 있는 양상이다. 한편 문화재와 인접한 지역에서의 건축물 허가 현황을 분석한 결과, 문화재로부터 200m 이내 지역에서 71건(6.0%), 200~500m 이내

---

63) 공주와 경주지역의 경우 구도심외곽지역을 중심으로 고층주거들이 들어서 역사환경을 훼손하는 문제가 발생하게 되어 구도심의 역사환경을 보존하고 지역주민들의 삶의 질을 향상시켜주기 위한 정책적 목적으로 신도심의 개발을 유도하고 있다(공주의 경우 1985년 도시계획 재정비를 통해 신시가지 개발이 확정되었음). 그러나 부여지역의 경우 정책의 실효성 문제로 앞선 두 도시(공주, 경주)와 같은 신도심지역의 개발은 본격적으로 이루어지지 않고 있다.

지역에서 131건(11.0%)으로 문화재영향검토권에 해당하는 500m 이내 지역에서 총 202건 (17.0%)의 허가가 이루어졌으며, 대부분이 신축허가로 분석되었다(표 4-42 참조).

〈표 4-42〉 공주시 건축물 허가 현황

(단위: 건, %)

| 구분 | 공주시 전체 | 보존구역 | | 문화재거리별 | | | |
|---|---|---|---|---|---|---|---|
| | | 내 | 외 | 500m 이내 | | | 500m 이상 |
| | | | | 200m 이내 | 200~500m | 소계 | |
| 신축 | 894 | 220 | 674 | 54 | 113 | 167 | 727 |
| | 75.1 | 86.2 | 72.0 | 76.1 | 86.3 | 82.7 | 73.5 |
| 증축 | 276 | 30 | 246 | 16 | 14 | 30 | 246 |
| | 23.2 | 11.7 | 26.3 | 22.6 | 10.7 | 14.9 | 24.9 |
| 재축 | 14 | - | 14 | - | - | - | 14 |
| | 1.2 | | 1.5 | | | | 1.4 |
| 가설건축 | 7 | 5 | 2 | 1 | 4 | 5 | 2 |
| | 0.6 | 1.9 | 0.2 | 1.4 | 3.1 | 2.5 | 0.2 |
| 기타 | - | - | - | - | - | - | - |
| 전체 | 1,191 | 255 | 936 | 71 | 131 | 202 | 989 |
| | 100.0 | 100.0 | 100.0 | 100.0 | 100.0 | 100.0 | 100.0 |

※ 자료: 공주시 내부자료 협조·분석
※ 참조: 2000년 1월부터 2006년 5월까지의 공주시 건축물 허가 대장 자료를 기초로 분석

그리고 부여지역의 건축물 허가 현황 분석내용을 살펴보면 총 362건 중 신축이 251건 (69.3%)으로 가장 많이 차지하고, 그 외에 증축이 108건(29.8%), 기타 3건(0.8%)이 허가된 것으로 나타났다. 보존구역으로 지정된 곳에서는 55건(부여지역 전체 대비 15.2%)의 허가가 이루어졌으며, 신축 43건(78.2%)으로 건물신축이 주를 이루고 있다. 이를 각 지구 및 구역별로 살펴보면, 역사문화미관지구에서의 허가가 보존구역 전체 대비 80%(44건)로 대부분을 차지하고 있으며, 그 외 시가지 경관지구에서 7건이 허가되는 등 미미한 수준이다.[64] 그리고 문화재와 인접한 지역에서의 건축물 허가 현황을 분석한 결과 문화재로부터의 거리 200m 미만 지역

〈그림 4-45〉 부여 도심지역 내 주거지 재건축 현황

---

64) 현재 부여지역에는 건축물 신축 및 증축 등에 있어 도시의 역사성 회복을 위하여 형태에 대한 규제가 적용되고 있으나 도시의 역사성 회복을 유도하기에는 미흡하다. 위와 같은 높은 비율의 건축물 신축이 이루어지고 있는 현실에서 보조금의 지급 등 적극적 노력이 필요하다고 하겠다.

에서 53건, 200~500m 범위에서는 88건으로 문화재영향검토권에 해당하는 500m 미만 지역에서 총 141건의 허가가 이루어졌으며, 대다수가 신축허가인 것으로 분석되었다(표 4-43 참조). 또한 이와 같은 신축건축물 대부분의 유형은 그림 4-45와 같은 양옥 및 재래 주거유형이 대다수로 분석되었다.

〈표 4-43〉 부여군 건축물 허가 현황

(단위: 건, %)

| 구분 | 부여군 전체 | 보존구역 | | 문화재거리별 | | | |
| | | 내 | 외 | 500m 이내 | | | 500m 이상 |
| | | | | 200m 이내 | 200~500m | 소계 | |
|---|---|---|---|---|---|---|---|
| 신축 | 251 | 43 | 208 | 44 | 68 | 112 | 139 |
| | 69.4 | 78.2 | 67.8 | 83.0 | 77.3 | 79.4 | 62.9 |
| 증축 | 108 | 10 | 98 | 8 | 20 | 28 | 80 |
| | 29.8 | 18.2 | 31.9 | 15.1 | 22.7 | 19.9 | 36.1 |
| 재축 | - | - | - | - | - | - | - |
| | | | | | | | |
| 가설건축 | - | - | - | - | - | - | - |
| | | | | | | | |
| 기타 | 3 | 2 | 1 | 1 | 0 | 1 | 2 |
| | 0.8 | 3.6 | 0.3 | 1.9 | 0 | 0.7 | 0.9 |
| 전체 | 362 | 55 | 307 | 53 | 88 | 141 | 221 |
| | 100.0 | 100.0 | 100.0 | 100.0 | 100.0 | 100.0 | 100.0 |

※ 자료: 부여군 내부자료 협조·분석
※ 참조: 2000년 1월부터 2006년 5월까지의 부여군 건축물 허가 대장 자료를 기초로 분석

한편 경주시 지역의 6년간 건축물 허가건수를 보면, 총 3,601건 중 건물 신축이 2,696건 (74.9%)으로 가장 많고, 다음으로 증·개축 859건(23.9%), 가설건축이 23건(0.6%) 정도이다. 이를 보존구역별로 세분화하여 살펴보면 전체 보존구역으로 지정된 곳에서 815건(경주시 전체 대비 22.6%)의 허가가 이루어졌으며, 신축이 677건(보존구역 전체 대비 83.1%)으로 주를 이루고 있으며 증·개축도 132건이 허가되었다. 최고고도지구에서의 허가는 보존구역 전체 대비 82.0%(668건)로 대부분을 차지하고 있고, 그 외 역사문화미관지구에서 77건, 중심지미관지구 46건, 국립공원 40건 순으로 허가되었다. 특히 문화재구역과 문화자원보존지구에서는 각각 5건, 4건의 건축물 신축, 증·개축 허가만이 이루어졌는데, 허가된 건축물도 제2종 근린생활시설과 문화 및 집회시설의 용도가 주를 이루고 있다. 이와 같은 개발 현황을 종합해 보면, 보존구역 내에서도 건축물 허가가 꾸준히 일어나고 있

으나, 이는 주로 최고고도지구와 미관지구에서 주로 일
어나는 것으로 분석되었다. 그리고 문화재와 인접한 지
역에서의 건축물 허가 현황을 분석한 결과, 문화재로부
터의 거리 200m 미만 지역에서 654건(18.2%), 200~500m
미만 지역에서 775건(21.5%)으로, 문화재영향검토권에
해당하는 500m 미만 지역에서 총 1,429건(39.7%)의 허
가가 이루어졌으며 대부분이 신축허가인 것으로 분석되

※ 사진: 경주시 서부동 일대

〈그림 4-46〉 경주 구도심지역 내
주거지

었다(표 4-44 참조). 이와 같은 건축물 허가 현황은 일반 주거 건축물로의 신축과 함께 그
림 4-46과 같은 도시형 한옥 유형으로의 신축 또한 지속적으로 증가해 공주와 부여지역에
서 볼 수 없는 전통 역사도시로서의 가치를 풍부하게 해주는 역할을 하고 있다.

〈표 4-44〉 경주시 건축물 허가 현황

(단위: 건, %)

| 구분 | 경주시 전체 | 보존구역 | | 문화재거리별 | | | |
|---|---|---|---|---|---|---|---|
| | | 내 | 외 | 500m 이내 | | | 500m 이상 |
| | | | | 200m 이내 | 200~500m | 소계 | |
| 신축 | 2,696 | 677 | 2,019 | 548 | 594 | 1,142 | 1,554 |
| | 74.9 | 83.07 | 72.47 | 83.8 | 76.7 | 79.9 | 71.6 |
| 증축 | 859 | 132 | 727 | 96 | 169 | 265 | 594 |
| | 23.9 | 16.2 | 26.1 | 14.7 | 21.9 | 18.5 | 27.4 |
| 재축 | 3 | 1 | 2 | 0 | 1 | 1 | 2 |
| | 0.1 | 0.1 | 0.1 | 0.0 | 0.1 | 0.1 | 0.1 |
| 가설건축 | 23 | 1 | 22 | 9 | 6 | 15 | 8 |
| | 0.7 | 0.1 | 0.8 | 1.4 | 0.8 | 1.1 | 0.4 |
| 기타 | 20 | 4 | 16 | 1 | 5 | 6 | 14 |
| | 0.6 | 0.5 | 0.6 | 0.2 | 0.7 | 0.4 | 0.7 |
| 전체 | 3601 | 815 | 2,786 | 654 | 775 | 1,429 | 2,172 |
| | 100.0 | 100.0 | 100.0 | 100.0 | 100.0 | 100.0 | 100.0 |

※ 자료: 경주시 내부자료 협조·분석
※ 참조: 2000년 1월부터 2006년 5월까지의 경주시 건축물 허가 대장 자료를 기초로 분석

이상 살펴본 바와 같이 공주·부여·경주지역 모두에서 높은 비율의 건축행위가 매년
일어나고 있으며, 주로 신축을 통한 건조환경의 재생산이 이루어지고 있는 것으로 나타났
다. 이는 역사도시의 역사환경 회복을 위한 접근과는 차이가 있는 것으로 가치제고를 위
한 관리방안 마련의 필요성 측면에서 시사하는 바가 크다. 또한 문화재 주변 200m 이내

〈그림 4-47〉 경주 구도심지역 내
고분군과 주변 건축물

지역에서조차 상당수의 건축행위가 지속적으로 일어나고 있는 것은 우려되는 바이다. 특히 공주와 부여지역과 비교해 도심지역에 다수의 역사문화유산이 위치하는 경주지역은 이와 같은 현상으로 인해 문화재 인접지역의 경관훼손 우려와 문화재 주변지역의 건축물에 대한 경관적 관리의 시급함을 인식해야겠다(그림 4-47 참조).

## 3) 재현의 공간(상상)

### 역사문화도시 조성사업을 통한 도시(공간)의 관리방안

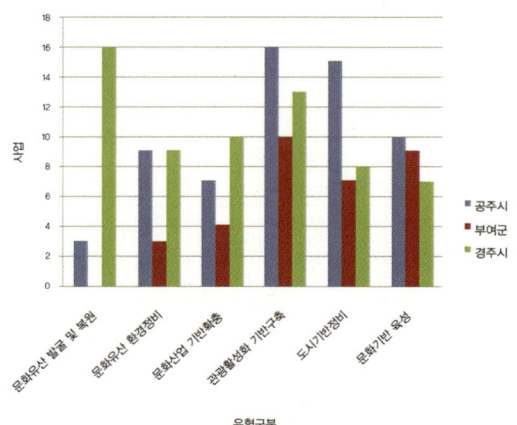

〈그림 4-48〉 공주·부여·경주 역사문화도시조성사업
추진계획

역사문화도시의 범주에서 하비의 '공간의 생산' 개념을 르페브르의 '공간의 재현(지각)' 개념에서 접근하면 역사문화도시 조성사업분석을 통해 접근을 시도할 수 있다.

현재(2009년 기준) 공주, 부여, 그리고 경주는 역사문화도시조성을 위한 다양한 사업을 구상 및 추진 중이다. 이를 주요사업 유형별로 분류하여 비교하면 다음 그림 4-48과 같다.

공주와 부여는 역사문화도시 조성사업을 추진함에 있어 차별적이면서도 공동의 목표를 지향하고 있다. 2001년 수립된 '충남 古都 옛 모습 되살리기'는 대표적인 예라고 할 수 있다. 이후 2008년 수립된 '공주역사문화관광개발',[65] '2030 백제문화창조도시 기본구상'[66]은 현대사회에서 공주 및 부여가 지향해야 할 역사문화도시로서의 가능성을 제안하고 있다.

한편 경주는 1970년대 수립된 관광개발기본계획 이후 역사도시로서의 가치를 제고할 수 있는 정책수립이 이루어지지 못하였으나 2000년대 들어서 새로운 가능성이 제기되어 왔으며, 지역균형발전 차원에서 2006년 제안된 '경주역사문화도시'를 통해 현대사회에서

---

65) 홍익대학교 건축대학에 의해 2008년 수립 제안되었다.
66) 한국문화관광연구원에 의해 2008년 사업계획이 제안되었다.

역사문화도시로서의 가치를 제고할 수 있는 기회를 갖
게 된다. 이후 구체적인 사업제안을 통해 시도된 경주
역사문화도시 조성계획은 향후 경주를 대표적인 역사
도시로 개발할 수 있는 가능성을 갖게 하였다.[67]

〈그림 4-49〉 조성공사 중인 공주시
제민천변 자전거도로

세 곳 역사도시에서 사업계획으로 추진하고 있는 내
용을 유형화하여 상호 비교하면 그림 4-48과 같이 분류
할 수 있다. 그림에서 나타나듯 공주는 '관광활성화 기
반구축' 분야와 '도시기반정비'에 관련한 사업들을 주로 추진하고 있으며, 부여의 경우 역
시 관광활성화 기반구축, 문화기반 육성, 도시기반정비에 관련한 사업들이 다수를 이루고
있음을 알 수 있다. 한편 경주시의 경우 문화유산 발굴 및 복원에 관련한 사업이 가장 높
은 비율을 차지하고 있으며, 관광활성화 기반구축, 문화기반 육성, 도시기반정비 등과 연
관되는 사업이 다음을 차지하고 있다. 이는 공주 및 부여지역과 비교하여 경주지역에 잠
재적 가치를 지닌 역사문화유산이 많다는 것으로 설명될 수 있으며, 공통적으로 다수의
특징을 보이는 도시기반정비, 문화기반육성, 관광활성화 기반구축 등 사업관계를 통해 현
재 국내의 대표적인 역사도시인 세 곳이 역사문화도시 조성을 통한 지역경제의 활성화와
함께 경제성장을 제고할 수 있는 기회로 삼고 있음을 알 수 있다.

### 중·장기발전계획에 따른 공간적 생산 및 실천

공간적 생산 및 실천원리에 관한 분석은 현재 지자체에서 추진하고 있는 중장기 발전
계획의 내용을 토대로 정치적, 경제적, 사회적인 측면 등을 중심으로 설명하고자 한다.[68]
공주시의 경우 중·장기적 도시개발의 목표를 '전통이 살아 있는 문화'도시를 지향하며
'예술문화활성화로 역사문화를 계승하는 공주시'를 포함하는 5개의 목표와 '역사문화를 계
승하는 문화환경진흥' 등 19개의 세부사업을 계획하고 있다.[69] 이와 함께 역사·문화·관

---

67) 공주·부여·경주에서 제안하고 추진하고 있는 사업의 분류는 사업의 성격과 기능에 따라 1. 문화유산 발굴·복원,
   2. 문화유산 환경정비, 3. 문화산업기반확충, 4. 관광활성화 기반구축, 5. 도시기반 정비, 6. 문화기반 육성 등으로
   유형을 분류할 수 있으며, 이를 기준으로 세부사업을 분류할 수 있다. 이를 위한 관련 자료는 1. 문화관광부·경주시,
   경주 역사문화도시(2004), 2. 경주시·문화관광부·문화재청·경상북도, 경주역사문화도시조성 타당성 조사 및 기본계
   획(2007), 3. 공주고도 도시재생 마스터플랜(2008), 4. 공주 디자인예술고을 도시기본구상(2007), 5. 충남 고도(古
   都) 옛모습 되살리기(2001) 등의 자료를 기준으로 분류하였다.
68) 이를 위하여 공주시의 경우 중장기 발전계획(2008~2020), 경주시의 경우 장기종합발전계획(2006~2020), 2020
   경주도시기본계획을 중심으로 분석하였으며, 부여군의 경우 2006년부터 수립 중에 있는 '부여군 장기비전 및 도시
   계획 2020'이 아직 심의 중에 있는 관계로 중간보고의 내용을 참조하였다.

광도시의 여건변화에 따라 2000년 들어서 지속적으로 추진하고 있는 옛 모습 되살리기 사업의 추진, 관광, 경제자원화의 대응전략 모색, 관광 매력물 창출을 주요 안건으로 추진하고 있다. 특히 역사문화의 측면에서 전통이 살아 있는 문화도시를 지향하고 있다. 또한 역사문화 관광도시의 강화와 함께 체육공원조성, 자전거전용도로 정비 촉진 등 스포츠, 레크리에이션 활성화를 지향하고 있다(그림 4-49 참조). 그리고 지역자원을 활용한 관광 활성화 방안을 추진 등을 통한 구체적 실천방안을 제시하고 있다.

한편 부여군의 경우 장기발전계획을 통해 문화와 농업의 양대 축을 기저로 하고 있다. 2010년 세계백제역사엑스포, 2012년 세계정원엑스포 등 국제적인 행사를 통해 부여의 문화가치를 제고하고자 하며, 백제호 관광단지 조성사업 등 다양한 관광기반시설의 확충을 통하여 백제역사문화를 바탕으로 하는 관광산업을 추진하고 있다.

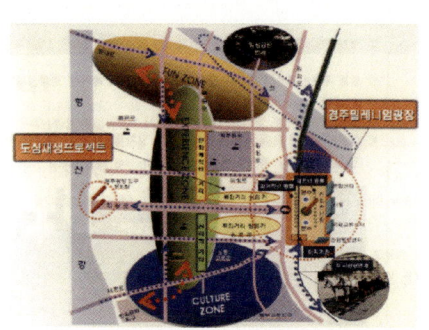

※ 자료: 2006-2020 경주시 장기종합발전계획, p.147

〈그림 4-50〉 구경주역사 후적지 개발 및 도심재생 프로젝트 개념도

그리고 경주시는 미래의 계획 목표로 '역사문화 관광도시'를 지향하고 있으며, 이를 위한 구체적인 실천방안으로 18개의 주요 프로젝트를 구상·제안하고 있다.[70] 특히 구도심지역 전역을 포함하는 신라왕경의 복원을 통하여, 신문왕 당시의 도시골격을 유지하도록 하는 것을 목표로 하고 있다.[71] 또한 이와 함께 역사도시의 정체성을 구현하기 위하여 지역성, 생활환경 속에서 정체성 구현, 한옥보존지구의 체계화, 개발권양도제

---

69) 계획목표 5가지는 '누구나 자유롭게 배울 기회를 가지는 공주시', '기본이 튼튼한 교육을 이루는 공주시', '언제 어디서나 스포츠를 즐길 수 있는 공주시', '예술문화 활성화로 역사·문화를 계승하는 공주시', '관광객이 찾아오고 싶어하는 공주시' 등이며, 19개의 세부사업은 '평생교육 활동에 대한 지원 및 촉진', '지역 내 대학과의 상생발전', '학교의 특성화사업 추진', '스포츠·레크리에이션의 활성화', '곰나루유원지 및 금강변 체육공원 조성', '생활체육 활성화', '역사문화를 계승하는 문화활동 진흥', '방문객을 위한 홍보 및 수용전략', '광역 관광 추진', '박물관 도시 만들기', '평생교육 시설 정비', '교육환경 개선', '배려하는 마음을 가진 청소년 육성', '금강자연휴양림 체험시설 기능 보강', '레포츠단지 조성', '전국체육대회 유치', '백제문화유적 정비', '지역자원을 활용한 관광 추진', '수학여행 프로그램 개발' 등이다.

70) 중·장기 발전계획에서 제안하고 있는 18개의 주요 프로젝트는 '보문관광단지 혁신 리모델링 사업', '한국전통주 테마파크 조성사업', '세계 역사도시 전통숙박 및 목욕체험단지 조성사업', '웰빙체험 테마파크 조성사업', '국제교류기능 강화사업', '신라문화 정체성 강화사업', '동해안 해양워터프런트 개발사업', '신경주 고속철도 역세권 개발', '구경주역사 및 도심재생 프로젝트', '동해남부선 이전 후적지 개발', '양성자가속기 혁신클러스터 조성', '신재생에너지 테크노폴리스 조성', '국가산업단지 조성', '미래형 첨단 자동차부품 전문산업단지 조성', 'Farming Town 조성', '편리한 교통 인프라 확충', '환경친화적인 대중교통 중심도시 조성', '시민들이 즐겨 찾는 형산강 만들기 사업' 등이다.

71) 경주는 신문왕 때 지방도시제를 확립하고 신라왕경의 건설에 주력하였으며, 격자형 도시가구 골격을 형성하였다. 이에 대한 역사환경적 차원에서의 구체적인 분석은 제5장에서 실시하였다.

도입, 마을 가꾸기 등과 도심부 재생 프로젝트로 구경주역사와 주변지역의 도심재생을 통한 전체적 경주 도심부의 활성화를 기대하는 기본방향을 제시하고 있다(그림 4-50 참조).

이상과 같이 세 곳의 도시는 공통적 특성으로서 도시가 가진 '역사성'과 '문화적 특성'을 기초로 하는 역사문화 관광도시 구현을 목표로 하고 있으나 이를 실현하기 위한 전략적인 측면에서는 각 지역의 환경적 특성에 따라 차이가 있음을 확인할 수 있다.

## 4) 소결

이상과 같이 하비의 구체적 실천원리인 '공간의 생산' 범주에서 도시분석을 실시하였다. 르페브르가 언급한 '공간생산개념의 3층위'에 확장하여 하비가 제안한 '공간적 실천 개념'으로써 '새로운 공간 이용체계의 발생과 생산'의 관점에서 접근하였으며, 공간을 생산하는 경험적 공간실천은 전통적 사회기반에 관한 논의로서, 물리적·사회적 하부구조를 중심으로, 재현의 공간은 역사문화도시 조성을 위한 방향설정과 도시의 중·장기발전계획을 통한 특성을 분석하였다.

공주·부여·경주의 특성을 살펴본 바로는 물리적 하부구조의 측면에서 경주가 공주 및 부여지역과 비교하여 상대적으로 도로 및 철도의 이용에 유리한 조건을 갖추고 있다. 특히 철도의 경우 국토의 종합적인 발전계획과 연관성을 가지며, 자치단체가 독립적으로 이에 대한 확충을 모색하기에는 한계가 있는 관계로 중앙정부와 협의가 필요하다. 그리고 사회적 하부구조 측면에서 공주, 경주지역의 인구 정체와 부여지역의 인구 감소 현상은 각 도시의 가치를 제고하고 보전 및 관리방안을 수립하는 데 고려되어야 하는 사항으로 분석되었다.

한편 세 곳의 역사도시는 도시지역에서 재건축 행위가 지속되고 있으며, 특히 신축 중심의 행위와 문화재 주변지역에서 다수 일어나는 건축 행위는 도시 내 역사환경을 유지 및 관리하는 데 문제를 제기할 수 있다. 이와 같은 특성에 대해 경주지역은 일부이지만 지역조례를 통해 전통건축물로의 건축을 유도하고 있으나 공주와 부여의 경우 이와 관련된 조례가 전무한 실정이다.

관련 계획을 종합해 보았을 때 세 곳의 역사도시는 궁극적으로 추구하는 바가 도시의 독특한 역사문화적 특성을 바탕으로 하는 역사문화도시의 구현이지만 도시가 가진 각각의 역사환경적 특성에 따라 이를 실현하기 위한 전략 측면에서 차이가 있음을 확인할 수 있다. 특히 공주·부여는 주로 관광활성화 기반구축과 도시기반정비 분야에, 경주는 문화유산 발굴 및 복원과 관광활성화 기반구축 분야를 중심으로 진행하고 있는 양상은 각 도시의 현황과 연계하여 필수적인 접근으로 볼 수 있다.

이를 요약하여 정리하면 다음 표 4-45, 4-46, 4-47과 같다.

<표 4-45> '공간의 생산'에 따른 상관성 분석 (1)

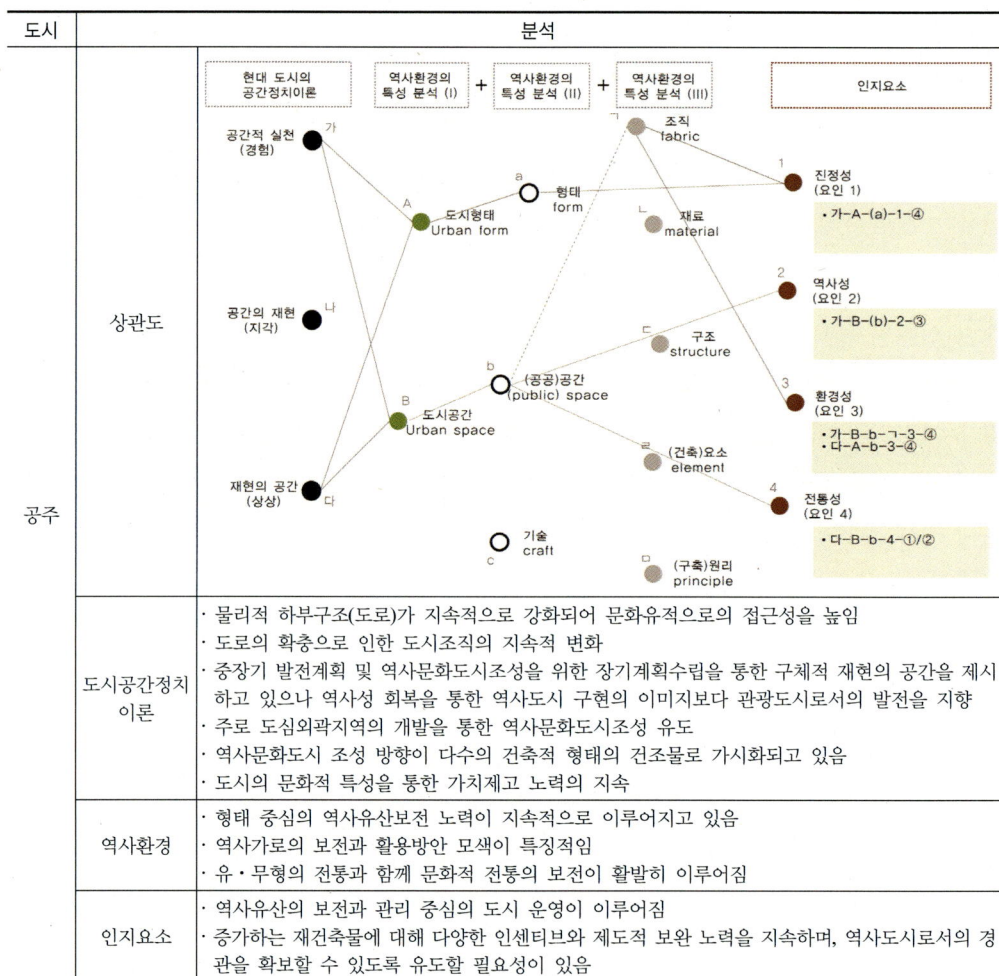

| 도시 | | 분석 |
|---|---|---|
| 공주 | 상관도 | (상관도 그림) |
| | 도시공간정치이론 | · 물리적 하부구조(도로)가 지속적으로 강화되어 문화유적으로의 접근성을 높임<br>· 도로의 확충으로 인한 도시조직의 지속적 변화<br>· 중장기 발전계획 및 역사문화도시조성을 위한 장기계획수립을 통한 구체적 재현의 공간을 제시하고 있으나 역사성 회복을 통한 역사도시 구현의 이미지보다 관광도시로서의 발전을 지향<br>· 주로 도심외곽지역의 개발을 통한 역사문화도시조성 유도<br>· 역사문화도시 조성 방향이 다수의 건축적 형태의 건조물로 가시화되고 있음<br>· 도시의 문화적 특성을 통한 가치제고 노력의 지속 |
| | 역사환경 | · 형태 중심의 역사유산보전 노력이 지속적으로 이루어지고 있음<br>· 역사가로의 보전과 활용방안 모색이 특징적임<br>· 유·무형의 전통과 함께 문화적 전통의 보전이 활발히 이루어짐 |
| | 인지요소 | · 역사유산의 보전과 관리 중심의 도시 운영이 이루어짐<br>· 증가하는 재건축물에 대해 다양한 인센티브와 제도적 보완 노력을 지속하며, 역사도시로서의 경관을 확보할 수 있도록 유도할 필요성이 있음 |

※ 참조 1: 본 장에서 이용한 공간실천도표를 통해 역사환경의 특성분석과 가치를 논하기에는 다소 부족하며, 이에 역사환경에 관한 구체적이고 실증적인 분석은 제5장에서 실시하였다.
※ 참조 2: 본 저서는 도시적 차원에서 역사도시의 가치를 제안하는 데 목적이 있는바 국가지정 및 지자체가 지정하여 관리하고 있는 역사문화유산의 세부분석은 제외하였음.

〈표 4-46〉 '공간의 생산'에 따른 상관성 분석 (2)

| 도시 | 분석 | |
|---|---|---|
| 부여 | 상관도 |  |
| | 도시공간정치<br>이론 | · 교통시설의 증감이 정체되고 인구가 감소하여 사회적, 환경적 여건이 불리함<br>· 재현의 공간으로서 관광활성화 기반 구축 및 문화기반(지역전통문화의 개발과 보전, 문화시설의 확충 등) 육성과 관련한 사업을 주로 추진 |
| | 역사환경 | · 도시공간과 건축적 차원의 공간 활용을 통한 도시의 역사성 구현이 주로 시도되고 있음 |
| | 인지요소 | · 역사도시로서의 경관확보를 위해 지속적으로 증가하는 재건축물에 대한 제도적 규제와 인센티브 제공 필요<br>· 순수 역사도시로서의 재현을 위한 중·장기 방안 마련이 필요(도심 내 역사도시구현, 도심외곽 관광활성화 방안 모색 등) |

※ 참조 1: 본 장에서 이용한 공간실천도표를 통해 역사환경의 특성분석과 가치를 논하기에는 다소 부족하며, 이에 역사환경에 관한 구체적이고
   실증적인 분석은 제5장에서 실시하였음.
※ 참조 2: 본 저서는 도시적 차원에서 역사도시의 가치를 제안하는 데 목적이 있는바 국가지정 및 지자체가 지정하여 관리하고 있는 역사문화유
   산의 세부분석은 제외하였음.

〈표 4-47〉 '공간의 생산'에 따른 상관성 분석 (3)

| 도시 | 분석 | | |
|---|---|---|---|
| 경주 | 상관도 | 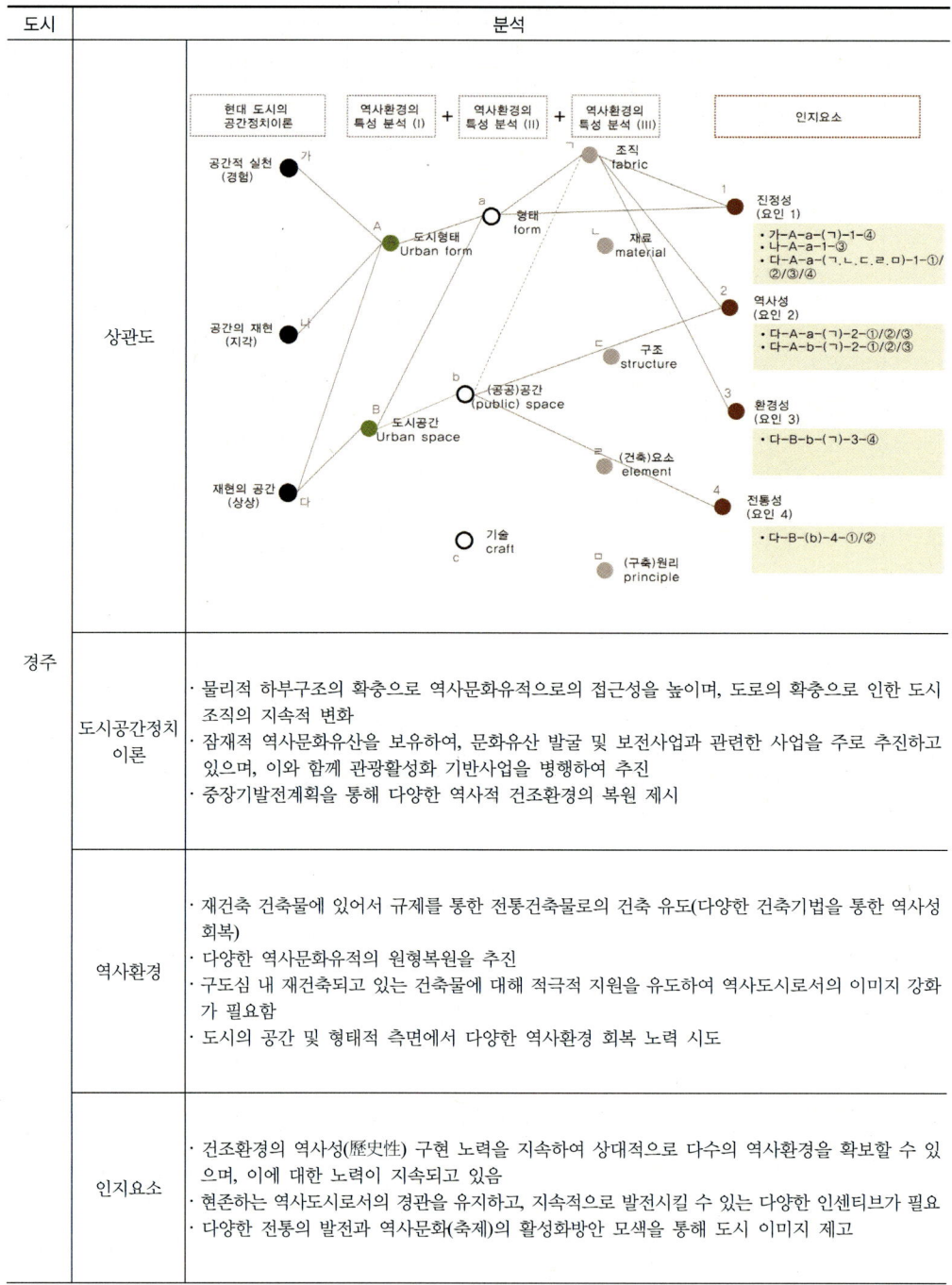 | |
| | 도시공간정치이론 | · 물리적 하부구조의 확충으로 역사문화유적으로의 접근성을 높이며, 도로의 확충으로 인한 도시 조직의 지속적 변화<br>· 잠재적 역사문화유산을 보유하여, 문화유산 발굴 및 보전사업과 관련한 사업을 주로 추진하고 있으며, 이와 함께 관광활성화 기반사업을 병행하여 추진<br>· 중장기발전계획을 통해 다양한 역사적 건조환경의 복원 제시 | |
| | 역사환경 | · 재건축 건축물에 있어서 규제를 통한 전통건축물로의 건축 유도(다양한 건축기법을 통한 역사성 회복)<br>· 다양한 역사문화유적의 원형복원을 추진<br>· 구도심 내 재건축되고 있는 건축물에 대해 적극적 지원을 유도하여 역사도시로서의 이미지 강화가 필요함<br>· 도시의 공간 및 형태적 측면에서 다양한 역사환경 회복 노력 시도 | |
| | 인지요소 | · 건조환경의 역사성(歷史性) 구현 노력을 지속하여 상대적으로 다수의 역사환경을 확보할 수 있으며, 이에 대한 노력이 지속되고 있음<br>· 현존하는 역사도시로서의 경관을 유지하고, 지속적으로 발전시킬 수 있는 다양한 인센티브가 필요<br>· 다양한 전통의 발전과 역사문화(축제)의 활성화방안 모색을 통해 도시 이미지 제고 | |

※ 참조 1: 본 장에서 이용한 공간실천도표를 통해 역사환경의 특성분석과 가치를 논하기에는 다소 부족하며, 이에 역사환경에 관한 구체적이고 실증적인 분석은 제5장에서 실시하였음.
※ 참조 2: 본 저서는 도시적 차원에서 역사도시의 가치를 제안하는 데 목적이 있는바 국가지정 및 지자체가 지정하여 관리하고 있는 역사문화유산의 세부분석은 제외하였음.

## 5. 도시공간정치 이론에 의한 공주·부여·경주의 가치 제안

이상 '르페브르'와 '하비'의 공간생산이론을 바탕으로 하는 '공간적 실천의 격자표'를 통해 도시적 차원의 분석을 실시하였다. 역사도시 공주·부여·경주는 근대화 과정에서 역사문화의 가치에 대한 인식의 부재와 함께 역사환경의 보전 및 관리를 위한 전향적 노력이 서구의 경우와 비교하여 뒤늦게 나타나게 되었으며, 1990년대 중반 이후에서야 이에 대한 중요성의 인식과 함께 가시적으로 '공간의 실천' 노력이 시도되고 있다.[72] 하지만 이는 각각의 도시가 가진 역사성, 환경성, 경제성 등의 차이로 인하여 '재현의 공간'과 '공간실천' 개념과의 차(差)이가 발생하게 되고 이에 대한 상호관계 속에서 도시공간정치이론 측면에서 가치제고를 위한 제언의 가능성을 확인할 수 있다 (표 4-51 참조).

공주와 부여의 경우 '재현의 공간' 개념과 '공간실천' 개념 간의 차가 상대적으로 크고 이는 경주와 비교해 역사환경요소가 상대적으로 부족한 데서 근본적인 원인을 찾을 수 있을 것이다. 그러나 역사도시로서 가치제고를 위한 방안으로 관광활성화의 목적이 역사성 회복에 우선하여 나타나는 양상은 재고되어야 할 것이다.[73] 이와 함께 도시공간정치 측면에서 살펴본 도시적 차원에서 가치상충이 발생하는 곳에 대해 도시별로 도면화하여 정리하면 표 4-48, 4-49, 4-50과 같이 분석할 수 있으며, 역사지구 내 가치상충의 문제를 (a) 상업시설과 도로에 의한 가치상충 문제, (b) 아파트와 노후주거지역에 의한 가치상충 문제, (c) 광장, 가로, 시장, 공원 등에 의한 가치상충의 문제, (d) 역사문화 관광도시 조성사업의 현황 및 특성에 의한 가치상충의 문제로 구분하여 각각 분석하였다. 이를 통해 각 도시의 종합적 가치상충의 관계를 해석할 수 있으며, 비교 또한 가능하다.

---

[72] 상대적으로 경주는 1900년대 초반부터 역사도시로서의 가치를 인정받아 보존 및 관리를 위한 국가차원에서의 다양한 개입이 이루어졌으나 본 저서에서 언급한 사항은 현대적 차원의 보전과 활용방안에 대한 내용으로 한정하여 설명한다.

[73] 유네스코위원회 및 관련 전문가들은 역사도시를 관광도시와 연관해 사고(思考)하는 것에 대해 우려를 표한 바 있다. 2009년 「서울 4대문 안 역사지구의 사회적 지속가능성」, 국제심포지엄 발표 중에서.

공주·부여·경주 등 모든 역사도시의 인지요소와의 연관성이 부족하며, 특히 요인 4. 전통성에 해당하는 접근을 통한 도시관리가 주로 이루어지고 있으며, 역사유적의 존재와 관련한 내용(요인 1. ④)을 제외한 요인 1. 진정성, 요인 2. 역사성, 요인 3. 환경성에 부합하는 시도는 아직까지 미비하다(그림 4-51 참조).[74] 특히 공주와 부여, 그리고 경주 도시 간 차이 또한 많음을 확인할 수 있다.

세 도시 간 역사환경 특성의 차이를 전통적 역사문화유산의 양적(물리적) 차이만으로 설명하기에는 무리가 있으며, 그동안 사회적 발전과정에서 이어져온 지역에 따른 역사환경에 대한 인식의 정도 또한 상당한 영향을 미쳤음은 이미 주지한 바와 같다. 이와 함께 역사환경에 대한 종합적이고 면밀한 분석이 이루어지지 않고 있으며, 특히 역사환경조성에 관한 역사적 차원에서의 종합적 분석이 이루어지지 않고 있는 데서 원인을 찾을 수 있다. 이에 역사도시 내 역사환경의 체계적 분석이 필요하며 종합적 가치설정의 가능성을 검토하기 위해 역사도시를 대상으로 사고할 필요성이 있다.

---

74) 요인분석을 통해 도출한 항목으로 요인 1. 진정성 1) 역사도시에는 **시대를 대표하는 건물(군)**이 존재한다. 2) 역사도시에는 **한 문화를 대표하는 대표적 정주지**가 있다. 3) 역사도시에는 **지역을 대표하는 건물(군)**이 존재한다. 4) 역사도시에는 **성곽, 왕릉, 고분, 사찰, 서원** 등 다양한 **역사유적**이 존재한다. 요인 2. 역사성 1) 역사도시는 오랜 시간에 걸쳐 **평범함 사람들이 일상생활을 통해 생겨난 진실한 특성**을 지닌다. 2) 역사도시는 **다른 장소와 구별되는 총체적 특성**을 지니며, 의미가 부여된 공간을 갖고 있다. 3) 역사도시는 **도시조직에서 변해가는 역사의 켜**를 읽을 수 있다. 4) 역사도시는 **오랜 시간의 누적**에 의해 형성된다. 요인 3. 환경성 1) 역사도시는 **교육적으로 중요**하다. 2) 역사도시는 역사적 정체성을 가지고 있다. 3) 역사도시는 **독특한 역사문화경관의 특성과 구성요소**를 가지고 있다. 4) 역사도시에는 다양한 유형의 전통역사가로가 있다. 요인 4. 전통성 1) 역사도시에는 **다양한 유무형의 전통**이 전해져 내려오고 있다. 2) 역사도시는 **문화적 전통**을 보유하고 있다 등

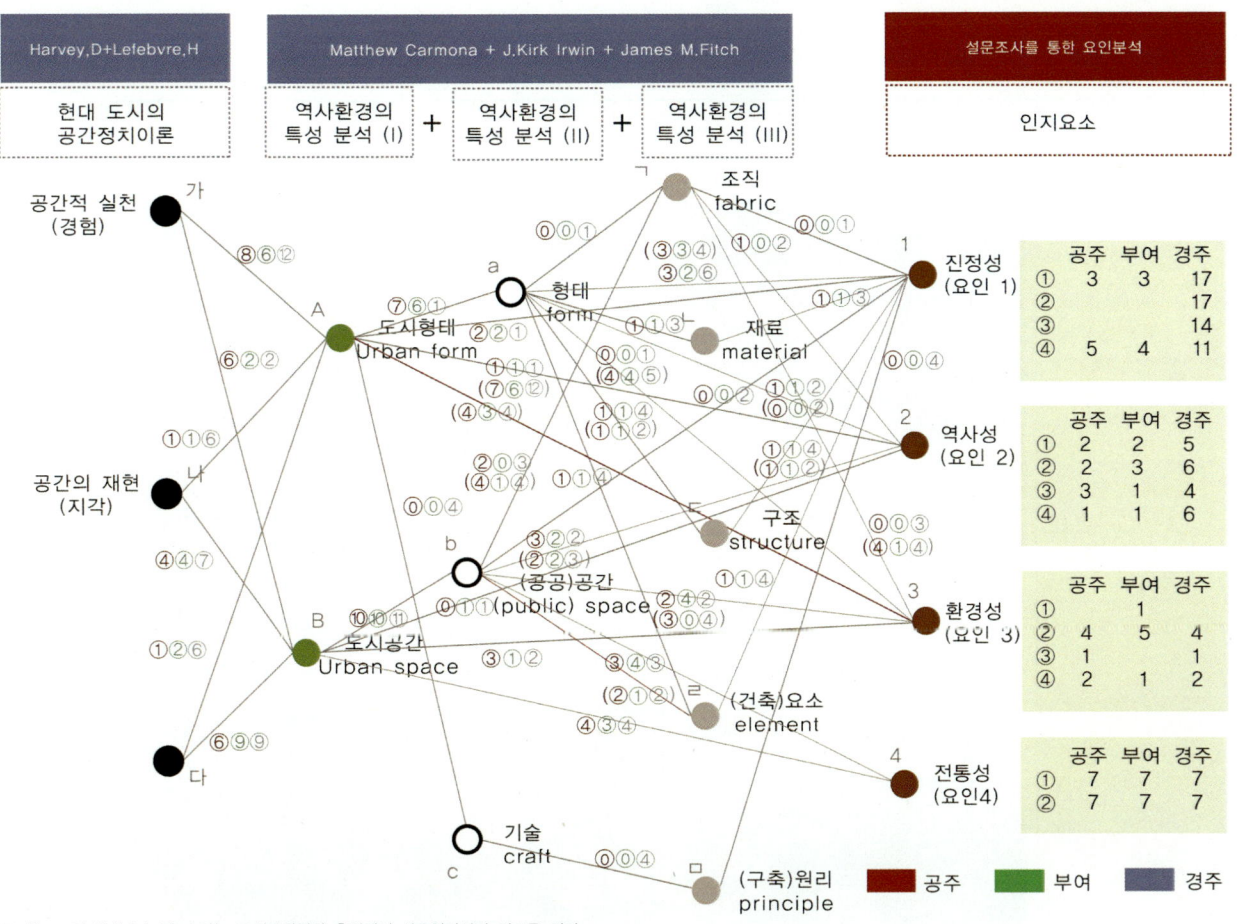

〈그림 4-51〉 도시공간정치이론에 의한 상관분석 종합

<表 4-48> 공주지역의 가치상충 분석

| 구분 | 종합 |
|---|---|
| 공주 | 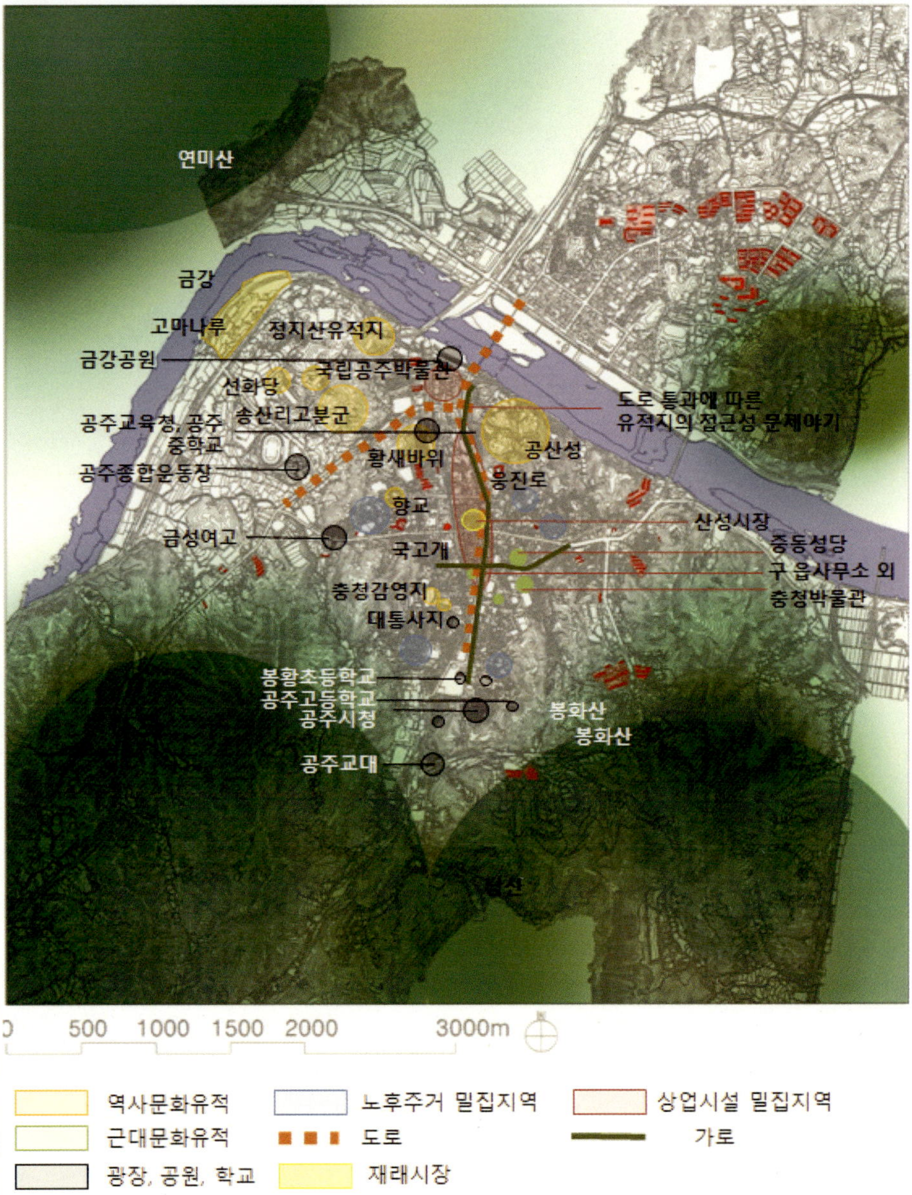 |

연미산

금강

고마나루
금강공원
선화당
공주교육청, 공주
중학교
공주종합운동장

정지산유적지
국립공주박물관
송산리고분군
황새바위

금성여고

국고개
충청감영지
대통사지

봉황초등학교
공주고등학교
공주시청

공주교대

도로 통관에 따른
유적지의 접근성 문제야기

공산성
웅진로

향교

산성시장
중동성당
구 읍사무소 외
충청박물관

봉화산
봉화산

0  500  1000  1500  2000        3000m

| | 역사문화유적 | | 노후주거 밀집지역 | | 상업시설 밀집지역 |
|---|---|---|---|---|---|
| | 근대문화유적 | ■■■ | 도로 | | 가로 |
| | 광장, 공원, 학교 | | 재래시장 | | |

상업시설 · 도로(a)

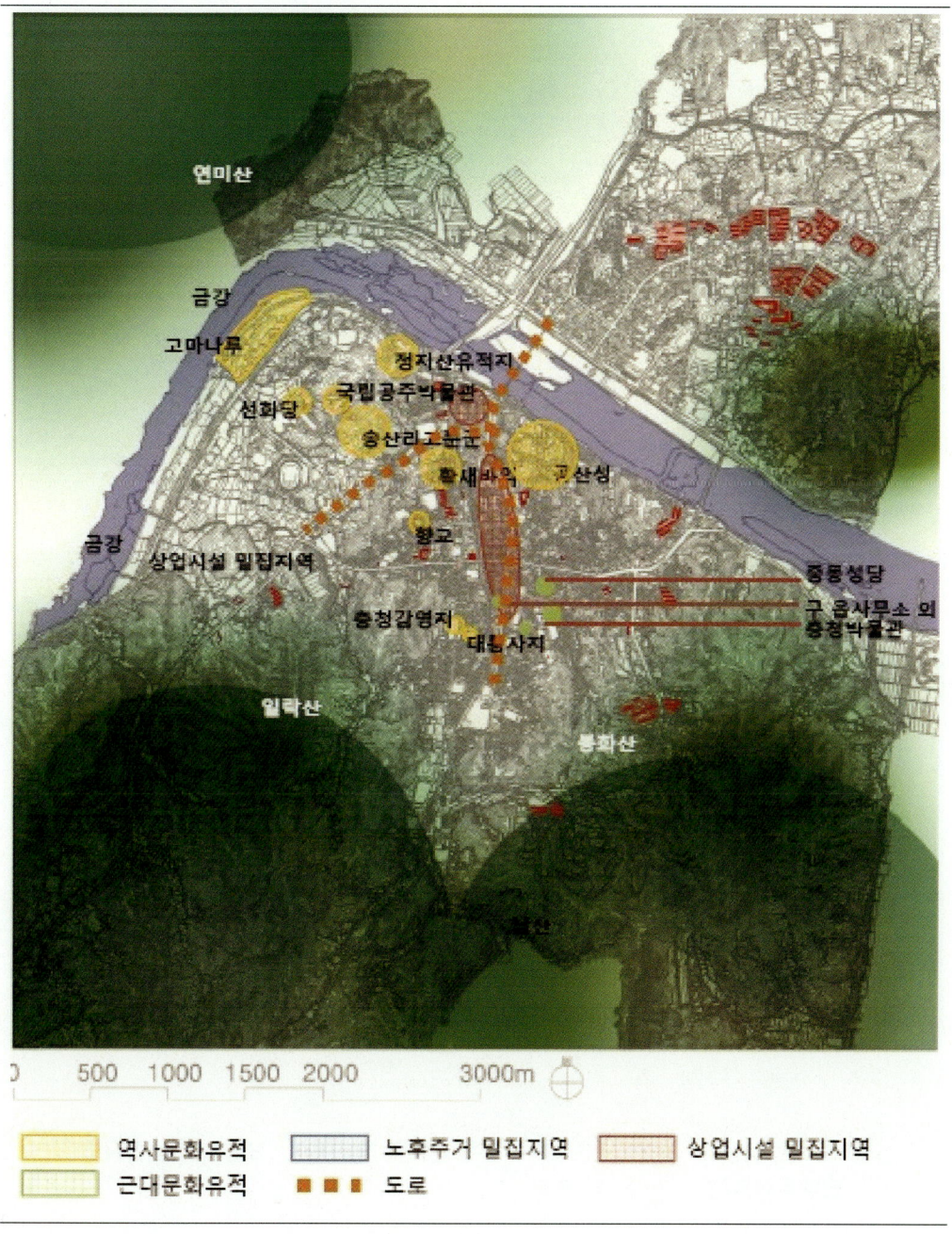

연미산

금강

고마나루

정자산유적지

국립공주박물관

선화당

송산리고분군

황새바위    공산성

금강    황교

상업시설 밀집지역

청청감영지

대통사지    중동성당

구 읍사무소 외
충청박물관

일락산

봉화산

| 0 | 500 | 1000 | 1500 | 2000 | | 3000m |

역사문화유적    노후주거 밀집지역    상업시설 밀집지역

근대문화유적    ■ ■ ■ 도로

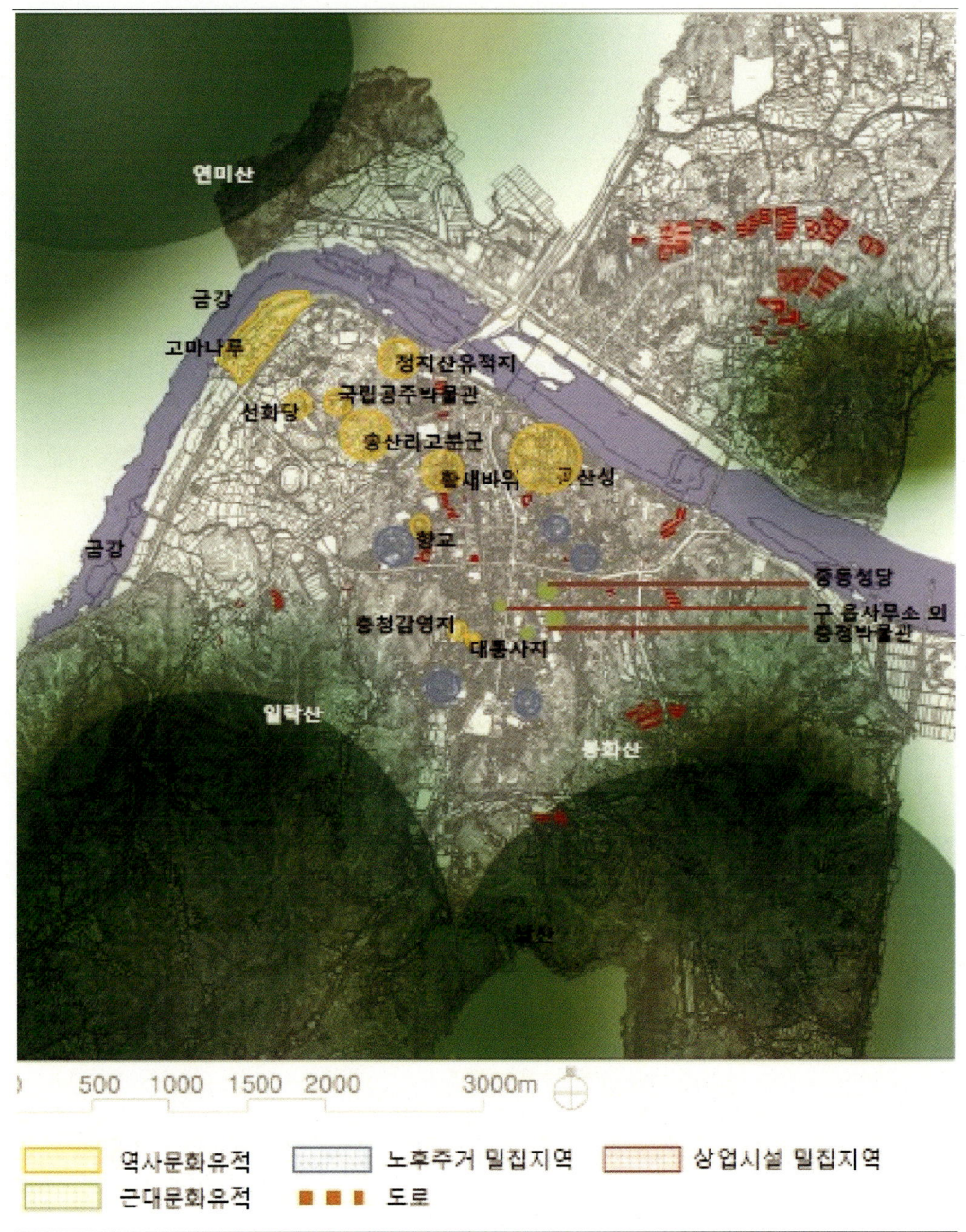

연미산

금강

고마나루

정지산유적지

국립공주박물관

선화당

송산리고분군

활새바위

공산성

향교

금강

충청감영지

중동성당

구 읍사무소 외
충청박물관

대통사지

일락산

봉화산

북산

500 1000 1500 2000 3000m

역사문화유적  　노후주거 밀집지역  　상업시설 밀집지역
근대문화유적  　도로

연미산

금강공원
공주교육청. 공주
중학교
공주종합문동장
금강 금성여고

웅진교
산성시장
국고개

봉활초등학교
공주고등학교
공주시청
공주교대

봉황산

500  1000  1500  2000       3000m

▦ 광장. 공원. 학교        ▦ 재래시장        ▬ 가로

## 역사문화 관광도시 조성사업(d)

역사문화유적        역사문화관광도시조성사업

### 가치분석

(a) 상업시설·도로(4.2 공간의 전유 및 활용에 따른 실천분석 / 4.2.3 재현의 공간(상상) / 1) 거리·광장·시장 등 대중적 공간의 특성 및 활용)
· 구도심 중심 가로(웅진로)는 역사유적의 연계를 방해하는 요소로 분석할 수 있으며, 점적으로 분포한 유적 간 연계를 위해 가로의 활용방안이 필요

(b) 아파트·노후주거지(4.2 공간의 전유 및 활용에 따른 실천분석 / 4.2.1 공간의 실천(경험) / 4) 건조환경의 특성)
· 구도심지역에 위치하는 노후주거지역은 제민천을 중심으로 동과 서쪽에 위치하고 있으며, 주로 도시 중심부에서 벗어난 지역에 위치. 일부 노후주거지역은 현대식 주거단지로 개발되는 현상 또한 나타남
· 90년대 중반 강남지역에 고층아파트가 들어서기 시작하면서(특히 대우아파트) 역사도시로서의 경관을 보전하기 위하여 최고고도지구를 지정하여 운영(개발업자와 지역주민들 간의 가치 상충)
· 2009년 현재 지속적인 민원의 제기로 고도지구의 일부가 해제되는 것으로 결정되었으며, 후속관리방안을 준비 중에 있음. 이는 구도심지역 전통 역사경관 보전에 위협요인으로 작용할 가능성이 큼

(c) 광장·가로·시장·공원(4.2 공간의 전유 및 활용에 따른 실천분석 / 4.2.3 재현의 공간(상상) / 1) 거리·광장·시장 등 대중적 공간의 특성 및 활용)
· 오픈스페이스는 주로 학교시설을 중심으로 나타나고 있으며, 일부의 광장 및 가로는 다양한 지역역사문화축제 등 공공을 위한 행사장소로 이용되고 있으며, 또한 100년 이상의 역사를 이어져 온 재래시장은 현대화 사업을 통해 공주지역의 대표적 역사문화시설로서의 역할을 하고 있음

(d) 역사문화 관광도시 조성사업(4.4 공간의 생산에 따른 실천분석 / 4.4.3 재현의 공간(상상) / 1) 역사문화도시 조성사업을 통한 도시(공간)의 관리방안)
· 구도심 외곽지역에 주로 역사문화 관광도시 조성을 위한 사업이 진행되고 있으며, 관광도시로서의 가치지향을 목적으로 하고 있음
· 구도심지역의 역사성 회복을 위한 사업 및 역사환경의 보전과 활용을 위한 규제방안 마련 노력이 제시되고 있지 않음

<표 4-49> 부여지역의 가치상충 분석

| 구분 | 종합 |
|---|---|
| 부여 |  |

제4장 도시공간정치이론에 의한 역사도시의 분석  235

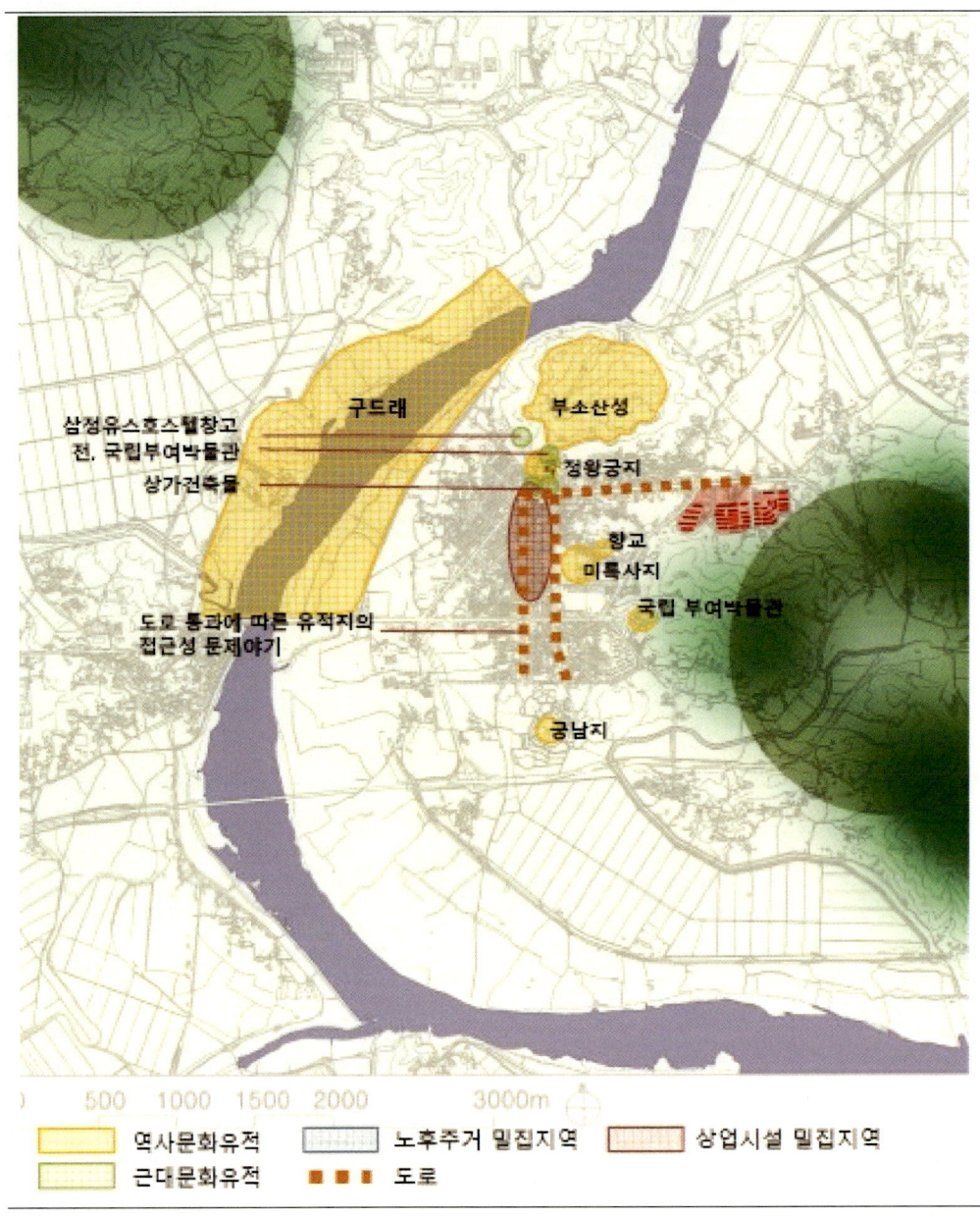

삼정유스호스텔창고
전. 국립부여박물관
상가건축물

구드래

부소산성

정왕궁지

향교
미륵사지

국립 부여박물관

도로 통과에 따른 유적지의
접근성 문제야기

궁남지

| | | |
|---|---|---|
| 500 1000 1500 2000 | 3000m | |

| 역사문화유적 | 노후주거 밀집지역 | 상업시설 밀집지역 |
| 근대문화유적 | 도로 | |

삼정유스호스텔창고
전. 국립부여박물관
상가건축물

구드래

부소산성

정원궁지

창고
미륵사지

국립 부여박물관

궁남지

| | | | |
|---|---|---|---|
| 500 | 1000 | 1500 | 2000 |

3000m

역사문화유적    노후주거 밀집지역    상업시설 밀집지역
근대문화유적    ■ ■ ■ 도로

구드래조각공원
구드래길
교차로광장
부여재래시장
궁남로
부여여고
중앙시장
교차로광장
부여중학교
백마강

500 1000 1500 2000 3000m

광장, 공원, 학교　　재래시장　　가로

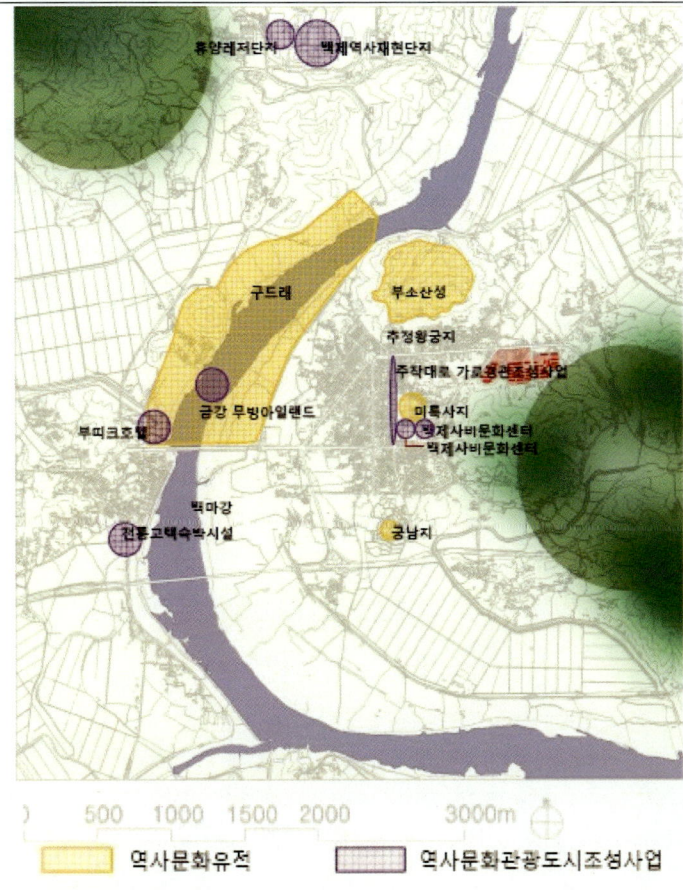

(a) 상업시설・도로(4.2 공간의 전유 및 활용에 따른 실천분석 / 4.2.3 재현의 공간(상상) / 1) 거리・광장・시장 등 대중적 공간의 특성 및 활용)
 ・역사문화유적이 도심지에 주로 위치하고 있으며, 특히 부소산성과 구드래 지역을 중심으로 소수의 역사문화유적이 점적으로 분포하고 있음

(b) 아파트・노후주거지(4.2 공간의 전유 및 활용에 따른 실천분석 / 4.2.1 공간의 실천(경험) / 4) 건조환경의 특성)
 ・도시 외부에서 부여 도심지역으로 진입하는 위치에 고층주거가 집중 분포하고 있으며, 이는 역사도시로서 진입부 경관을 형성하는 데 부정적인 역할을 하게 되며, 부여지역에 최고고도지구가 지정되는 계기가 됨(개발업자와 지자체 간 가치의 충돌)

(c) 광장・가로・시장・공원(4.2 공간의 전유 및 활용에 따른 실천분석 / 4.2.3 재현의 공간(상상) / 1) 거리・광장・시장 등 대중적 공간의 특성 및 활용)
 ・부여지역의 광장, 공원은 학교와 일제 강점기에 형성된 교차로 광장 그리고 구드래 유적지 주변의 공원 등 다양한 유형으로 조사되었으며, 지리적 위치에 따라 규모 및 형태특성에 있어 차이를 갖는 것으로 분석됨
 ・100년 이상의 역사성을 지닌 재래시장이 도심에 위치하며 이는 부여지역의 역사성을 제고함

(d) 역사문화 관광도시 조성사업(4.4 공간의 생산에 따른 실천분석 / 4.4.3 재현의 공간(상상) / 1) 역사문화도시 조성사업을 통한 도시(공간)의 관리방안)
 ・역사문화 관광도시 조성을 위한 사업의 경향은 도심부 및 도시외곽지역 등 고르게 분포하고 있으며, 신・구도심의 구분이 명확하지 않은 부여지역에서 사업의 성격에 따른 도시공간의 위치지정에 차이를 가지고 진행하고 있음
 ・상대적으로 관광레저시설 중심의 사업은 역사도시의 가치를 제고함에 있어 위해요소로 평가할 수 있으며, 사업방안의 제고가 필요함

〈표 4-50〉 경주지역의 가치상충 분석

| 구분 | 종합 |
|---|---|
| 경주 | 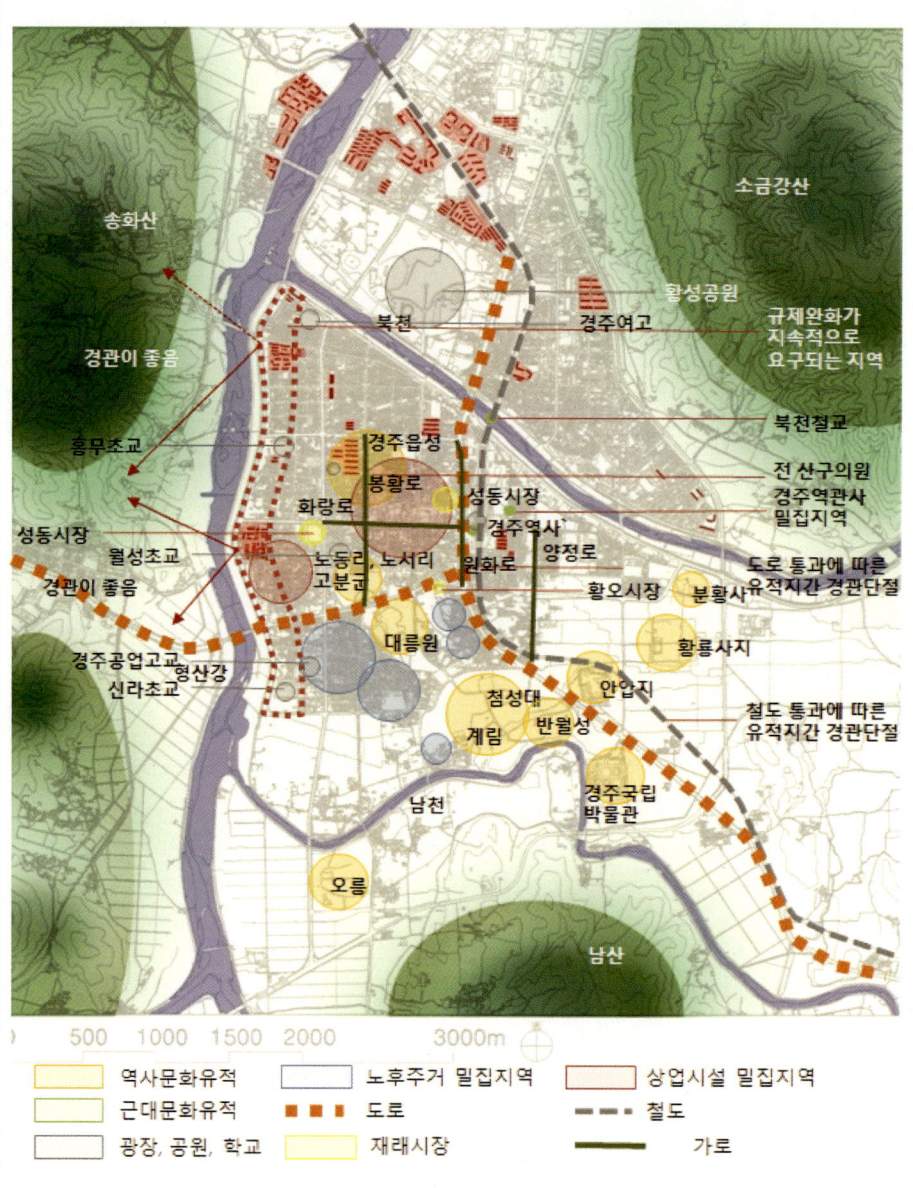 |

상업시설·도로(a)

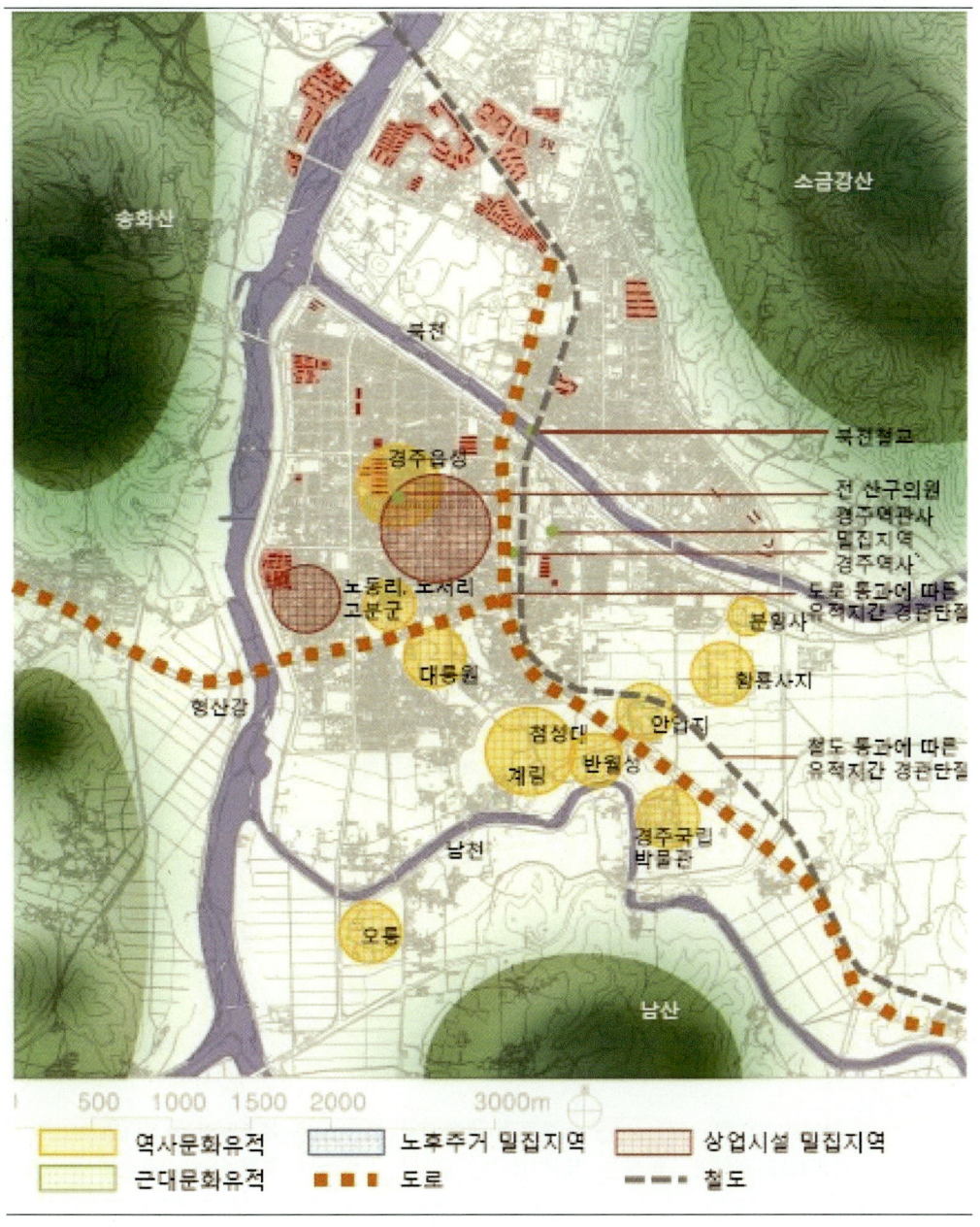

소금강산

송화산

북천

북천철교

경주읍성

전 산구의원
경주역관사
밀집지역
경주역사
도로 통과에 따른
유적지간 경관단절

노동리, 노서리
고분군

분황사

대릉원

황룡사지

형산강

안압지

첨성대

철도 통과에 따른
유적지간 경관단절

계림

반월성

남천

경주국립
박물관

오릉

남산

| | 500 | 1000 | 1500 | 2000 | | 3000m |

| 역사문화유적 | 노후주거 밀집지역 | 상업시설 밀집지역 |
|---|---|---|
| 근대문화유적 | 도로 | 철도 |

아파트·노후주거지(b)

소금강산

송화산

북천

규제완화가
지속적으로
요구되는 지역

북천철교

경주읍성

전 산구의원
경주역관사
밀집지역
경주역

노동리, 노서리
고분군

분황사

대릉원

황룡사지

형산강

첨성대

안압지

계림

반월성

남천

경주국립
박물관

오릉

남산

| 500 | 1000 | 1500 | 2000 | 3000m |

역사문화유적     노후주거 밀집지역     상업시설 밀집지역

근대문화유적     ■ ■ ■ 도로          - - - 철도

242   공간정치이론으로 읽는 역사도시의 가치

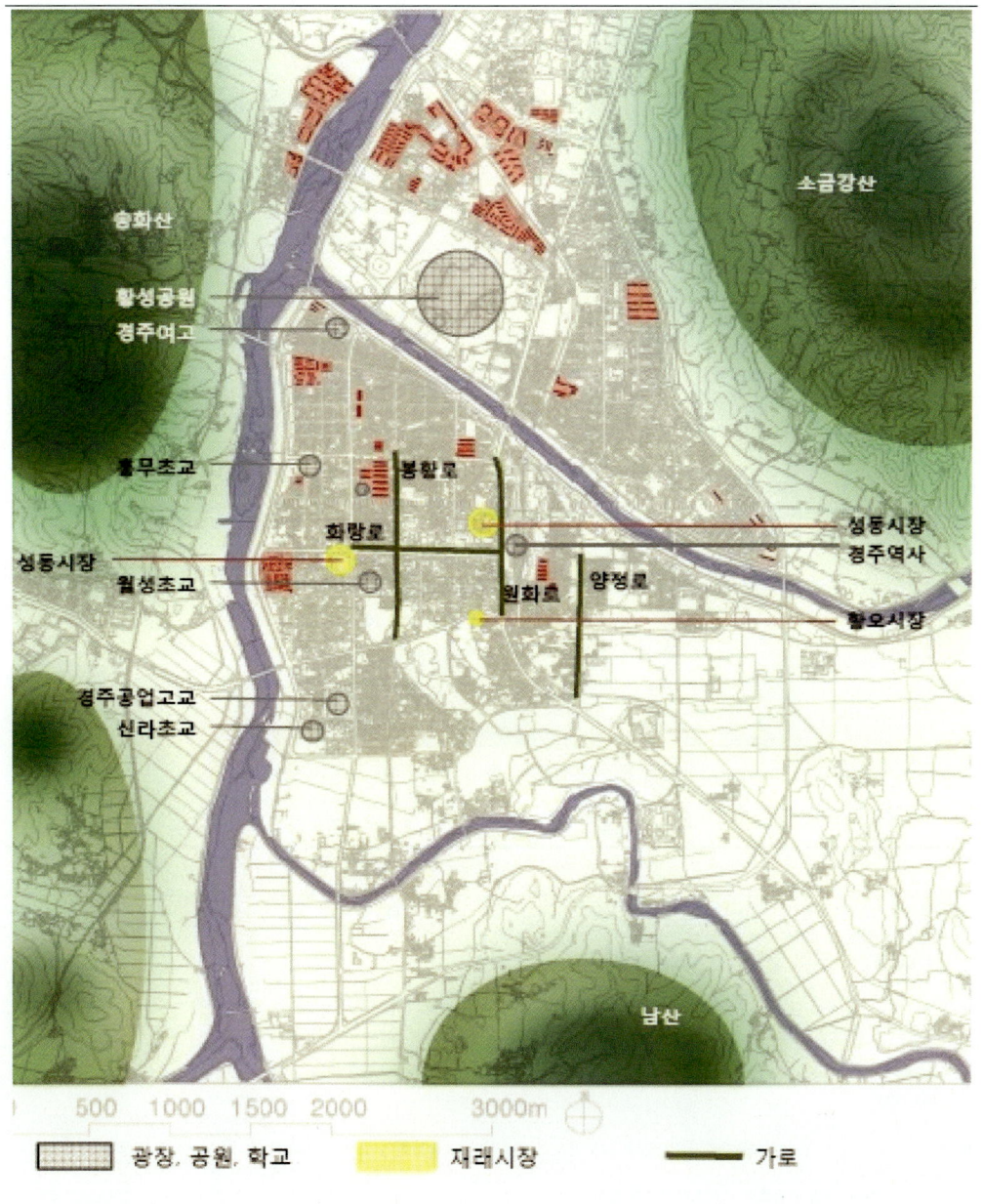

## 역사문화 관광도시 조성사업(d)

| | 역사문화유적 | | 역사문화관광도시조성사업 |

## 가치분석

(a) 상업시설·도로(4.2 공간의 전유 및 활용에 따른 실천분석 / 4.2.3 재현의 공간(상상) / 1) 거리·광장·시장 등 대중적 공간의 특성 및 활용)
  · 역사유적이 구도심을 중심으로 전역에 위치하고 있으며,
  · 상업시설이 구도심 중심지역에 위치하여, 지속적인 상호 가치상충이 발생

(b) 아파트·노후주거지(4.2 공간의 전유 및 활용에 따른 실천분석 / 4.2.1 공간의 실천(경험) / 4) 건조환경의 특성)
  · 구도심 중 특히 서천 주변의 규제완화 민원이 지속되고 있으며, 이는 서천변의 수려한 자연경관을 확보하고자 하는 목적에서 요구되고 있음
  · 역사유적 주변지역을 중심으로 노후주거지역이 위치하고 있으며, 역사성 회복을 위한 기법 및 방안을 통해 도시의 양호한 역사경관의 확보 유도

(c) 광장·가로·시장·공원(4.2 공간의 전유 및 활용에 따른 실천분석 / 4.2.3 재현의 공간(상상) / 1) 거리·광장·시장 등 대중적 공간의 특성 및 활용)
  · 학교와 경주역사를 중심으로 오픈스페이스가 형성되어 있으며, 신라왕경의 기본틀을 바탕으로 한 가로에서 다양한 지역문화축제가 진행됨
  · 재래시장이 구도심 내 다수 위치하고 있으나, 공주와 부여지역과 같이 역사성을 확보하고 있는 시장과는 차이가 있음

(d) 역사문화 관광도시 조성사업(4.4 공간의 생산에 따른 실천분석 / 4.4.3 재현의 공간(상상) / 1) 역사문화도시 조성사업을 통한 도시(공간)의 관리방안)
  · 경주지역 역사문화도시조성 사업의 경향은 도시의 역사성 회복을 중심으로 하며, 이와 함께 도시의 문화인프라 확보를 중심으로 진행하고 있음
  · 구도심 중심지역에 남아 있는 역사환경요소(역사성과 전통성을 확보하고 있는 가로, 블록 및 필지의 패턴, 근대건축물 등)의 보전을 위한 방안마련이 요구됨

〈표 4-51〉 공주·부여·경주의 도시적 차원에서의 가치제안

| 구분 | | 공주 |
|---|---|---|
| 재현의 공간 | 이미지 상상력 비유, 상징 은유, 유추 | · 역사(문화)성의 회복을 위한 다양한 가능성(재래시장, 역사가로 등) 보유<br>· 역사적 공간의 회복보다는 관광활성화와 도시기반정비사업을 통한 역사문화 관광도시로의 주도적 발전 모색 |
| 공간 정치 | 공간의 변용 | · 구도심지역의 규 제중심 정책으로 인한 슬럼화 양상<br>· 도심외곽지역을 중심으로 하는 문화관광사업의 추진 |
| | 공간의 전용 | · 구도심 외곽지역을 중심으로 관광활성화 전략으로 인한 다수의 도시(공간) 전용이 순수 역사성 회복에 우선하여 나타남<br>· 전통적 역사도시의 개념과 차이가 있음 |
| | 가시성 투명성 영속성 | · 다양한 역사문화도시조성사업을 통해 역사성 회복의 '가시성'을 보임<br>· 구도심지역을 중심으로 하는 도시 역사성의 영속성이 부족 |
| 공간실천 | 공간의 생산 | · 역사환경 자원의 한계를 지님<br>· 일부 역사문화유산의 활용(무령왕릉, 공산성 등)과 지역문화축제 중심의 역사성 구현 |
| | 공간의 재현 | · 다양한 지역문화의 발굴과 함께 도시공간에서의 구체화 시도<br>· 50년대 이후 지역문화환경의 개선(특히 대백제전과 같은 문화축제를 통해)<br>· 역사유산의 성격과 입지적 특성의 유사성으로 부여와의 상호 연계를 통한 가치제고 필요<br>· 역사성이 내재된 도시(공간)구조의 활용이 제안적 |
| | 지배적 생산양식 | 일반 중소도시로서 생산양식이 지배하였으며, 역사도시로서의 중요성 미비<br><br>· 역사성을 제고할 수 있는 건조환경(built environment) 부족<br>· 재정자립도가 불리하며, '사회개발비' 투자비용은 지속적으로 증가 추세<br>· 현대 도심지역지가가 상대적으로 낮음. 보전 및 관리 정책 수행의 수월성 측면에서 유리하나 63.4%에 이르는 사유지와 보존구역 내 높은 도시적 토지이용비율은 경제적 부담으로 작용<br>· 역사환경보전 중심의 제도를 통한 규제<br>· 백제수도로서 역사도시에 대한 가치제고의 필요성 |
| 가치(Value) 방안의 제안 | | · 도시적 특성(도시성)이 전통적 역사도시의 개념과 차이가 있으며, 특히 지배적 생산양식과 역사도시의 중요성 간에 상호 영속성이 부족함<br>· 역사도시로서의 본질적 가치에 부합하는 접근이 필요<br>· 역사적 건축물을 지속적으로 확보하여 역사환경 분석을 통한 가치설정에 있어 각 단계의 복합적 분석이 가능할 수 있는 환경조성 필요 |

| 부여 | 경주 |
|---|---|
| · 일부의 역사(문화)자원(재래시장 등)을 통한 역사성 회복이 이루어지고 있음<br>· 역사적 삶의 공간회복보다는 관광활성화를 목적으로 하는 도시공간 구축을 지향 | · 장기적인 역사성 회복을 위한 다양한 프로젝트가 진행되어 구도심을 중심으로 순수역사도시로서의 가치회복 가능<br>· 문화유산의 복원 및 발굴에 집중하는 역사문화도시조성사업 추진 |
| · 구도심지역의 규제 중심 정책으로 인한 슬럼화 양상<br>· 구도심 외곽지역을 중심으로 다양한 개발사업의 추진 | · 규제 중심의 정책으로 구도심의 일부지역에서 슬럼화 양상 |
| · 도심지 외곽의 개발을 통한 역사성 회복의 전개(백제재현단지 등)<br>· 전통적 역사도시의 개념과 차이가 있음 | · 역사도시로서의 지속적 관리(역사성 회복을 위한 노력 등)로 도시(공간)의 역사성이 유지·관리 |
| · 다양한 역사성 회복사업(백제역사재현단지 등)이 가시적으로 진행됨<br>· 도시가 가지고 있는 역사성의 영속성이 부족함<br>· 다양하게 이루어지고 있는 역사유산 발굴은 영속성 및 가시성 측면에서 가치제고의 가능성 있음 | · 정치적, 경제적, 사회적 차원의 협력으로 역사문화도시로 발전할 가능성이 큼(가시성 또한 큼)<br>· 구도심지역을 중심으로 하는 도시의 역사적 영속성이 상대적으로 큼 |
| · 역사자원의 한계<br>· 지역문화축제 중심의 역사성 구현과<br>· 잠재적 역사자원의 지속적인 발굴을 통한 공간생산 가능성 제고 | · 역사도시로서의 시간적 지속의 영속성을 회복하고 있음<br>· 기본적으로 가지고 있는 도시의 역사성이 지속적으로 도시공간생산기제로서의 역할을 하고 있음 |
| · 금강을 중심으로 하는 신화 및 설화를 도시공간에 구체화(상징화) 노력<br>· 50년대 이후 지역문화환경의 개선(특히 대백제전과 같은 문화축제를 통해)<br>· 역사유산의 성격과 입지적 특성의 유사성으로 공주와의 상호 연계를 통한 가치제고<br>· 역사성이 내재된 도시(공간)구조의 활용이 미흡 | · 도시의 역사성을 풍부하게 해주는 다수의 신화 및 설화의 구체화(상징화) 모색<br>· 역사성과 전통성을 갖춘 역사문화행사의 개최<br>· 1900년대 초반부터 지역문화에 대한 연구가 지속되어, 이로 인한 공간재현의 실효성이 큼<br>· 도시공간에 내재되어 있는 공간재현의 요인(역사적 건축물(군) 등)이 풍부해 역사도시로서의 가치를 높여줌 |
| 일반 중소도시로서 생산양식이 지배하였으며, 역사도시로서의 중요성 미비 | 일반 중소도시로서의 생산양식과 역사유산을 통한 소극적 생산양식이 지배 |
| · 역사성을 제고할 수 있는 건조환경(built environment) 부족<br>· 신구도심의 도시기능의 혼용으로 역사환경조성이 불리함<br>· 재정자립도가 불리하며, '사회개발비' 투자비용은 지속적으로 증가추세<br>· 62.8%에 이르는 사유지의 비율과 보존구역 내 높은 도시적 토지이용비는 보전 및 관리정책시행에 부담으로 작용할 수 있음<br>· 역사환경보전 중심의 제도를 통한 규제<br>· 백제수도로서 역사도시에 대한 가치제고의 필요성 | · 역사성과 함께 지역문화에 대한 가치인식이 큼<br>· 도시 전역의 역사적 건축(군)은 역사가치를 제고<br>· 관광객과 관광수입의 지속적인 증가추세<br>· 재정자립도가 상대적으로 건전하며, '사회개발비'의 투자 또한 상대적으로 높은 차원에서 유지됨<br>· 현재 도심지역 지가가 상대적으로 가장 높으며, 보존구역 내외의 가격차가 가장 적음. 또한 전체 60%의 사유지는 적극적 관리계획 수립을 저해하는 요인으로 분석됨<br>· 역사환경보전 중심의 제도를 통한 규제<br>· 신라왕도로서의 역사도시의 가치와 현대사회에서의 가치제고의 필요성 |
| · 공간실천 및 재현의 공간과 역사도시로서의 연계성이 부족함<br>· 역사도시로서의 가치제고를 위하여, 백제 고도로서의 역사성 회복과 함께 시간의 영속성을 높일 수 있는 생산양식이 필요하며, 특히 도심지 내 적극적 역사환경조성을 위한 노력 필요<br>· 역사적 환경의 복원을 위한 제도의 보완과 함께 건축물 및 가로환경(경관) 등을 통한 도시의 역사성 회복 노력이 요구됨 | · 과거와 현재의 물리적(특히 건조환경), 환경적 차원의 가치가 큼<br>· 도시계획부터 건축적 차원에 이르기까지 내재된 가치가 큼<br>· 전통적으로 역사도시로서의 도시적 성격이 강하며, 공감대가 형성되어 있어 영속성상에서 가치가 유지되고 있음<br>· 재현의 공간과 공간실천의 개념이 상대적으로 조화됨 |

현재까지의 역사문화유산을 중심으로 하는 보존중심의 제도와 관리 철학에서
↓
역사도시로서의 현대가치를 제고하기 위하여
**역사환경의 가치에 대한 철학적 개념의 제고**와 함께 **관련 제도의 보완과 정책적 지원이 필요**하며, 또한 실제적으로 **현대인이 인지하는 역사도시의 가치요소와 부합하는 역사환경의 회복**과 함께 **도시공간의 효율적 관리를 위한 전향적 사고가 필요**

제5장

# 역사도시 구도심지역의
# 역사환경 특성 분석*

* 제5장의 공주지역과 관련한 역사환경 분석은 박훈·정재용의 역사도시의 도시조직 특성과 가치에 관한 연구; 공주시 구도심지역을 중심으로, 대한건축학회논문집 계획계, 제25권 제5호(통권 247호), 2009.05, pp.249-260의 내용을 중심으로 작성하였다.

# 1. 도시공간구조의 변화[1]

## 1) 공주

### 삼국시대

공주(公州)는 백제왕조가 두 번째로 터전을 잡았던 왕도이다. 고구려의 남하정책에 밀려 개로왕의 아들 문주왕이 475년 한성에서 웅진(熊鎭)으로 천도한 이후, 538년(성왕 16년) 부여로 천도하기 전까지 5대 64년간(475~538) 백제의 도읍이었다.

천도 후 일시 내란을 딛고 일어선 동성왕과 무녕왕은 왕권을 강화하고 웅진성을 중심으로 방위망을 형성하였다. 웅진성은 해발 110m의 구릉지 위에 석축과 토축으로 축조되었고, 석축산성의 길이는 약 1,810m, 토축 산성의 길이는 약 390m로 총 2,200m이고, 성벽 전체의 길이는 약 2,450m이다. 공주지역의 왕궁지는 웅진성 내부와 웅진성 남쪽기

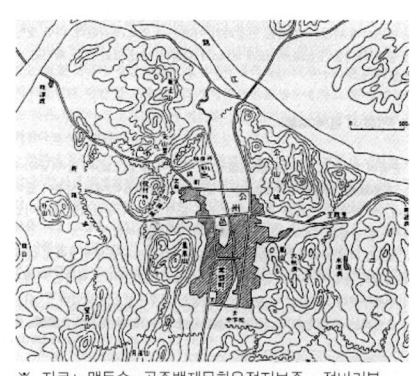

※ 자료: 맹동술. 공주백제문화유적지보존·정비기본
계획. 1985. 서울대 석사논문. p.30

〈그림 5-1〉 백제웅진성 및 부근도

---

[1] 본 저서에서 대상으로 하는 공주, 부여, 경주는 역사적으로 삼국시대의 백제와 신라를 역사도시의 근원으로 하고 있다. 이에 역사적 발전사는 1) 백제와 신라시대, 2) 통일신라에서 조선시대 그리고 3) 일제 강점기부터 현대까지를 기준으로 시대구분을 하였다.

숲 등으로 추정되고 있으며,2) 이를 배후로 오늘날의 중동·반죽동 지역이 당시의 주요 주거지역으로 추정되고 있다(그림 5-1 참조).3)

공주는 475년 천도로 백제의 왕도로 자리하게 되었으며, 이후 5대 63년간 백제의 도읍으로 역할을 하였다. 부여 천도 이후의 공주는 왕도에 준하는 제2의 도읍으로서 그 지위를 유지하였다.

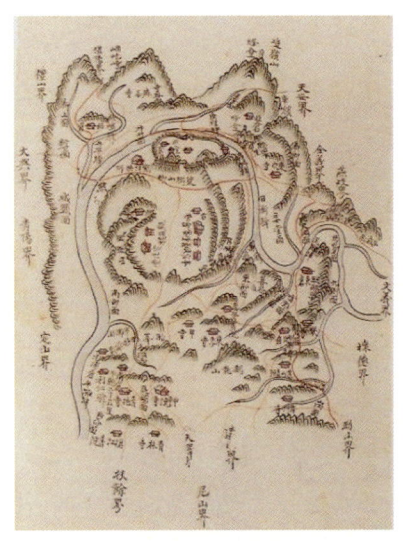

〈그림 5-2〉 해동지도 공주목
(18세기 중엽 제작)

### 통일신라에서 조선시대

통일신라시대에는 9주 5소경제로 행정구역이 개편되었으며, 공주는 웅천주라는 이름으로 지금의 충남지역을 관장하였다.

'공산지' 기록에 의하면 고려시대에는 태조 23년(940년)에 공주도독부가 설치되었으며, 웅주의 명칭이 공주로 개칭된 것도 이 시기로 알려져 있다. 현종 9년(1018년)에 전국의 행정구역 조정으로 공주목에서 지산군으로 강등되었으나 충혜왕 2년(1341년)에 다시 목으로 승격된 후 조선시대까지 계승되었다. 이러한 지방 거점 도시로서의 전통이 고려시대를 거쳐 조선시대(1603년)에 이르러 충청감영 소재지로 이어졌다.4) 그리고 성종 2년 이후 충청지역의 행정중심지로서 부각되었으며, 이후 조선시대에는 지방행정의 중심지인 감영의 소재지이자 행정의 중심지로서 중요한 역할을 하게 되었다. 그림 5-2의 공주목지도5)를 통해 당시 주요 관청과 공주의 지형적 특성을 확인할 수 있다.

---

2) 백제 초기 공산성은 웅진성(熊津城), 고마성(固麻城) 등으로 불렸으나 백제 경덕왕 때 웅주(熊州)가 공주로 개칭된 이후 웅산(熊山) 역시 공산(公山)으로 명칭이 변경되었다.

3) 백제는 전통적으로 도심외곽에 나성을 쌓는 것으로 연구되고 있으나 공주지역에서는 명확히 나성에 대한 언급이 없으며, 일부 연구자에 의해 가능성만이 제기되고 있다.

4) 문화재청·국토연구원, 고도보존 기초조사연구 지역편 '고도공주', 2007, pp.38-39

5) 「공주목지도」는 고종 9년(1872)에 제작된 것으로 추정되며 채색으로 작성되었으며, 공주의 건물과 시설 등에 대해 상세히 도시(圖示)함으로써 공주 유적 복원에 유리한 자료로 가치를 지닌다.

## 일제 강점기부터 현대

1910년부터 공주는 충청남도의 도청 소재지로 충남의 행정수도 기능을 수행한다. 1914년 군·면 폐합과 행정구역이 개편되어 관할 지역의 일부가 인근 대전·연기·부여 등으로 이관되고 13개 읍·면으로 축소·개편되었다. 이후 1931년 공주면이 공주읍으로 승격되었으나, 1932년 도청이 대전으로 이전되면서 공주의 발전이 정체되는 결과를 낳게 된다.

한편 공주읍의 시장이동과 도로변천과정을 보면 1918년 이후 도시정비에 따라 시장 및 시가지 중앙도로의 확장, 국고개를 통한 대전-논산 간 교통로 개통 등 많은 공간적 변화를 맞게 된다. 이 시기 도시 내부의 발전 특징은 구(舊) 충청감영과 도청자리였던 현(現) 공주사대부고를 기점으로 대통교-제일은행-중동 중심지 쪽으로 계속 중심가로와 시장이 북진했다(그림 5-3 참조).

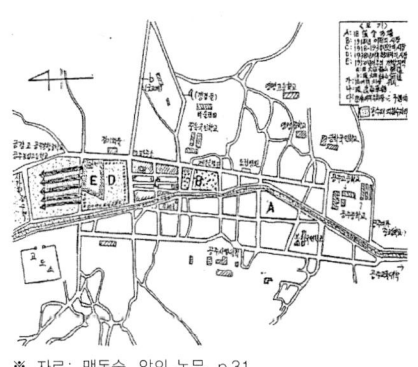

※ 자료: 맹동술, 앞의 논문, p.31

〈그림 5-3〉 공주읍 시장이동과 도로변천도

이와 같은 공주읍의 북진추세는 공주의 지형적 여건과도 관련되어 현재에도 이러한 경향이 지속되고 있으며, 시가지는 금강에 의해 분리되어 강남권과 강북권으로 이분된 도시공간구조를 형성하고 있다. 구시가지인 강남권의 동·서·남쪽은 산으로 위요되고 있고, 내부 가로망이 자연발생적으로 뻗어 있으며, '국토계획법'에 의거한 고도(古都)지구가 지정되어 개발의 한계가 있다. 반면 강북권은 신시가지가 조성되어 있으며 개발압력이 높은 특성을 보인다.

공주는 과거 경기도와 전라도를 잇는 교량적 역할을 담당하는 교통의 요충지였으나 현재는 경기·호남선 철도와 고속도로의 개통으로 교통 중심지의 기능이 감소되었다. 그러나 충남권 내부에서는 대전을 비롯하여 조치원, 온양, 예산, 당진, 서산, 청양, 대천, 유구, 논산, 부여, 천안 등을 연결하는 방사선 교차로의 중심지 역할을 담당하고 있다.

공주의 행정구역은 1914년 행정구역 개편으로 13개 면, 6개 정, 207개의 리로 재편되었다. 근대화 과정에서 지리적인 영향으로 철도교통을 중심으로 한 교통로의 재편에서 제외됨으로써 근대도시로 발전할 수 있는 원동력을 잃게 되었으며, 또한 1932년 충남도청이 대전으로 이전되면서 지방행정 중심지로서의 기능이 대폭 축소되어 공주시의 위상이 하락하게 되었다. 그러나 1986년 공주시로의 승격과 함께 지속적으로 도시가 확장하게 되었고, 다양한 역사적 유물과 유적의 발굴로 역사도시로서의 면면을 이어가고 있다.

〈그림 5-4〉 강남을 중심으로 시가지가 형성되어 있는
1960년대 공주읍 전경

현재 공주시는 충청남도 동부 중앙부에 위치하며, 대전광역시와, 논산, 그리고 부여읍의 생활권에 포함되고 배후도시로서의 기능을 담당한다. 공주시는 면적이 940.58km²에 이르며, 충남도의 10.96%를 차지한다. 한편 공주시의 행정구역은 1945년 해방 이후 큰 변화 없이 지속되어오고 있으며, 1960년에서 1977년까지 강남 기존 시가지 지역을 중심으로 발전해온 공주(그림 5-4 참조)는 1982년 이후 강북 신시가지로 도시가 확장되었고, 2008년 현재 1개 읍, 10개 면, 6개 동으로 성장 발전하고 있다.6)

이상의 역사적 발전사를 도시공간구조의 측면에서 살펴보면 다음 표 5-1과 같다.

〈표 5-1〉 공주의 시대에 따른 공간구조 형태변화

| 시대 | 이미지 | 특성 |
|---|---|---|
| 삼국시대- 통일신라 |  | · 고분군, 사지 등을 통해 당시의 역사범역을 확인할 수 있음<br>· 현재의 구도심지역을 중심으로 공간영역이 확보되고 있음 |

6) 공주시, 2020년 공주도시기본계획, 2006.12, p.16

| | | |
|---|---|---|
| 고려-<br>일제강점기 | 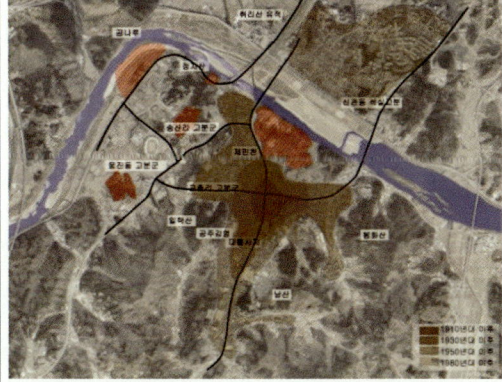 | · 현재의 구도심지역 공간영역이 점차 확대<br>되고 있으며, 금강을 중심으로 동서방향<br>으로 영향권 확대 |
| 현재 | | · 근대 이후 공주는 구도심지역을 역사지역<br>으로, 강북이 신도심지역을 개발지역으로<br>도시를 관리·개발하고 있음<br>· 지형적 영향을 받아온 공간범위가 교통의<br>발달로 점차 확장되고 있음 |

## 2) 부여

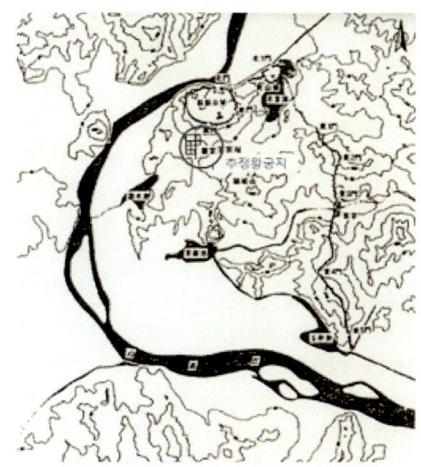

※ 자료: 부여군, 부여 부소산성 종합정비 기본계획, p.13

〈그림 5-5〉 사비도성의 구조 평면도
(나성과 추정왕궁지)

### 삼국시대

　부여는 538년 성왕(16년) 때 공주에서 천도해 옴
에 따라 백제시대 왕도로 번창하였다. 백제시대의
사비도성[7]은 부소산성을 배후로 내성에 왕궁과 국
찰이 존재하고, 그 방어체계로 나성 및 청마산성이
축조되어 있다. 또한 외곽에 석성산성을 비롯하여
부산성, 울산성, 증산성, 성응산성 등 방위목적의
산성들로 위요되어 있으며 그 내부는 넓은 평야지
대가 펼쳐져 있다. 사비도성은 도성 내부가 비교적
얕은 구릉지와 평야로 구성되어 있어, 방어시설이

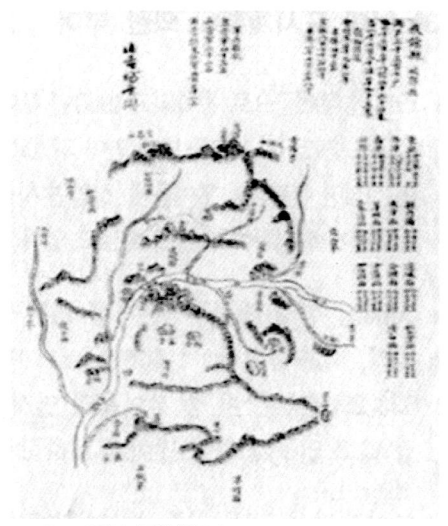

※ 자료: 국립부여문화재연구소

〈그림 5-6〉 조선시대 부여

잘구축되어 있다. 사비도성은 5부(部)로 구획되고, 각각의 부는 다시 5항(巷)으로 편제되어 있었고, 조방제라고 하는 바둑판형 가로망계획에 의해 공간이 구분되었다. 그림 5-5를 통해 백제의 사비도성 구조를 파악할 수 있다.[8]

### 통일신라에서 조선시대

부여지역은 백제시대에는 왕도로서 번창하다가 고려·조선시대에는 지방행정의 소중심지로 위축되었다. 특히 조선시대의 부여는 1413년(태종 13년)에 현이 설치된 이후, 1914년 군·면이 폐합되기 이전까지 지방행정의 중심지로서 통치, 군사, 교육, 종교 등의 목적에 필요한 관아가 옛 박물관 일대를 중심으로 집중배치된 읍성구조를 보인다. 부소산을 진산(鎭山)으로 하여 옛 박물관(현 부여문화재연구소)을 중심으로 한 곳에 여러 관아 시설[9]이 밀집되어 있었음을 고지도를 통해 확인할 수 있다(그림 5-6 참조).

특히 위 지역은 현재의 관북리, 쌍북리 지역으로 조선시대의 행정 중심 기능을 하였던 관아의 상당부분은 소실되었으며, 일부의 시설만이 남아 지역의 역사성을 대변해 주고 있다.

---

7) 사비도성은 한성기 및 웅진기와 달리 도(都)를 나성(羅城)으로 에워싸고 있다는 점에서 이전과는 크게 구별되며, 백제 도성사에서는 물론이고 한반도 나아가 동아시아 도성사에서도 독특한 지위를 차지하고 있다. 국립공주박물관, 금강-최근 발굴 10년사, 2002, p.186

8) 사비도성의 가장 큰 특징인 나성은 서에서 남에 걸쳐 만류하는 금강을 자연참호로 하고, 남에서 동으로는 기복이 있는 산을 천혜의 장벽으로 하며, 산봉우리를 이어서 토축의 성벽을 쌓아 금강의 흐름과 서로 응하게 하였다.

9) 조선시대 당시 부여현 내에 설치되었던 관아 시설로는 객사(客舍), 동헌(東軒), 내아(內衙), 책방(册房), 청원당(淸遠堂), 지인청(智印廳), 급창청(及唱廳), 작청(作廳), 장청(將廳), 형방청(刑房廳), 사무학당(武學堂), 군기청(軍器廳), 화약방(火藥房), 신사당(神社堂) 등이 있었다. 부여군, 부여 고도보존을 위한 예비조사, 2006, p.78

### 일제 강점기부터 현대

일제 강점기 부여구도심은 신궁조영지로서 도시구조, 경관, 토지이용 등이 대대적으로 변화하였다. 일제 강점기 부여신궁계획 이전까지 대상지역은 백제시대부터 이어져 온 것으로 추정되는 동서대로(현재의 왕궁길)와 주작대로(현재의 궁남로)가 주요 골격을 이루고 있었고 조선시대를 거치면서 교차로가 형성되었다. 그리고 중심지역을 제외한 시가지 대부분의 지역은 논, 밭 등 경지로 이용되어 왔다(그림 5-7 참조).

1933년 부여읍 지역(인구 12,000명)에 일제 식민지 문화정책의 일환으로 부여 신궁 건립을 추진하였고, 이 당시 실시된 토지구획정리사업으로 형성된 도시골격이 현재 부여읍 지역의 도시골격 기초가 되었다. 부여 시가지 계획인 신도(神都)건설계획(1939년)에 의해 규암을 포함한 4,424만㎡ 지역이 광장 11개소, 계획가로 37개 노선이 계획되었고,

※ 자료: 부여 고도보존을 위한 예비조사, 2006, p.80

〈그림 5-7〉일제 강점기 부여읍
(대정 7년, 1918)

〈그림 5-8〉1960년대 부여군 항공지도

이 계획은 부여의 시가지 경관에 큰 영향을 주었다. 1957년 백제말기의 삼충신을 추모하는 삼충사(三忠祠)가 부여신궁터에 건립되어 보전, 유지되고 있다. 이와 같은 당시의 지형적 변화 양상은 그림 5-8의 항공지도를 통해 특징을 확인할 수 있다.

<표 5-2> 부여의 시대에 따른 공간구조 형태변화

| 시대 | 이미지 | 특성 |
|---|---|---|
| 삼국시대-통일신라 | | · 부소산성을 중심으로 도시가 형성되었으며, 남쪽으로는 궁남지까지, 서쪽으로는 구드래까지 등 폭넓게 영향권을 미치고 있음 |
| 고려-일제 강점기 | | · 구도심지역을 중심으로 동서방향의 주요 가로가 형성되었으며, 이는 오늘날까지 이어져오고 있음<br>· 백마강변의 구드래지역까지 주요영역이 확대 |
| 현재 | | · 근대화 과정에서 백마강 서편으로 도시개발이 확장되었으며, 지속적으로 발전이 이루어짐 |

한편 부여지역의 행정적 측면에서 변화양상은 1914년 부여군으로 통합되고 1960년 부여면이 읍으로 승격되었으며, 1개 읍, 15개 면이 되었다. 그리고 1973년 성석면 현북리를 부여읍에, 장암면 사산리를 세도면에 편입하여 오늘에 이르고 있다.

2006년 현재 행정구역은 1읍 15면 191법 정리, 429행정리, 1,666반으로 면적은 623.29㎢이며, 이 중 부여읍의 면적이 가장 넓고 인구가 가장 많이 분포하고 있다. 부여의 간선도로는 공주-논산 방향에서 접근하여 백제대로로 빠져나가는 두 갈래의 도로와 읍의 내부를 관통하는 노선으로 구분된다.

이상의 역사적 발전사를 도시공간구조의 측면에서 살펴보면 표 5-2와 같다.

## 3) 경주

### 신라시대

경주[10]는 기원전 7세기경 씨족국가 형태인 사로육촌이 발전한 신라시대부터 통일신라시대에 이르기까지 922년간 왕도였다.

고신라시기에는 궁궐을 중심으로 469년에 왕경 방리명을 정하고, 사방에 우역을 설치하였으며, 490년에 시장을 개설하여 도시기능이 자리 잡게 되었다(그림 5-9 참조). 신문왕 때 지방도시제를 확립하고 신라왕경의 건설에 주력하여, 격자형 도시가구 골격을 형성하였다.[11]

신라는 남산 북쪽의 월성, 금성, 계림 등을 합쳐 왕도를 형성하였고, 지형상의 한계에도 불구하고 최전성기에는 남북 4.3km, 동서 3.9km 규모(약 508만 평)에 달했고 약 17.9만호가 거주하였다고 전해진다.

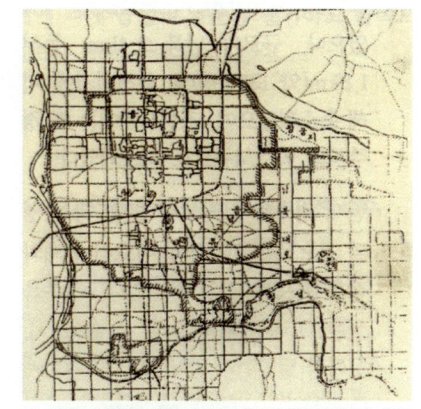

※ 자료: 강태호, 신라 도성의 공간구조형성과정에 관한 연구, 경주사학회, 1996, 제15권, p.42

〈그림 5-9〉 신라왕도 평리 복원도

---

10) 문헌에 의하면, 경주가 신라의 수도가 된 것은 기원전 57년 진한 6부 촌장 가운데 고허촌장(古墟村長) 소벌도리공(蘇伐都利公)이 박혁거세를 신라의 초대임금으로 추대했던 시점부터이다.

11) 초기의 왕경은 35리로 편제되어 있었고 남북길이 3,075보, 동서 폭 3,018보였다고 '삼국사기' 신라본기 지리에 기록되어 있으며, 신라왕경은 360방 또는 1,360방으로 구획되어 도시화되었던 것이 기록에 남아 있다. 한편 신라왕경에 대한 연구는 근대 이후 지속적으로 이루어져 왔으나 규모와 원리에 있어서 다소의 차이를 보인다. 그러나 전체 왕경의 규모에 있어서는 그림 5-10과 같은 규모로 인정되고 있다.

〈그림 5-10〉 신라왕경 도시계획 개념도

역사도시로서 경주의 입지배경은 주변이 산과 하천으로 둘러싸인 분지로 자연지형·지세를 이용한 도성의 방위가 용이하였다. 이로 인해 경주는 외고가성을 축조하지 않은 유일한 도성이다.

통일 후 왕경의 궁성과 남산을 연결하는 주작대로를 개설하여, 왕경으로서의 위엄을 갖추었는데 도로의 폭도 120m로 다른 도성과 비슷한 규모를 갖추었다. 이와 같이 격자형 도로망체계를 갖추어 정비된 도성의 체계를 형성하였으나, 정비된 왕경은 지형조건상 완전한 형태의 격자형 도로를 개설하기 곤란하여 도성외곽지역의 도로망은 다소 불규칙한 형태를 이루었다[12](그림 5-10 참조).

## 고려시대부터 일제 강점기

경주는 고려태조 18년(935년)에 처음으로 경주라는 이름을 갖게 되었다. 고려시대에는 전국 4대 도읍 중 하나였으나, 규모가 남북 2.4km, 동서 1.8km(약 131만 평)로 최전성기에 비해 축소되었으며, 조선시대에는 옛 경주시의 약 1/4규모로 축소되었다.

현재 경주읍성도 고려 현종 때 축성된 것으로 조선시대에 이르러 현재와 같은 규모를 갖추게 되었다. 경주읍성은 고려시대 최초의 읍성으로서, 신라가 멸망한 지 77년 후인 1012년에 축조되었다. 따라서 경주읍성의 공간구조는 신라왕경의 방리제를 기본구조로 하였을 것으로 추정된다(그림

※ 자료: 한삼건. 韓國における邑城空間の弈容に關する 研究, 동경대학교 박사논문. 1993

〈그림 5-11〉 조선시대 읍성 공간배치도

---

12) 격자형 도로망체계의 신라왕경은 중국, 고구려 등 도성제도의 영향을 받아 성립된 중앙집권국가의 수도로서 도시구획이 실시된 지역 전체를 의미한다. 이와 같은 도시구획은 자비왕 22년(469년) 처음으로 방리명이 정해졌다는 기록이 전해지며, 이후 소지왕 12년(490년)에 처음으로 시장이 개설되고, 지증왕 10년 다시 동시(東市)가 건설되어 도시체제가 점차 정비되었다. 하지만 경주지역의 방리제는 평양 등지의 경우와 달리 기존 도시 위에 뒤늦게 방리제기 도입됨으로써 적용되는 데 차이가 있었으며, 일부 도시시설이 입지해 있던 지역은 제외하고 적용되게 된다. 이기석. 한국고대도시의 방리제와 도시구조에 대한 소고, 한국도시지리학회지 제2권 2호, 1999, pp.1-11

5-11 참조).[13]

  읍성 내부는 관청사로 사용하였으며, 일반
시민의 주거지는 고분군 주위와 읍성 밖에 형
성되었다. 읍성 남문을 중심으로 내남까지 도
시의 중요가로가 형성되었으며, 동쪽의 분황
사까지 동서대로가 주요한 접근도로로 사용되
었다. 이후 일제 강점기까지 읍성이 관리기능
위주로 운영되었으며, 상업기능은 봉황로에

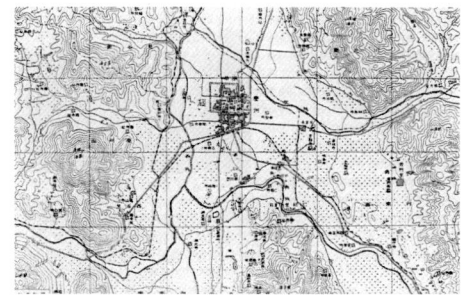

※ 자료: 경주시, 경주 쪽샘지역 생활문화 조사연구, 2005,
      p.126

〈그림 5-12〉 일제 강점기 경주

입지하였다. 일본식민통치기간 동안 도시건설 사업으로 철로가 시가지의 공간기능을 동
서로 양분하였고, 이에 따라 단핵화된 도시구조가 형성되었다(그림 5-12 참조).

  1912년 읍성의 성곽이 파괴되고, 봉황대 주위의 고분군과 대릉원은 도로와 철로의 개설
로 훼손되었고, 안압지와 사천왕사지 등이 울산을 연결하는 철로의 개설로 파괴되는 등 역
사유적의 훼손이 심각하게 이루어졌다. 일제 강점기에 일제가 읍성의 성곽을 부분적으로
철거하고 객사에 면한 넓은 도로를 남쪽으로 확장하면서 이전까지 봉황대 북쪽의 홍살문
에서 읍성 남문을 연결하는 주도로가 동쪽으로 옮겨지게 되어, 주골격이 변모하게 되었다.

  이 도로는 일제 강점기 동안 중심가로의 역할을 하였으며, 또한 봉황대 주변은 원래 노
동과 노서로 나누어지지 않으나, 1912년 일제에 의해 읍성의 남문을 철거하고 남쪽으로
도로를 확장하여 노동과 노서로 나누는 새로운 길이 개설되었다.[14]

### 현대도시계획에 의한 경주[15]

  오늘날 경주는 1952년 경주읍 도시계획이 최초로 입안된 이후,[16] 1995년 시로 승격하
여 50년이 경과되었지만, 도시기능으로의 발전은 타 도시에 비하여 활발하지 못한 편이
다. 1955년 시 승격 당시 경주시 전체 면적이 189.5㎢이었던 것이, 1995년 통합 경주시가
되면서 도시면적이 증가하여 2006년 현재 경주시 전체 면적은 1,316㎢이고, 이 중

---

13) 문화재청·국토연구원, 고도보존 기초조사 연구, 2007, p.46
14) 한삼건, 韓國における邑城空間の弈容に關する硏究, 동경대학교 박사논문, 1993, p.107
15) 강태호, 경주시 도시특성 및 도시개발 규제실태에 관한 연구, 사찰조경연구, 동국대학교부설사찰조경연구소, 1993,
    pp.19–53
16) 경주시는 1952년에 최초의 도시계획이 수립되었으며, 이후 11차례에 걸쳐 재정비계획을 수립하였다. 이 중 문화재
    보전을 위한 계획은 제3차 경주종합개발계획과 6차 사적지 보존에 따른 정비계획을 들 수 있다. 경주시, 경주도시계
    획재정비계획, 1997

※범례 [KXX] 1952 [⊞] 1967 [+] 1972
[➖] 1975 [///] 1979
※참조: 경주도시재정비계획, 1985

〈그림 5-13〉 경주시 도시계획 변경도

30.92%(407.14㎢)가 도시지역이다.

현재 경주 구시가지의 공간구조는 신라왕경의 공간구조로 인한 이중적 도시구조를 형성하고 있는데, 신라왕경이 입지하였던 약 3,000ha 규모의 역사적 가로골격에 약 600ha의 현대적 시가지가 형성된 도시구조이다.

그러나 철도, 국도, 지방도 등이 사선과 방사선 형태로 건설되어, 방리제에 기초한 역사적 격자형 도시공간구조는 많은 부분 훼손된 상태이다.

구시가지는 일제 강점기부터 집적되어온 생활환경과 역사환경의 마찰, 단핵 도시공간구조로 인한 토지이용의 혼재, 교통문제 가중 등으로 주거환경의 질이 저하되었다. 이에 따라 구시가지의 주거기능이 북천변으로 확산되기 시작하였고 공업단지가 형성되어 도시 내 기능이 분리되었다. 경주시 지역 도시공간의 변화는 그림 5-13을 통해 확인할 수 있다.

현재 경주시 도시공간구조의 기본 형태를 중심시가지와 주거지역으로 나누어 살펴보면 다음과 같다. 중심시가지는 태종로, 서성로, 화랑로, 북정로로 둘러싸인 지역이며, 이중 중심시가지 내에 있는 중앙로, 원효로, 황성로 주변지역은 상업업무지구이고 중앙로, 화랑로는 행정업무지구이다.

주거지역은 주거·상업·혼합지역, 도심권 주거지, 농촌형 주거지로 구분되며, 이 중 주거·상업·혼합지역은 구시가지인 성내동, 황오동, 황남동, 동천동 등이 해당된다. 도심권 주거지역은 황서동, 성건동, 성동동, 동천동 일부 지역이고, 농촌형 주거지역은 선도동, 탑정동, 정래동, 불국동, 보덕동 등이다.

이상의 역사적 발전사를 도시공간구조의 측면에서 살펴보면 다음 표 5-3과 같다.

<표 5-3> 경주의 시대에 따른 공간구조 형태변화

| 시대 | 이미지 | 특성 |
|---|---|---|
| 삼국시대-<br>통일신라 | | · 송화산, 선도산, 소금강산과 서천, 남천, 북천 등지로 에워싸여 있는 지형지세로 도읍지로서 유리한 자연환경<br>· 궁성과 황룡사 주변 지역을 중심으로 도시형성<br>· 궁성과 황룡사 사이 주작대로 형성 |
| 고려-<br>일제 강점기 | | · 읍성 지역으로 정치·경제의 중심이 변화하였으며, 정치적 영향권이 확대 |
| 현재 | | · 근대화 과정에서 강북의 신도심지역을 중심으로 개발사업이 이루어졌으며, 강남의 구도심지역은 역사환경을 보존하기 위한 노력이 지속적으로 이루어짐 |

## 4) 소결

이상 공주·부여·경주의 발전과정을 역사적 차원에서 살펴본 바와 같이 여러 시대를 거쳐 오며 제도적, 환경적, 정치적 요인 등에 의해 오늘날의 역사환경적 특성을 갖게 되었다.

세 도시는 '역사도시'이면서 '고도(古都)'로서 역사적 가치를 더하며 역사성, 환경성 등 다양한 측면에서 도시가 지니는 가치와 중요성이 큰 도시임을 확인할 수 있었다. 하지만 역사적 발전과정에서 각기 다른 문화환경의 차이로 인해 도시공간의 발달과 변화에는 다소간의 차이가 있음을 확인할 수 있었다. 이는 오늘날 각각의 도시가 가지는 역사성으로 표현되며, '역사도시'의 가치를 설정하는 데 있어 중요한 역할을 하게 된다.

이를 정리하면 다음의 표 5-4와 같다.

〈표 5-4〉 역사적 발전에 따른 공주·부여·경주의 특성

| 구분 | 공주 | 부여 | 경주 |
|---|---|---|---|
| 역사성 | · 백제의 왕도(64년)<br>· 시대의 변화에 따라 주요한 역사적 지위를 차지해 왔음 | · 백제의 왕도(123년)<br>· 백제시대 이후 지방의 중소도시로 명맥을 유지 | · 신라의 왕도(1049년)<br>· 통일신라 이후 경상도 지역의 평범한 도시적 지위를 유지 |
| 환경성 | · 주변이 산지로 에워싸여 있으며, 분지형의 공간구조<br>· 구도심 중심부로 하천이 흐르며, 도시발전사에서 주요한 역할을 함 | · 북쪽의 부소산과 남측의 평야지대가 펼쳐진 완만한 경사의 지리적 특성<br>· 남북 방향으로 하천(백마강)이 위치 | · 주변의 산지와 하천으로 에워싸여 있는 분지형 공간구조<br>· 산지와 하천이 주변을 에워싸고 있어 외성의 필요성이 없음 |
| 제도적 특성 | · 공주시는 역사적으로 특별한 제도적 변화가 일어나지 않았으며, 도시의 지형적 특성에 따른 영향을 주로 받게 됨<br>· 구한말(1918년)에 이르러 시가지 정비 | · 일제 강점기 신도건설계획 수립 → 오늘날 부여지역 도시 형태의 기본 골격을 형성 | · 경주시는 신라시대 조성된 '신라왕경'에 의해 도시 전체의 기본 골격이 형성 → 고려시대 형성된 읍성의 계획과 함께 이중구조를 이룸 |
| (도시)형태적 특성 | · 남북 방향으로 좁고 긴 지형적 특성을 지니며, 도시의 지리적 영향으로 도시형성에 다소 불리한 특성을 지님 | · 북쪽의 부소산성을 중심으로 남쪽으로 완만한 경사를 이루고 있음.<br>· 백마강 동쪽의 구도심지역과 백마강 서쪽의 개발지역으로 구성 | · 넓은 평야지대에 위치하여 도시 형성에 유리한 특성을 지님<br>· 철도교통이 발달함에 따라 일제 강점기 이후 도시의 형태변화가 지속적으로 이루어짐 |

## 2. 도시조직의 형성과 변화

### 1) 공주

#### 지리적 특성

공주 구도심은 동쪽의 봉화산(312m), 남쪽의 남산(200m), 서쪽의 일락산(360m), 봉황산(320m) 등으로 둘러싸여 있는 분지를 이루며 북쪽으로는 ㄱ자형으로 금강이 흐른다. 이러한 지형적 특성으로 공주 구시가지는 남북 길이 2km에 동서 너비 500m로 매우 협소한 지리적 특성을 지니고 있다. 이와 같은 지리적 특성으로 인하여 약 1,500년 동안 한 나라의 도읍지에서 지방행정부의 중심지로 역할을 해오면서 다양한 시대의 유적이 누적되어 왔으며, 또한 이와 같은 지리적 특성으로 인하여 상당수의 유적, 유물이 소멸되어 갈 수밖에 없는 환경적 특성을 보인다. 그리고 구도심 중심지의 남북으로 제민천이 흐르고 있으며 이는 구도심지역을 동서로 양분하여 발전하게 되는 데 영향을 미치게 되었으며, 1900년대 초반까지 홍수기 때 범람이 잦아 주변 주거지역의 거주환경을 어렵게 하기도 하였다(그림 5-14 참조). 그리고 이와 같은 자연환경은 오늘날의 도시 골격을 갖추는 데 중요한 역할을 하게 된다. 또한 구도심지역의 중심에 위치하는 조선시대 지방의 주요행정기관인 충청감영의 입지특성은 조선 초기에 세워진 다른 지역의 감영과는 다른 특징을 보인다. 특히 조선 초기에 조성된 다른 대다수의 감영 앞에 계획된 T자형의 도로와는 다르게 대상지에서 나타나는 +자형 도로(현 중동사거리)의 발전은 당시 조선의 경제 성장(대동법, 호패법)에 따른 도시의 발달에 기인한다고 볼 수 있다.[17] 이는 오늘날까지 해당 가로가 공주시 중심가로로 성장하는 계기가 된다(그림 5-15 참조). 이와

※ 자료: 사진으로 본 충남 100년

〈그림 5-14〉 공주 구도심을
남북으로 흐르는 제민천

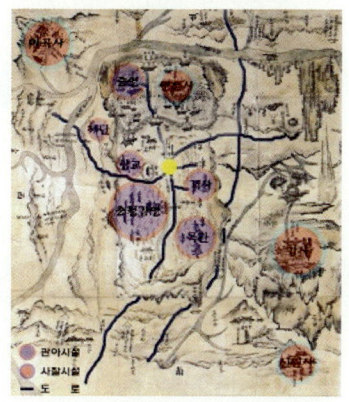

※ 자료: 박훈, 역사도시의 도시조직특성과 가치에 관한 연구, 대한건축학회논문집, 200905, p.253

〈그림 5-15〉 조선시대 공주 관아
및 사찰시설과 도로 현황

〈그림 5-16〉 1918년 시가지 정비 이후 형성된
구도심지역의 도시골격

같은 도시구조의 특징은 1721년 황주읍성을 시작으로, 전주읍성, 대구읍성, 동래읍성, 해주읍성 등에서도 확인할 수 있다.[18] 그리고 이후 조선후기, 일제 강점기를 거치면서 공주지역 주요 공공기관은 남북으로 뻗어 있는 제민천변 가로를 중심으로 양쪽으로 위치하였으며, 1918년 시가지 정비[19]를 통해 정비된 도시골격의 영향으로 그림 5-16과 같은 형태를 갖추게 되었다. 이와 같이 행정기관의 입지특성, 지형적 특징 등은 오늘날 공주시 구도심의 중요한 도시조직을 형성하는 데 영향을 미치게 되었으며,[20] 이를 바탕으로 세부도시조직이 형성 및 변화하게 되었다.

---

17) 도시적인 측면에서 감영의 구성은 궁궐과 같은 개념으로 고대 도시계획 기본개념인 "左廟右社面朝後市"의 법칙이 적용되었다. 즉 궁궐을 중심으로 동쪽에 종묘기능이, 서쪽에 사직을 위한 제단을, 남쪽에는 관청을, 북쪽에는 시장을 두는 법칙이다. 중국 당(唐)시대에 시장이 남쪽의 관청 아래로 옮기게 된다. 조선의 국교인 유교를 위한 시설인 문묘와 향교를 두어 유교를 권장하였으며, 병영을 설치하여 군사요지로서의 역할을 수행하도록 하였으며, 이와 같은 특징은 공주 구도심지역의 공간구조를 형성하는 데 영향을 미치게 된다. 박훈·정재용, 앞의 논문, 2009.05, p.253

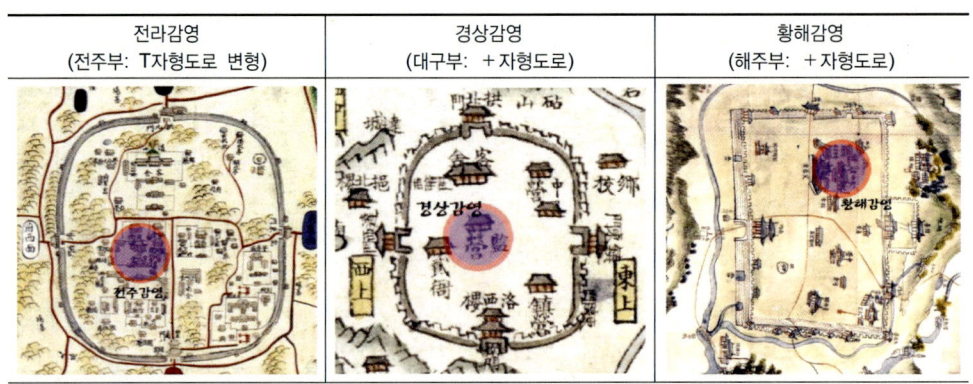

| 전라감영<br>(전주부: T자형도로 변형) | 경상감영<br>(대구부: +자형도로) | 황해감영<br>(해주부: +자형도로) |
|---|---|---|

18) 이와 같은 감영과 도로체계의 특성은 조선 후기 감영이 위치하였던 전주(부), 대구(부), 해주(부) 등에서도 확인할 수 있음. 또한 근세조선의 도시읍성 개축과 +자형 도로체계는 도시의 상업과 유통을 더욱 발전하게 하였으며, 이러한 도시의 발전은 정조의 화성 축조와도 그 맥을 같이한다. 박훈·정재용, 역사도시의 도시조직 특성과 가치에 관한 연구, 대한건축학회 논문집, 제25권 제5호, 2009.05, p.253

19) 공주구시가지의 1918년 시가지 정비를 계기로 나타난 특징은 크게 두 가지로 설명할 수 있다. 첫째, '직선격자형' 도로망(근대도시의 보편적 가로구조)을 축으로 관공서 등 각종 도시기반 시설이 하나둘씩 자리 잡게 되었다는 것과 둘째, 대통교를 중심으로 발달해 있던 정기시장이 작은 사거리에서 큰 사거리에 이르는 제민천변으로 옮겨가게 된 것을 들 수 있다. 이 외에도 읍내에서 대전이나 논산으로 빠져나가는 주도로가 국고개에서 큰 사거리로 바뀌게 되었다. 이와 같이 공주에서는 1918년 시가지 정비를 계기로 도시의 골격이 새롭게 짜이게 되었다.

20) 박훈·정재용, 앞의 논문, 2009.05, pp.252-253

### 필지, 블록 및 가로체계를 중심으로 하는 도시조직의 변화

1900년대 초반 및 1960년대 중반 공주 구도심 중심부의 도시조직은 다음의 표 5-5와 같다. 조선시대 가로망은 충청감영을 기준으로 T자형 가로를 형성하며, 공주읍 공간이 조성되었고, 이는 1900년대 초반까지 유지되고 있음을 알 수 있다. 또한 이 밖의 가로망들은 대부분 불규칙한 가지 형태를 유지하고 있다. 주요 감영시설인 관아와 감영이 제민천을

〈표 5-5〉 1915년 지적원도 및 1968년 지적도 비교

| 구분 | 1915년 지적원도 | 1968년 지적도 |
|---|---|---|
| 대상지<br>지적도 | 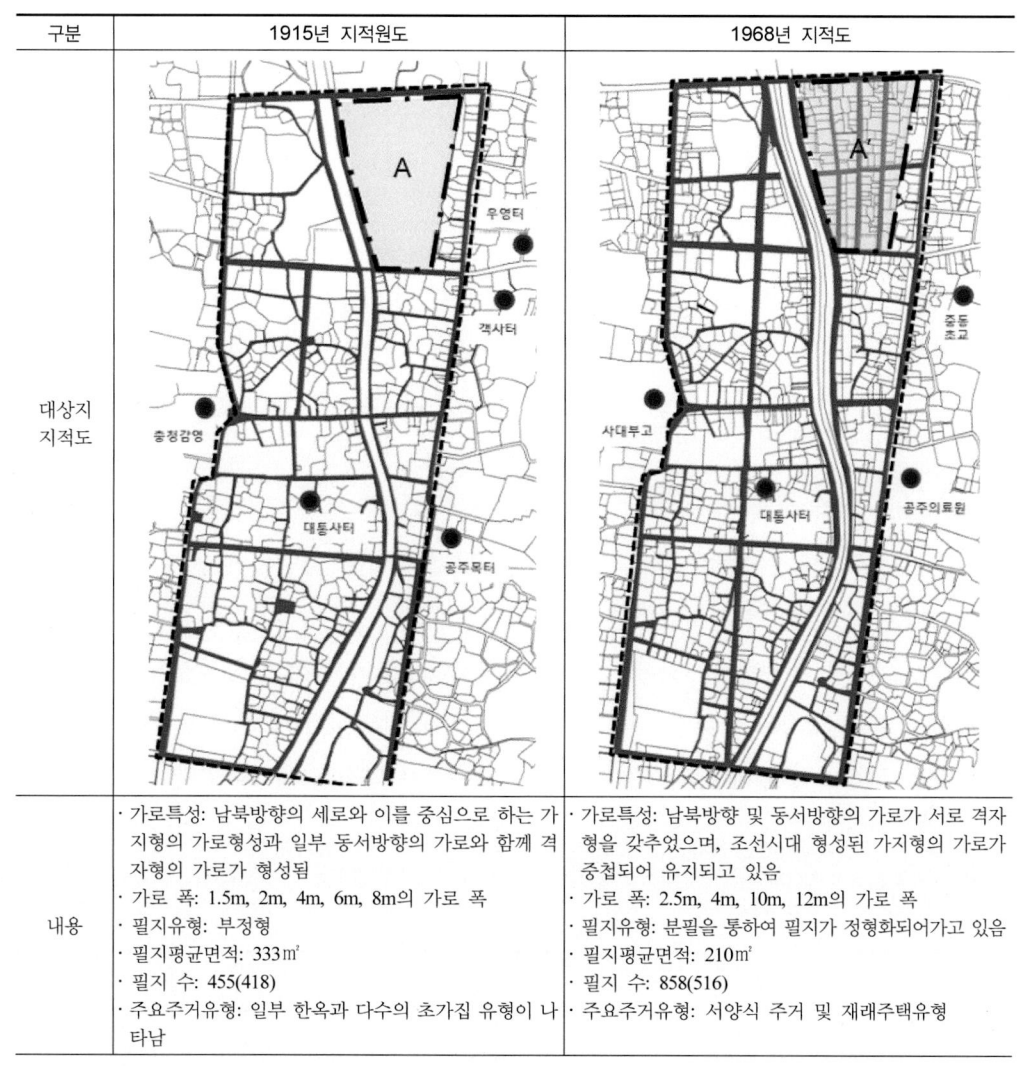 | |
| 내용 | · 가로특성: 남북방향의 세로와 이를 중심으로 하는 가지형의 가로형성과 일부 동서방향의 가로와 함께 격자형의 가로가 형성됨<br>· 가로 폭: 1.5m, 2m, 4m, 6m, 8m의 가로 폭<br>· 필지유형: 부정형<br>· 필지평균면적: 333㎡<br>· 필지 수: 455(418)<br>· 주요주거유형: 일부 한옥과 다수의 초가집 유형이 나타남 | · 가로특성: 남북방향 및 동서방향의 가로가 서로 격자형을 갖추었으며, 조선시대 형성된 가지형의 가로가 중첩되어 유지되고 있음<br>· 가로 폭: 2.5m, 4m, 10m, 12m의 가로 폭<br>· 필지유형: 분필을 통하여 필지가 정형화되어가고 있음<br>· 필지평균면적: 210㎡<br>· 필지 수: 858(516)<br>· 주요주거유형: 서양식 주거 및 재래주택유형 |

※ 참조 1: A지역은 1930년대 이후 공주 김갑순에 의해 개발된 지역으로 개발 초기 현재는 북쪽 산성동에 위치하는 재래시장으로 개발된 지역임.
※ 참조 2: ●표시는 1915년, 1968년 당시 대상지역의 주요 행정기관 및 교육기관으로 도시조직의 형성에 중요한 영향을 미치게 됨.
※ 자료: 1915년 공주지역 지적원도 및 1968년 공주지역 지적도는 국가 기록보관소 소재의 자료를 정리하여 분석하였음.
※ 참조 3: 박훈·정재용, 앞의 논문, 2009.05, p.254

※ 자료: 공주시, 공주의 옛 모습, 1996

〈그림 5-17〉 1900년대 초반 충남도청
앞 가로(현재의 사대부고 정면 가로)

사이에 두고 서로 마주보고 위치하였으며, 대통교를 중심으로 한 도로가 읍내에서 상징적으로, 그리고 기능적으로 중심기능을 했을 것으로 추정된다.[21] 1915년 지적원도를 통해 살펴보면 가로의 특성은 남북방향의 도로축이 주축을 이루고 있으며, 제민천 양측으로 가지형의 소로가 뻗어 있다. 주요 가로의 폭은 1.5m에서 8m에 이르는 규모의 가로 현황을 보이며, 대다수가 2m 규모의 소로를 중심으로 도시조직이 형성되어 있다. 그러나 그림 5-17과 같이 당시 감영 앞 주요 가로는 직선의 넓은 가로를 형성하고 있었음을 확인할 수 있다.

한편 필지 및 블록의 패턴을 살펴보면 다양한 유형 및 규모의 블록이 점차 분할되어 영세화 및 세분화되고 있으며, 필지의 유형 또한 비정형에서 정형으로 변화하고, 세분화되고 있음을 확인할 수 있다. 그리고 1930년대 이후 산성시장으로서 역할을 해온 A지역의 필지 및 블록 현황을 살펴보면 조성 당시의 필지와 블록의 규모 및 유형과 분할 특성을 확인할 수 있으며, 이는 이외 지역의 전통적인 도시조직 변화과정과 차이가 있다.[22]

### 건축유형의 변화

공주 구도심지역 중 특히 경제적, 행정적 그리고 문화적 측면에서 중심지역으로서의 역할을 해온 충청감영이 위치했던 중학동, 반죽동, 중동, 봉학동 지역의 건축물 변화양상은 표 5-6을 통해 확인할 수 있다. 공주 구도심지역에서도 특히 충청감영이 위치하였던 이 지역은 경제, 행정의 중심지로서 역할을 하였으며, 감영 전면에 흐르는 제민천으로 인해 양분된 도시공간에 다양한 행정기관과 상업시설이 밀집해 발전하였다.

---

21) 조선후기에 각 읍에서 편찬한 읍지(邑誌)를 모아서 엮은 전국 읍지인 「與地圖書」에 따르면 공주의 도로를 대로, 중로, 소로로 나누어 거리와 이름을 기록하고 있으며, 공주목지도에 표시된 도로는 대체로 대로와 중로 정도였을 것으로 추정되며 다음 표와 같다.

| 방향 | 도로명 | 종류 | 방향 | 도로명 | 종류 |
|---|---|---|---|---|---|
| 懷德界 | 儒城路 | 大路 | 大興界 | 車踰嶺路 | 大路 |
| 尼山界 | 敬天路 | 大路 | 千安界 | 車嶺路 | 大路 |
| 燕岐界 | 大橋路 | 中路 | 扶餘界 | 扶餘路 | 中路 |
| 公山界 | 公西院路 | 中路 | 溫陽界 | 角屹路 | 小爐 |

22) 박훈·정재용, 앞의 논문, pp.253-254

〈표 5-6〉 충청감영지역을 중심으로 하는 시가지의 변화상

| 구분 | 사진 | 특성 |
|---|---|---|
| 조선 후기<br>(1900년) | | · 중심부에 관찰사 건물과 포정사 앞으로 직선형의 중심가로와 좌우로 초가집들이 위치함 |
| 일제 강점기<br>(1920년) | | · 포정사 앞쪽으로 중심가로와 지붕개량이 다수 이루어진 주거가 형성됨<br>· 일부의 서양식 근대 건축물이 등장 |
| 현대<br>(1990년) | | · 사대부고가 중심부에 위치하며 중심가로가 확장되었으며, 다수의 현대식 주거 및 상업건축물이 위치하고 있음 |

※ 자료: 공주시 구도심지역의 옛날 사진자료는 공주시 옛 모습[23] 자료에서 인용.
※ 참조: 박훈·정재용. 앞의 논문. p.254

　　1900년대 초반까지 가치탐구의 대상지를 중심으로 하는 공주 구도심지역은 대부분의 건축물이 초가집의 소형건축의 형태를 갖추고 있었으며, 일부의 서양식 근대 건축물이 자리하게 되었다(그림 5-18 참조). 이와 같은 주요경관요소인 초가집 중심의 건축유형은 1930년대 이전까지 유지되어 왔다. 이와 함께 조선후기, 일제 강점기 들어서 공주구도심지역에는 일식주거가 다수 들어서기 시작하였으며,[24] 서양식 건축물 또한 이 지역을 중심으로 증가하기 시작하였다.[25] 표 5-6에서와 같이 조선후기, 일제 강점기, 그리고 현대에

---

23) 공주시. 공주의 옛 모습. 1996

24) 1900년대 들어서 공주지역에 점차 늘어나던 일본인 수는 1915년에는 1,560명, 1923년 1,605명, 1927년 1,921명, 1930년 1,994명, 1934년 1,416명, 1937년 1,412명으로 증가하고 있다. 1915년 공주 시가지 인구의 34%가 일본인이었으며, 이들이 거주하였을 것으로 추정되는 일식주거 및 서양식주거의 수를 짐작할 수 있다. 그러나 이는 대부분 소실되었으며, 현재 구도심지역을 중심으로 일부만이 남아 있는 실정이다. 한국의 근대와 공주 사람들, 공주문화원. p.136.

25) 공주시에는 당시 건축된 서양식 건축물 및 근대건축물 중 상당수가 소실되었지만(2000년 이후 소실된 건축물로는 대표적으로 구공제회관(1935), 영명학교 구본관(1921), 일광세탁소(1930년대) 등을 들 수 있다), 현재 중학동의 선

※ 자료: 문화재청, 근대 문화유산 목록화 사업, 2004

〈그림 5-18〉 1900년대 초반 기와지붕 사이에
서양식 건축물이 보이는 대상지역의 경관

이르기까지 공주의 중심시가지 도시경관은 급격한 변화를 겪게 되었으며, 역사도시로서 역사환경을 느낄 수 있는 건축물이 점차 훼손(소실)되어가는 특징을 보인다. 이와 같은 구도심지역의 도시조직을 중심으로 역사환경 변화 특성을 분석하였을 때, 오늘날 공주시는 역사도시로서의 가치제고를 위하여 적극적인 보전 및 관리방안의 수립이 요구된다.[26]

## 2) 부여

### 지리적 특성

한편 부여는 백제시대의 왕도로서 그 원형은 사비도성[27]이었으며, 평지의 왕성과 배후인 부소산에 도피산성의 역할을 할 수 있는 부소산성을 두었다. 초기 사비도성의 공간적

※ 자료: 윤준웅, 사진으로 본 부여의 백년, 1998

〈그림 5-19〉 부여지역을
가로지르는 백마강변의 풍경

범위는 부소산성을 배후로 평지에 왕궁(내성), 나성, 청마산성으로 이루어졌고, 외곽에 석성산성을 비롯하여 부산성, 성흥산성 등 방위 목적의 산성을 위요된 공간이었다. 사비도성의 가장 큰 특징인 나성은 서에서 남에 걸쳐 만류하는 금강을 자연참호로 하고, 남에서 동으로는 기복이 있는 산을 천혜의 장벽으로 하였는데, 산봉우리를 이어서 토축의 성벽을 쌓아 금강의 흐름과 서로 응하게 하였다.[28] 이와 같은 지리적 특성은 조선시대

---

교사주택(1921), 중동성당(1936), 구읍사무소(1920), 공주금융조합(1935) 등 일부의 서양식 근대건축물이 남아 있으며, 이는 공주시의 역사환경을 풍부하게 해주는 주요한 역할을 하고 있다. 그러나 보존을 위한 행정적 조치가 이루어지지 못해 이에 대한 보완책이 필요한 실정이다. 실제로 최근 2~3년 사이에 다수의 근대건축물이 소실된 바 있으며, 이와 같은 현상은 지속되고 있다.

26) 박훈 · 정재용, 앞의 논문, pp.253-254

27) 사비도성은 도성 내부가 비교적 얕은 구릉지와 평야로 구성되어 있어, 방어시설이 잘 구축되어 있다. 사비도성은 5부 5항으로 편제되어 있었고, 조방제라고 하는 바둑판형 가로망 계획에 의해 공간이 구분되었다.

28) 사비시기 방어체계는 도성과 나성, 산성의 관방체계로 이루어졌다. 즉 사비도성은 시가지의 중심축 북쪽에 부소산성이 있고 시가지 바깥으로 수도방비의 외곽시설인 나성이 있다. 그리고 사비나성의 외곽으로는 성흥산성, 석성산성, 청마산성, 증산성 등 산성들이 사방에 배치되어 있는 양상을 보인다.

제작된 다양한 고지도를 통해 확인할 수 있다. 또한 부여
는 백제도읍지로서의 기능을 다한 이후, 약 1,500여 년 동
안 일반도시로 발전되어왔기 때문에 당시의 고도읍지 영
역을 온전히 파악하는 것은 어려움이 있다. 부여군 도심
을 중심으로 서편에 남북으로 흐르는 백마강의 서쪽을
중심으로 역사환경이 형성되어 왔다(그림 5-19 참조). 특
히 그동안 여러 차례에 걸쳐 군(郡)의 영역이 확장되어 부
여군 전체를 역사도시로 보전하기에는 현실적으로 한계
가 있다. 부여는 1413년(태종 13)에 현이 설치된 이후,
1914년 군·면 폐합 이전까지 지방행정의 중심지로서 통
치, 군사, 교육, 종교 등의 목적에 필요한 관아가 옛 박물

〈그림 5-20〉 조선시대 부여현
지도(영·정조시대 추정)

관 일대를 중심으로 집중 배치된 읍성구조를 보인다. 부소산을 진산(鎭山)으로 하여 옛 박
물관(현 부여 문화재연구소)을 중심으로 한 곳에 여러 관아 시설이 밀집되어 있었음을 고
지도를 통해 알 수 있다(그림 5-20 참조).

일제 강점기 들어서 시행된 부여시가지계획 즉 '신도(神都)건설계획'은 1939년에 결정
되어 규암을 포함, 그 면적이 4,424만㎡이었다.

원 계획도면          실제 계획된 도면

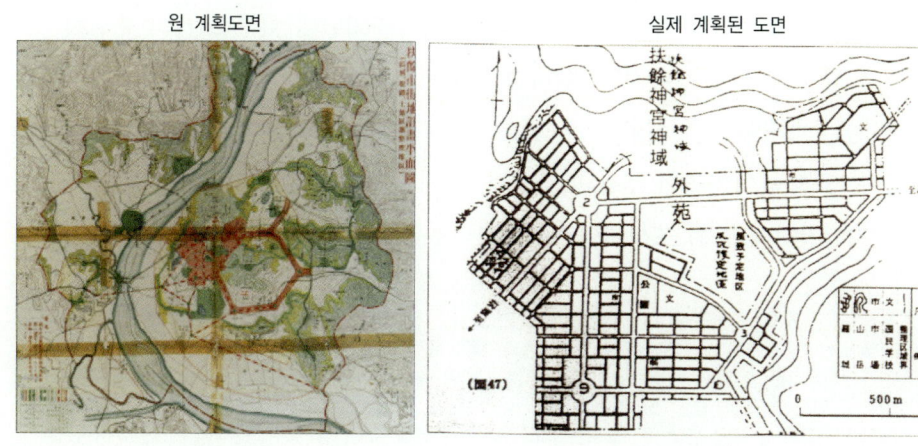

※ 자료: 사진으로 본 부여의 백년     ※ 자료: 손정목, 일제하 부여신궁조영과 소위 부여신도건설, p.149

〈그림 5-21〉 일제 강점기 부여의 토지구획 정리도

※ 자료: 사진으로 본 부여의 100년

〈그림 5-22〉 부여시가지 전경

그러나 실제 착수된 곳은 현재의 부여읍 시가지 지역이다(그림 5-21 참조).[29]

이상과 같은 특성은 당시의 정치·경제·사회적 영향에 의해 영향을 미치게 되었으며, 현재까지도 부여군지역의 주요 도시골격은 이 당시 조성된 형태를 기본으로 유지되고 있다. 오늘날 부여지역은 구도심지역 상당부분이 문화재구역, 고도지구 등으로 지정되어 건축적 규제 조치를 받고 있으며,[30] 이는 오늘날의 역사환경을 이루는 데 중요한 역할을 해왔다(그림 5-22 참조).

### 필지, 블록 및 가로체계를 중심으로 하는 도시조직의 변화

1900년대 초반 및 1960년대 중반 부여군 구도심 중심부의 도시조직은 다음 표 5-7과 같다. 조선시대 후반까지 형성되었던 가로의 특성은 동서 방향의 중심가로를 축으로 남북 방향의 가로가 교차하는 T자형의 가로와 함께 +자 형태의 가로가 주된 유형으로 나타나고 있음을 알 수 있다. 특히 이 지역은 과거 백제의 추정왕궁지와 함께 조선시대 부여관아가 위치하였던 지역으로 이에 대한 영향으로 기본적인 도시조직이 형성되었을 것으로 추정된다. 또한 이 지역을 중심으로 경제적, 정치적으로 도시의 중심 기능이 이루어졌으며, 민가가 형성되었을 것으로 추정할 수 있다. 그리고 1960년대 이후 도시의 중심시가지가 남서쪽으로 확장되어 갔으며, 이후 백마강 서쪽으로까지 영역이 확장되었다. 본 저서에서 다루고 있는 대상지역은 이와 같은 변화과정 속에서 점차 부여의 중심지역으로 자리를 잡아갔다. 현재 부여지역의 주요 도시골격으로 나타나는 가로의 형태는 일제 강점기 계획된 토지구획 정리에 의해 조성되었으며, 이는 오늘날 부여지역의 도시 형태를 갖추는

---

29) 부여 신도건설계획은 계획구역면적이 44,240,000㎡(1,338만평), 광장이 11개소, 계획가로가 37개 노선(대로 3류: 폭 25m(10개 노선), 중로 3류: 폭 20m(9개 노선), 중로 3류: 폭 15m(4개 노선), 중로 3류: 폭 12m(14개 노선))으로 제1지구 계획지역은 현재의 부여읍 지역 중 대부분 지역에 해당된다. 부여신궁조영 및 신도건설계획은 태평양전쟁의 발발로 공사가 부진되다 8·15광복이 되면서 중단되었다. 현재 도로 등 시가지가로망의 기본 골격이 어느 정도 갖추어진 단계이다. 현재의 읍내 주간도로는 이때 완성된 것인데 금성산을 일주하는 6각도로는 미완성으로 끝났다. 당시 백제대교 가설계획은 현재 위치보다 훨씬 강 아래였음을 알 수 있다. 일제에 의해 계획된 신궁도시계획도로 부여의 진산인 부소산 남록 현 삼충사 자리에 격식이 가장 높은 부여신궁을 건립하고 이를 중심으로 인구 10만의 신궁도시계획을 추진했다가 좌절되었다. 부여군, 부여 고도보존을 위한 예비조사, 2006, pp.80-81

30) 부여구도심지역의 지구 지정 현황을 살펴보면, '문화재보호법'에 의한 문화재구역이 6.52㎢ 지정되어 있고, 문화재영향검토권이 65.94㎢로 부여군 전체의 11.6%를 차지하고 있다. 그리고 미관지구, 최고고도지구 등의 '국토계획법' 상의 용도지구가 3.23㎢(0.5%) 지정되어 있다.

데 상당한 영향을 끼쳤다.

〈표 5-7〉 1915년 지적원도 및 1960년대 지적도 비교

| 구분 | 대상지 지적도 및 내용 |
|---|---|
| 1915년 지적원도 | <br>· 가로특성: 동서방향의 가로를 중심으로 남북방향의 세로가 교차하는 유형을 갖추고 있으며, 직선형 및 곡선형의 다양한 형태가 나타나고 있음<br>· 가로 폭: 1.5m, 2m, 2.5m, 4m의 가로 폭<br>· 필지유형: 부정형·필지 평균면적: 705㎡·필지 수: 96<br>· 주요주거유형: 다수의 초가집 유형이 중심을 이루고 있음 |
| 1960년대 지적도 | <br>· 가로특성: 남북방향 및 동서방향의 가로가 서로 격자형을 갖추었으며, 조선시대 형성된 가지형의 가로가 중첩되어 유지되고 있음<br>· 가로 폭: 1.2m, 1.5m, 3m, 4m, 5m, 16m의 가로 폭<br>· 필지유형: 분필을 통하여 대형필지가 세분화되어가고 있으며, 중심가로변 필지의 세장형화, 가구 내 필지의 정형화 현상이 나타나고 있음<br>· 필지 평균면적: 231㎡·필지 수: 370<br>· 주요주거유형: 재래주택 중심의 도시경관이 형성되고 있음 |

※ 참조 1: 1960년대 지적도를 통해 1920년대 계획된 부여시가지계획인 신도계획의 상당부분이 조성되고 있음을 확인할 수 있음.
※ 참조 2: ●표시는 1915년, 1968년 당시 대상지역의 주요 행정기관 및 교육기관으로 도시조직의 형성에 중요한 영향을 미치게 됨.
※ 참조 3: 조선시대에는 가로의 체계가 대로·중로·소로로 연결되었으며, 이는 경도(京都)를 중심으로 발달되었다. 부여군에는 대로는 존재하지 않았으며, 소로와 중로만이 존재하였다.
※ 자료: 1915년 부여지역 지적원도 및 1960년대 부여지역 지적도는 국가 기록보관소 및 부여군청의 자료를 정리하여 분석하였음.

## 건축유형의 변화

부여군 구도심지역 중 특히 조선시대 부여관아가 위치하였던 관북리, 구아리, 쌍북리 지역의 건축물 변화양상은 다음 표 5-8과 같다. 이 지역은 경제, 행정의 중심지역으로 역할을 하였으며, 부여로 진입하는 입구에 위치하여 접근성에 있어 장점을 지닌다. 1900년대 초반까지 가치탐구의 대상지역을 중심으로 하는 부여 구도심은 대부분의 건축물이 초가집의 형태를 갖추고 있었으며[32] 이는 1930년대 이전까지 지속되어 왔다. 이후 일제 강점기를 거쳐 건축물 유형이 변화하게 되었으며, 근대화를 거치면서 양옥 및 근대적 건축물이 다수를 이루게 되었다. 이와 같은 현상은 현재의 부여지역에 특별한 역사성을 해석

〈표 5-8〉 부여 왕궁터지역을 중심으로 하는 시가지의 변화상

| 구분 | 사진 | 특성 |
|---|---|---|
| 조선 후기 (1900년) | | · 동서축의 관아도로를 중심으로 초가집이 형성되어 왔음 |
| 일제 강점기 (1920년) | | · 우측의 부소산 기슭을 중심으로 100호 가량의 초가집이 존재하고 있음 |
| 현대 (1990년) | | · 관북리를 중심으로 하는 부여 구시가지 건축물 현황. 현대화된 건축물이 다수를 이루고 있음 |

※ 자료: 부여군 구도심지역의 옛날 사진자료는 《사진으로 본 부여의 백년》, 《부여군지》 등에서 인용하였음.[31]

---

31) 윤준웅 편저, 사진으로 본 부여의 백년, 모든기획, 1998

32) 여지도서(輿地圖書), 호서읍지(湖西邑誌)에 기록된 조선시대 부여의 가옥분포를 살펴보면 1759년(정조 13년) 이후로 408호, 1,695명에서 1871년(고종 8)에는 325호 1,546명으로 감소현상이 나타났으며, 동헌을 중심으로 동서 2리 이내의 호구 수는 1759년의 경우 201호 775명으로 현내면 호구수의 49%와 46%로 기록하고 있다. 또한 호서읍지(1871)의 경우도 동서 2리의 이내에 호구 수가 149호 697명으로 되어 있어 전체 호구의 46%와 45%로 나타나는 것으로 보아 조선시대 부여의 경우 호구가 현 부여초등학교-옛 박물관-옛 경찰서에 이르는 관아도로를 중심으로 형성되었다.

할 수 있는 건축물이 거의 전해지지 않는 양상으로 나타나게 된다.[33] 도시공간 특성상 경주에 비하여 유리한 지형적 특성을 가지고 있으나 왕도 이후 역사적 발전 과정에서 공주에 비하여 상대적으로 중요성이 덜함에 따라 주요한 도시적 기능과 역할에서 영향력이 적어진다. 또한 이는 경주에 비해 작은 형태적 특성을 보이며, 역사환경지역으로 가치를 확보할 수 있는 지역이 제한적인 특징을 보인다. 이는 부여지역이 공주에 비해 상대적으로 긴 왕도로서의 역할을 하였으나, 이후 역사적으로 공주의 주변도시로서 기능을 하며, 정치, 경제, 행정적으로 중요성이 덜한 데서 원인을 찾을 수 있다.

## 3) 경주

### 지리적 특성

신라의 수도였던 경주는 하나의 분지를 이루어 일찍부터 '서라벌'이라는 독립된 명칭으로 불렸으며, 이러한 서라벌의 의미는 산지에 둘러싸인 지금의 경주분지를 의미하였다. 경주분지는 월성을 중심으로 북쪽의 소금강산(178m), 남쪽으로 남산(466m), 남동쪽으로 낭산, 동쪽의 명활산(245m), 서쪽의 선도산(380m) 등으로 둘러싸여 있다. 그 사이에 서쪽의 남에서 북으로 흐르는 서천,

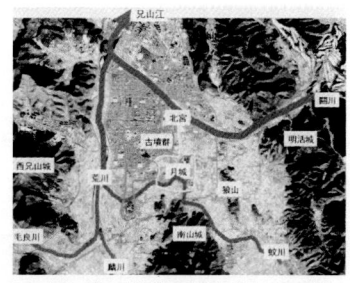

※ 자료: 경주지역 항공지도를 바탕으로 작성

〈그림 5-23〉 신라 왕경과 하천

북쪽의 동에서 서로 흘러 서천에 합류하는 북천, 남쪽의 동에서 서로 흘러 서천에 합류하는 남천에 의해 형성된 범람원과 충적평야, 그리고 선상지로 형성된 평지로 이루어져 있다[34](그림 5-23 참조). 경주 분지를 가로지르며 흐르고 있는 세 하천은 선사시대 이래 경주지역에 살았던 많은 사람들의 주거환경과 생활방식 나아가 도시구조를 결정짓는 제일의 요소가 되고 있다.

경주는 935년(고려 태조)에 처음으로 경주라는 이름을 갖게 되었고, 고려시대에는 지방

---

33) 부여군에서는 이에 대한 문제의 발효로 2008년 역사문화미관지구 안에서 전통한식 기와지붕으로 건축할 경우 보조금을 지원하는 조례를 제정하였다. 구체적인 공간적 범위는 성왕로, 계백로, 궁남로, 백강로, 사비로, 금성로 등 폭 25m의 대로변 6개 노선지역을 대상으로 한다.

34) 서천은 도심의 서측단(edge)을 형성하며, 북천은 도심부를 남북으로 이분하고, 남천은 도심 남쪽의 시가화지역을 경계 짓는 단(edge)의 역할을 한다. 남천, 서천, 북천은 경주 도심의 수변경관요소로서 역사성과 함께 오늘날 시각적 회랑으로서 기능을 한다.

※ 자료: 집경전구기도(1798년)

〈그림 5-24〉 경주읍성과 경주부

자치도시의 하나로서 전국 4대 도읍 중의 하나였으나 최전성기에 비해서 규모가 남북 2.4km, 동서 1.8km로 축소되었다. 이후 조선시대에는 옛 경주시의 약 1/4 규모로 더욱 축소되었으며, 현재 남아 있는 경주읍성[35]도 고려 현종 때 축성된 것으로, 조선시대에 이르러 현재와 같은 규모를 갖추게 되었다(그림 5-24 참조). 그리고 그림 5-25를 보면 신라왕경복원도와 집경전구기도를 통해 읍성의 구획과 신라왕경 간에 공간구획의 연관성을 확인할 수 있다. 이후 현재의 구시가지를 형성하는 중부동, 황오동, 황남동 등은 일제 강점기에 이르러 본격적으로 시가지를 형성하기 시작하였으며, 당시 철도와 포항-울산 간 도로가 개설되었다.[36]

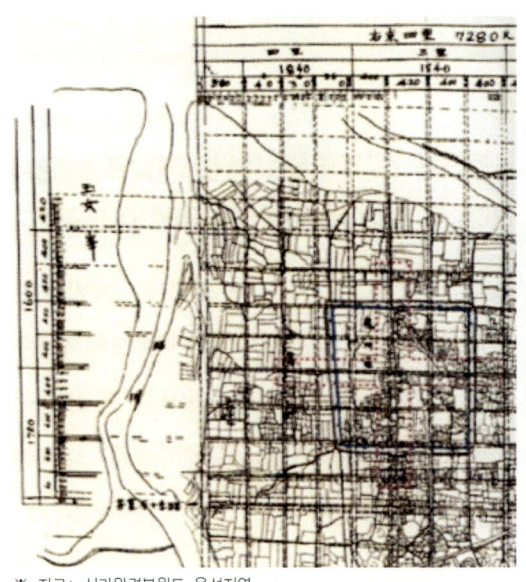

※ 자료: 신라왕경복원도 읍성지역

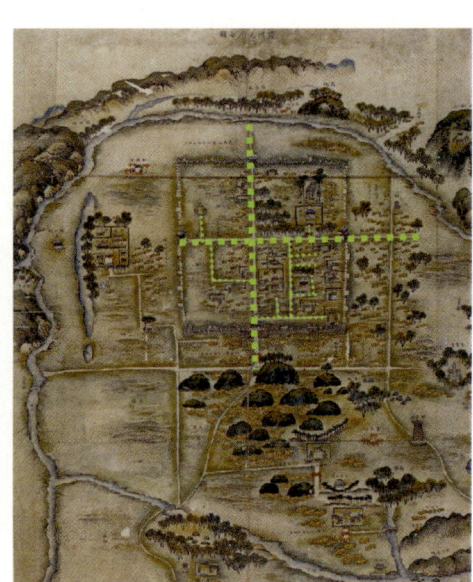

※ 자료: 집경전구기도 읍성지역

〈그림 5-25〉 경주읍내 전도의 주요가로

---

35) 경주는 고려시대 읍성이 축성되면서 이후 조선시대에 이르기까지 읍성지역을 중심으로 도시가 발전하게 되었으며, 다양한 역사환경이 조성되었다.

36) 지금까지 확인된 경주지역의 최초의 지도 가운데 하나인 1911년에 제작된 지도를 보면, 경주지역은 아직 신작로가 등장하지 않은 전형적인 조선시대 도로의 모습을 보이고 있으며, 일제 강점기를 거치면서 근대적 교통시설이 확충되게 된다.

경주시는 앞서 살펴본 공주시 및 부여군과 비교하여 상대적으로 넓은 평야에 위치하고 있다. 이와 같은 자연환경의 특성은 1,000년 신라 역사의 중요한 환경적 요소로 역할을 하게 되었다. 경주에는 역사환경이 다수 보존되어 있으며, 건축적 특성 또한 다양성을 확인할 수 있다.

### 필지, 블록 및 가로체계를 중심으로 하는 도시조직의 변화[37]

신라왕경복원도와 집경전구기도를 통해 분석하면, 경주읍성에 형성된 가로 중에서 중심간선도로의 형태는 신라왕경의 가로 구성과 연관되며, 비슷한 위치에 형성되어 있었고, 오늘날 '봉황로'라 불리는 남북도로와 '북성로'라 불리는 동서도로가 방형구획과 비슷한 위치임을 도면분석을 통해 확인할 수 있다(그림 5-25 참조). 이를 바탕으로 분석한 1900년대 초반과 1960년대 중반 경주시 구도심지역의 도시조직 현황은 표 5-9와 같다. 대상지역은 앞서 설명한 바와 같이 기본적으로 신라시대의 토지구획이었던 정방의 구조를 유지하고 있으며, 또한 고려 및 조선시대의 읍성지역으로 읍성의 기본구조[38]의 이중구조를 형성하고 있다. 읍성 내부는 중앙의 +자 가로를 기준으로 격자형의 가로 형태를 유지하고 있다.[39] 1915년 지적원도를 통해 살펴보면 가로의 특성은 동서남북 방향의 격자형 도로를 주축으로 이루고 있으며, 이를 중심으로 가지형의 가로가 뻗어 있음을 확인할 수 있다. 주요가로의 폭은 1.5m에서 9m에 이르는 규모의 가로 현황을 보이며, 2.5m 규모의 소로를 중심으로 도시조직이 형성되어 있다. 대상지역 가로패턴의 기본원리는 신라시대 조성된 정방의 형태에 고려, 조선을 거치며 형성된 당시의 가로가 서로 중첩되어 오늘에 이르고 있다.

---

37) 특히 경주의 경우 일제 강점기 이후 도시변화를 고찰하기 위해서는 도로의 개설, 필지의 변화, 경관의 변화, 철도의 개설, 도시기능의 변화 등이 중요하게 논의되어야 한다.

38) 읍성의 유형은 축성시기에 따라 유형화할 수 있다. 고려시대 조성된 읍성은 치소성을 활용한 읍성유형으로 '조선왕조실록'과 각종 지리지를 통해 확인할 수 있다. 이는 조선초기에서 시기가 경과할수록 그 수가 감소하는 특징을 보이며, 산성인 고려 치소성을 활용한 결과 읍성은 대개 높지 않은 산 내지 구릉에 위치하여 산성 또는 평산성의 형태를 갖는다. 한편 고려 말 이래 신축된 읍성의 경우 조선 초기까지 꾸준히 증가되어 조선 초기 읍성의 대부분을 점하게 된다. 이들 읍성은 성벽 전체 혹은 대부분이 평지에 놓여 있어 평지성 내지 평산성의 입지 형태를 보이며 대개 고려 치소성 인근에 위치하고 모두 외관(外官)이 파견된 지역에만 축조되었을 뿐, 속현에는 쌓아지지 않았다. 읍성의 조성 현황은 고려전기 현종 때 조성된 成淸河 외 13개에 이르며, 고려후기 공민왕 때 조성된 청하읍성 외 28개, 조선 세종대 곤남성 외 17개 등이 주요 내용으로 설명할 수 있으며, 이 외 다수의 읍성이 정치·경제·사회적 원인으로 축성되었다.

39) 고려 현종 3년에 축조되었을 것으로 추정되는 경주읍성 안의 간선도로는 성의 문이 3개인 문종원년까지는 동문과 서문을 연결하는 도로와 남문에서 동·서문 간 도로를 연결하는 도로로 이루어져 있었음을 추정해 볼 수 있고, 그 이후 북문이 세워지면서 남문과 북문을 잇는 간선도로가 생겨 '+'자형 도로로 바뀐 것으로 설명할 수 있다. 문종실록 권9 원년

<표 5-9> 1915년 지적원도 및 1960년대 지적도 비교

| 구분 | 1915년 지적원도 | 1968년 지적도 |
|---|---|---|
| 대상지<br>지적도 | | |
| 내용 | · 가로특성: 신라 때 조성된 동서 및 남북방향 격자형의 골격을 기본으로 하며, 읍성의 영향으로 생겨난 가로 구조와 가지형의 자유로운 가로가 다수 나타나고 있음<br>· 가로 폭: 1.5m, 3m, 4m, 6m, 9m의 가로 폭<br>· 필지유형: 부정형<br>· 필지평균면적: 347㎡<br>· 필지 수: 849<br>· 주요주거유형: 일부 한옥과 다수의 초가집 유형 | · 가로특성: 동서 및 남북 방향 격자형의 기본골격을 유지하고 있으며, 일제에 의해 형성된 남북방향의 봉황로가 조성. 조선시대 조성된 가지형의 가로가 다수 유지되고 있음<br>· 가로 폭: 2.5m, 4m, 10m, 12m의 가로 폭<br>· 필지유형: 분필을 통하여 필지가 정형화(정방형 및 세장형) 되어가고 있음<br>· 필지평균면적: 260㎡<br>· 필지 수: 2007<br>· 주요주거유형: 도시한옥 및 재래주택유형 |

※ 참조 1: ●표시는 1915년, 1968년 당시 대상지역의 주요 행정기관 및 교육기관으로 도시조직의 형성에 중요한 영향을 미치게 됨.
※ 참조 2: 1909년 '양무당'을 법원이 전용하였으며, 1907년부터 '객사'는 공립경주보통학교로 전용됨.
※ 자료: 1915년 경주지역 지적원도 및 1960년대 경주지역 지적도는 국가 기록보관소, 경주시청의 자료를 정리하여 분석하였음.

한편 필지 및 블록의 패턴을 살펴보면 다양한 유형 및 규모의 블록이 점차 분화되어 영세화 및 세분화되고 있으며, 필지의 유형 또한 비정형에서 정형(정방형 및 세장형[40])으로 변하며, 세분화되고 있음을 확인할 수 있다. 한편 1900년대 들어서면서 경주시 지역에

40) 가구 내 필지의 경우 정방형으로 가로에 인접한 필지의 경우 세장형으로 변화하는 특성이 나타난다.

본격적인 신작로가 조성되기 시작하였으며, 일식주거 및 서양식 근대건축물이 들어서기 시작하였다.[41] 그리고 다수의 도로가 정비되기 시작하였다. 그림 5-26과 같이 당시 신작로가 조성되는 등 발전이 있었으며 주변건축물의 경우 기와지붕의 주거가 점차 증가하고 있음을 알 수 있다.

※ 자료: 국역 경주군, 김기조 譯, 2008, p.601

〈그림 5-26〉 1920년대 경주읍 본전통 현황

### 건축유형의 변화

경주 구도심지역 중 특히 고려시대 이후 경주의 중심지역으로 역할을 하였던 현 서부동, 북부동, 동부동, 노동동 지역의 건축물 변화양상은 다음의 표 5-10을 통해 확인할 수 있다. 경주 구도심지역에서도 특히 읍성이 위치하였던 대상지역은 이후 경제, 행정의 중심지역으로서 역할을 하였으며, 오늘에 이르고 있다. 특히 오늘날 위 지역을 중심으로 하는 구시가지 지역은 주거 및 상업지역으로 경주시의 중요한 건축적 차원의 특성을 파악할 수 있는 지역이며, 또한 경제 및 상업의 중심지역으로 다양한 역사·문화적 가치를 찾을 수 있는 지역이기도 하다. 다음 표에서 설명하는 바와 같이 조선후기까지 초가집 중심의 도시경관은 일제강점기 들어서도 크게 변화하지 않았으나, 이후 근대화를 거치면서 도시경관이 변화하게 된다. 그리고 그림 5-27과 같은 근대적 건축물이 다수 존재하였지만, 오늘에 와서는 대부분 소실되었으며, 일부의 건축물만이 존재하고 있다.[42] 또한 읍성 내부의 대형필지로 남아 있

※ 자료: 국역 공주군, 김기조 譯, 2008, p.621

〈그림 5-27〉 1912년대 세워진 서양식 건축물(山口醫院)

---

41) 1922년부터 1931년까지 10년간 경주군내 인구 변화를 보면 조선인이 153,928명에서 167,967명으로 증가율이 낮으나, 일본인은 1,970명에서 2,786명으로 상대적으로 높은 증가율을 보인다. 그러나 앞서 살펴본 공주시와 비교해서 차이가 크게 나타난다. 이는 오늘날 경주시 구도심지역에 일식주거가 거의 남아 있지 않는 것과 연관성을 설명할 수 있다. 국역 경주군, 김기조 驛, 경주문화권·경주시, 2008, p.64

42) 1935년 실시된 '조선국세조사보고'에 의하면, 경주면 거주 일본인 1,294명 중 68%인 879명이 중심부 5개리에 거주하고 있었다고 기록되어 있으며, 1937년도를 기준으로 할 때 경주군 전체에는 2,858명이 거주하고 있어 군 전체 일본인의 31%가 읍내 중심부에 거주하고 있음을 확인할 수 있다. 이들은 점차 일본풍의 도시경관을 형성해 나갔으나, 오늘날 대상지역에서는 일인 주택 및 근대건축물이 대부분 소실된 상태이다.

던 지역이 1920년대 이후 주거지로 개발되면서 도시형 한옥주거가 일시에 들어서는 변화를 맞게 되었으며, 이는 오늘날 경주시 구도심지역의 주도적 경관요소로 역할을 하게 되는 계기가 되었다. 이상 살펴본 바와 같이 1900년대 들어서(특히 1960년대 이후) 경주시 지역의 건축적 특징은 타 도시와 비교하여 현대화된 한옥주거군이 존재하는 데서 차이를 들 수 있다.[43)]

〈표 5-10〉 경주읍성지역을 중심으로 하는 시가지의 변화상

| 구분 | 사진 | 특성 |
|---|---|---|
| 조선 후기<br>(1900년) | | · 경주읍 중심지역은 대부분 초가집을 중심으로 도시가 형성되어 있으며, 일부의 한옥이 나타나고 있음 |
| 일제<br>강점기<br>(1920년) | | · 봉황로에서 바라본 읍성지역 전경. 당시까지도 초가지붕의 유형이 다수를 차지하고 있음 |
| 현대<br>(1990년) | | · 1900년대 후반 들어서 경주읍 지역은 한옥 및 양옥 등 현대화된 건물로 변화하였으며, 다양한 행정 및 제도적 지원을 통해서 전통역사환경을 유지할 수 있도록 유도하고 있음 |

※ 자료: 경주시 구도심지역의 옛날 사진자료는 국역 경주군,[44)], 경주시사[45)], 경주 쪽샘지역 생활문화 실태연구,[46)] 경주시지[47)] 외 다수의 자료에서 인용하였음.

---

43) 경주시는 한옥주거지원에 대한 조례제정을 통해 역사환경으로서 도시경관을 보전하기 위한 노력을 지속해 왔으며, 이는 오늘날 가시적인 성과로 나타나고 있다.
44) 김기조 역, 국역 경주시, 경주문화원·경주시, 2008
45) 경주시사편찬위원회, 경주시사, 2006
46) 경주시·영남대학교 민족문화연구소, 2006
47) 경주시, 경주시사 편찬위원회, 2006

# 3. 역사환경(요소)의 특성

## 1) 공주

### 가로체계

대상지의 가로체계를 살펴보면 남북방향의 웅진로와 제민천을 중심으로 주요가로가 형성되어 있으며, 이와 함께 동서방향의 가로가 격자형으로 구성되어 있다. 대로의 폭은 20m에 이르며 중로는 10m 내외의 폭을 이룬다. 동서방향의 사대부고정면의 가로는 조선시대 대표적인 중심가로로서 T자형의 유형이며 웅진로까지 직선의 패턴을 보이고 있다. 또한 대상지에서 나타나는 주요 가

〈그림 5-28〉 대상지역에 넘아 있는 조선시대 형성된 소로

〈표 5-11〉 1900년대 이후 시대별 가로의 변화 특성

| 구분 | 가로 유형 | 특성 |
|---|---|---|
| 1915년 지적 원도 | | · 감영을 중심으로 격자형의 주가로가 형성되고 블록 내부에는 남북방향의 곡선형 및 가지형의 소로가 발달하였음<br>· 다수의 막다른 가로가 존재하고 있음 |
| 1968년 지적도 | | · 막다른 가로가 지속적으로 유지되고 있음<br>· 일부 소로가 격자형의 직선가로로 변화·발달함 |
| 2004년 지적도 | | · 현대에 와서는 전체적으로 격자형의 가로가 틀을 갖추어 발달하고 있으며 내부의 소로를 통한 접근이 이루어지고 있음 |

※ 자료: 공주 사대부고 전면지역의 가로 변화
※ 범례: ▬▬▬ 소로, ▬▬▬ 중로

〈그림 5-29〉 사대부고 정면의
주요가로

로의 유형은 +자형 가로, T자형 가로 등으로 유형분류를 할 수 있다. 한편 이와 함께 나타나는 곡선형의 가로유형은 조선시대에 형성된 가로이며, 소로의 직선형의 가로는 조선후기와 일제 강점기에 형성된 가로로 조성되어 있으며, 대상지의 중로 및 대로는 근대 이후 확장되어 오늘에 이르고 있으며(그림 5-28, 5-29 참조), 구체적인 변화양상을 살펴보면 표 5-11과 같다.

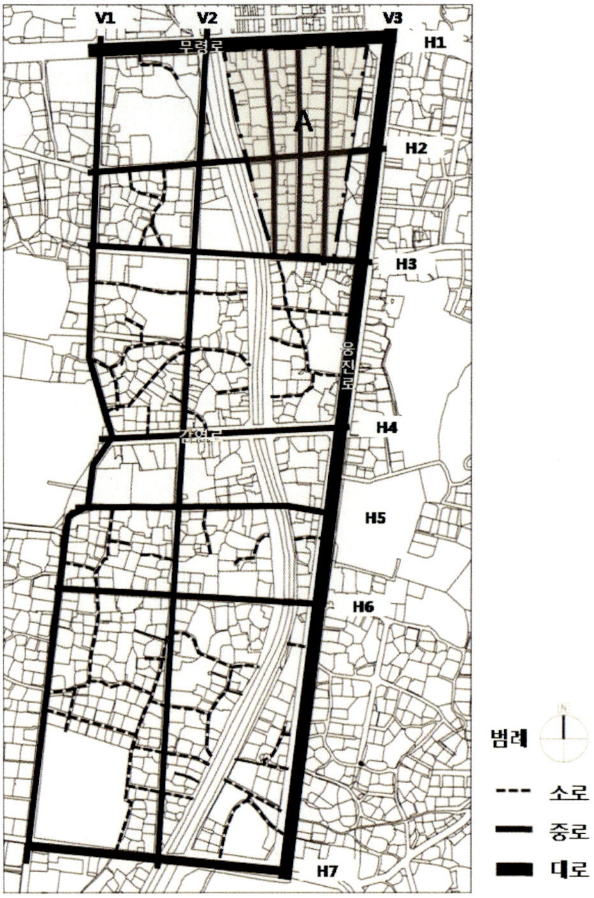

앞서 살펴본 1915년의 가로와 그림 5-30의 2005년도 가구 형태를 비교하면 상당히 많은 가로가 직선화되고 격자형의 가로로 변화하였음을 알 수 있다. 이는 조선시대에 형성된 자연발생적인 가로체계에 일제 강점기의 격자형 가로체계가 덧씌워진 형태로 설명할 수 있으며 상대적으로 정형의 격자형 블록과 함께, 블록 내부에서는 필지의 접근로 역할을 하고 있는 긴 통과골목과 막힌 골목이 다수 형성되어 필지로의 진입을 가능하게 하였다. 그리고 이와 연계하여 비정형적인 필지체계가 블록 내부에 조직되었음을 알 수 있다. 또한 조선후기부터 나타나는 주요가로망의 직선화 경향은 세로(細路)들이 가지형[48]으로 주변 환경에 적응하는

범례

- - - 소로
━━ 중로
▬▬ 대로

※ 자료: 2005년 공주시 수치지도

〈그림 5-30〉 대상지의 가로, 블록, 및 필지의 현황

---

48) 가지형의 가로유형은 국내 전통주거지에서 주로 나타나며, 특히 공주 구도심지역과 같이 좁고 긴 지형에 적합하다.

구성방식이었는데 반하여 현재의 가로망들은 주요 가로망뿐만 아니라 세부 가로까지도 직선화되어 가구 형태도 격자화되는 것을 확인할 수 있다. 그림 5-30 도면에서 확인되는 바로는 대상지 내 상당수의 세로들이 조선시대의 형태를 유지하면서 블록 내 골목을 형성하고 있음을 알 수 있다.[49]

### 필지 및 블록체계

### (1) 필지 특성

대상지의 필지규모를 살펴보면 다양한 규모의 필지가 개발되었음을 알 수 있다. 필지의 규모는 101~150㎡의 필지가 가장 많이 분포하고 있으며, 51~100㎡의 필지가 다음을 차지하고 있다. 그리고 이외에도 다양한 크기의 필지가 개발되어 있음을 알 수 있으며, 이들의 평균 규모는 180㎡에 이른다(표 5-12 참조).[50] 이와 같이 필지의 면적 분포가 나타나는 데는 지속적인 필지의 세분화에서 원인을 찾을 수 있으며, 이로 인해 전반적으로 고도지역의 영세화가 우려되고, 특히 문화재 주변지역은 이로 인한 환경적 문제 또한 제기된다.[51]

〈표 5-12〉 대상지 필지 면적비율

| 면적(㎡) | 수량 | 비율(%) |
|---|---|---|
| 10~50 | 41 | 5.5 |
| 51~100 | 153 | 20.3 |
| 101~150 | 178 | 23.6 |
| 151~200 | 145 | 19.3 |
| 201~250 | 84 | 11.2 |
| 251~300 | 51 | 6.8 |
| 301~350 | 33 | 4.4 |
| 351~400 | 18 | 2.4 |
| 401이상 | 50 | 6.6 |
| 계 | 753 | 100 |

---

49) 박훈·정재용, 앞의 논문, pp.254-255

50) 필지의 규모는 1900년대 초반부터 중반 그리고 현대사회에 들어서서 점차 규모가 작아지고 있음을 알 수 있다. 이는 도시화의 과정에서 주거밀도가 높아지고 토지효율을 높이는 정책 및 계획이 지속되면서 나타나는 현상이다.

51) 공주시 고도범위 전체를 살펴보았을 때 전체 필지의 14.9%가 50㎡ 미만으로 조사되었으며, 8.8%가 100㎡ 미만으로 조사되었다. 2000년 1월부터 2006년 5월까지의 공주시 토지분할합병 허가 대장 자료 참조

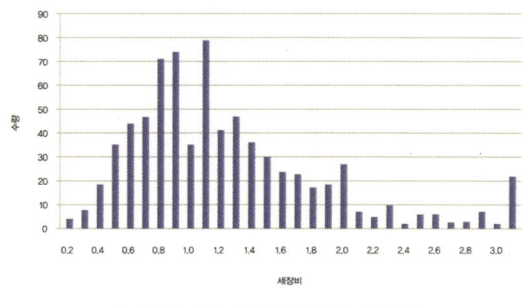
〈그림 5-31〉 대상지 필지의 세장비

한편 대상지역의 필지 세장비는 다음 그림 5-31과 같이 조사되었으며, 세장비 1.0 내외의 정방형의 필지유형이 다수를 차지하고 있음을 알 수 있다. 그리고 가로변 필지를 중심으로 세장비 1.4 이상과 0.7 이하의 세장형 필지 또한 다수 존재하고 있음을 알 수 있다. 이는 사례대상지가 조선후기 및 일제 강점기 상당수의 일본인이 거주하였던 지역으로 당시 일본인의 주거유형과 연관성을 가지고 있다고 볼 수 있다.[52] 그리고 세장비 1.0 내외의 대다수 정방형의 필지는 근대화 이후 조성된 필지가 다수를 이루며, 국내 재래주택이 근대화되어가는 과정에서 나타나는 형태적 특성과 연관성을 가지고 있다. 대표적으로 1900년대 초반부터 최근에 이르기까지 필지의 분화 및 변화 특성을 비교하면 다음 표 5-13과 같다. 가로변

〈표 5-13〉 1900년대 이후 시대별 필지의 변화 특성

| 구분 | 필지유형 | 특성 |
|---|---|---|
| 1915년 지적 원도 | | · 가로변을 중심으로 주거지역이 형성됨<br>· 다양한 필지 형태가 유지되고 있음 |
| 1968년 지적도 | | · 가로변이 짧고 깊이가 깊은 세장형 필지로 분화됨<br>· 점차 필지의 형태가 정형화되어감 |
| 2004년 지적도 | | · 세장형 필지가 정방형 필지로 분화<br>· 필지의 영세화가 가속화됨 |

※ 자료: 공주 사대부고 전면 도로변(감영로)

---

52) 당시 일본인의 대표적인 주거유형으로는 정가(町家)형으로 전면이 짧고 깊이가 깊은 세장형의 도심형 주거유형이 다수를 차지하였으며, 이는 필지의 유형과도 연관을 갖고 개발되었다.

을 중심으로 주거지역이 형성되어 발달한 필지는 점차 세장형의 필지로 분화되었으며, 이후 블록 내부 가로가 발달하면서 정방형의 필지로 세분화되어가는 현상을 발견할 수 있다. 이와 같은 변화양상은 당시 공주시 지역의 주된 거주민의 거주양상과 거주문화 등이 필지의 형태에 반영되어 형태학적으로 나타나는 특성으로 볼 수 있다.

### (2) 블록 특성

현재 공주시 구도심지역, 특히 가치탐구의 대상지역은 웅진로, 무령로, 감영로 등의 중심가로를 기본으로 격자형의 블록패턴을 보인다. 이는 1900년대 이전 조선시대 후반부터 현대에 이르기까지 공주시의 근대화 과정에서 생겨난 블록 유형이다. 이들 대상지역의 대다수 블록과 1900년대 중반에 재래시장으로 개발되었던 그림 5-30. A지역은 같은 도시공간에 위치하면서도 개발시기와 목적에 따라 다른 유형으로 개발된 특성을 확인할 수 있으며, 형태적으로 상호 비교 가능한 특징을 지닌다. 한편 대상지 블록의 면적을 살펴보면 5,000㎡ 이하의 규모가 45.8%로 주를 이루며 그 이상 규모를 보이는 블록 또한 다수 확인되었다. 특히 그림 5-30 A지역의 블록 크기가 작게 나타났으며, 이는 효율성을 고려한 근대적 블록개발 계획을 통해 개발되어 자연발생적으로 생성된 기존의 블록구조와 다른 특징을 보인다고 볼 수 있다(표 5-14 참조).

〈표 5-14〉 대상지 블록 면적비율

| 면적(m²) | 수량 | 비율(%) |
|---|---|---|
| 1,001~3,000 | 6 | 25.0 |
| 3,001~5,000 | 5 | 20.8 |
| 5,001~7,000 | 2 | 8.3 |
| 7,001~9,000 | 3 | 12.5 |
| 9,001~11,000 | 3 | 12.5 |
| 11,001~13,000 | 2 | 8.3 |
| 13,001 이상 | 3 | 12.5 |
| 계 | 24 | 100.0 |

대상지역 주요 블록의 세장비를 살펴보면 구도심 대다수의 블록 세장비가 1과 2 사이의 세장비를 보이고 있다. 그리고 이와 비교하여 1930년대 이후 개발된 A지역 블록의 세장비는 대다수가 세장비 2.6 이상으로 개발되었음을 알 수 있으며, 이를 통해 구도심지역의 전

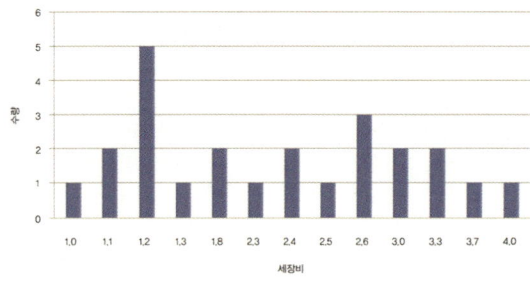

〈그림 5-32〉 대상지 블록의 세장비

형적인 블록패턴의 특성 파악이 가능하다(그림 5-32 참조). 한편 격자형 주요가로에 의한 블록 외에 오랜 시간 구도심 지역에 누적되어 이어져 온 소로를 통해 다양한 유형의 세부 블록들이 형성되어 있으며, 그 형태가 오늘날까지 지속적으로 유지되고 있음을 확인할 수 있다.

근대적 도시계획이 시행되기 이전에 이미 1900년대 초반부터 대상지역을 중심으로 체계적인 가로가 개발되고, 격자형 가로가 주요가로의 역할을 하며, 곡선형의 소로가 블록 내부 필지로의 접근가로 역할을 하는 특성을 역사도시 공주에서 볼 수 있다.

## 건축적 특성

### (1) 건축용도 및 유형

한편 대상지역 건축물 용도는 단독주택을 중심으로 하는 주거와 상업시설 그리고 교육시설 등 다양한 용도가 복합적으로 위치하고 있으며, 분포 현황은 그림 5-37과 같다. 그리고 건축유형 중 주거시설은 시대의 특성을 반영하는 용도로 역사환경으로서의 중요한 가치를 지니며 따라서 일식주택, 재래주택, 그리고 양옥으로 세분화하여 조사하였다.[53]

먼저 대상지에서 살펴볼 수 있는 주거유형 중 정가형의 일식주거는 전체 702동 중에 7세대로 1.0%로 조사되었다(그림 5-33 참조). 정가형 주택은 일본의 전통 도시주택인 정가와 같은 유형의 주택으로 1층 또는 2층이며, 구조는 목구조이다. 일제강점기 충남도청 전면가로를 중심으로 좌우지역이 주로 일본인 거주지역이 형성되었으며, 일인들이 일식주택을 짓고 거주하였다고 분석되고 있다. 그러나 현재 다수의 일식주택은 소실되었으며, 오늘날까지 소수만

〈그림 5-33〉 공주시 구도심지역의 일식주거(공주시 중학동 162-1번지)

---

53) 본 저서의 대상지역은 전통적으로 주거시설이 위치하였던 지역으로 주거용도의 건축물은 대상지역 역사환경의 가치를 더욱 풍부하게 하는 특성을 지닌다. 또한 가치설정을 위한 인지요소 도출에서 '시대를 대표하는 건물(군)', '한 문화를 대표하는 전통적 정주지', '지역을 대표하는 건물(군)' 등의 요인이 주요 요인으로 도출되었다. 이에 본 연구에서는 대상지역에서 주도적으로 나타나고 있는 일식주거, 재래주택 및 양옥으로 세분화하여 조사하였다.

이 남아 있다. 이는 근대화 과정에서 대부분 재래주택이나 양옥으로 개축된 것으로 파악되었다.

그리고 1950년대에서 1960년대에 걸쳐 주로 개발된 재래주택은 목구조로 지어진 도시한옥형 또는 전통민가형의 주택을 의미하며, 구도심의 재래주택들은 마당을 중심으로 ㄱ자 또는 ㄷ자형의 중정형 배치를 갖는 것이 특징이다.[54] 대상지에서 나타나는 재래주택의 현황은 총 124세대로 파악되었으며, 이는 전체 건축물 현황 중 17.7%에 이른다(그림 5-34 참조). 한편 1960년대 후반에서부터 1980년대에 걸쳐 민간주택업자에 의해 일정한 유형으로 개발된 주거유형인 양옥은 주로 벽돌의 조적조와 지붕은 목조지붕틀 또는 슬라브구조로 개발되었다(그림 5-35 참조). 구도심지역의 양옥은 초기에 주로 단층으로 지어졌으며, 후기에는 2층, 간혹 3층으로 지어졌다. 또한 중정형으로 개발되었던 재래주택과는 달리 전면 혹은 후면에 마당을 둔 방식으로 개발된 것이 일반적인 유형이다. 대상지에서 나타나고 있는 양옥주택의 현황은 총 305세대로 전체 건축물 중 43.5%를 차지한다. 현재 공주구도심을 구성하고 있는 저층의 주거건축은 이와 같은 특성을 고려하였을 때 양옥주거가 구도심지역의 주경관요소를 형성하고 있음을 알 수 있다(그림 5-36 참조).

〈그림 5-34〉 공주시 구도심지역의 재래주택(공주시 봉황동 120-2번지)

〈그림 5-35〉 공주시 구도심지역의 양옥주택(공주시 중학동 121-2번지)

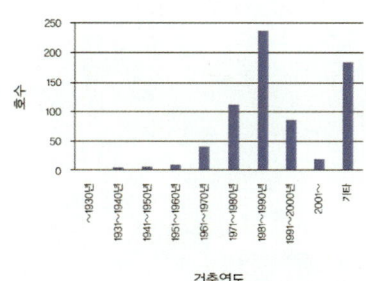

〈그림 5-36〉 대상지역 건축용도별 현황

이상의 주거건축과 함께 대상지역 건축물의 용도를 종합적으로 살펴보면 다음 표 5-15와 같다. 다수의 건축 현황을 보이는 단독주택의 경우 435세대로 전체 비율이 62%에 이르며, 평균연면적은 61.3㎡으로 조사되었다. 그리고 근생용도의 시설이 30.3%의 비율로 다음을 차지하고 있으며, 업무시설, 교육시설, 문화시설 등의 순으로 조사되었다.

54) 한필원, 대전 구도심 주거지의 필지체계 및 주택유형에 관한 조사연구, 대한건축학회논문집(계획계) 20권 4호(통권 186호), 2004.04, p.196

<표 5-15> 용도별 건축물 현황

| 구분 용도 | 건축물 | | 연면적 (㎡) | 평균연면적 (㎡) |
|---|---|---|---|---|
| | 동수(동) | 비율(%) | | |
| 공동주택 | 3 | 0.5 | 2166.6 | 722.2 |
| 교육시설 | 9 | 1.3 | 988.3 | 109.8 |
| 근린생활시설 | 51 | 7.3 | 16109.4 | 315.9 |
| 단독주택 | 435 | 62.0 | 26667.6 | 61.3 |
| 문화시설 | 6 | 0.8 | 5143.1 | 857.2 |
| 업무시설 | 10 | 1.4 | 9313.5 | 931.4 |
| 1종 근생 | 93 | 13.3 | 20130.0 | 216.5 |
| 2종 근생 | 68 | 9.7 | 12254.9 | 180.2 |
| 기타 | 27 | 3.7 | 2518.2 | 93.3 |
| 계 | 702 | 100 | 95,291.6 | 3,487.8 |

※ 현지답사를 통해 조사·분석하였음.

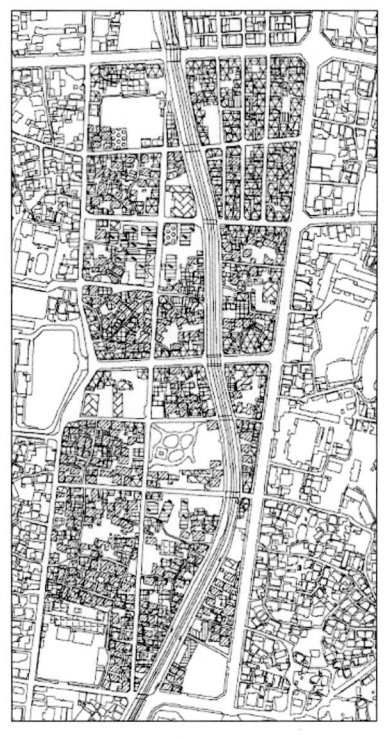

범례
일식주택
양옥
재래주택
교육시설
업무시설
공동주택
근린생활시
문화시설
기타

<그림 5-37> 대상지의 건축 유형

이상 살펴본 바와 같이 공주시 구도심 지역에 나타나는 다양한 건축물군을 통해 파악할 수 있으나 역사도시로서 '시대를 대표하는 건물(군)', '전통적주거지', '지역을 대표하는 건물(군)' 등 현대인이 인지하고 있는 역사도시의 특성과는 차이가 있음을 확인할 수 있다. 이미 근대화 과정에서 역사도시로서 관리되어온 경주시의 경우 조례의 제정을 통한 한옥주거로 신축 및 개·보수를 지원하는 행정적 절차는 공주시 또한 적극적으로 고려할 필요가 있다고 본다.[55]

---

55) 한편 부여군의 경우에도 이에 대한 필요성을 인식하여 지난 2008년부터 부여지역 역사미관지구(성왕로, 계백로, 궁남로, 백강로, 사비로, 금성로 등)를 중심으로 전통한식 지붕으로의 건축 시 면적에 따라 보조금을 지원하는 제도를 시행 중이다.

## (2) 건축규모

　대상지에서 나타나는 건축물의 층별 현황을 살펴보면 1층 규모의 건축물이 전체 57%를 차지하고 있으며 2층 규모의 건축물이 23.4%로 1층과 2층 규모의 건축물이 전체에 80%에 이르고 있음을 알 수 있다(그림 5-38, 5-39 참조). 이는 대상지역이 고도지구로서 높이 규제가 이루어져 고층의 건축물이 제한되어 나타난 현상으로 볼 수 있다. 그리고 웅진로 및 가로변 지역을 중심으로 3층에서 5층 규모의 상업용도 건축물이 다수 개발되고 있으며, 최근 개발된 건축물 위주로 5층 이상의 건축물이 지속적으로 개발되고 있음을 알 수 있다. 또한 가치탐구 대상지역의 전반적인 건축물 현황은 1층과 2층 규모의 저층건축물 위주의 건조환경(Built Environment)이 조성되어 역사도시로서의 경관을 유지하고 있으나,[56] 구도심 일부 지역에서는 고층주거의 입지로 인해 고도의 경관을 훼손시

〈그림 5-38〉 주된 경관을 형성하고 있는 저층 주거 현황

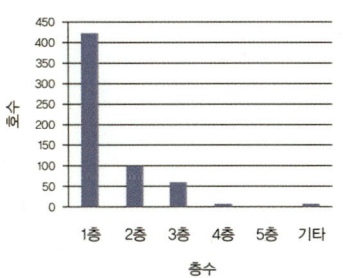

〈그림 5-39〉 대상지역 건축물 층수 현황

킬 것으로 우려된다(표 5-16 참조). 한편 공주지역의 건축물 연면적 분포 현황을 살펴보면 50~100㎡ 규모가 전체의 31.69%를 보이며, 100~300㎡ 사이가 약 22%로 이를 합하면 전체

〈표 5-16〉 층별 건축물 현황

| 구분<br>층수 | 건축물 | | 연면적<br>(㎡) | 평균연면적<br>(㎡) |
|---|---|---|---|---|
| | 동수(동) | 비율(%) | | |
| 1층 | 403 | 57.4 | 17,337.7 | 43.1 |
| 2층 | 164 | 23.4 | 23,932.1 | 145.9 |
| 3층 | 95 | 13.5 | 33,613.9 | 353.8 |
| 4층 | 30 | 4.3 | 19,837.5 | 661.3 |
| 5층 | 4 | 0.6 | 2,407.2 | 601.8 |
| 기타 | 6 | 0.9 | 1,064.9 | 177.5 |
| 계 | 702 | 100.1 | 98,193.3 | 1,983.4 |

---

56) 공주시는 1997년 '공주시 도시계획 재정비' 당시 역사환경을 보존하기 위하여 구도심지역을 중심으로 주거지역 및 근린상업지역은 16m, 일반 사업지역은 25m로 최고고도를 규제하였으며, 이는 오늘날의 공주시 구도심지역의 경관을 형성하는 데 영향을 미치게 되었다. 그러나 앞서 언급한 바와 같이 현대사회로 접어들면서 역사환경보전이 지역주민들에게 경제적, 환경적으로 불리하게 나타남에 따라 지속적인 규제완화 요구를 해 왔으며, 2008년 충남 지방도시계획위원회에서 고도지구의 일부(162만 3,000㎡)를 해제 의결함에 따라 역사경관이 훼손될 것으로 우려된다. 변경(안)에 따르면 향후 주거지역에서는 지상 55m(18층), 상업지역에서는 50m(16층)까지 개발이 가능해진다.

의 50%를 넘게 된다. 이는 보존 지역 내·외 구분 없이 유사하게 나타나고 있다.[57]

### (3) 건축연도

그리고 대상지역 건축물의 건축연도 현황을 살펴보면 다음 표 5-17과 같다. 1950년 이전 건축된 건축물이 13개동으로 조사되었으며, 특히 1970년대부터 1990년대에 건축된 건축물이 전체 50%에 이르고 있다. 그리고 1980년대 이후 개발된 건축물 또한 46%로 재건축이 지속적으로 이루어지고 있음을 알 수 있다(그림 5-40 참조). 이와 같은 현상은 역사도시로서 공주구도심의 역사경관을 보존하고, 역사경관을 조성하는 데 문제가 되고 있다.[58] 특히 용도별 건축물 현황에서 1970년대 이후 개발된 양옥의 주거유형이 다수를 차지하는 현황을 고려하였을 때 역사도시로서 역사적

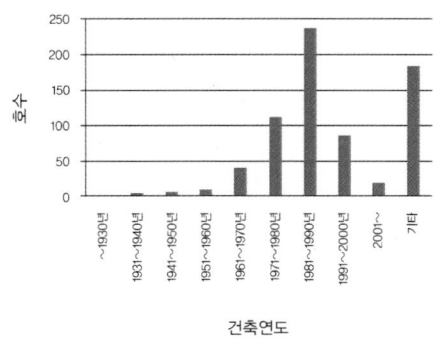

〈그림 5-40〉 대상지역 건축물 건축연도 현황

〈표 5-17〉 건축연도

| 구분<br>건축년도 | 건축물 | | 연면적<br>(㎡) | 평균연면적<br>(㎡) |
|---|---|---|---|---|
| | 동수(동) | 비율(%) | | |
| ~1930년 | 1 | 0.15 | 98.85 | 98.85 |
| 1931~1940년 | 5 | 0.71 | 395.88 | 79.18 |
| 1941~1950년 | 7 | 1.00 | 505.65 | 72.24 |
| 1951~1960년 | 10 | 1.43 | 1410.39 | 141.04 |
| 1961~1970년 | 39 | 5.56 | 3301.18 | 84.65 |
| 1971~1980년 | 114 | 16.24 | 13167.66 | 115.51 |
| 1981~1990년 | 238 | 33.90 | 40812.82 | 171.48 |
| 1991~2000년 | 85 | 12.11 | 24696.11 | 290.54 |
| 2001~ | 19 | 2.71 | 6620.58 | 348.45 |
| 기타 | 184 | 26.21 | 7184.15 | 59.37 |
| 계 | 702 | 100.0 | 98,193.27 | 1,461.31 |

※ 참조: 대상지 건축물 중 184동은 거주자가 건축연도를 모르며, 건축물대장을 통해서도 건축연도를 파악할 수 없음

---

57) 이는 공주시 지역의 건축물 대장을 분석하여, 건축물의 연면적 분포 현황을 파악하였다.
58) 한편 2008년에 구도심지역 특히 보존구역별 건축물 허가 현황을 살펴보면 문화재구역이 1건, 중심미관지구 23건, 일반미관지구 48건, 고도지구 172건 등 전체 220건이 허가되었으나 이에 대한 형태적 측면에서의 제약은 이루어지지 않았다.

가치를 지닌 건축물에 대한 관리의 필요성 또한 제기된다.[59] 일본과 미국에서는 역사적 건축물의 보존 시점을 50년을 단위로 기준하고 있으며, 국내에서도 전통건축물보존법에 의하면 건립축조된 지 50년 이상 되는 민가, 사찰, 향교, 서원 등의 건축물을 대상으로 할 수 있으나 실질적인 보존을 위한 행정적 조치와의 연계성은 부족하다.[60]

### (4) 건축구조[61]

대상지 건축물의 구조 현황을 살펴보면 표 5-18과 같으며, 다수의 건축물(약 57%)이 철근콘크리트 및 벽돌조 건축물로 이루어져 있음을 알 수 있다. 이는 주로 1970년대 이후 재건축된 건축물들로 조사되었다. 하지만 구도심지역에는 전통적 재료인 다수의 목조건축물이 존치되고 있으며, 특히 분석의 대상지에는 전체 대상지의 약 30%가량이 존치되고 있음을

〈그림 5-41〉 구도심지역 내 조적조의 구읍사무소 근대건축물 (공주시 반죽동 221-1)

〈표 5-18〉 건축구조

| 구분<br>구조 | 건축물 | | 연면적<br>(㎡) | 평균연면적<br>(㎡) |
|---|---|---|---|---|
| | 동수(동) | 비율(%) | | |
| 목조 | 202 | 28.8 | 8743.2 | 43.3 |
| 경량 | 14 | 2.0 | 2072.8 | 148.1 |
| 조적조 | 46 | 6.6 | 5203.9 | 113.1 |
| 철근<br>콘크리트조 | 176 | 25.1 | 64304.9 | 365.4 |
| 철골 | 4 | 0.6 | 1480.6 | 370.2 |
| 벽돌조 | 223 | 31.8 | 15986.0 | 71.7 |
| 블록조 | 32 | 4.6 | 918.7 | 28.7 |
| 기타 | 5 | 0.8 | 161.9 | 32.4 |
| 계 | 702 | 100.0 | 98,872 | 1,172.9 |

※ 현지답사를 통해 조사·분석하였음.

---

59) 공주시 고도범역 내의 전체 건축물을 살펴보면 20년 미만이 37.0%, 20~50년 사이의 건축물이 48.1%, 50년 이상 경과된 건축물이 14.4%를 차지하여, 가치탐구의 대상지 건축물과 비교하여 20년 미만의 신축건물은 적게 분포하는 반면, 20~30년 건축물의 비중이 높게 나타나고 있음을 파악할 수 있었다. 2008년 건축물대장, 공주시청

60) 지난 2004년에 실시된 근대문화유산 목록화사업에 의하면 공주에는 다수의 근대건축물이 존치되고 있지만 체계적인 관리가 이루어지지 않고 있으며, 오늘날에도 지속적으로 근대문화유산으로 가치가 있는 건축물들이 소실되고 있다. 이에 행정적으로 이에 대한 관리방안의 마련이 필요하다.

61) 건축구조의 조사·연구 필요성은 대상지역의 역사환경을 판단하고 향후 건축물의 보존과 관리방안을 수립하는 데 유용한 자료로서 가치를 지닌다.

알 수 있다. 그리고 1900년대 초반에 건축된 조적조의 서양식 주거 및 업무시설이 남아 있음을 확인하였다. 이들의 다양한 구조적 특성은 해당지역의 역사적 척도를 판단하고, 필지, 건축유형 등 다른 요소와의 연관관계를 통한 연구의 중요성을 지닌다. 이 또한 구도심지역의 역사성을 설명해 줄 수 있는 중요한 요인이다(그림 5-41 참조).[62]

### 소결

이상과 같이 살펴본 공주시 구도심지역 역사환경의 특성을 정리하면 다음과 같다.

공주 구도심의 도시형성은 구도심을 에워싸고 있는 4개의 산을 중심으로 한 지형 조건으로 남북방향을 축으로 하는 기본 도시골격이 갖추어졌으며, 조선시대 이후 근대도시로 발전하는 과정에서 충청감영 및 충남도청이 자리를 잡으며 주요가로 형성에 영향을 미치게 된다. 또한 이와 함께 근대화 과정에서 가지형 및 곡선형의 전통적 가로유형이 나타나는 구도심과 차이가 있는 격자형의 가로를 형성하게 되었다.

주거지역을 중심으로 하는 필지의 변화양상을 살펴보면 근대화의 과정에서 사회적으로 나타나는 주거유형의 경향에 따라 필지의 유형이 변화했음을 알 수 있었으며, 이후 필지의 세분화를 통해 지속적으로 분화되어 전체적으로 구도심지역의 필지가 영세화되어가고 있음을 확인할 수 있었다. 한편 블록의 개발에 있어서는 1900년대 이전에 이미 충청감영 및 다양한 공공기관의 계획과 함께 주요가로가 형성되었으며, 이를 배경으로 오늘날과 같이 격자형의 블록을 갖추는 데 영향을 미치게 되었다.

한편 건축적 특징에 있어서 공주시의 근대화과정에서 나타나는 다양한 건축양식을 확인할 수 있었으며, 구도심지역의 주도적 경관요소 또한 파악할 수 있었다. 구도심지역에는 상당수의 보전가치가 있는 건축물이 다수 존재하고 있으나 이를 보전 및 관리하기 위한 행정적인 지원이 따르지 못하는 문제를 확인할 수 있었다.

현재 공주 구도심지역에는 역사도시 공주가 근대화 과정에서 나타난 도시조직의 변화특성을 확인할 수 있으며, 가로에서 건축에 이르기까지 종합적인 측면에서 역사도시로서 다양한 역사환경요소를 보유하고 있으나, 이들 요소의 세부적인 보존방안과 관리의 미흡,

---

62) 박훈·정재용, 앞의 논문, pp.255-259

제도적 장치의 부재 그리고 이를 이용한 개발방안의 미흡 등의 문제로 관리가 제대로 이루어지지 못하고 있는 것이 현실이다. 공주지역의 세부 역사환경의 특성과 인지요소와의 연관성 분석을 정리하면 다음의 표 5-19와 같다. 전체적으로 구도심지역 역사환경의 가치 측면에서 접근해 볼 때 현대인이 역사도시로서 인지하고 있는 인지요소와 차이가 많다. 이에 본 저서를 통해 밝혀진 공주 구도심지역의 역사환경요소 특성을 보전하고, 장기적으로 체계화된 관리방안 모색을 통해 지속가능한 역사도시로서의 가치를 제고할 수 있는 방안마련이 시급하다.

〈표 5-19〉 공주지역 역사환경의 특성과 인지요소의 연관성 분석

| 구분 | | | 특성 | | | |
| --- | --- | --- | --- | --- | --- | --- |
| | | | 삼국시대 | 통일신라 | 조선시대 | 일제, 근대 |
| 도시의 공간구조 | | | · 남북방향으로 좁고 긴 지형적 특성<br>· 웅진성을 중심으로 도읍 형성 | · 구도심지역의 공간영영이 점차 확대<br>· 고대 도시조성의 기본계획이었던 '左廟右社 面朝後市'의 법칙이 적용되어 도시의 기본 골격 형성(+자형 가로 형성, 시장, 종묘 등 의 배치 특성 등) | | · 1900년대 초반 일제에 의한 시가지정비계획으로 오늘날의 도시기본골격의 형성 |
| 도시 조직 | 가로 | 유형 | - | - | · 곡선형, 가지형의 내부 가로 유형 | · 직선형 |
| | | 규모 | - | - | · 1.5m, 2m, 4m, 6m, 8m | · 2.5m, 4m, 10m, 12m |
| | 필지 | 유형 | - | - | · 부정형 | · 일부의 세장형 필지와 정형화경향의 필지유형 |
| | | 규모 | - | - | · 평균 333㎡ | · 평균 210㎡ |
| | 블록 | 유형 | - | - | · 부정형 | · 부정형 |
| | | 규모 | | | | |
| | 건축 | 주요 용도 | - | - | · 주거 | · 단독주택 |
| | | 주요 유형 | - | - | · 일부의 한옥과 초가집 | · 재래주택과 일부의 서양식 주거 |
| | | 주요 규모 | - | - | - | - |
| | | 주요 연도 | - | - | - | - |
| | | 주요 구조 | - | - | · 목조 | · 목조, 일부벽돌구조 |

※ 범례: ● 연관성 높음    ○ 연관성 보통    ▲ 연관성 낮음    ▓▓▓ 도시공간정치이론을 통해 제4장에서 분석

※ 참조 1: 역사환경요소는 기본적으로 인지요소와의 상호 연관성을 가지며, 이를 바탕으로 역사도시의 가치를 설정할 수 있음.

※ 참조 2: 1④, 4①, 4②에 해당하는 역사유적 및 다양한 유. 무형의 전통과 문화적 전통의 보유에 관련한 분석은 도시공간정치이론 및 역사환경 의 특성 분석에서 종합적으로 실시하였으며, 본 분석표에서는 제외함

※ 참조 3: 1①. 시대를 대표하는 건물(군) 1②. 전통적 정주지 1③. 지역을 대표하는 건물(군) 1④. 성곽, 왕릉, 고분, 사찰 등 역사유적 2①. 진정 성 2②. 정체성 2③. 도시조직에서 변해가는 역사의 커일 인식 2④. 오랜 시간의 누적에 의한 형성 3①. 교육적 중요성 3②. 역사적 정체성 3③. 독특한 역사문화경관의 특성과 구성요소 3④. 다양한 유형의 전통역사가로 4①. 다양한 유. 무형의 전통 4②. 문화적 전통을 보유

| 근대 이후 | 분석 | | | | | | | | | | | | | |
| --- | --- | --- | --- | --- | --- | --- | --- | --- | --- | --- | --- | --- | --- | --- |
| | 1① | 1② | 1③ | 1④ | 2① | 2② | 2③ | 2④ | 3① | 3② | 3③ | 3④ | 4① | 4② |
| · 근대 이후 구도심지역에서 신·구도심으로 도시공간의 분리 개발 | | | | | ○ | ○ | ● | ● | ○ | ● | ○ | ● | | |
| · 직선형 대로 형성<br>· 대로 20m 내외, 중로 10m 내외, 소로 1.5m 내외 | | | | | ○ | ○ | ● | ○ | | | ○ | ○ | | |
| · 부정형, 가로변 세장형, 블록내 내부필지 정방형유형<br>· 51~100㎡(20.3%)<br>· 101~150㎡(23.6%)<br>· 151~200㎡(19.3%) | ▲ | ▲ | ▲ | | ▲ | ▲ | | ○ | | | | | | |
| · 정방형유형(세장비 1.0~1.2)<br>· 세장형유형(세장비 2.4~3.3)<br>· 1,001~3,000㎡(25%)<br>· 3,001~5,000㎡(21%) | | | | | ▲ | ▲ | ○ | ○ | | | | | | |
| · 단독주택 62.0%<br>· 근생 23% | ○ | ○ | ▲ | | ○ | ○ | | ▲ | | | ○ | | | |
| · 일식주택(7세대 1%)<br>· 재래주택(124세대 17.7%)<br>· 양옥주택(305세대 43.5%) | ○ | ○ | ▲ | | ○ | ○ | | ▲ | | | ○ | | | |
| · 1층 57.4%<br>· 2층 23.4%<br>· 3층 13.5% | | | | | | ▲ | | ▲ | | | ▲ | | | |
| · 1961~1970년(5.56%)<br>· 1971~1980년(16.24%)<br>· 1981~1990년(33.9%)<br>· 1991~2000년(12.11%) | ○ | ▲ | ▲ | | | | | ▲ | | | ▲ | | | |
| · 벽돌조 31.8%<br>· 목조 28.8%<br>· 철큰콘크리트 25.1% | ○ | ▲ | ▲ | | | ▲ | | ▲ | | | ○ | | | |

## 2) 부여

### 가로체계

〈그림 5-42〉 일제의 부여시가지계획인
신도계획에 의해 조성된 동서방향의
중심가로(성왕로)

〈그림 5-43〉 조선시대 이후
부여지역에서 중심가로 역할을 해온
동서방향의 가로(왕궁길)

대상지역의 가로체계를 살펴보면 크게는 과거 전통적인 가로체계에서 일제의 부여시가지계획인 '신도계획'에 의해 전체적인 도시구조가 변하게 되었다. 동서방향의 주요가로(성왕로)와 교차로가 조성되었으며 (그림 5-42 참조), 대상지역을 제외한 부여군 전체는 격자형의 현대화된 가로가 조성되었다. 본 저서에서 다루고 있는 지역의 경우 대로는 폭이 24m에 이르며, 중로는 10~12m 내외의 폭으로 조성되었다. 동서방향의 대로인 성왕로와 중로인 왕궁길63)을 중심으로 남북 방향의 가로가 격자형의 형태를 이루고 있다(그림 5-43 참조). 이와 함께 가로 이면에는 일부의 곡선형 가로가 나타나고 있으며, 현재에도 조선시대 형성된 가로가 일부 존재하고 있다. 이와 같은 가로의 변화과정을 살펴보면 다음의 표 5-20과 같다.

범례  ┃    --- 소로  ━ 중로  ■ 대로

※자료: 2005년 부여군 수치지도

〈그림 5-44〉 대상지의 가로, 블록 및 필지의 현황

---

63) 왕궁 길은 신도계획이 수립되기 이전까지 외부에서 부여로 지입을 위한 주요 가로의 기능을 하였으나, 이후 '성왕로'의 조성으로 가로의 역할이 변화하게 되었다.

<表 5-20> 1900년대 이후 시대별 가로의 변화 특성

| 구분 | 가로 유형 | 특성 |
|---|---|---|
| 1915년<br>지적<br>원도 | | · 5부제에 따른 블록 및 가로의 유형이 존재하고 있음(바둑판형의 가로망 계획)<br>· 일부의 곡선형 가로가 존재하고 있음<br>· 여지도서[64]에 의하면 전통적으로 부여지역에는 대로는 존재하지 않았으며, 중로 및 소로만 존재하였음 |
| 1968년<br>지적도 | | · 동서대로(성왕로. 25m)가 형성되었음<br>· 일부 자연형 소로가 직선형 소로로 변환되어 기존 격자형의 도시조직과 형태적 유사성을 갖춤<br>· 궁남로가 대로(25m)로서 새롭게 조성됨 |
| 2004년<br>지적도 | | · 현대에 와서는 전체적으로 격자형의 가로가 틀을 갖추어 발달하고 있으며 과거 일부의 소로는 거의 소실되었음<br>· 대형블록이 남북방향으로 세분화되며, 중로 규모의 직선형 가로가 형성 |

※ 자료: 부여 추정왕궁지 및 조선시대 관아 전면지역의 가로 변화
※ 범례: ▬ ▬ ▬ 소로, ▬▬▬ 중로

앞서 살펴본 1915년의 가로와 그림 5-44의 2005년 가구 형태를 비교하면 상당수의 가로가 격자형의 기본 가로패턴을 유지하고 있음을 알 수 있다. 이는 백제시대 이후 지속되어온 5부제의 직선형 가로가 오늘날까지 유지되어온 형태적 특징을 보이며, 조선시대 등을 거치며 생겨난 자연발생적인 가로 또한 1920년대 수립된 부여신도건설계획에 의한 가로체계의 직선화에 따른 영향으로 설명할 수 있다. 동서방향의 중심가로가 점차 넓어지고 있으며, 이를 중심으로 남북방향의 가로가 지속적으로 형성되어가고 있음을 알 수 있다. 공주시 구도심에서 나타나는 곡선형가로의 직선화 경향과 같은 변화 특성은 본 지역에서는 인식하기 어려울 정도로 소수에 그치고 있으나 대상지역을 중심으로 하여 부여지역은 전통역사도시에서 발견할 수 있는 자연발생적 가로의 유형이 거의 소실되어가고 있음을 알 수 있다.

---

64) 조선후기 각 읍에서 편찬한 읍지(邑誌)를 모아서 엮은 전국 읍지로서 전국 각 읍의 다양한 지리적 정보를 담고 있다.

필지 및 블록체계

## (1) 필지 특성

대상지의 필지 규모를 살펴보면 다양한 규모의 필지가 혼재되어 개발되어왔음을 알 수 있다. 필지의 규모는 51~100㎡의 필지가 전체의 29.1%로 가장 많이 분포하고 있음을 확인할 수 있으며, 101~150㎡ 규모의 필지가 20.2%로 다음을 차지하고 있다. 그 외에 151~200㎡의 필지, 10~50㎡ 등의 순으로 필지규모가 조사되었다. 이들의 평균 규모는 157㎡에 이른다(표 5-21 참조). 이와 같은 필지의 면적 분포 원인으로는 근대화 이후 지속적으로 필지가 분화되면서 나타나는 경향이라고 분석할 수 있다. 특히 공주·경주 등 다른 두 곳의 도시와 비교하여 필지의 규모가 더욱 영세한 특징을 확인할 수 있다. 이로 인하여 고도지역의 전반적인 영세화 현상에 대한 대책수립의 필요성이 제기된다.[65]

〈표 5-21〉 대상지 필지 면적비율

| 면적(㎡) | 수량 | 비율(%) |
|---|---|---|
| 10~50 | 58 | 8.9 |
| 51~100 | 189 | 29.1 |
| 101~150 | 131 | 20.2 |
| 151~200 | 98 | 15.1 |
| 201~250 | 49 | 7.5 |
| 251~300 | 44 | 6.8 |
| 301~350 | 23 | 3.5 |
| 351~400 | 20 | 3.3 |
| 401 이상 | 36 | 5.6 |
| 계 | 648 | 100 |

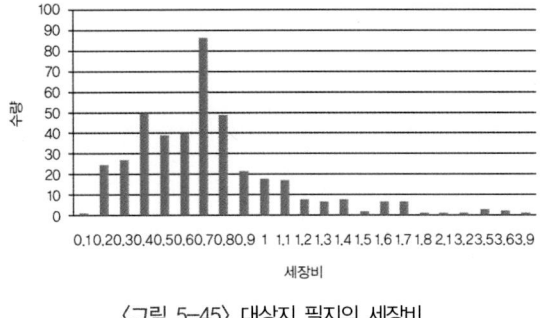

〈그림 5-45〉 대상지 필지의 세장비

한편 대상지역의 필지 세장비는 1.0 이하의 세장형 필지가 상당수 차지하고 있음을 확인할 수 있다. 특히 0.7 이하의 세장비를 보이는 필지가 상당수 나타나 현재 부여지역 필지 특성을 잘 보여주고 있다. 이와 같은 세장형의 필

---

65) 앞서 살펴본 바와 같이 고도지역 내 50㎡ 이하의 필지가 증가하는 등 필지의 영세화 현상은 전체적으로 역사지구의 토지관리 차원에서 문제로 제기되고 있다.

지는 특히 가로변에 접하며 현재 근린생활시설이 들어서 있는 곳에 주로 입지하는 특징을 보인다(그림 5-45 참조).

그리고 1900년대 초반부터 최근에 이르기까지 필지의 분화 및 변화 특성을 비교하면 다음 표 5-22와 같다. 공주지역에서 나타나듯 부여지역에서도 가로변 필지를 중심으로 점차 세장형의 필지로 분화되고 있음을 확인할 수 있으며, 이는 현재 주로 상업시설이 입지해 있는 지역을 중심으로 두드러진 특징으로 나타난다.

〈표 5-22〉 1900년대 이후 시대별 필지의 변화 특성

| 구분 | 필지유형 | 특성 |
|------|----------|------|
| 1915년 지적원도 | | · 가로변을 중심으로 구거지역이 형성됨 |
| 1968년 지적도 | | · 가로변을 중심으로 전면이 짧고 깊이가 깊은 세장형 필지로 분화됨 |
| 2004년 지적도 | | · 세장형 필지가 정방형 필지로 분화<br>· 필지의 영세화가 가속화되며, 한편으로는 가로변 필지를 중심으로 영세한 필지가 합필됨 |

※ 자료: 부여 추정왕궁지 및 조선시대 관아 전면지역의 가로 변화

## (2) 블록 특성

부여군 구도심지역, 특히 분석 대상지역은 구드래길, 성왕로, 홍수로, 흑천 1길 등의 대로 및 중로를 중심으로 격자형의 가로 패턴으로 개발되었다. 이는 앞서 설명한 바와 같이 1930년대 형성된 신도건설계획에 의해 형성된 블록 패턴이다. 대상지역은 부여지역에서 자연발생적으로 생성된 도시조직의 흔적과 계획을 통해 조성된 블록을 동시에 발견할 수 있는 곳이다. 본 저서에서 다루고 있는 대상지역에서는 부여의 서쪽 지역에 개발된 정형의 근대화된 블록과는 다소 차이가 있는 규모의 블록패턴과 함께 세장비의 개발패턴을 확인할 수 있다. 블록의 면적에 있어서 1,001㎡에서 2,000㎡의 규모가 9개로 나타나며, 2,001㎡에서 3,000㎡의 블록이 9개로 전체의 70% 정도를 차지하고 있다(표 5-23 참조).[66]

〈표 5-23〉 대상지 블록 면적비율

| 면적(㎡) | 수량 | 비율(%) |
|---|---|---|
| 1,000 이하 | 2 | 7.7 |
| 1,001~2,000 | 9 | 34.6 |
| 2,001~3,000 | 9 | 34.6 |
| 3,001~4,000 | 5 | 19.2 |
| 4,001 이상 | 1 | 3.8 |
| 계 | 26 | 100.0 |

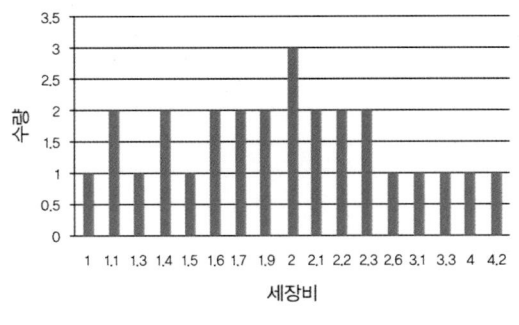

〈그림 5-46〉 대상지 블록의 세장비

한편 대상지역의 세장비 특징은 전체 블록의 세장비가 1에서 4.2까지의 세장비를 보이며, 세장비 2 내외의 블록이 다수를 차지하고 있다(그림 5-46 참조).

이와 같은 블록개발의 패턴은 근대 및 현대사회에서 지속적으로 개발되고 있는 유형으로 일반적인 역사도시에서 볼 수 있는 부정형의 블록패턴과는 차이가 있다. 따라서 이를 통해 역사도시로서의 가치를 분석하기에는 다소 무리가 따를 수 있다.[67]

---

66) 이는 부여지역 전체의 블록개발패턴 중 도시화과정에서 격자형으로 개발된 블록의 면적인 2,800㎡에서 3,900㎡의 규모와 유사하다.

67) 그러나 1900년대 초반 이미 조성되어 있던 대상지 내 직선형의 가로는 조방제의 가로 흔적으로서 가치를 지닌다.

이에 부여지역의 블록개발패턴을 통해 근대 이후의 도시성을 파악할 수 있다.

건축적 특성

### (1) 건축용도 및 유형

건축물의 용도를 살펴보면 대상지에는 단독주택을 중심으로 하는 주거용도와 상업시설 등 다양한 용도가 복합적으로 위치하고 있음을 확인할 수 있으며, 세부 분포현황은 다음 그림 5-47과 같다. 건축유형 중 주거시설은 시대의 특성을 반영하는 용도로 역사환경으로서 중요한 가치를 지니며 따라서 대상지역에서 주도적으로 나타나는 재래주택, 양옥 등으로 세분화하여 조사하였다.[68]

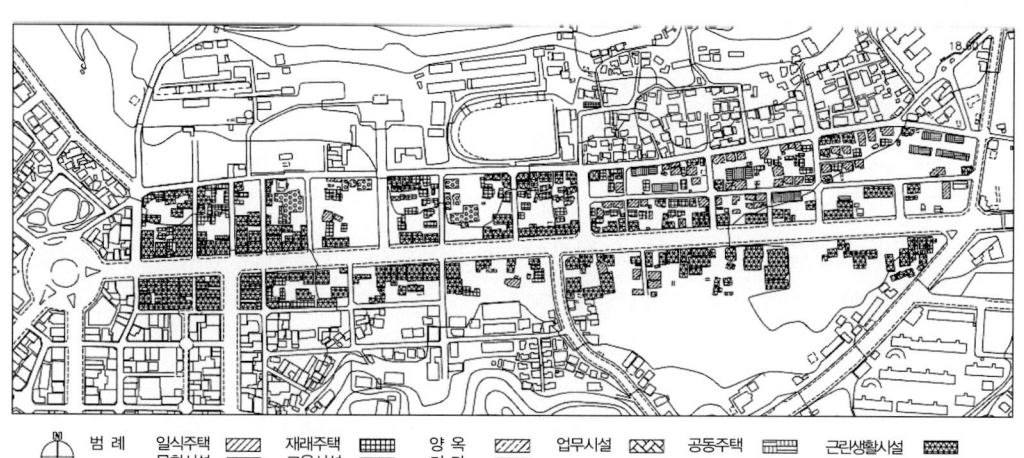

〈그림 5-47〉 대상지의 건축 유형

우선 대상지역에서 살펴볼 수 있는 주거유형 중 대표적으로 양옥주택군을 들 수 있다. 부여군지역은 근대화의 과정에서 대부분의 주거가 양옥주택군으로 변화하게 되었으며,

---

68) 본 저서의 대상지역은 부여지역 전역에서 전통적으로 행정 및 경제가 활발히 발전했던 지역으로 다양한 유형의 건축물이 존재할 수 있는 가능성을 지닌 지역이다. 이와 같은 주거용도의 건축물을 중심으로 하는 다양한 건축유형은 대상지역 역사환경의 가치를 더욱 풍부하게 하는 특성을 지닌다. 이에 본 저서에서는 대상지역에서 주도적으로 나타나는 다양한 건축 및 주거유형을 세분화하여 조사하였다. 부여지역 중 특히 대상지역에는 전통한옥주거는 전혀 존재하지 않는다. 이는 부여도시의 전체적인 환경적 특징으로 부여군에서는 이에 대한 문제의 인식으로 2008년 역사미관지구를 중심으로 전통한식 기와지붕으로 건축 시 건축비를 지원하는 조례를 제정하여 시행 중이다. 이는 향후 부여지역의 역사환경을 조성하는 데 영향을 미칠 것으로 기대된다.

〈그림 5-48〉 부여군 구도심지역의
양옥주택(부여군 쌍북리 555번지 일대)

〈그림 5-49〉 부여군 구도심지역의
재래주택(부여군 쌍북리 544번지 일대)

주로 1층 및 2층의 유형이 복합적으로 형성되어 있다. 앞서 공주시 사례에서 살펴본 바와 같이 1960년대 후반부터 민간주택업자에 의해 일정한 유형으로 개발된 양옥은 초기에는 주로 단층이 지어졌으며, 이후 2층 그리고 간혹 3층으로 지어지는 경향이 부여지역에서도 나타나고 있다. 이들 주택의 특징은 주로 전면, 혹은 후면에 마당을 둔 방식으로 개발된 것이 일반적인 유형으로 공주시와 유사한 형태적 특성으로 분류가능하다. 이와 같은 유형적 특성을 지니는 양옥주택은 대상지역 내 122채로 약 19%에 달한다(그림 5-48 참조). 한편 부여군 지역의 주도적인 경관을 형성하고 있는 유형으로는 재래주택을 들 수 있다. 부여 구도심지역에는 양옥주택군과 더불어 주요 주거유형군으로 재래주택이 다수 위치하고 있으며, 이는 226채, 약 35%에 이른다. 대상지역 재래주택의 유형적 특성으로는 주로 구조적 특징으로 목구조의 형식을 갖추고 있으며, 지붕 구조는 슬레이트 형식의 유형이 주로 조사되었다(그림 5-49 참조).

〈표 5-24〉 용도별 건축물 현황

| 용도 \ 구분 | 건축물 | | 연면적<br>(㎡) | 평균연면적<br>(㎡) |
|---|---|---|---|---|
| | 동수(동) | 비율(%) | | |
| 공동주택 | - | - | - | - |
| 교육시설 | 14 | 2.2 | 14,489.95 | 1034.99 |
| 근린생활시설 | 29 | 4.48 | 10,239.67 | 353.09 |
| 단독주택 | 348 | 53.70 | 29,556.94 | 84.93 |
| 문화시설 | 4 | 0.62 | 2,672.92 | 668.23 |
| 업무시설 | 2 | 0.3 | 1,586.23 | 793.12 |
| 1종 근생 | 156 | 24.10 | 30,759.92 | 197.17 |
| 2종 근생 | 67 | 10.34 | 15,392.78 | 229.74 |
| 기타 | 28 | 4.32 | 10,577.95 | 377.78 |
| 계 | 648 | 100 | 115,276.36 | 3,739.05 |

※ 현지답사를 통해 조사·분석하였음.

이상의 주거건축과 함께 대상지역 전체의 건축물의 용도를 종합적으로 살펴보면 다음 표 5-24와 같다. 다수의 건축적 특징을 보이는 단독주택의 경우 348세대로 전체 비율의 53.7%에 이르며, 평균연면적은 84.9㎡으로 조사되었다. 그리고 근생건축물이 약 40%로 가장 높은 비율을 차지하고 있음을 알 수 있다. 다음은 교육시설, 문화시설, 업무시설 등의 순으로 조사되었다.69)

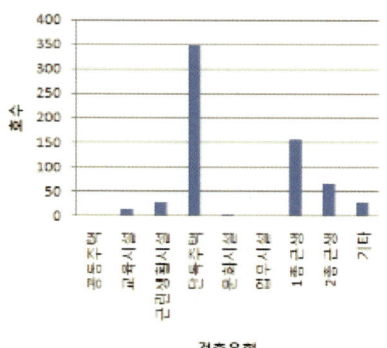

〈그림 5-50〉 대상지역 건축용도별 현황

이상의 내용을 그래프로 살펴보면, 그림 5-50과 같으며, 다른 두 곳(공주, 경주지역)의 건조환경(built environment)과 비교하였을 때 상대적으로 단독주택의 비율이 낮고, 근린생활시설의 지속적 증가 양상은 역사도시로서 부여의 가치를 논하는 데 있어 불리하게 분석되었다.

〈그림 5-51〉 대상지역의 주된 경관을 형성하고 있는 저층 중심의 주거 현황 (부여군 쌍북리 500번지 일대)

## (2) 건축규모

대상지에서 나타나는 건축물의 층별 현황을 살펴보면, 1층 규모의 건축물이 전체 65%를 차지하고 있으며 2층 규모의 건축물이 23%로 1층과 2층의 건축물이 전체의 88%에 이른다(그림 5-51, 5-52 참조). 이는 대상지역이 문화재 관련 규제지역에 속하는 관계로 개발 시 문화재영향권 검토를 받아야 하는 지역으로 고층 건축물이 제한되어 나타난 현상으로 볼 수 있다. 그리고 성왕로변 지역을 중심으로 3층의

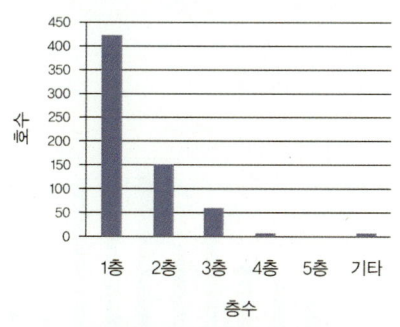

〈그림 5-52〉 대상지역 건축물 층수 현황

건축물이 주로 위치하고 있으며, 일부의 4층 건물 또한 위치한다. 그러나 공주와 경주지역과 같은 상업지구의 5층 이상 건축물은 대상지역에서는 개발 정도가 미비하다. 대상지

---

69) 부여군 전체의 시대별 건축물 용도 현황을 통해 보면, 일제 강점기 건축물 중 약 97%가 주거용도이며, 조선시대 건축물 중 주거가 98% 그리고 해방 이후 건축물 중 주거용도가 약 72%로 나타나고 있는 바와 비교하였을 때 대상지역이 상대적으로 상업 및 근생시설 등의 용도 건축물이 많은 지역임을 알 수 있다. 부여군 건축물 대장을 기초로 분석

역에 전반적으로 위치하고 있는 1층과 2층의 건축물이 도시 전체의 주도적 건조환경(Built Environment)으로 조성되어 역사도시로서의 경관을 유지하고 있으나, 구도심 일부 중 외곽지역을 중심으로 고층주거의 입지로 역사도시의 역사경관이 훼손될 것으로 우려된다 (표 5-25 참조).[70]

〈표 5-25〉 층별 건축물 현황

| 용도＼구분 | 건축물 | | 연면적 (㎡) | 평균연면적 (㎡) |
|---|---|---|---|---|
| | 동수(동) | 비율(%) | | |
| 1층 | 423 | 65.28 | 34,286.67 | 81.05 |
| 2층 | 150 | 23.15 | 38,436.35 | 256.24 |
| 3층 | 61 | 9.42 | 33,922.39 | 556.12 |
| 4층 | 4 | 0.60 | 1,873.97 | 468.49 |
| 5층 | 2 | 0.30 | 5,424.49 | 2,712.25 |
| 기타 | 8 | 1.24 | 10,865.54 | 1,358.19 |
| 계 | 648 | 100 | 124,809.4 | 5,432.34 |

한편 대상지역은 부소산성을 배후로 입지하며 외부에서 부여로 진입하는 진입부의 성격을 가지고 있어 저층 중심의 도시 현황은 진입부 경관을 계획함에 있어 유리한 장점을 지닌다.

### (3) 건축연도

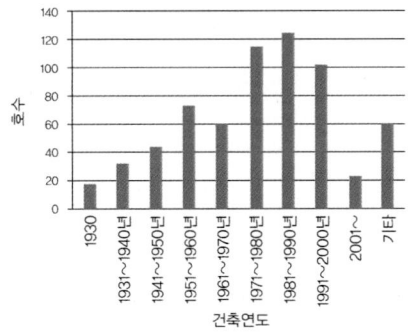

〈그림 5-53〉 대상지역 건축물 건축연도 현황

대상지역의 건축물 현황을 살펴보면 다음 그림 5-53과 같다. 1930년대 이전에 건축된 건축물이 17개동으로 조사되었으며, 특히 1970년대부터 1990년대까지의 건축물이 약 53%로 다수를 이루고 있음을 확인할 수 있다. 그리고 다른 두 곳의 도시와 비교하여 상대적으로 1950년대 건축물(11.3%)과 그 이전 건축된 건축물이 많이 존재하고 있는 것은 부여지역이 가지고 있는 역사환경적 특성으로

---

70) 한편 부여지역 전체의 경우에 건축 규모에 있어 문화재 주변의 건물 분포의 비율과 함께 건물의 높이 또한 상대적으로 높게 분석되었으며, 특히 부여군에 있는 2~4층 건물의 62% 이상, 5층 이상 건물의 65% 이상이 문화재로부터 500m 이내 지역에 분포하여 영향권 검토를 받아야 하는 것으로 분석되었다.

설명될 수 있다. 그러나 또 한편으로 70년대 이후 조성된 건축물의 절반이 넘는 분석결과는 이미 많은 건축물이 재건축을 통해 변화하였으며, 앞서 살펴본 바와 같이 약 20%에 달하는 양옥주택의 증가추세와 연관해 설명할 수 있다. 이상 살펴본 바와 같이 대상지는 국내 대표적인 역사도시이지만 건축물의 역사환경적 특성은 도시가 가지는 역사성에 비하여 상대적으로 가치가 덜하다고 볼 수 있다(표 5-26 참조).

〈표 5-26〉 건축연도

| 구분<br>용도 | 건축물 | | 연면적<br>(㎡) | 평균연면적<br>(㎡) |
|---|---|---|---|---|
| | 동수(동) | 비율(%) | | |
| ~ 1930년 | 17 | 2.62 | 1,140.05 | 67.06 |
| 1931~1940년 | 32 | 4.94 | 3,655.32 | 114.22 |
| 1941~1950년 | 44 | 6.80 | 2,745.97 | 62.41 |
| 1951~1960년 | 73 | 11.27 | 5,407.72 | 74.07 |
| 1961~1970년 | 60 | 9.26 | 7,416.86 | 123.61 |
| 1971~1980년 | 115 | 17.75 | 15,982.01 | 138.97 |
| 1981~1990년 | 124 | 19.14 | 24,624.38 | 198.58 |
| 1991~2000년 | 102 | 15.74 | 29,300.62 | 287.26 |
| 2001~ | 22 | 3.40 | 5811.08 | 264.14 |
| 기타 | 59 | 9.10 | 19,654.93 | 333.13 |
| 계 | 648 | 100 | 115,738.9 | 1,663.45 |

일본과 미국 등 해외 선진국에서 실시하고 있는 건축물 보존정책을 위한 기준마련과 행정적인 조치 마련이 시급하다.[71]

## (4) 건축구조

대상지 건축물의 구조 현황을 살펴보면 표 5-27과 같으며 다수의 건축물이 벽돌조(약 40%), 목조(약 23%) 및 철근콘크리트 구조(약 23%)로 이루어졌음을 확인할 수 있다. 이는 상대적으로 다른 두 곳(공주, 경주 등)의 도시와 비교하여 역사도시로서의 도시성을 반영하는 구조양식이 부족하며, 전형적인 국내 도시와 유사한 목조 건축물이 다수 존재하고 있음을 알 수 있었다. 또한 대상지역 내 30~40년대 근대상업용도의 건축물과 재래주택양

---

71) 지난 2004년에 실시된 근대문화유산 목록화사업에 의하면 부여지역에서는 다수의 근대건축물이 존치되고 있음을 확인할 수 있다. 특히 구도심지역의 대상 건축물 대부분이 가옥 및 교각 등으로 조사된 바 있으나 이에 대한 체계적인 관리는 아직까지 미흡하며, 근대유산으로서 가치가 있는 건축물들이 지속적으로 소실되고 있다. 이에 행정적으로 이에 대한 관리방안 마련이 필요하다. 충청남도. 근대문화유산 목록화사업. 2004.12

| 구분<br>용도 | 건축물 | | 연면적<br>(㎡) | 평균연면적<br>(㎡) |
|---|---|---|---|---|
| | 동수(동) | 비율(%) | | |
| 목조 | 147 | 22.69 | 9,563.95 | 65.06 |
| 경량 | 15 | 2.32 | 1,263.69 | 84.25 |
| 조적조 | 36 | 5.56 | 4,026.86 | 111.85 |
| 철근콘크리트 | 146 | 22.53 | 66,765.32 | 457.29 |
| 철골 | - | - | - | |
| 벌돌조 | 255 | 39.35 | 28,347.202 | 111.16 |
| 블록조 | 45 | 6.95 | 4,323.795 | 96.08 |
| 기타 | 4 | 0.6 | 95.85 | 23.96 |
| 계 | 648 | 100 | 114,386.67 | 949.65 |

※ 현지답사를 통해 조사·분석하였음.

〈그림 5-54〉 구도심지역 내 목조양식의
고려인삼상회(부여군 부여읍 관북리 105-3)

식의 건축물 또한 다수 존재하고 있으나, 주로 목조 건축유형으로 대상지역의 주도적 건축양식과의 차별성은 발견하기 어렵다. 본 저서에서 다루고 있는 대상지역을 중심으로 부여군의 경우 전반적인 건축물의 구조적 특성을 통해 역사도시로서의 가치를 설정하기에 다소 어려움이 있으나, 아직까지 존재하고 있는 다양한 시대와 유형의 건축물은 도시 전반적으로 역사도시의 이미지를 회복하는 데 충분한 가능성을 가진다(그림 5-54 참조).

### 소결

이상 살펴본 부여군 구도심지역의 역사환경 특성을 정리하면 다음과 같다. 부여 구도심의 도시형성은 부소산을 중심으로 남측으로 완만한 경사를 이루며 형성되어 있고, 백제시대 추정왕궁지와 조선시대 관청이 입지하였던 지역을 정면으로 하여 도심이 형성되었다.

주거지역을 중심으로 하는 필지의 변화양상을 살펴보면 근대화의 과정에서 사회적으로 나타나는 주거유형에 따라 필지의 유형이 변화하였음을 알 수 있으며, 지속적으로 필지의 세분화가 이루어져 영세화 양상이 진행되고 있음을 확인하였다. 현행 건축법상 최소 대지면적은 주거지역이 60㎡로 규정되어 있으나 대상지역을 중심으로 기준에 미치지 못하는 필지가 약 50여 개에 달하고 있으며, 도시환경의 보전을 위해 규제의 필요성이 제기된다.

그리고 오늘날 경험하는 주요 블록의 개발패턴과 가로는 대부분 부여신도 건설계획에 의해 형성된 것으로 구아리 일부지역에서 나타나는 5부제 형식을 제외하고 전통적 양식의 블록 및 가로의 패턴은 확인하기 어렵다.

한편 건축적 특징에 있어서 부여군 지역은 근대화 과정에서 나타나는 다양한 건축양식을 확인할 수 있었으며, 전체적으로 조선후기 및 일제 강점기 건축물이 약 13%로 분석되었으나 주거용도로 한정하였을 때 양옥 및 재래주거군이 주된 주거유형으로 나타나고 있다. 이는 역사도시로서 현대인이 인지하고 있는 시대성을 반영하는 주거(군)의 특성과는 차이를 보이며 부여지역의 건조환경적 특성으로 설명가능하다.

이상과 같이 부여지역은 역사환경의 차원에서 역사도시로서의 가치를 제고할 수 있는 다양한 환경적 요소가 부족한 것으로 나타났다. 이는 상당수의 역사문화유산이 존재하고 있음에도 불구하고, 도시적 측면에서 역사환경의 합리적 관리방안의 부재로 나타나는 결과로 이해할 수 있다. 이와 같은 내용을 역사환경의 특성과 인지요소와의 연관성 관계로 정리하면 다음의 표 5-28과 같다.

<표 5-28> 부여지역 역사환경의 특성과 인지요소의 연관성 분석

| 구분 | | | 특성 | | | |
| --- | --- | --- | --- | --- | --- | --- |
| | | | 삼국시대 | 통일신라 | 조선시대 | 일제, 근대 |
| 도시의 공간구조 | | | · 부소산성을 배후로 도시 형성<br>· 도시의 기본골격으로 조방제의 적용 | · 조선시대 현 부여문화재연구소를 중심으로 관아시설이 밀집하여 배치 | | · 부여신도건설계획에 의해 도시의 기본 골격이 변화·형성 |
| 도시 조직 | 가로 | 유형 | - | - | · 직선형, 곡선형 | · 직선형 대로 형성 |
| | | 규모 | - | - | · 1.5m, 2m, 2.5m, 4m | · 1.2m, 1.5m, 3m, 4m, 5m, 16m |
| | 필지 | 유형 | - | - | · 부정형 | · 부정형, 가로변을 중심으로 세장형 |
| | | 규모 | - | - | · 평균 705㎡ | · 평균 231㎡ |
| | 블록 | 유형 | - | - | · 부정형 | · 정방형, 세장형 |
| | | 규모 | - | - | - | - |
| | 건축 | 주요 용도 | - | - | · 초가집 | · 초가집, 일부한옥 |
| | | 주요 유형 | - | - | · 주거 | · 주거 및 상업 |
| | | 주요 규모 | - | - | - | - |
| | | 주요 연도 | - | - | - | - |
| | | 주요 구조 | - | - | · 목조 | · 목조, 일부 벽돌조 |

※ 범례: ● 연관성 높음　○ 연관성 보통　▲ 연관성 낮음　■ 도시공간정치이론을 통해 제4장에서 분석
※ 참조 1: 역사환경요소는 기본적으로 인지요소와의 상호연관성을 가지며, 이를 바탕으로 역사도시의 가치를 설정할 수 있음.
※ 참조 2: 1④, 4①, 4②에 해당하는 역사유적 및 다양한 유·무형의 전통과 문화적 전통의 보유에 관련한 분석은 도시공간정치이론 및 역사환경의 특성 분석에서 종합적으로 실시하였으며, 본 분석표에서는 제외함.
※ 참조 3: 1①. 시대를 대표하는 건물(군) 1②. 전통적 정주지 1③. 지역을 대표하는 건물(군) 1④. 성곽, 왕릉, 고분, 사찰 등 역사유적 2①. 진정성 2②. 정체성 2③. 도시조직에서 변해가는 역사의 켜를 인식 2④. 오랜 시간의 누적에 의한 형성 3①. 교육적 중요성 3②. 역사적 정체성 3③. 독특한 역사문화경관의 특성과 구성요소 3④. 다양한 유형의 전통역사가로 4①. 다양한 유·무형의 전통 4②. 문화적 전통을 보유

| 근대 이후 | 분석 | | | | | | | | | | | | | |
|---|---|---|---|---|---|---|---|---|---|---|---|---|---|---|
| | 1① | 1② | 1③ | 1④ | 2① | 2② | 2③ | 2④ | 3① | 3② | 3③ | 3④ | 4① | 4② |
| · 정책적으로 신·구도심의 분리가 추진되고 있으나 지속적 인구감소로 실효성이 없음 | | | | | ○ | ○ | ○ | ○ | ○ | ○ | ○ | ▲ | | |
| · 직선형 대로 <br> · 대로 24m, 중로 10~12m, 소로 2m | | | | | ▲ | ▲ | ▲ | ○ | | | ▲ | ▲ | | |
| · 세장형+정방형 <br> · 51~100㎡(29.1%) <br> · 101~150㎡(20.2%) <br> · 151~200㎡(15.1%) | ▲ | ▲ | | | ▲ | ▲ | | ○ | | | | | | |
| · 세장형 유형(1.5~2.5) <br> · 1,001~2,000㎡(34.6%) <br> · 2,001~3,000㎡(34.6%) | | | | | ▲ | ▲ | ▲ | ○ | | | | | | |
| · 단독주택 53.7% <br> · 근생 34.4% | ○ | | ▲ | | ○ | ○ | | ▲ | | | | | | |
| · 재래주택 226세대 (35%) <br> · 양옥 122세대(19%) | ○ | ▲ | ▲ | | ○ | ○ | | ▲ | | | ○ | | | |
| · 1층 65.3% <br> · 2층 28.2% <br> · 3층 9.4% | | | | | | ▲ | | | | | ▲ | | | |
| · 1971~1980(17.8%) <br> · 1981~1990(19.2%) <br> · 1991~2000(15.8%) | ○ | ▲ | ▲ | | | | | | | | ▲ | | | |
| · 벽돌조 39.4% <br> · 철근콘크리트조 22.5% <br> · 목조 22.7% | ○ | ▲ | | | | ▲ | | ▲ | | | ○ | | | |

## 3) 경주

### 가로체계

대상지의 가로체계를 살펴보면 신라왕경지역으로 동서남북의 격자유형을 하고 있으며, 고려시대 조성된 경주읍성 내부에 주요 행정기관들이 위치하였으며, 이를 중심으로 세부 가로가 형성되었다. 조선시대 이후 일제 강점기를 거치면서 읍성이 해체되어 환경적으로 급격한 변화를 겪게 되었지만 가로체계의 기본 골격은 유지되고 있다. 대상지역 내 대로의 폭은 25m 내외를 보이며, 중로는 8~12m 내외, 그리고 소로는 3m 내외의 폭을 이룬다.

〈그림 5-55〉 대상지역에 남아 있는
조선시대 형성된 소로
(경주시 북부동 104번지 일대)

〈그림 5-56〉 대상지역의 주요가로
중로(서문안길과 가로주변)

〈그림 5-57〉 대상지역의 주요가로
대로(경주역사 전면의 화랑로와
주변 경관)

대상지역에서 나타나는 주요 가로의 유형은 격자형의 유형에 +자 교차의 가로유형을 주로 이루고 있다. 이와 함께 나타나는 가구 내 곡선형의 가로유형은 조선시대 및 그 이전에 조성된 가로로, 블록 내부주거시설로의 접근을 위해 형성되었다. 소로의 직선형 가로는 주로 조선후기와 일제 강점기에 형성된 가로이며, 대상지역의 중로 및 대로는 근대 이후 확장되어 오늘에 이르고 있다(그림 5-55, 5-56, 5-57 참조). 대상지역의 구체적 변화양상은 다음의 표 5-29와 같다.

표 5-29의 1915년 가로와 2005년도 가구 형태를 비교하면 상당히 많은 가로가 직선화되고 격자형으로 변화하고 있음을 알 수 있다. 또한 다수의 막힌 골목 유형이 연속된 가로로 변화하였다. 기본적으로 경주시는 신라 왕도의 골격을 유지하고 있으며, 고려시대의 읍성구조 골격을 바탕으로 이중구조가 병존하고 있으며, 이를 바탕으로 대상지내 가로가 변화 발전해 왔다. 가구의 내부에는 연속된 통과도로가 점차 형성되어 왔으며, 원형 그대로의 조선시대 가로 또한 상당수 유지되어 오고 있다. 대상지에서 나타나는 조선후기 주요 가로망의 직선화와 연속된 가로망으로의 변화는 오늘날의 도시조직을 형성하는 틀이 되었다. 그리고 대상지 내 상당수의

세로들이 조선시대 후기의 가로 형태를 유지하면서 블록 내 골목을 형성하고 있음을 알 수 있다. 이와 같은 유형은 1968년 지적도를 통해서도 확인가능하며, 특히 대상지역을 중심으로 읍성이 해체되며 생성된 가로는 이후 구도심지역의 주요가로로서의 역할을 하게 된다. 2004년 지적도 상에는 다수의 가로가 정비되고 또한 필지의 분화와 함께 접근가로

〈표 5-29〉 1900년대 이후 시대별 가로의 변화 특성

| 구분 | 가로유형 | 특성 |
|---|---|---|
| 1915년 지적 원도 | | · 읍성 내부에는 관아 부속 행정기관의 위치와 신라시대 격자형 가로를 중심으로 주요가로가 형성되었음<br>· 주요가로 내부에는 곡선형 및 가지형의 세부가로가 다양하게 형성되어 있었음<br>· 다수의 막힌 가로 유형이 나타나고 있음 |
| 1968년 지적도 | | · 읍성이 해체되면서 주요가로의 변화가 상당수 변화하였음<br>· 대형필지가 소형 필지로 세분화되면서 새로운 형태의 연속된 가로패턴이 지속적으로 나타나게 됨 |
| 2004년 지적도 | | · 상당수 가로의 폭이 넓어지는 경향을 보이며, 직선화되어 가고 있음. 하지만 조선시대 이후 유지되고 있는 블록 내 소로를 통한 정방형의 가구 내 진입이 가능한 유형을 보임 |

※ 자료: 1915년 지적원도, 1968년 지적도, 2004년 지적도
※ 참조: 경주읍성지역의 가로 변화(북부동, 서부동, 동부동, 노동동 지역)
※ 범례: ▬▬▬ 소로, ▬▬▬ 중로

가 지속적으로 생겨나고 있음을 확인할 수 있다.

　다양한 유형의 건축물이 섞여 있는 환경적 특성으로 가로와 건축물 간의 상관관계를 통한 가로의 유형적 특성을 발견하기는 어렵지만 다양한 형태로 남아 있는 소로, 중로 그리고 대로의 형태적 특징과 가로 조성에 있어서 각각의 의미는 역사도시 가로환경의 가치를 높여줄 수 있으며, 또한 각각의 가로가 가지고 있는 역사성에 부합하는 현대적 가로계획의 필요성으로 설명할 수 있다.

　오늘날 대상지역의 가로 현황은 그림 5-58에서 대상지 전체 가로 상에서의 가로 패턴과 함께 유형을 확인할 수 있다.

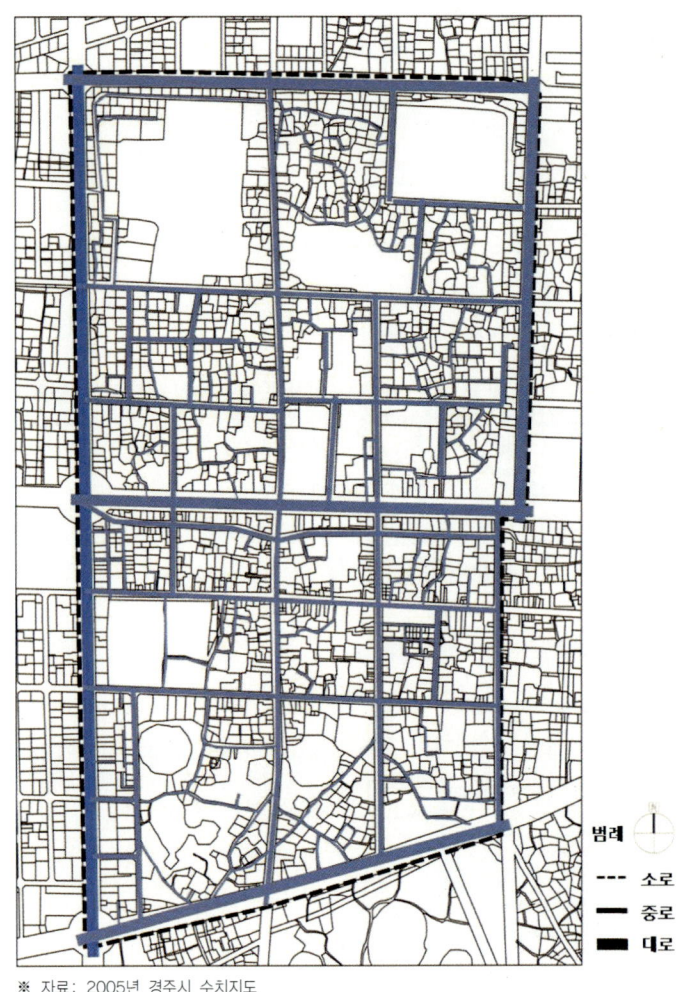

범례

- - - 소로
——— 중로
▬▬▬ 대로

※ 자료: 2005년 경주시 수치지도

〈그림 5-58〉 대상지의 가로, 블록 및 필지의 현황

## 필지 및 블록체계

### (1) 필지 특성

한편 대상지 필지 규모를 살펴보면 다양한 규모 및 유형의 필지가 개발되어왔음을 알 수 있다. 대상지역에서는 필지의 규모가 151~200㎡(19.7%)가 가장 많이 분포하고 있으며, 101~150㎡(19.5%)의 필지가 다음을 차지하고 있다. 그리고 51~100㎡, 401㎡ 이상의 필지 등 다양한 규모의 필지가 개발되어 있음을 확인할 수 있다. 필지의 평균 규모는 약 260㎡에 이르며, 전체적으로 101~200㎡의 필지규모가 전체의 약 40%를 차지하고 있음을 알 수 있다(표 5-30 참조).[72] 이와 같은 필지의 면적 분포가 나타나는 데는 해방 이후 근대화를 거치면서 지속적으로 필지가 세분화하는 데서 원인을 찾을 수 있으며, 이로 인해 전반적으로 역사도시 내 고도지역의 영세화가 우려되고, 특히 도시 전역에 문화재가 분포하고 있는 경주의 특성상 문화재 주변지역의 환경적 문제 또한 제기된다.[73]

〈표 5-30〉 대상지 필지 면적비율

| 면적(㎡) | 수량 | 비율(%) |
| --- | --- | --- |
| 10~50 | 91 | 5.67 |
| 51~100 | 231 | 14.39 |
| 101~150 | 313 | 19.50 |
| 151~200 | 316 | 19.69 |
| 201~250 | 210 | 13.08 |
| 251~300 | 125 | 7.79 |
| 301~350 | 79 | 4.92 |
| 351~400 | 53 | 3.30 |
| 401 이상 | 187 | 11.65 |
| 계 | 1,605 | 100 |

---

72) 이는 경주시 전체지역 필지의 평균 면적과도 차이가 크다. 전체 필지면적을 파악한 결과에 의하면, 300~500㎡이 약 13%, 100~200㎡이 전체의 약 11.3%, 그리고 50㎡ 미만의 필지가 전체의 10%로 나타났으며, 이와 비교하였을 때 특히 구도심을 중심으로 하는 역사지역에 필지의 지속적 분화로 인한 영세화의 경향이 두드러지는 특징을 확인할 수 있다.

73) 또한 경주시 지역의 토지분할합병 허가 자료를 분석해 본 결과 경주시 전체 총 12,272건 중 토지분할이 7,734건으로 63%에 이르며, 합병이 4,538건으로 37%를 차지하였다. 특히 보존구역에서는 1,399건의 허가가 이루어졌으며, 분할이 66.5%(850건)를 차지하고 있다. 보존구역 내 분할합병 허가사례를 세부적으로 살펴보면, 최고고도지구에서의 허가건수가 866건(62.3%)으로 가장 많고, 역사문화미관지구가 339건, 국립공원이 165건, 문화재구역이 67건 순으로 나타나고 있다. 이와 같은 필지분할 현상은 역사도시의 영세 필지화가 진행되고 있으며, 필지 세분으로 인해 특히 문화재 주변지역의 영세화가 문제화될 가능성을 시사하고 있다. 실제로 보존구역 내 필지의 규모를 보면 13.3%가 50㎡ 미만, 7.3%가 50~100㎡ 미만의 소규모 필지로 나타나고 있다. 경주시, 2001년 1월부터 2006년 5월까지의 토지분할합병 허가 대장 자료 참조.

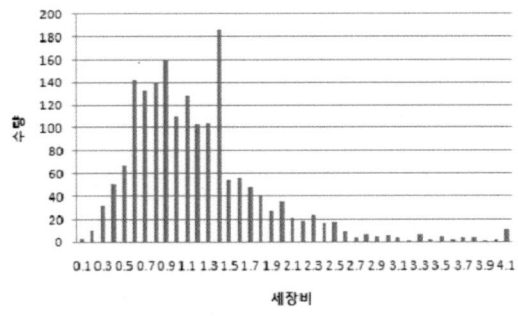

<그림 5-59> 대상지 필지의 세장비

한편 대상지역의 필지 세장비는 다음 그림 5-59와 같이 조사되었으며, 세장비 1.0 내외의 정방형 필지유형이 다수를 차지하고 있음을 알 수 있다. 그리고 1900년대 이후 필지의 변화양상은 표 5-31을 통해 확인할 수 있다.

<표 5-31> 1900년대 이후 시대별 필지의 변화 특성

| 구분 | 필지유형 | 특성 |
|---|---|---|
| 1915년 지적 원도 |  | · 읍성외곽지역의 대형필지가 당시의 토지이용 현황을 설명해주고 있음<br>· 가로변을 중심으로 필지가 세분화되면서 주거지역이 형성됨 |
| 1968년 지적도 |  | · 가로변 필지가 폭이 좁고 깊은 세장형 필지로 분화됨<br>· 읍성외곽지역의 대형필지가 기존 필지패턴의 형태를 유지하면서 주거용도로 세분화되고 있음 |
| 2004년 지적도 |  | · 세장형 필지가 정방형 필지로 분화<br>· 필지의 영세화가 가속화됨<br>· 공공시설(학교 등) 및 대가구단지로 개발되는 필지는 상호 통합되어 오늘에 이르고 있음 |

※ 자료: 경주읍성지역의 주요 도로변 현황

## (2) 블록 특성

오늘날 경주시 구도심지역, 특히 가치탐구의 대상지역은 봉황로, 서성로, 화랑로, 태종로 등의 중심가로를 기본으로 격자형의 블록패턴을 보인다. 이는 앞서 살펴본 바와 같이 신라 왕경과 고려 이후 조성된 가로의 패턴이 이중적으로 중첩되어 생겨난 블록 유형이다. 대상지 블록은 15,001~19,000㎡의 규모가 전체의 26%, 그리고 21,000㎡의 규모가 34.8% 그리고 7,000㎡~13,000㎡의 규모가 약 25%로 세 가지 규모의 유형이 전체의 약 85%에 이른다(표 5-32 참조). 이와 같은 블록의 규모특성은 대상지역을 포함하는 왕경지역의 대부분 블록 규모가 160×140m인 것과 연관성을 보이며, 이는 과거 신라방의 크기에 근거한다.74)

〈표 5-32〉 대상지 블록 면적비율

| 면적(㎡) | 수량 | 비율(%) |
|---|---|---|
| 1,001 이하 | 0 | 0.0 |
| 1,001~3,000 | 0 | 0.0 |
| 3,001~5,000 | 2 | 8.7 |
| 5,001~7,000 | 1 | 4.3 |
| 7,001~9.000 | 2 | 8.7 |
| 9,001~11,000 | 2 | 8.7 |
| 11,001~13,000 | 2 | 8.7 |
| 13,001~15,000 | 0 | 0.0 |
| 15,001~17,000 | 3 | 13.0 |
| 17,001~19,000 | 3 | 13.0 |
| 19,001~21,000 | 0 | 0.0 |
| 21,000 이상 | 8 | 34.8 |
| 계 | 23 | 100 |

이와 함께 대상지역 블록의 세장비를 살펴보면 0.8에서 1.8 사이의 블록세장비가 다수를 차지하고 있음을 알 수 있다. 대상지역의 북측 성건동 지역과 북천 북쪽의 신도심 지역 블록개발패턴이 주로 2열 가구에 세장비 2.5 내외로 개발되는 특성과 비교하면 읍성지역의 블록개발패턴의 특성을 발견할 수

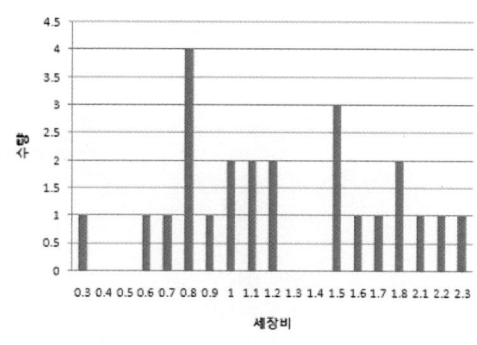

〈그림 5-60〉 대상지 블록의 세장비

---

74) 현행 국내 도시계획법에서 제시하고 있는 최대가구의 크기를 150×60m(9,000㎡)로 하고 있는 것과 비교하여 차이가 있음을 알 수 있다.

있으며, 또한 전통적 신라왕경의 골격이 오늘까지 전해지고 있는 특성 또한 발견할 수 있다(그림 5-60 참조).

건축적 특성

### (1) 건축용도 및 유형

답사를 통해 조사·분석한 대상지역 건축물의 용도는 단독주택을 중심으로 하는 주거와 상업시설 그리고 교육시설 등 다양한 용도의 건축물이 복합적으로 위치하고 있으며, 구체적 분포 현황은 다음 그림 5-61과 같다. 건축유형 중 특히 주거시설은 시대의 특성을

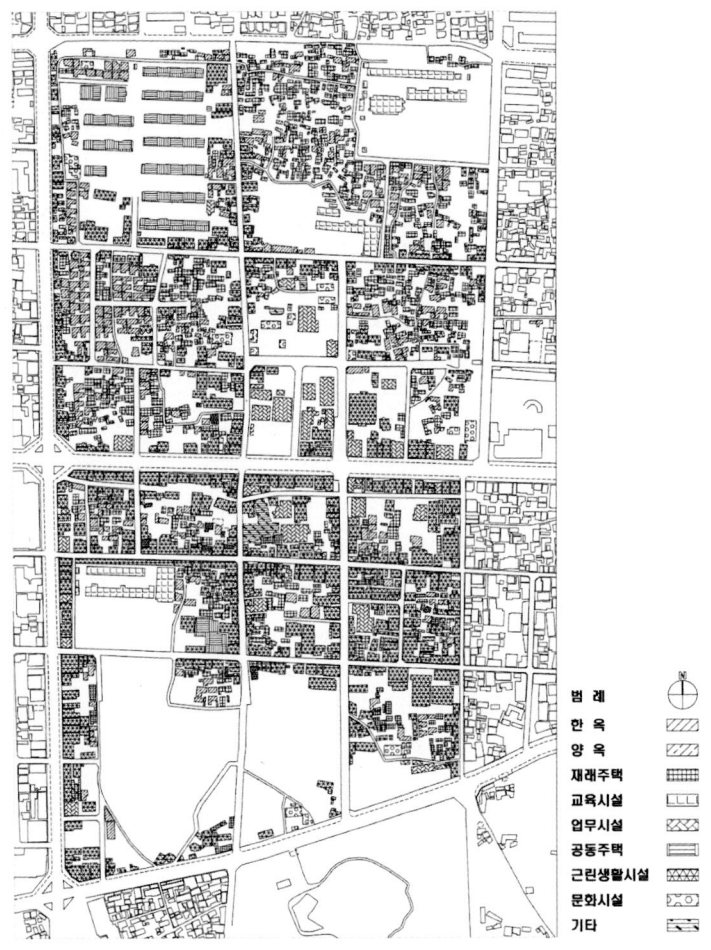

〈그림 5-61〉 대상지의 건축 유형

반영하는 용도로 역사환경으로서 중요한 가치를 지닌다. 따라서 대상지역을 용도별도 조사·분석하였으며, 특히 주거용도는 유형화가 가능한 재래주택, 한옥, 그리고 양옥으로 세분화하여 조사하였다.[75]

먼저 대상지에서 살펴본 한옥주거는 조선시대 조성된 전통적 한옥주거와는 조성 시기적으로 차이가 있는 한옥주거로 주로 위치하고 있는 지역은 1910년대까지 대형필지로 남아 있는 지역이었다. 이와 같은 지역이 30~40년대를 거치며 필지가 분화되어 한옥주거군이 조성되기 시작하였다. 이후 대상지역 내 다양한 지역에서 지속적으로 현대화된 한옥주거군이 조성되었으며, 1970년대 이후 조례를 통해 지속적으로 관리하여 오늘날 대상지역의 주도적인 주거유형으로 나타나게 되었다. 한옥주거의 수량은 총 210채로 15%에 이른다(그림 5-62 참조).[76]

〈그림 5-62〉 경주시 대상지역의 한옥주거군(경주시 서부동 90번지 일대)

그리고 1950년대 주로 개발된 재래주택[77]의 경우 전통민가형의 주거유형으로 분류할 수 있으며, 대상지 내 재래주택은 전면의 마당을 중심으로 ㄱ자 또는 ㄷ자의 배치특성을 보인다. 대상지에서 나타나는 재래주택의 현황은 총 517개로 전체 단독주택 유형 중 36%에 이른다(그림 5-63 참조).[78]

〈그림 5-63〉 경주시 대상지역의 재래주택군(경주시 노동동 119번지 일대)

---

75) 본 저서의 대상지역은 전통적으로 주거시설이 위치하였던 지역으로 주거용도의 건축물은 대상지역의 역사환경의 가치를 더욱 풍성하게 하는 특성을 지닌다. 이에 대상지역에서 주도적으로 나타나는 한옥주거, 재래주택 및 양옥 등의 주거유형을 세분화하여 조사하였으며, 특히 공주 및 부여와 비교하여 경주지역에서는 한옥주거와 재래주택을 구분하여 분류하였다. 이와 같은 분류 기준은 지역의 역사환경 특성 차이로 설명할 수 있다.

76) 경주지역의 한옥 주거군은 서울 북촌 등의 한옥마을과 함께 도시형 한옥의 중요성을 인정받아 1970년대부터 한옥미관지구로 지정되어 관리되고 있다. 또한 이와 추가하여 경주시는 한옥 건축에 보조금을 지급해오던 조례를 확대하여 도시 전역으로 범위를 조정하였으며 지원금액 또한 ㎡당 15만 원에서 25만 원으로 보조금을 확대하였다. 도시한옥은 한때 개량한옥 또는 집장사 집이라고 불렸었는데, 그것은 도시한옥의 가치를 부정적으로 평가하는 데서 출발한다. 이러한 부정적 판단의 근거는 1. 전통한옥과 비교해서 격(格)이 떨어진다는 점, 2. 전통한옥의 구법을 변형시켰다는 점을 들 수 있다. 격이 떨어진다는 것은 도시한옥에서 의장적 과장이 심하다는 지적이며 구법을 변형시켰다는 것은 구법의 단순화를 비판하는 것이다. 이러한 비판은 도시한옥을 전통한옥의 아류 또는 복제의 대상으로 접근하는 시각으로 오히려 전통한옥과 비교하여 구법의 간략화나 의장적 과장은 도시한옥의 특징으로 볼 수도 있다.

77) 재래주택은 전통민가의 공간구성을 바탕으로 지어진 목구조의 단층 주택으로 설명할 수 있다. 국내 지방도시에서 주도적으로 나타나는 건축유형으로 지붕은 대개 시멘트와 슬레이트, 함석으로 이루어졌으며, 일반적으로 전면에 마당을 두고 있으며, 지역과 환경적 특성에 따라 ㄱ자형, 또는 ㄷ자형으로 개발되었다. 박훈·정재용, 앞의 논문, 2009.05, p.257

〈그림 5-64〉 경주시 대상지역의
양옥주거(경주시 서부동 3-23번지)

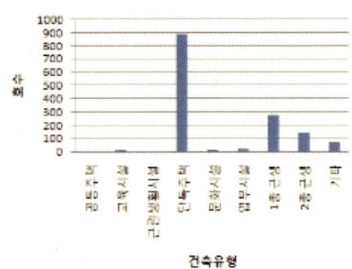

〈그림 5-65〉 대상지역 건축용도별
현황

한편 이와 함께 1960년대 이후 민간개발업자에 의해 주로 개발된 주거유형인 양옥은 주로 벽돌의 조적조로 개발되었으며,[79] 대상지역에서는 주로 단층으로 개발되었다. 그리고 점차 2층의 유형으로 변화하게 된다. 이는 총 162채로 전체 단독주택지의 유형 중 12%에 이른다(그림 5-64 참조).

이상 살펴본 바와 같이 대상지역의 주거유형을 포함한 전체 건축물의 유형을 파악해 본 결과 단독주택이 889(약 62%)채, 1종 및 2종 근생시설이 422채(29%), 그리고 일부 문화시설, 교육시설, 업무시설 등이 위치하고 있는 것으로 조사되었다(그림 5-65, 표 5-33 참조). 이와 같이 파악된 건축 현황을 통해 대상지역의 건조환경 측면에서의 특성을 파악할 수 있었으며, 이에 따른 역사환경의 가치를 사고할 수 있었다. 앞서 살펴본 공

〈표 5-33〉 용도별 건축물 현황

| 구분 용도 | 건축물 | | 연면적 (㎡) | 평균연면적 (㎡) |
|---|---|---|---|---|
| | 동수(동) | 비율(%) | | |
| 공동주택 | 1 | 0.07 | 531.11 | 531.11 |
| 교육시설 | 16 | 1.11 | 16,688.5 | 1043.03 |
| 근린생활시설 | - | - | - | - |
| 단독주택 | 889 | 61.69 | 84,294.1 | 94.82 |
| 문화시설 | 16 | 1.11 | 18,648.5 | 1,165.53 |
| 업무시설 | 24 | 1.67 | 29,940.8 | 1,247.53 |
| 1종 근생 | 276 | 19.15 | 55,181.8 | 199.93 |
| 2종 근생 | 146 | 10.13 | 52,874.9 | 362.16 |
| 기타 | 73 | 5.07 | 45,952.9 | 629.49 |
| 계 | 1,441 | 100 | 304,112.6 | 5,273.6 |

※ 현지답사를 통해 조사·분석하였음.

---

78) 이는 앞서 살펴본 공주와 부여지역과 비교하여 높은 비율로 조사되었으며, 이는 한옥주거와 함께 대상지역의 역사성을 상징적으로 보여주는 역할을 한다.

79) 구도심지역에 개발된 양옥의 주거유형은 보통 1960년대 후반부터 1980년대에 걸쳐 민간주택업자에 의해 주로 개발되었으며, 주로 벽돌의 조적조 구조와 지붕은 목조지붕틀 또는 슬라브구조로 개발되었다. 박훈·정재용, 역사도시의 도시조직 특성과 가치에 관한 연구, 대한건축학회 논문집 제25권 제5호, 2009.05, p.257

주와 부여 등 두 곳의 건조환경과 비교하였을 때 단독주택 특히 도시형 한옥으로 인한 특성을 파악할 수 있었으며, 순수한 건축양식의 한옥주거와의 차이로 인해 '진정성'에 관하여 논란이 되고 있지만 상대적으로 가치설정의 가능성은 높다고 볼 수 있다.[80] 그러나 대상지역에 주도적으로 나타나는 재래주택 및 양옥의 건축양식을 통해 도시의 '역사성'을 재고하기에는 한계 또한 가지고 있다. 따라서 현대인이 인지하는 가치요소로서의 전통 건물(군), 정통적 정주지, 지역을 대표하는 건물(군) 등의 조성을 위하여 장기적 측면에서의 지원방안 모색이 필요하다. 역사도시의 요소로서 가치 있는 건조환경의 조성을 위하여 지속적인 노력이 요구된다.

### (2) 건축규모

대상지에서 나타나는 건축물의 층별 현황을 살펴보면 1층 규모의 건축물이 전체의 68%에 이르고 있음을 확인할 수 있다. 그리고 2층 규모의 건축물이 14.4%로 1층과 2층 건축물이 전체의 82%에 이르고 있다(그림 5-66 참조). 한편 봉황로, 중앙로 등 주요 가로변을 중심으로 2층에서 3층 규모의 건축물이 상당수 개발되어 있으며, 경주역사 정면의 주요상업기능이 밀집한 화랑로변은 5층 이상의 건축물 또한 다수가 존재한다(그림 5-67, 표 5-34 참조). 한편 가구 내부 주거지역을 중심으로 1층 주거가 주로 위치하고 있다. 경주시 또한 공주 및 부여지역과 마찬가지로 역사환경을 보존하기 위해 다양한 규제가 이루어지고 있으며, 특히 역사환경지역을 중심으로 한 고도의 설정은 오늘날 경주 구도심의 역사환경을 유지하는 데 역할을 하였다.

〈그림 5-66〉 주된 경관을 형성하고 있는 저층 주거 현황 (경주시 북부동 일대)

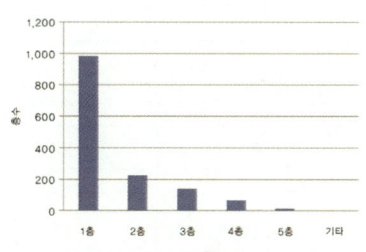

〈그림 5-67〉 대상지역 층별 건축물 현황

대상지역을 중심으로 최고고도가 설정되어 있으나 높이 규제가 25m로 전체적으로 역사도시의 면모를 갖추기 위해서는 높이 규제가 강화되어야 한다. 오늘날과 같은 도시경관을 확보하는 데 이와 같은 규제가 바탕이 되었으며, 역사도시의 건조환경(Built Environment)

---

80) 1990년대 이후 경주지역의 역사환경 관련 연구에서 한옥주거의 획일적 건축양식. 획일적인 추녀 등의 형태. 사용부재의 부조화 등을 들어 문제 제기가 지속되어 왔다. 1994. 장충직 등

<표 5-34> 층별 건축물 현황

| 구분<br>층수 | 건축물 | | 연면적<br>(㎡) | 평균연면적<br>(㎡) |
|---|---|---|---|---|
| | 동수(동) | 비율(%) | | |
| 1층 | 990 | 68.70 | 64,600.3 | 65.25 |
| 2층 | 208 | 14.43 | 46,732 | 224.67 |
| 3층 | 146 | 10.13 | 90,315.8 | 618.60 |
| 4층 | 73 | 5.07 | 64,731 | 886.73 |
| 5층 | 19 | 1.32 | 26,036.7 | 1,370.35 |
| 기타 | 5 | 0.35 | 11,800.63 | 2,360.13 |
| 계 | 1,441 | 100 | 304,216.43 | 5,525.73 |

※ 현지답사를 통해 조사·분석하였음.

을 확보하는데 영향을 끼친 제도적 틀이 지속적인 규제 완화 압력과 함께 개발압력으로 인하여 완화와 강화의 논쟁이 지속되는 양상이 오늘날 우리의 역사도시 모습이다.

### (3) 건축연도

건축물의 건축연도 현황을 살펴보면 다음의 표 5-35와 같다. 1950년 이전건축물이 전체의 약 25.6%(369동)으로 조사되었으며, 1970년대부터 2000년까지의 건축물이 전체의 약

<표 5-35> 건축연도

| 구분<br>용도 | 건축물 | | 연면적<br>(㎡) | 평균연면적<br>(㎡) |
|---|---|---|---|---|
| | 동수(동) | 비율(%) | | |
| ~1930년 | 61 | 4.23 | 5,398.95 | 88.51 |
| 1931~1940년 | 136 | 9.44 | 9,313.76 | 68.48 |
| 1941~1950년 | 172 | 11.94 | 8,713.59 | 50.66 |
| 1951~1960년 | 119 | 8.26 | 6,185.93 | 51.98 |
| 1961~1970년 | 156 | 10.83 | 19,914.16 | 127.66 |
| 1971~1980년 | 338 | 23.46 | 62,702.66 | 185.51 |
| 1981~1990년 | 185 | 12.84 | 61,939.27 | 334.81 |
| 1991~2000년 | 178 | 12.35 | 10,7250.1 | 602.53 |
| 2001~ | 83 | 5.75 | 21,828.56 | 262.99 |
| 기타 | 13 | 0.90 | 1,005.46 | 77.34 |
| 계 | 1,441 | 100 | 304,252.44 | 1,850.47 |

※ 참조: 대상지 건축물 중 13동은 건축연도를 파악할 수 없었으며, 거주자 또한 이에 대한 정보를 가지고 있지 않음.

50%를 차지하고 있는 것으로 나타났다. 특히 대상지역에서 1940년 이전 건축물 총 197동이 현존하고 있는 것으로 조사되었으며, 이는 주로 한옥주거와 재래주택으로 파악되었다. 또한 그림 5-68의 구한말 건축물(동부동 102-3번지) 등은 도시가 가진 고대사뿐만 아니라 근대의 역사성 또한 표현해주는 척도가 되고 있다.

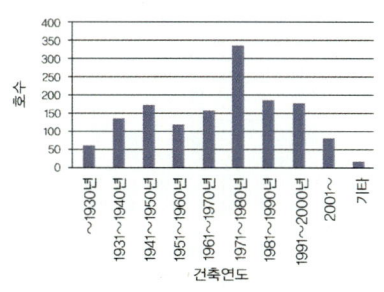

〈그림 5-68〉 대상지역 건축 연도별 현황

역사적 가치가 있는 건축물을 보존하기 위해 지난 2001년 시행된 등록문화재보존정책은 경주지역의 경우 상당수의 건축물들이 포함되어 있지 못하는 문제가 나타나고 있으며, 이로 인하여 효율적인 관리 등의 후속조치 또한 이루어지지 못하고 있는 실정이다(그림 5-69 참조). 1950년대 이전 건축물이 전체의 20%로 앞서 살펴본 공주와 부여지역에 비교하여 높은 비율로 나타나고 있으며, 이는 경주지역에 시대와 지역을 대표하는 주거(군) 설정의 가능성 또한 상대적으로 높다고 볼 수 있다.

〈그림 5-69〉 구도심지역 내 철근콘크리트조의 구한말 건축물(경주시 동부동 102-3)

### (4) 건축구조

대상지의 건축물 구조 현황을 살펴보면 표 5-36과 같으며, 다수의 건축물(41.2%)이 목조

〈표 5-36〉 건축구조

| 구분<br>구조 | 건축물 | | 연면적<br>(㎡) | 평균연면적<br>(㎡) |
|---|---|---|---|---|
| | 동수(동) | 비율(%) | | |
| 목조 | 601 | 41.71 | 33,717.51 | 56.10 |
| 경량 | 30 | 2.08 | 3,060.4 | 102.01 |
| 조적조 | 7 | 0.49 | 1,235.72 | 176.53 |
| 철근콘크리트 | 382 | 26.51 | 212,571.96 | 556.47 |
| 철골 | 33 | 2.29 | 20,581.66 | 623.69 |
| 벽돌조 | 156 | 10.83 | 16,624.08 | 106.56 |
| 블록조 | 228 | 15.81 | 15,963.91 | 70.02 |
| 기타 | 4 | 0.28 | 269.06 | 67.26 |
| 계 | 1,441 | 100 | 304,024.3 | 1,758.64 |

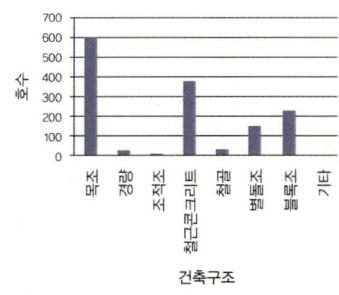

<그림 5-70> 대상지역
건축구조별 현황

<그림 5-71> 구도심지역 내
목조양식의 동경관 서익헌
(경주시 동부동 105-5번지)

건물로 이루어져 있음을 알 수 있다. 이는 주로 1940년대 건축된 한옥주거와 재래주택 그리고 1960년대 이후 재건축된 건축물들로 파악할 수 있다. 해당지역 내에는 전통적 재료를 이용한 건축물이 상당수 존재하고 있으며, 대표적으로 목조건축물이 약 42%를 이루고 있다. 다른 두 곳의 도시와 비교하여 상대적으로 전통건축 재료인 목조건축물이 다수 존재하고 있는 것은 경주지역의 역사환경을 특징적으로 볼 수 있는 자료이다(그림 5-70 참조). 특히 이들 건축물들은 1970~1980년대 이후 재건축된 건축물들로 파악되었으며, 이미 1970년대부터 역사환경보전에 관한 지침이 시행된 지역적 특성으로 목조의 한옥유형의 건축물이 상당수 위치하고 있는 데서 원인을 찾을 수 있다. 또한 철근콘크리트 건축물은 1990년대 이후의 현대 건축물과 함께 대상지역에 남아 있는 근대건축물을 중심으로 조성되어 있음을 파악할 수 있었다. 이들의 다양한 구조적 특성은 해당지역의 역사적 척도를 판단하고, 필지, 건축유형 등 다른 요소와의 연관관계를 통한 연구의 중요성 또한 지닌다. 이 또한 구도심지역의 역사성을 설명해 줄 수 있는 중요한 요인이다(그림 5-71 참조). 이상 대상지역의 건축물을 중심으로 건축구조적 특징을 살펴본 바에 의하면, 다른 두 곳의 역사도시와 비교하여 전통적 건축양식인 목조구조물이 상대적으로 다수 분포하고 있음을 확인할 수 있었다. 향후 건축물에 관한 보전 및 관리방안을 마련함에 있어 이와 같은 특성이 반영된 지침의 필요성이 제기된다.

### 소결

이상 살펴본 경주 구도심지역의 역사환경 특성을 정리하면 다음과 같다.

첫째, 경주 구도심지역은 신라시대 정치, 경제, 행정의 중심지역으로 오늘날까지 전해져 내려오며, 특히 읍성지역을 중심으로 하는 주변지역에는 당시의 인문, 사회적 요인의 특성에 따라 도시가로 필지 및 블록, 그리고 건축적 양식을 포함하는 건조환경(built environment)에 내재되어 오늘에 이르고 있다.

둘째, 경주 지역의 도시조직(가로, 블록, 필지, 건축물 등)을 포함하는 역사환경을 보전하기 위하여 종합적인 차원에서의 보전방안 마련이 필요하며, 또한 세부적인 요소까지 규제할 수 있는 실제적 제도 마련이 필요하다. 이를 통해 경주가 가지는 역사환경의 가치제고가 가능하다.

셋째, 주거지역을 중심으로 필지의 변화양상을 살펴보면 근대 및 현대사회로 발전하는 과정에서 사회적 변화양상에 의한 영향으로 필지의 유형이 변화하고 있음을 확인하였다. 그리고 지속적인 세분화의 결과로 전체적으로 구도심지역의 필지가 영세화되어가고 있는 특징을 확인할 수 있으며, 이를 막기 위해 다양한 제도적 장치의 마련이 필요하다.

그리고 건축적 특징에 있어서 경주시는 한옥의 주거유형이 상당수 위치하고 있으며, 이는 경관적으로 경주 읍성지역의 역사환경을 조성하는 데 상당한 영향을 미치고 있다. 반면에 경주시 지역에서는 근대화 과정에서 나타나는 근대건축물이 소수 남아 있다. 이는 다양한 시대의 건조환경을 통해 역사도시의 가치를 제고한다는 측면에서 가치설정의 한계를 지닌다.

이상 분석한 결과와 같이 경주지역의 역사환경은 도시 형태적인 면에서부터 개별 건축적 차원에까지 포괄적인 분석을 통해 가치를 논할 수 있으며, 이를 통해 분야별로 제기되는 보전 및 관리방안에 대한 유연한 대처 방안 마련이 뒤따라야 하겠다. 이와 같은 내용을 역사환경의 특성과 인지요소와의 연관성을 중심으로 정리 분석하면 다음의 표 5-37과 같다.

<표 5-37> 경주지역 역사환경의 특성과 인지요소의 연관성 분석

| 구분 | | | 특성 | | | |
|---|---|---|---|---|---|---|
| | | | 삼국시대 | 통일신라 | 조선시대 | 일제, 근대 |
| 도시의 공간구조 | | 유형 | · 송화산, 선도산, 소금강산과 서천, 남천, 북천 등으로 에워싸여 있는 자연환경<br>· 방리제에 의한 도시기본 골격 형성 | · 궁성, 황룡사 지역을 중심으로 도시형성<br>· 고려시대: 규모가 남북 2.4km, 동서 8km에 이름<br>· 고려시대 경주읍성의 축조를 통한 공간구조 변화 형성<br>· 조선시대: 고려시대의 1/4 규모로 도시공간 축소(읍성지역을 중심으로 도심지 형성) | | · 1912년 읍성 해체<br>· 철도에 의한 도시공간구조의 훼손 |
| 도시 조직 | 가로 | 유형 | - | - | · 가지형, 직선형 | · 가지형, 직선형 |
| | | 규모 | - | - | · 1.5m, 3m, 4m, 6m, 9m | · 2.5m, 4m, 10m, 12m |
| | 필지 | 유형 | - | - | · 부정형 | · 정형화(정방형, 세장형) |
| | | 규모 | - | - | · 평균 347㎡ | · 평균 260㎡ |
| | 블록 | 유형 | - | - | · 정방형 | · 정방형 |
| | | 규모 | - | - | - | - |
| | 건축 | 주요 용도 | - | - | · 주거 | · 주거 |
| | | 주요 유형 | - | - | - | · 초가집+도시형 한옥 |
| | | 주요 규모 | - | - | - | - |
| | | 주요 연도 | - | - | - | - |
| | | 주요 구조 | - | - | · 목조 | · 목조+일부 벽돌 |

※ 범례: ● 연관성 높음   ○ 연관성 보통   ▲ 연관성 낮음   ▨ 도시공간정치이론을 통해 제4장에서 분석
※ 참조 1: 역사환경요소는 기본적으로 인지요소와의 상호연관성을 가지며, 이를 바탕으로 역사도시의 가치를 설정할 수 있음.
※ 참조 2: 1④, 4①, 4②에 해당하는 역사유적 및 다양한 유·무형의 전통과 문화적 전통의 보유에 관련한 분석은 도시공간정치이론 및 역사환경의 특성 분석에서 종합적으로 실시하였으며, 본 분석표에서는 제외함.
※ 참조 3: 1①. 시대를 대표하는 건물(군) 1②. 전통적 정주지 1③. 지역을 대표하는 건물(군) 1④. 성곽, 왕릉, 고분, 사찰 등 역사유적 2①. 진정성 2②. 정체성 2③. 도시조직에서 변해가는 역사의 켜를 인식 2④. 오랜 시간의 누적에 의한 형성 3①. 교육적 중요성 3②. 역사적 정체성 3③. 독특한 역사문화경관의 특성과 구성요소 3④. 다양한 유형의 전통역사가로 4①. 다양한 유·무형의 전통 4②. 문화적 전통을 보유

| 근대 이후 | 분석 | | | | | | | | | | | | | |
|---|---|---|---|---|---|---|---|---|---|---|---|---|---|---|
| | 1① | 1② | 1③ | 1④ | 2① | 2② | 2③ | 2④ | 3① | 3② | 3③ | 3④ | 4① | 4② |
| · 신·구도심으로 도시공간의 분리 발전 | | | | | ● | ● | ● | ● | ○ | ○ | | ● | | |
| · 직선형 대로 형성<br>· 대로 25m, 중로 8~12m, 소로 3m | | | | | ○ | ○ | ○ | ○ | | ○ | ○ | ● | | |
| · 가로변 세장형+블록 내 정방형필지유형<br>· 51~100㎡(14.4%)<br>· 101~150㎡(20.0%)<br>· 151~200㎡(19.7%) | ○ | ○ | ▲ | | ○ | ○ | ○ | ○ | | | | | | |
| · 정방형(0.8~1.2)<br>· 15,001~17,000(13%)<br>· 17,111~19,000(13%) | | | | | ○ | ○ | ○ | ○ | | | | | | |
| · 단독주택 61.7%<br>· 근생 30% | ○ | ○ | ▲ | | ○ | ○ | | ○ | | | ○ | | | |
| · 재래주택 517세대(36%)<br>· 양옥 162세대(12%)<br>· 도시한옥 210세대(15%) | ● | ● | ▲ | | ○ | ○ | | ○ | | | ○ | | | |
| · 1층 68.7%<br>· 2층 14.4%<br>· 3층 10.1% | | | | | | | | | | | ▲ | | | |
| · 1971~1980(23.5%)<br>· 1981~1990(12.8%)<br>· 1991~2000(12.4%)<br>· 1941~1950(11.9%) | ● | ● | ▲ | | ○ | ○ | | | | | ▲ | | | |
| · 목조 41.7%<br>· 철근콘크리트조 26.5%<br>· 블록조 15.8% | ● | ● | ▲ | | ○ | ○ | | ○ | | | ○ | | | |

# 4. 역사환경 측면에서의 가치 비교

## 1) 역사환경 측면에서 공주 · 부여 · 경주의 가치

이상과 같이 역사환경의 측면에서 공주 · 부여 · 경주의 특성 분석을 통한 가치설정의 가능성을 살펴보았다. 역사환경의 측면에서 세 곳의 도시가 갖는 '역사성'과 이를 바탕으로 하는 역사환경의 특징에는 각각 차이가 있음을 확인할 수 있었다.

공주의 경우 도시의 형태적 측면에서 자연적 환경의 영향을 받으며 조성되었으며, 도시조직(urban tissue) 측면에서 가로의 형태와 규모는 시대별로 특성을 파악할 수 있는 다양한 유형이 구도심지역에 내재되어 있음을 확인하였다. 이는 블록과 필지의 형태 및 규모에까지 연속적으로 영향을 미쳐 발전한 변화양상으로 파악할 수 있다. 한편 건축물의 경우 조선후기부터의 건조환경을 파악할 수 있으나, 시대적, 지역적 대표성을 담아내는 건축물과는 차이가 있다. 그러나 가로, 필지, 블록 등을 통한 공주지역의 건조환경 변화양상은 지역적 특성을 보이며 변화하고 있음을 확인하였다.

이와 같이 과거 백제시대부터 오늘에 이르기까지 공주지역 역사환경의 변화양상을 지속적으로 파악할 수 있는 가능성을 확인하였다.

한편 부여의 경우 공주 이후 백제의 수도로서 입지(론)에 있어 공주와 비교하여 유리한 환경적 조건을 갖추었으며, 도시외곽의 외성 및 내성을 형성하여 고대도시의 틀을 갖추었다. 또한 도시조성에 있어 당시의 지배적 계획철학이 반영되었으며, 이에 대한 흔적이 오늘날 일부 도시조직에 남아 있다. 도시조직의 세부 특성을 시기별(1900년대 이후)로 분석하였을 때 사회적 · 환경적 요인과 도시조직의 요소(즉 가로, 블록, 필지, 그리고 건축물 등)가 상호 간 연관성을 가지고 발전했음을 확인할 수 있었다. 그러나 건축물 특히 주거(군)에 있어서 지역성 그리고 시대적 상징성과 대표성을 발견하기에는 한계가 있었다.

이와 같이 부여지역의 역사환경 분석을 통해 시대의 변화에 따른 역사환경의 변화양상을 파악할 수 있었으며, 오늘날 주도적으로 나타나는 역사환경요소의 특성 또한 파악할 수 있었다.

그리고 경주의 경우 공주 및 부여와 비교하여 수도로서 도시형성을 함에 있어 자연환경적 측면에서 유리한 특성을 보인다. 또한 도시 내 도시조직의 형성에 있어 사회상이 반영된 신라왕경의 형성과 다양한 역사문화유적의 입지 특성 그리고 소로, 중로, 대로 등 다양한 형태와 규모로 분석된 다양한 시대의 가로, 이와 연관하여 특성을 설명할 수 있는 블록과 필지에 대한 특성 분석 등을 가치요소로 도출할 수 있다. 그리고 1900년대 들어서 조성된 건축물들의 형태적 특성에 있어(특히 도시형한옥 등) 그 자체로 지역의 대표성을 상징하기에는 다소 부족하지만 타 도시와 비교하여 상대적으로 경관적 측면에서 가치요소로서의 가능성을 가지고 있다.

이와 같이 경주지역의 역사환경은 신라 초기부터 현대에 이르기까지 '영속성'을 가지고 변화양상을 파악할 수 있으며, 이에 대한 가치는 도시적 차원의 역사환경 범주에서 더하게 된다.

공주·부여·경주 역사도시의 분석 대상지역을 중심으로 구도심지역은 왕도였던 백제와 신라시대 이후 지속적으로 경제, 행정의 중심지역으로 오늘까지 이어져 오고 있으며, 그에 따라 나타나는 인문, 사회적 요인은 도시의 공간구조와 도시가로, 필지 및 블록, 그리고 건축적 특성을 통한 건조환경(built environment)으로 남아 오늘날 중요한 가치요소로 전해진다.

## 2) 역사환경 측면에서 공주·부여·경주의 상호 비교

### (1) 도시의 공간구조 측면

도시의 공간구조 측면에서 역사도시 공주·부여·경주는 역사적 발전 과정에서 주변의 자연적 특성을 고려한 공간적 범위를 가지며, 각 도시의 역사유산을 포함하는 역사환경에 대한 가치판단을 통해 도시의 시대별 영향 범위를 도시공간적으로 파악할 수 있다. 또한 이를 바탕으로 적용가능한 고도범역을 설정할 수 있다. 이를 구체적으로 살펴보면 다음의 표 5-38과 같다. 공주는 역사적 범위가 동서방향을 중심으로 도시의 확장이 이루어졌음을 알 수 있으며, 현대사회로 발전하는 과정에서 정책적으로 강북의 신시가지가 개발되어 오늘에 이르고 있다. 한편 부여지역의 경우 부소산성을 중심으로 서쪽으로 구드래 지역과 동쪽으로 능산리 고분군 지역 그리고 남으로는 궁남지에 이르기까지 도시의 공간 범역이 확대되었음을 분석을 통해 확인하였다. 그리고 경주의 경우 신라시대부터 북천 이남지역을 중심으로 도시가 형성되어 왔으며, 역사적 발전을 통해 오늘에 이르렀다. 공주 및 부여지역과 비교하여 상대적으로 경주지역은 전통적 도시공간구조가 오늘날까지 보전되어 전해져 오고 있음을 확인할 수 있다.

<표 5-38> 공주·부여·경주지역의 도시공간구조 변화

| 구분 | | 삼국시대-통일신라 |
|------|------|------|
| 공주 | 도시공간구조 | |
| | 특성 | · 고분군, 사지 등을 통해 당시의 역사범역을 확인할 수 있음<br>· 현재의 구도심지역을 중심으로 동쪽으로 수원사지, 서쪽으로 곰나루까지 공간영역이 확보되고 있음 |
| 부여 | 도시공간구조 | |
| | 특성 | · 부소산성을 중심으로 도시가 형성되었으며, 남쪽으로는 궁남지까지, 서쪽으로는 구드래까지로 폭넓게 영향을 미치고 있음<br>· 도시외곽에 나성 축조 |
| 경주 | 도시공간구조 | |
| | 특성 | · 주변이 송화산, 선도산, 소금강산과 서천, 남천, 북천 등지로 에워싸여 있는 지형지세로 도읍지로서 유리한 자연환경<br>· 궁성, 황룡사 등이 위치하고 있는 지역을 중심으로 도시 형성<br>· 궁성과 월성 사이의 주작대로 형성[81] |

---

81) 김경대의 연구에 의하면 '신라시대 주작대로의 위치와 관련해서는 학자들 간의 논의가 지속되고 있으나 현재까지는 궁성에서 월성 사이로 추정하는 견해가 우세하다'라고 설명하고 있다. 신라왕경 도시계획 원형탐색과 보존체계 설정 연구, 서울대학교 박론, 1997

| 고려-일제 강점기 | 현대 |
|---|---|
| 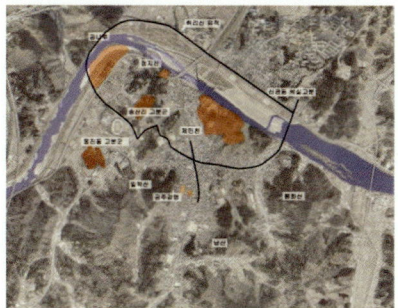 | 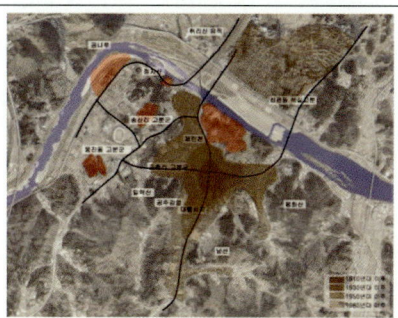 |
| · 현재의 구도심지역 공간영역이 점차 확대되고 있으며, 금강을 중심으로 동서방향으로 영향권이 확대(서쪽으로 연미산까지 영역 확대) | · 근대 이후 공주는 구도심지역의 역사환경을 보존하기 위하여 신도심지역을 전략적으로 개발하여 이분화된 도시공간 관리정책 실시<br>· 교통의 발달로 지형적 영향을 받아온 공간범위가 도시공간이 점차 확장되고 있음<br>· 80년대 이후 강북신도심을 정책적으로 개발 |
| 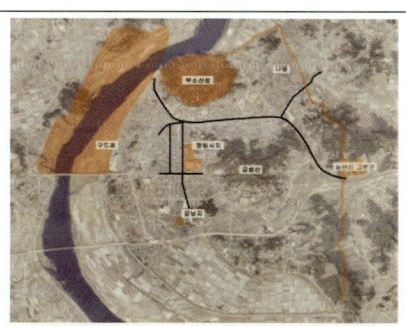 | 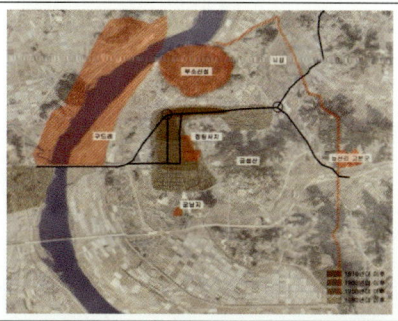 |
| · 구도심지역을 중심으로 동서방향의 주요가로가 형성되었으며, 이는 오늘날까지 이어져오고 있음<br>· 백마강변의 구드래지역까지 주요영역이 확대 | · 근대화과정에서 백마강 서편으로 도시개발이 확장되었으며, 지속적인 도시발전이 이루어짐<br>· 일제 강점기 부여신도건설계획에 의해 형성된 도시의 주요 골격이 현재까지 이어져 내려옴<br>· 80년대 이후 백마강 서쪽지역의 규암면 일대로 도시공간 확장 |
| 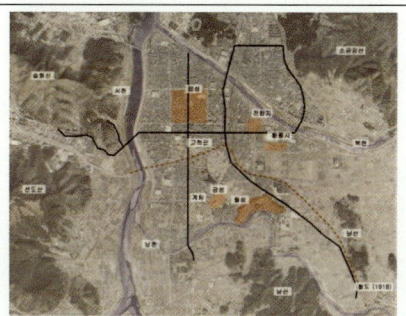 |  |
| · 읍성지역으로 정치·경제의 중심이 변화하였으며, 정치적 영향권이 확대<br>· 일제 강점기 경주지역의 역사환경을 훼손하기 위한 정책이 지속적으로 이루어졌음 | · 근대화 과정에서 강북의 신도심지역을 중심으로 개발사업이 이루어졌으며, 강남의 구도심지역은 역사환경을 보존하기 위한 노력이 지속적으로 이루어짐 |

## (2) 도시조직의 측면

도시조직의 측면에서 부여와 경주는 도시의 형성 당시 주도적 도시계획체계였던 조방제(條坊制)와 방리제(坊里制)의 기본 형태를 갖추게 되었으며, 특히 경주는 현대에 이르기까지 이와 같은 주도적 도시조직의 체계가 남아 전해지고 있다.

공주는 도시의 조성 초기 좁고 긴 자연지형의 영향범위에서 도시가 성장하였으며, 조선시대 이르러 지방행정의 중심기능인 감영과 주요 사찰시설들이 들어서 오늘날과 같은 공주의 도시기본 조직을 형성하고,[82] 이후 일제시기를 거치며 시가지 정비(1918년)를 통해 오늘날과 같은 도시의 기본골격이 구체화된다.

앞서 설명한 바와 같이 부여는 도시의 형성 초기 조방제를 기본 도시조직으로 발전하였으나 일제 강점기 시행된 부여 신도건설 계획에 의해 근대적 도시조직체계로 변화하게 되며, 오늘에 이르게 된다.

한편 경주는 신라시대 형성된 방리제의 기본 도시조직을 바탕으로 지속적으로 도시가 발전해 왔으며, 고려시대 형성된 경주읍성 그리고 일제 강점기의 의도적인 읍성의 해체와 함께 근대적 도시조직이 형성되는 과정에서도 과거 경주방리제의 기본틀하에서 변화가 이루어졌음을 확인하였다. 특히 현재의 경주지역 주요가로의 역사를 면밀히 살펴보면 도시가로 대다수가 방리제의 기본틀을 바탕으로 현재까지 변화·발전해왔음을 확인할 수 있다.

## (3) 가로체계의 특성

여지도서(輿地圖書)[83]에 의하면 조선시대 이미 공주지역에는 대로와 중로 그리고 소로가 다양하게 형성되었으며, 부여지역에는 중로와 소로만이 형성되었고, 경주지역에는 대로, 중로, 및 소로가 형성되었음을 알 수 있다. 이후 일제 강점기를 거치며 신작로라고 하는 대로가 지방도시를 중심으로 생겨나기 시작하였으며, 본 저서의 대상지인 공주, 부여, 경주지역도 같은 양상이 나타나게 되었다.

공주지역의 가로체계는 앞서 언급한 주도적 도시구성 개념[84]이 반영되어 형성된 도시

---

82) 이는 동양의 고대도시계획의 기본개념인 "左廟右社面朝後市"의 법칙으로 앞서 설명한 바 있다. p.209 참조

83) 조선 후기에 각 읍에서 편찬한 읍지(邑誌)를 모아서 책으로 엮은 전국 읍지(邑誌)로 전국의 도로현황을 포함한 다양한 지역정보를 담고 있다. 박훈·정재용. 앞의 논문. p.253

84) "左廟右社面朝後市"를 일컬음.

의 골격을 바탕으로 세부 가로가 형성되었으며, 특히 중학동, 중동, 봉황동, 교동 지역을 중심으로 조선시대 가로와 일제 강점기 및 근대 이후 형성된 가로체계를 통해 변화양상을 파악할 수 있다. 현재 대상지역의 대로는 20m 내외, 중로는 10m 내외, 그리고 소로는 2.5m 내외로 분석되었다.

그리고 부여지역은 일제 강점기 형성된 가로체계를 중심으로 발전하였으며, 구아리, 쌍북리, 관북리 일부지역을 통해 분석한 내용을 보면 직선형의 직교형 가로가 주로 나타나고 있음을 알 수 있다. 타 지역과 비교하여 조선시대 형성된 곡선형 및 가지형의 가로는 부여지역에서는 거의 발견할 수 없으며, 이와 같은 전통적 가로유형의 소실은 역사환경에 대해 보편적으로 인지하고 있는 요인과 차이가 있다. 대상지역의 대로는 24m 내외, 중로는 10~12m 내외 그리고 소로는 2m 내외로 분석되었다.

한편 경주는 방리제를 바탕으로 하여 기본 가로체계가 형성되었으며, 일제 강점기를 거치면서 역사환경을 훼손하고자 하는 일제의 정책으로 상당부분 전통적 역사환경이 훼손되게 되었다. 그리고 방리제에 의해 형성된 기본가로를 중심으로 블록이 세분화되어 발전하였으며, 이는 내부적으로 직선형의 가로와 함께 가지형 및 곡선형의 전통가로 패턴 등이 다양하게 나타난다. 현재의 가로는 25m 규모의 대로와 8~12m 규모의 중로 그리고 3m 내외의 소로로 분류가능하다(표 5-39 참조).

〈표 5-39〉 공주·부여·경주지역의 가로 분류

| 구분 | 지역 | 규모(유형) |
|---|---|---|
| 대로 | 공주 | 20m 내외(직선형) |
| | 부여 | 24m 내외(직선형) |
| | 경주 | 25m 내외(직선형) |
| 중로 | 공주 | 10m 내외(직선형) |
| | 부여 | 10~12m(직선형) |
| | 경주 | 8~12m(직선형) |
| 소로 | 공주 | 2.5m 내외(곡선형, 가지형) |
| | 부여 | 2m 내외(직선형) |
| | 경주 | 3m 내외(곡선형) |

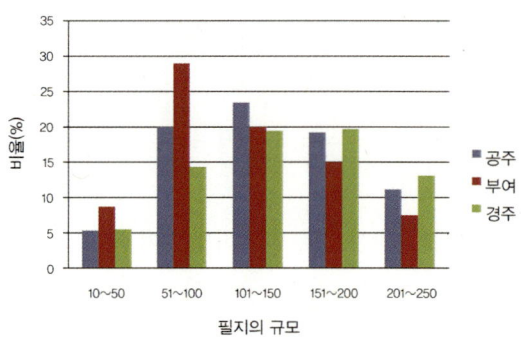

<〈그림 5-72〉 공주·부여·경주지역의 주도적
필지규모 비율>

### (4) 필지 및 블록체계

대상지역의 필지 특성은 1900년대 초반부터 변화양상을 파악할 수 있으며, 관련 도면(지적도 및 지적원도)을 분석하여 결과를 도출하였다. 분석내용은 다음과 같다.

먼저 필지의 면적은 다양하게 분석되었으며, 공주와 부여지역에서는 51~150㎡ 규모의 필지가 가장 많고, 경주의 경우 101~200㎡ 규모의 필지가 가장 높은 비율로 분석되었다. 또한 세 곳의 필지 분포를 보면 50㎡ 이하의 필지 분포가 공주지역에서는 5.5%, 부여지역에서는 8.9%, 그리고 경주지역에서는 5.7%로 나타났으며, 이와 같은 필지의 세분화 경향은 도시환경의 영세화를 초래하는 원인이 된다(그림 5-72 참조). 한편 공주, 부여, 경주지역의 필지는 1900년대 초기 가로변 필지를 중심으로 세장형의 필지로 분화하였으며, 점차 정방형의 필지로 다시 분화되는 특성을 보인다. 이는 일제 강점기 지방의 주요도시를 중심으로 일본인의 거주가 증가하고, 이와 함께 정가형의 주거가 다수 생성되면서 필지의 유형에도 영향을 미친 것으로 분석되며, 이후 정방향의 필지로의 변화 특성은 또한 1950년대 이후의 대상지역의 주도적 주거유형인 재래주택 및 양옥의 주거유형과 연관성을 갖는다. 오늘날 대상지역의 필지 세장비는 공주지역이 0.8~1.1, 부여지역이 0.6~0.8, 경주지역에서 0.6~1.5까지의 범위 내에 있는 필지유형이 가장 많은 것으로 분석되었다.

그리고 블록의 특성은 규모에 있어서 공주지역이 1,001~5,000㎡, 부여지역이 1,001~3,000㎡ 그리고 경주지역이 7,001~13,000㎡으로 분석되었다. 이는 각 도시의 지형적, 환경적 차이에 따라 각기 다른 양상으로 나타나는 특성으로 설명가능하다. 한편 대상지역의 블록 세장비는 공주지역이 1.1에서 1.2, 부여지역은 1.6에서 2.3, 경주지역은 0.8에서 1.2 규모의 세장비가 주도적으로 나타나고 있음을 확인하였다.[85] 이는 특히 지형적 특성과 함께 역사적 발전과정에서 나타난 다양한 정비계획에 의한 영향으로 사회적·환경적 영향을 많이 받고 있음을 알 수 있다.

---

85) 이는 정방형에 가까운 블록의 개발패턴으로 이를 통해 국내 역사도시에서의 블록개발패턴의 유형화가 가능할 것으로 판단된다. 현대사회에서 환경적·경제적 특성 등으로 세장비가 2.0 내외의 블록개발이 일반화되어 있는 경우와 비교하여도 이와 같은 유형은 차별화된 특성으로 설명할 수 있다.

## (5) 건축적 특성

한편 건축적 특성은 공주지역에서 단독주택 비율이 62%, 근생시설이 23%로 나타나며, 부여지역에서 단독주택 비율이 53%, 근생시설이 34%, 그리고 경주지역에서 단독주택의 비율이 62%, 근생시설이 30%로 분석되었다. 대상지역 내에 주로 주거유형이 위치하며, 또한 근생시설이 뒤를 이어 나타나는 공통적

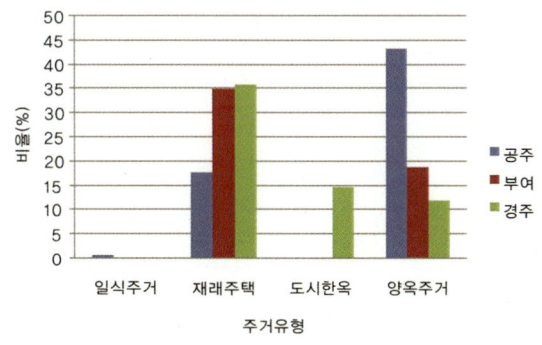

〈그림 5-73〉 공주·부여·경주지역의 주도적 주거유형 비율

특성을 확인하였다. 1990년대 초반 초가집 중심의 주요 건축유형은 일제 강점기 및 근대화를 거치는 과정에서 재래주택 및 양옥 주거유형으로 변화하게 되었으며, 이는 공주·부여·경주지역에서 공통적으로 주도적 주거유형으로 나타나게 되다. 이와 더불어 경주지역에서는 1940년대부터 대형필지 중심으로 형성된 도시형 한옥은 경주지역의 역사경관요소로 가치를 인정받고 있으며, 1970년대부터 한옥보존지구를 설정[86]하여 관리하고 있다. 이를 보존 및 관리하기 위한 행정적·제도적 지원을 통해 오늘날 경주지역의 도시 주거유형으로 자리하게 되었다. 또한 일제 강점기 및 근대화의 과정을 거치며 일식주거, 서양식 건축물의 증가 현상은 다소의 차이는 있지만 세 곳의 역사도시에서 공통적 특징으로 분석되었다(그림 5-73 참조). 이상과 같이 공주와 부여, 그리고 경주지역은 국내의 대표적인 역사도시이지만 본 저서를 통해 분석되었듯이 앞서 설문조사를 통해 도출한 역사도시에 대한 인지특성과는 차이가 많음을 알 수 있었다.

---

86) 국내에서는 북촌 및 가회동 지역과 함께 최초로 한옥보존지구로 지정된 바 있다.

〈표 5-40〉 공주 · 부여 · 경주지역의 역사환경특성과 인지요소 간 상관성 분석

| 구분 | | | 특성 | 분석 | | | | | | | | | | | | | |
|---|---|---|---|---|---|---|---|---|---|---|---|---|---|---|---|---|---|
| | | | | 1① | 1② | 1③ | 1④ | 2① | 2② | 2③ | 2④ | 3① | 3② | 3③ | 3④ | 4① | 4② |
| 도시의 공간구조 | | 유형 | 도시의 발달과정에서 다양하게 나타나는 공간구조의 변화와 철학적 사고양상에 의해 나타나는 특성을 통해 가치 평가 | | | | ▨ | ○ | ○ | ● | ● | ○ | ● | ○ | ● | ▨ | ▨ |
| 도시조직 | 가로 | 유형 / 규모 | 전통가로 패턴과 주로 일제시대부터 등장하는 직선형의 가로패턴간 개발양상의 분석을 통해 가치 평가 | | | | ▨ | ○ | ○ | ● | ○ | | | ○ | ○ | ▨ | ▨ |
| | 필지 | 유형 / 규모 | 전통(부정형)필지 유형과 서구화되어가는 정형의 필지 유형을 통해 가치를 평가하며, 규모 또한 가치기준에 영향 미침 | ▲ | ▲ | ▲ | ▨ | ▲ | ▲ | | ○ | | | | | ▨ | ▨ |
| | 블록 | 유형 / 규모 | 전통적 블록 형태와 서구식 블록의 개발유형간의 관계를 통해 가치 평가 | | | | ▨ | ▲ | ▲ | ○ | ○ | | | | | ▨ | ▨ |
| | 건축 | 주요 용도 | 전통적으로 주거용도의 건축적 특성이 가치요소로 연관성을 가지며, 근대화과정에서 나타나는 일부 상업시설이 역사환경으로서 가치를 지님 | ○ | ○ | ▲ | ▨ | ○ | ○ | | ▲ | | | ○ | | ▨ | ▨ |
| | | 주요 유형 | 한옥을 중심으로 하는 주거유형과 일부의 서양식 건축을 통해 가치를 파악할 수 있음 | ○ | ○ | ▲ | ▨ | ○ | ○ | | ▲ | | | ○ | | ▨ | ▨ |
| | | 주요 규모 | 일반 생활환경속에서 보여지는 건축양식은 주로 저층 및 중규모의 개발패턴으로 특성을 보이며, 이를 중심으로 가치를 평가 | | | | ▨ | | | | ▲ | | ▲ | | ▲ | ▨ | ▨ |
| | | 주요 연도 | 국내 건축재료의 한계로 인해 100년 이상 건축양식을 보전 및 관리하는데 어려움이 있으며, 건조시기를 중심으로 특성에 따라 건축물의 역사적 가치를 평가할 수 있음 | ○ | ▲ | ▲ | ▨ | | | | ▲ | | | ▲ | | ▨ | ▨ |
| | | 주요 구조 | 전통 건축양식에서는 구조의 특이성을 확인하기 어려우며, 주로 한옥주거와 도시형 한옥양식에서 확인할 수 있고, 또한 일부의 서양식 건축양식에서 구조의 특이성을 확인할 수 있음 | ○ | ▲ | ▲ | ▨ | | | ▲ | | ▲ | | ○ | | ▨ | ▨ |

※ 범례: ● 연관성 높음   ○ 연관성 보통   ▲ 연관성 낮음   ▨ 도시공간정치이론을 통해 제4장에서 분석
※ 참조 1: 역사환경요소는 기본적으로 인지요소와의 상호 연관성을 가지며, 이를 바탕으로 역사도시의 가치를 설정할 수 있음.
※ 참조 2: 1④, 4①, 4②에 해당하는 역사유적 및 다양한 유. 무형의 전통과 문화적 전통의 보유에 관련한 분석은 도시공간정치이론 및 역사환경의 특성 분석에서 종합적으로 실시하였으며, 본 분석표에서는 제외함.
※ 참조 3: 1①. 시대를 대표하는 건물(군) 1②. 전통적 정주지 1③. 지역을 대표하는 건물(군) 1④. 성곽, 왕릉, 고분, 사찰 등 역사유적 2①. 진정성 2②. 정체성 2③. 도시조직에서 변해가는 역사의 켜를 인식 2④. 오랜 시간의 누적에 의한 형성 3①. 교육적 중요성 3②. 역사적 정체성 3③. 독특한 역사문화경관의 특성과 구성요소 3④. 다양한 유형의 전통역사가로 4①. 다양한 유. 무형의 전통 4②. 문화적 전통을 보유

| | | | | | | 분석 | | | | | | | | | | | | | | 분석 | | | | | | | |
|---|---|---|---|---|---|---|---|---|---|---|---|---|---|---|---|---|---|---|---|---|---|---|---|---|---|---|---|
| 1① | 1② | 1③ | 1④ | 2① | 2② | 2③ | 2④ | 3① | 3② | 3③ | 3④ | 4① | 4② | 1① | 1② | 1③ | 1④ | 2① | 2② | 2③ | 2④ | 3① | 3② | 3③ | 3④ | 4① | 4② |
| | | | | ○ | ○ | ○ | ○ | ○ | ○ | ○ | ▲ | | | | | | | ● | ● | ● | ● | ○ | ○ | | ● | | |
| | | | | ▲ | ▲ | ▲ | ○ | | | ▲ | ▲ | | | | | | | ○ | ○ | ○ | ○ | | ○ | ○ | ● | | |
| ▲ | ▲ | | | ▲ | ▲ | | ○ | | | | | | | ○ | ○ | ▲ | | ○ | ○ | ○ | ○ | | | | | | |
| | | | | ▲ | ▲ | ▲ | ○ | | | | | | | | | | | ○ | ○ | ○ | ○ | | | | | | |
| ○ | | ▲ | | ○ | ○ | | ▲ | | | | | | | ○ | ○ | ▲ | | ○ | ○ | | ○ | | | ○ | | | |
| ○ | ▲ | ▲ | | ○ | ○ | | ▲ | | | ○ | | | | ● | ● | ▲ | | ○ | ○ | | ○ | | | ○ | | | |
| | | | | | | | ▲ | | | ▲ | | | | | | | | | | | | | | | ▲ | | |
| ○ | ▲ | | | | | | | | | ▲ | | | | ● | ● | ▲ | | ○ | ○ | | | | | | ▲ | | |
| ○ | ▲ | | | | ▲ | | ▲ | | | ○ | | | | ● | ● | ▲ | | ○ | ○ | | ○ | | | ○ | | | |

이상 공주, 부여, 경주지역의 역사환경을 비교·분석한 내용은 국내 대표적인 역사도시로서 일반적으로 역사도시의 역사환경을 이해하는 데 도움을 줄 수 있을 것으로 판단된다.[87] 본 원고를 통해 제시한 세 가지 가치설정을 위한 틀에서 설문조사를 통해 도출한 14가지의 인지요소와 비교해 보았을 때 특히 요인 1. 역사환경 요인, 2. 환경성 등에서 차이를 발견할 수 있었다. 앞서 제시한 설문조사가 정당성을 확보할 수 있는 합리적 절차를 통해 가치기준이 제시된 바 본 저서에서 도출한 역사환경의 특성은 시사하는 바가 크다. '역사환경'은 지역적, 환경적 그리고 사회철학 등 다양한 요인에 의해 결정되며, 변화양상 또한 다양성을 갖는다. 이상과 같이 역사도시의 역사환경적 측면에서 분석된 특성은 전통적으로 역사도시가 가지는 철학적, 사상적 특성의 반영과 당시의 시대상이 도시 전반에 반영된 데에서 가치를 논할 수 있다. 특히 역사환경의 가치철학과 인지요소 상호 간의 관계를 통한 특성은 각각의 도시가 가지는 중요성을 세분화하여 판단할 수 있는 근거를 제공한다. 이상과 같이 다양한 분석을 통해 도출한 공주·부여·경주 지역의 역사환경 특성을 도시공간정치이론과 연계를 통해 종합 분석하여 개발에 앞서 역사도시에 관한 보전 및 관리와 역사성을 제고할 수 있는 제도를 수립하고 도시설계를 시행함에 있어 인용할 수 있을 것으로 기대한다.

　　이상과 같이 공주·부여·경주지역의 역사환경 특성과 인지요소 간 상관성을 분석·정리하면 앞의 표 5-40과 같다.

---

87) 그러나 본 저서에서 분석한 바와 같이 각기 다른 역사(성)와 자연환경 속에서 생성된 역사환경을 물리적 특성만을 기준으로 하여 상호 비교하는 것은 무리일 수 있으나 공주·부여·경주가 가지는 국내 대표적 역사도시로서의 상징성을 바탕으로 특성분석을 통해 향후 제도적 장치를 마련하고, 관리방안을 수립하는 데 의미를 둘 수 있을 것으로 사료된다.

# 역사도시의 가치

이와 같은 환경적 변화 속에 다변화, 다양화, 다가치를 추구하는 현대사회에서 체계적으로 역사도시의 가치특성을 분석하기 위하여 이에 부합하는 이론을 통한 합리적인 분석방법론의 필요성을 제기하였으며, 타당성을 검토하기 위한 사례도시 분석을 실시하였다. 본 저서에서 도시분석을 위해 제시한 '도시공간정치' 이론은 과거와 현재에 나타나는 사회·정치·경제적 특성의 종합적 분석을 통해 미래를 예측하고, 대처할 수 있는 가능성을 제공하며, 또한 이를 통해 '사회성'이 반영된 도시적 차원의 가치변화에 유연하게 대응할 수 있는 가능성을 사례도시 분석을 통해 확인하였다.

그리고 역사환경적 측면에서 살펴본 공주·부여·경주는 다양한 역사문화유산을 가지고 있으며, 뛰어난 자연환경적 조건과 문화유산 보존 정책을 통한 지속적 관리로 개별 건축물 단위의 역사유산보존 성과는 긍정적으로 볼 수 있겠으나 도시적 측면에서 역사환경의 가치는 재고의 필요성이 제기된다. 특히 현대인을 대상으로 하여 도출한 역사환경의 인지요소에 대한 가치특성분석을 통해 현재의 역사환경적 특성을 가치요소로 설정하기에는 다소 무리가 있음을 파악할 수 있었다.

본문을 통해 분석한 내용을 중심으로 세 도시의 가치 특성을 유형화하고, 가치설정 3층위에 의한 가치를 정리하면 다음과 같다.

# 1. 역사도시 공주·부여·경주의 가치유형

본문 내용을 중심으로 공주·부여·경주 각 도시별로 모델화한 다이어그램을 통해 정리하였다.

공주는 공간정치이론 측면에서 '공간적 실천'과 '재현의 공간'에서 상대적으로 중요성을 보이며(그러나 공간의 재현과 재현의 공간 개념이 특히 도시 형태적 특성과 관계성이 적은 이유 또한 가치분석에 있어 고려해야 할 요인이다), 역사환경에 영향을 미치고 있음을 확인할 수 있었다. 이는 다시 도시 형태-요인 2(역사성) 측면에서 상호 밀접한 연관성을 갖는다(그림 6-1 참조). 이와 같은 분석결과는 현재 공주지역에서 설정가능한 가치를 의미하며, 이를 중심으로 역사도시구현을 유도할 필요성이 있다. 또한 한편으로는 분석된 내용을 통해 공간정치이론에서 공간의 재현을 통한 가치접근, 역사환경특성분석(Ⅱ)에서 구조와 조직을 분석대상으로 하는 역사환경적 특성은 공주지역에 특히 부족한 역사환경 요소로 분석되었으며, 이에 대한 사고와 지속적 보완노력을 통해 전체적으로 역사도시의 이미지를 갖출 수 있도록 유도할 필요성이 있다.

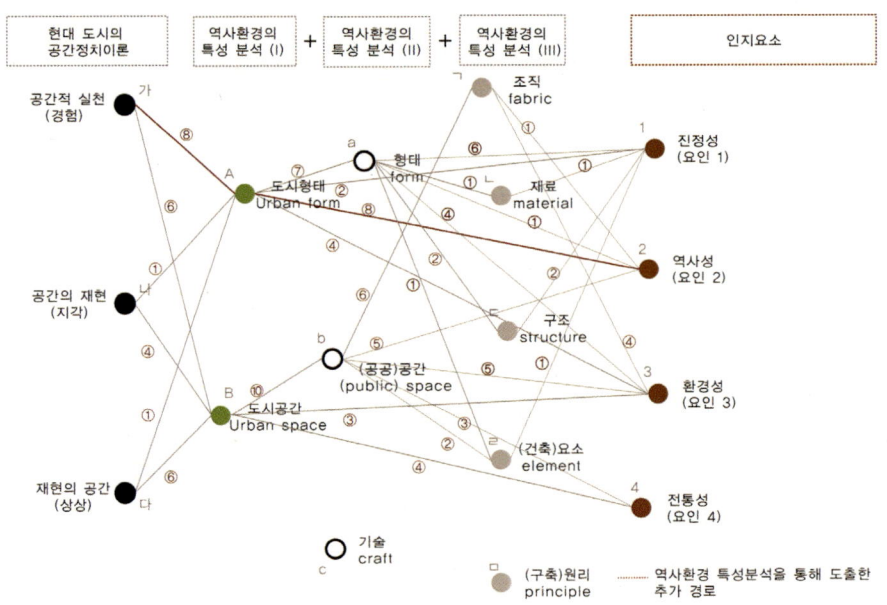

※ 참조: 각 분석요소 간 숫자는 도시공간정치 측면, 역사환경 측면, 그리고 인지요소 간 상호연관성의 정도를 의미

〈그림 6-1〉 공주지역의 유형모델

한편 부여지역에서는 공간정치이론 측면에서 재현의 공간 개념이 상대적으로 중요성을 보이며(공간의 재현과 재현의 공간 개념이 특히 도시 형태적 특성과 관계성이 적은 이유 또한 가치분석에 있어 고려해야 할 요인이다), 역사환경에 영향을 미치고 있음을 확인하였다. 부여지역은 전체 가치체계 속에서 도시의 공간-건축적 공간-요인 2(역사성), 요인 3(환경성), 요인 4(전통성) 측면에서 중요성을 갖는 것으로 분석되었으며, 현재 부여지역에서 설정 가능한 가치를 의미한다(그림 6-2 참조). 이와 같은 분석내용을 중심으로 역사도시를 구현할 필요성이 있으며, 상대적으로 타 도시와 비교하여 역사도시를 구축함에 있어 전반적으로 가치특성의 연계성이 떨어지며, 4개 요인, 14개 항목 전체의 중요성이 고르게 분석된 특징을 고려한다면 이를 우선하여 보완하되 전반적인 부분에서 지속적인 가치제고의 노력이 요구된다.

그리고 경주지역은 공간정치이론 측면에서 모두 유사한 중요성을 보이는 것으로 분석되었으며, 도시의 형태 측면 및 공간 측면 모두 긴밀한 연관관계를 갖는 것으로 파악되었다. 이는 도시가 가지는 역사성과 함께 사회적·경제적·환경적 측면에서 경주 역사도시에 대한 가치인식이 도시저변에 퍼져 있는 데서 원인을 찾을 수 있겠다. 특히 공간정치이론 측면에서 공간적 실천과 도시 형태-건축적 차원의 형태-요인 1(진정성)로 연계되는 관

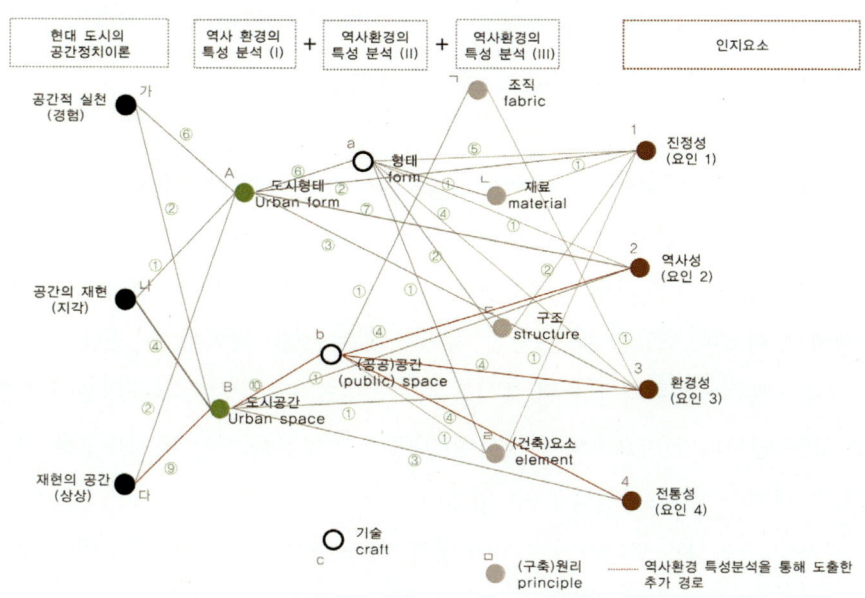

※ 참조: 각 분석요소 간 숫자는 도시공간정치 측면, 역사환경 측면, 그리고 인지요소 간 상호연관성의 정도를 의미

〈그림 6-2〉 부여지역의 유형모델

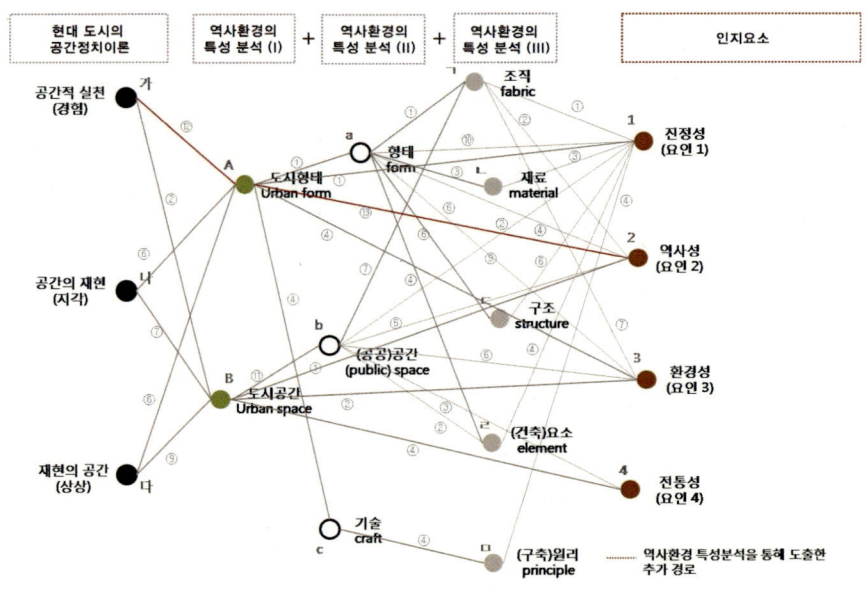

※ 참조: 각 분석요소 간 숫자는 도시공간정치 측면, 역사환경 측면 그리고 인지요소 간 상호연관성의 정도를 의미

〈그림 6-3〉 경주지역의 유형모델

계유형이 경주의 주된 가치특성으로 분석되었으며, 이를 바탕으로 역사도시구축을 위한 지속적 접근이 요구된다. 하지만 한편으로는 그 외의 요소들 또한 타 도시(공주, 부여)와 비교하여 상대적으로 긴밀한 관계를 갖는 것으로 분석되었으나 도시 전반적인 특성으로 설명하기에는 다소 부족한 점이 있다(그림 6-3 참조).

특히 이상과 같은 세도시의 분석 특성은 본 저서의 이론적 개념정립을 통해 역사도시의 기준으로 제안한 시간적 지속의 역사성, 문화적 지속의 전통성, 진실한 생활공간(환경)이 투영되어 있는 진정성 그리고 특정 기간의 거주양식이 현재에도 남아 있는 현재성의 4가지 개념과 비교해 보았을 때 상당한 차이가 있는 것을 확인할 수 있다.

이는 공주·부여·경주의 공통된 분석결과로 정리할 수 있으며, 분석내용에서 또한 확인할 수 있는 일부의 인지요소와 한정하여 밀접한 관계성을 갖는 가치특성은 현재 국내 역사도시가 가지는 한계로 인식할 수 있겠다.

이와 같은 가치특성을 보완하기 위하여 향후 역사문화도시를 구현함에 있어 분석 내용을 바탕으로 체계적이고 합리성을 수반하는 방안 마련이 요구된다.

## 2. 역사도시의 가치설정 3층위에 의한 가치

본 저서에서 분석한 가치설정 3층위에 의한 층위별 가치는 다음과 같이 제안할 수 있다.

### 1) 도시공간정치 측면에서의 가치

먼저 공간실천도표의 개념을 통해 도출한 공간실천의 3층위(공간적 실천, 공간의 재현, 재현의 공간)는 각각의 도시가 가지는 도시환경적 특성에 따라 도시설계 차원에서의 도시 형태와 도시공간과 상호연관성을 갖는다. 특히 각각의 도시가 가지는 사회적, 정치적, 경제적 특성과 함께 역사환경의 특성에 따라 도시의 역사적 가치양상은 다르게 나타나며, 이는 가치설정의 최상위개념으로서 전체 도시의 가치를 설정하는 데 중요한 역할을 하게 된다. 본 저서에서 대상으로 한 공주·부여·경주는 각기 다른 도시적 특성과 차이를 지니며, 이는 이념적 차원에서의 공간적 실천, 공간의 재현, 재현의 공간 개념과 연관성을 가지며 나타나게 된다. 또한 공주·부여·경주는 모두 도시적 차원에서의 역사환경분석 요소(Ⅰ)와 연관성을 가지고 있으나 전반적으로 '공간의 재현' 개념 및 '재현의 공간' 개

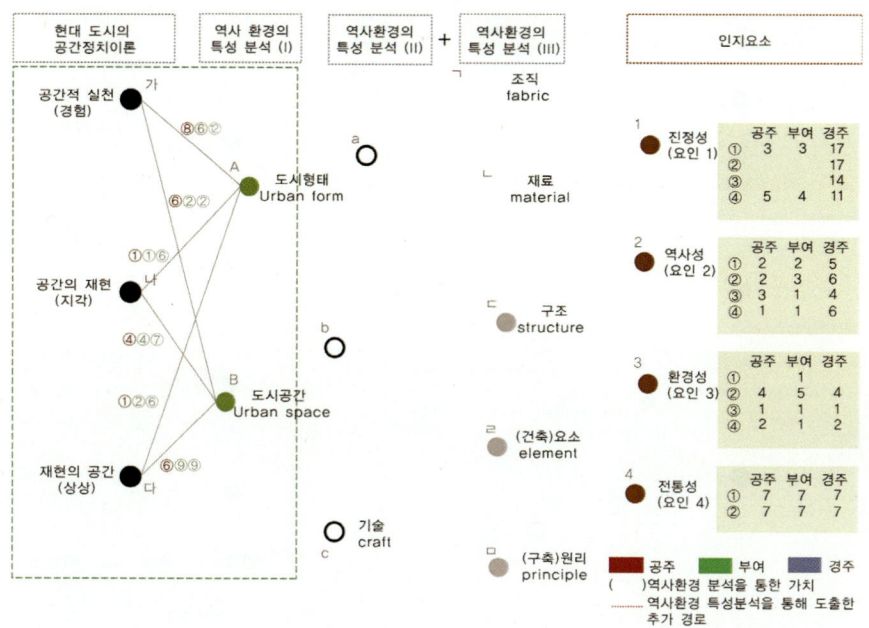

※ 참조: 각 분석요소 간 숫자는 도시공간정치 측면, 역사환경 측면 그리고 인지요소 간 상호연관성의 정도를 의미

〈그림 6-4〉 도시공간정치 측면에서의 가치체계 모형

념과 도시의 형태 측면에서의 관계성이 상대적으로 약한 것으로 분석되었다. 그리고 공간실천도표에서 '공간의 재현'은 지역적 특성과 도시적 차원의 공간 담론, 시민공동체의 활동을 통한 지역문화개발 그리고 건축물 개발 현황 특성 분석 등으로 분석되었으며, 세 도시 중 특히 공주 및 부여지역이 상대적으로 약한 관계성을 확인할 수 있었다. 반면에 전반적으로 '공간적 실천' 개념이 도시의 형태적 특성과 갖는 관계성이 큰 것으로 분석되었으며, 본 저서에서 '공간적 실천' 개념은 '지자체의 경제성 변화', '관광객과 관광수입의 변화', '토지의 이용', '도시를 관리하고 제어하는 법·제도', '도시의 건조환경' 등의 요인들로서 주로 도시의 형태 특성에 밀접한 영향관계를 보이는 것으로 분석되었다(그림 6-4 참조).

## 2) 역사환경 측면에서의 가치

한편 역사환경 측면에서 특성분석을 통해 도출한 결과는 그림 6-5와 같다. 이와 같은 역사환경의 특성은 역사도시의 가치를 설정할 수 있는 가능성을 평가할 수 있으며, 각각의 레벨(역사환경의 특성분석 Ⅰ, 역사환경의 특성분석 Ⅱ, 역사환경의 특성분석 Ⅲ 등)에

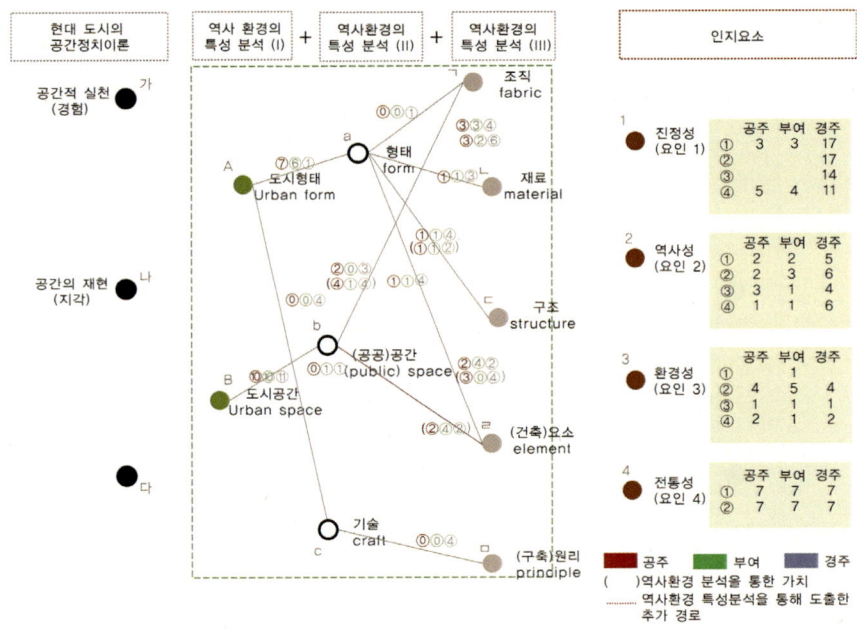

※ 참조: 각 분석요소 간 숫자는 도시공간정치 측면, 역사환경 측면 그리고 인지요소 간 상호연관성의 정도를 의미

〈그림 6-5〉 역사환경 측면에서의 가치체계 모형

서 나타나는 각각의 특성은 가치의 설정과 함께 가치제고를 위해 중요한 고려요소이다. 그림 6-5에서와 같이 각 단계별 요소 간에 실제로 다양한 관계성을 갖고 있음을 확인할 수 있다. 또한 상호 간의 다양한 관계성을 통해 인지요소와 연계의 가능성 또한 증가하게 된다. 본문을 통해 분석한 역사환경적 가치특성을 통해 각각의 도시가 지니는 역사환경적 차원에서의 가치특성을 확인할 수 있었으며, 이는 도시가 가지는 역사성에 따라 각기 다른 양상으로 나타나고 있다.

역사환경적 측면에서 역사도시의 가치설정은 다양한 역사환경의 특성을 규명하고, 도시 내에서 지니는 가치철학과 시대상을 파악하고 해석하여 보전 또는 복원 등 정책적 후속 지원조치가 필요한 것이다. 도시의 형태적 특성과 도시공간적 특성, 건축의 형태 특성과 공간과 기술 그리고 세부 역사환경 분석요소 등의 분석을 통해 가치의 본질을 밝히는 일이 우선되어야 하겠다. 그림 6-5를 통해 공주와 부여 그리고 경주지역의 상호연관성의 차이를 확인할 수 있으며, 특히 기술 및 구조와 연계된 가치 요인은 세 곳 도시 모두에서 상대적으로 적은 관계성을 갖는 것으로 분석되었으며, 역사환경 중 주거건축을 중심으로 하는 건축물을 대표적인 예로 설명할 수 있다. 이는 세 곳 역사도시 외에 전반적인 국내 역사도시의 가치 특성으로 해석할 수 있으며, 이에 대한 해결방안 모색을 통한 역사도시 구현이 필요하다. 이는 궁극적으로 공간정치이론과 인지요소와의 종합적 연관성을 통해 가치를 설명할 수 있다.

## 3) 인지요소 측면에서의 가치

본 저서에서 제안한 역사도시에 관한 인지요소는 각 단계별 가치체계의 구축을 통한 합리적 방안을 제안하였다. 이와 관련하여 역사환경요소와의 연관성에 관해 분석내용을 살펴보면 다음과 같다(그림 6-6 참조).

요인 1(진정성)의 경우 공주·부여·경주 모두에서, 1④에 해당하는 역사문화유산 중심의 역사환경 관리가 중심을 이루고 있으며, 상대적으로 경주지역에서는 지역 내 건조환경을 통한 가치평가의 가능성이 크다. 또한 요인 2(역사성) 측면에서는 요인별 고른 가치분포를 보이며, 특히 ① 진실성의 의미를 갖는 도시공간과 ② 도시 내 의미가 부여된 공간 측면에서의 가치가능성을 크게 가지고 있는 것으로 분석되었다. 한편 요인 3(환경성)의 경우 ② 역사적 정체성을 통한 가치기준이 크게 분석되었다. 특히 부여지역에서 상대적으

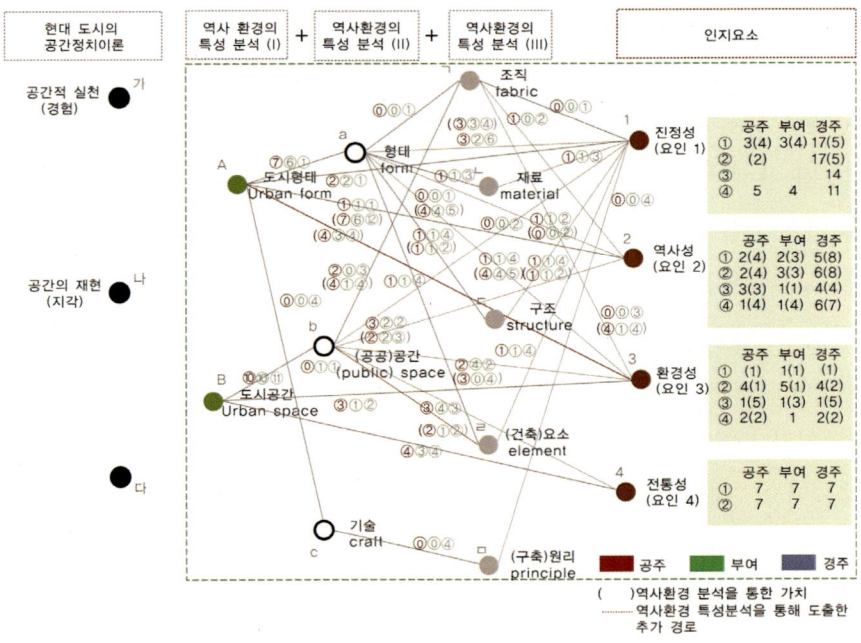

〈그림 6-6〉 인지요소 측면에서의 가치체계 모형

※ 참조: 각 분석요소 간 숫자는 도시공간정치 측면, 역사환경 측면, 그리고 인지요소 간 상호연관성의 정도를 의미

로 적게 나타난 ④ 전통역사가로와 관련해서는 역사문화도시를 조성함에 있어 다양한 역사환경을 조성하는 데 약점으로 나타날 수 있다. 그리고 요인 4(전통성)의 경우 공주·부여·경주 모두에서 고르게 높은 비율로 분석되었다. 본 저서를 통해서도 살펴보았듯이 국내 역사도시(특히 공주·부여·경주)는 오랜 시간을 거쳐 발전하는 과정에서 상당수의 역사환경이 훼손되게 되었으며, 특히 조선후기부터 근대화 과정에서 나타난 도시의 역사성 훼손은 오늘날 각 역사도시의 가치를 설정하고 가치제고 방안을 모색하는 데 상당한 영향을 미치는 것으로 분석되었다.

## 4) 종합

이상의 내용과 같이 본 저서를 통해 다양한 가치의 문제를 사고하여 보았으며, 객관적 가치기준의 제시와 함께 각 도시별 가치설정의 가능성을 분석해보았다(그림 6-7 참조).

각 도시별 분석내용을 종합해보았을 때 국내 대표적인 역사도시로서 상징성을 지닌 경주는 상대적으로 다양한 측면에서 가치 특성을 지니며, 특히 역사환경의 중요성 못지않게

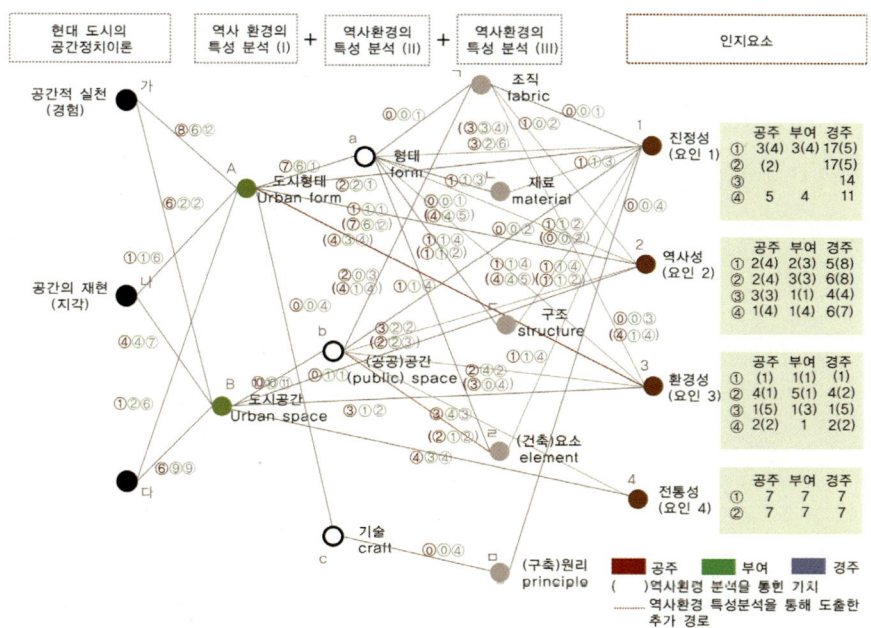

※ 참조: 각 분석요소 간 숫자는 도시공간정치 측면, 역사환경 측면, 그리고 인지요소 간 상호연관성의 정도를 의미

〈그림 6-7〉 역사도시의 가치설정 3층위에 의한 가치체계 종합 모형

공간적 실천, 공간의 재현 그리고 재현의 공간으로 대표되는 도시적 측면에서의 밀접한 관계성 또한 다른 도시와 비교하여 크게 나타나는 특징을 확인할 수 있었다.

한편 공주와 부여의 경우 상대적으로 역사환경의 가치특성을 분석할 수 있는 요소들이 경주와 비교하여 다양성 면에서 현격한 차이를 보이는 것으로 분석되었으며, 이에 대한 원인은 역사적 발전과정에서 역사도시로서 인식의 부재와 이로 인한 지속적인 가치요소의 훼손을 들 수 있다. 또한 이들 도시에서 역사문화 관광도시 조성을 위해 다양하게 제시되고 시행되는 계획들이 도시의 근본적 역사성 회복의 노력과는 다소 차이를 보이고 있으며, 이에 대한 원인은 중앙정부, 각 지자체 그리고 지역주민의 역사도시에 대한 가치인식의 문제가 만들어낸 결과로 볼 수 있다. 이에 지속가능한 역사도시 구축을 위하여 도시의 역사성 회복, 특히 본 저서에서 제안한 4개 요인, 14개 항목의 인지특성을 중심으로 역사문화도시 구축사업을 진행할 필요성이 있으며, 이를 통해 도시의 가치를 풍부하게 하며, 종합적으로 도시의 역사성을 제고할 수 있을 것으로 판단된다.

역사도시의 가치는 오랜 기간 시간의 누적을 통해 형성되는 것이며, 도시공간 안에 다양한 삶의 모습을 비롯한 역사환경의 축적을 통해 가치를 더하게 된다. 국내 역사도시(공주, 부여, 경주)와 비교하여 본 저서를 통해 살펴본 해외의 다양한 역사도시 사례는 역사환경의 관리와 보전 그리고 활용을 통한 가치제고 방안에 있어서 시사하는 바가 크며, 특히 일본의 역사도시 보전과 가치회복노력이 1960년대부터 시작되어 지속된 결과가 오늘에 와서 가시적인 결과로 나타나고 있는 양상은 '고도보존법' 도입 초기단계인 우리에게 시사하는 바가 크다고 하겠다.

제7장

# 결론

현대사회에서 역사도시에 대한 중요성을 인식하고 가치제고를 위하여 다양한 접근을 통한 보전 및 관리방안이 제안되고 있음을 확인하였으며, 이는 시대의 흐름에 따라 변화하는 사회·정치·경제 등 다양한 분야의 가치변화양상과 철학적 맥락을 같이하며 변화하고 있음을 알 수 있었다. 또한 이와 같은 양상은 제도적 차원에 적극 수용되어 현대사회에 가시적으로 나타나고 있으며, 역사환경의 가치에 대한 지속적인 논의와 함께 발달하고 있으나 본 저서를 통해 살펴보았듯 아직까지 국제기준, 서구의 보전기준, 그리고 국내의 역사환경보전에 관한 기준은 차이가 있으며, 특히 선언적 수준에 머무르고 있는 국제기준과 종합적인 역사환경보전 및 관리체계가 부재한 국내의 보전철학은 아직까지 많은 한계로 설명할 수 있겠다. 이와 같은 보전철학의 변화 특성과 함께 역사도시의 가치에 대한 논의를 통해 역사환경의 중요성을 인식하며 합리적이고 효율적인 보전과 활용을 통한 역사도시의 가치증대 노력의 필요성을 사고할 수 있었다.

이에 도시공간정치 이론, 역사환경 특성분석 이론, 그리고 인지요소 도출을 위한 통계적 방법론 등의 적극수용을 통한 역사도시의 가치설정 방법론을 제안하고 국내 대표적 역사도시(공주·부여·경주 등)의 종합적 분석을 통해 방법론의 타당성을 검증하였다.

본 저서를 통해 제안한 역사도시의 가치설정 3층위의 개념 중 도시공간정치이론은 하비와 르페브르의 공간생산이론을 바탕으로 하며, 실천개념으로서 공간실천도표를 이용하여 역사도시의 도시적 차원의 가치분석 가능성을 제안하였고, 역사환경 특성분석은 이론가들이 제안하는 역사환경의 특성분석 이론을 바탕으로 제안하였으며, 이는 도시설계 및 세부 건축요인의 분석을 통해 가능성을 확보하고, 각각 사례연구를 통해 적용가능성을 검증하였다. 공간정치이론 및 역사환경 특성분석이론은 위와 같은 특성을 통해 각기 다양성(多樣性), 다가치성(多價値性)을 바탕으로 하는 현대사회, 역사도시 그리고 가치의 문제에 유연하게 대응할 수 있음을 확인하였으며, 인지요소와의 관계성 분석을 통해 가치의 설정과 함께 가치제고의 가능성 또한 제시할 수 있었다. 통계적 분석 방법론을 통한 인지요소의 제안은 일반인이 인지하는 역사도시에 대한 가치요인으로서 5단계에 걸친 절차를 통해 요인을 도출하였으며, 본 저서에서 가치를 설정하고, 가치제안을 유도하는 데 중요한 지점으로서의 역할을 확인할 수 있었다. 특히 주관성을 내포한 가치판단에 있어 객관성과 타당성을 확보하는 것은 필수적이다.

그리고 가치제안 방법론의 검증을 통해 도출한 내용은 다음과 같다. 도시공간정치이론 및 역사환경의 특성분석을 통해 도출한 가치특성과 현대인이 역사도시에 대해 가치요소로 인지하고 있는 특성과는 상당한 차이가 있음을 확인할 수 있었으며, 도시가 지니는 역사성과 환경성 등의 특성에 따라 이와 같은 양상은 다양하게 분석되었다. 특히 국내 역사도시의 가치 특성이 일부의 인지요인에 한정되어 연관성을 갖는 분석 결과는 다양한 역사적 가치요인이 복합적으로 도시공간에 내재하여 도시의 가치를 제고하는 도시공간의 속성(특성)과 비교하였을 때, 이에 부합하는 종합적인 측면에서의 가치제고 노력과 개선방안 모색의 필요성이 요구된다. 본 글에서 대상도시 분석을 통해 역사도시로서 상대적으로 가치가 높은 곳으로 분석된 경주조차도 문화유산 중심의 점적인 가치에 우선한 보전과 활용의 경향은 우선적으로 재고되어야 할 문제인 것이다.

위와 같은 문제해결을 위하여 다음과 같은 방안을 제시할 수 있다. 먼저, 물리적 측면에서 현재 역사도시 내에, 특히 역사환경의 가치특성이 집중되어 있는 지역들을 중심으로 가치요소의 보전과 관리를 통한 가치제고 노력이 필요하다. 본 저서의 사례 도시(공주·부여·경주 등) 분석을 통해 살펴보았듯이 대표적 역사도시 세 곳 모두 역사적 발전과정에서 다수의 역사성 훼손이 이루어졌으며, 특히 도시적 차원에서의 가치훼손은 더욱 심각한 것으로 분석되었다. 이에 본 저서에서 지구적 차원의 접근을 통해 가치분석을 시도한 지역들을 중심으로 우선적인 가치제고 방안 수립의 필요성이 제기되며, 구도심지역의 전반적인 역사환경 가치요소의 보전과 적극적 활용 및 관리를 위한 가치제고 방안의 확대 노력이 필요하다. 이는 현대적 의미의 보전철학이 반영된 제도와 현재 역사도시에서 다양하게 시행되고 있는 역사문화 관광도시 조성사업의 역사성 회복을 위한 실천방안 제고의 병행을 통해 실효성을 높일 수 있다.

그리고 현대사회에서 사회적(환경적) 측면에서의 역사도시에 대한 가치는 이미 본 저서에서 주지한 바와 같이 사회적 공감대를 형성하고 있다. 그러나 사례도시 탐구를 통해 분석해 본 결과 사회적 구성을 이루고 있는 정부와 시민단체, 지역주민 간 역사환경의 보전 및 관리를 통한 가치증대 차원에 있어 가치철학 면에서 상당한 차이를 확인할 수 있었으며, 이에 상호 간 충분한 논의를 통해 역사도시의 가치제고를 위한 공감대의 형성과 이를 실현하기 위한 상호 적극적 참여가 요구된다. 이와 같은 노력이 바탕이 될 때 도시적 측면에서부터 건축적 측면 그리고 행적적인 측면에서부터 지역주민의 자발적 참여노력에 이르기까지 선순환구조의 구축을 통한 역사성 회복 노력이 가시적 성과를 이룰 수 있을 것으로 판단된다.

한편 도시의 역사성은 환경적·역사적 특성 등 도시의 발달 과정에서 다양한 영향을 받으며 변화 발전하기에 각 도시의 역사환경적 특성에 부합하는 관리 및 보전방안 마련이 필요하며, 본 저서를 통해 가능성을 제시하였고, 이를 바탕으로 하는 역사환경의 보전 노력이 요구된다. 이를 위하여 제도적 측면에서 본 저서를 통해 규명된 역사도시(공주, 부여, 경주지역)의 역사환경적 특성과 가치요소의 특징을 바탕으로 구체적인 보전 및 관리와 활용방안을 위한 세부적 지침 마련이 요구되며, 특히 다양한 역사환경적 특성을 보유한 도시 각각의 환경에 유연하게 대처 가능한 접근방안이 필요하다. 이와 함께 국내 역사도시 전반의 가치제고를 위한 환경 조성 또한 필요하다. 국내에는 다수의 도시가 역사도시로서 충분한 역사적 중요성을 지니며, 또한 상당수의 도시는 과거 수도(首都)로서의 가치를 지닌다. 그러나 현재 시행초기에 있는 현대적 보전가치 철학이 반영된 '고도보존법'은 공주·부여·경주·익산 등 일부의 역사도시에 한정하여 시행되고 있다. 이에 역사성 회복과 도시공간의 효율적 관리 및 활용을 중심으로 하는 관련 제도가 국내 다수의 역사도시에 확대 적용되어 역사적 중요성을 지닌 다수의 도시가 현대사회에서 가치제고의 가능성을 확보할 수 있도록 환경조성의 필요성이 제기된다.

이상의 분석결과와 함께 본 연구를 통해 향후 연구결과의 활용방안 측면에서 다음과 같은 가능성을 제안할 수 있겠다. 우선 현대인이 인지하는 역사도시에 대한 가치척도 (HVIS: Historic city Value Item Set)의 제안을 들 수 있다. 본 저서에서 가치요소로 제안한 4개 요인, 14개 항목은 가치측정모델로서의 활용 가능성을 제안하였으며, 특히 한국인이 인지하는 가치기준을 정량화하여 제안한 특징을 갖는다. 또한 내용적 구성을 보편적이고, 간결한 용어를 통해 설명하여 가치분석 논의에 수월성을 제공하며, 논의의 폭을 확대할 수 있는 가능성을 제공하는 데 의의가 있다. 이와 같은 가치기준과 오늘날 세계문화유산 등록기준으로 대표성을 인정받고 있는 유네스코의 기준과 비교하였을 때 유네스코의 기준은 전문성과 함께 세분화된 기준을 통해 구체적인 요건을 제시하고 있는 데서 차이를 확인할 수 있다. 오늘날 국내 다수의 역사도시에서 역사문화의 가치를 제고하고, 나아가 세계문화유산 등재를 추진함에 있어 우선적으로 본 저서에서 제안한 방법론을 통한 기본적 가치충족을 검토한 후 유네스코의 기준에 부합하기 위한 노력을 시도한다면 보다 체계적인 접근이 가능할 것으로 판단되며, 이 또한 의미 있는 일이라 할 수 있다. 그리고 본 저서를 통해 제안한 가치기준 요인이 상대적으로 보편적 가치기준을 제시함에 따라 일반적인 역사도시의 가치제고 기준에 유용하게 쓰일 수 있을 것으로 기대할 수 있으며, 역사도시의 가치설정 방법론을 통한 다른 다수(多數)의 역사도시에 적용 가능성에 의미를 둘 수 있다. 그동안 역사도시의 가치를 평가하는 데 주관적 판단에 머물렀던 가치기준을 객관적인 방법론의 제안을 통해 제시하였다는 데서 또한 가치를 언급할 수 있겠다. 3개의 층위에 의한 가치설정 방법론은 현대도시의 사회성을 반영하고, 역사도시의 가치특성 분석의 제안과 인지적 차원의 분석을 통해 논리적 접근을 시도하였다. 이를 통해 본 저서에서 분석한 공주·부여·경주 이외에 국내에 존재하는 다수의 역사도시를 대상으로 가치를 분석할 수 있는 가능성을 지니며, 특히 도시공간정치학 차원에서 '공간실천도표', 3단계로 접근한 역사환경 특성분석, 그리고 4개 요인, 14개 항목으로 도출한 인지요소는 다양한 환경의 역사도시를 분석할 수 있는 분석틀로 활용하기에 충분하다고 판단된다.

가치의 문제를 정량화하여 절대적 가치기준으로 비교분석하는 것은 다소 무리가 따를 수 있으나 각각의 도시환경에 따른 상대적 중요성 등을 비교하고, 경향을 분석하는 것은 충분한 의의가 있다고 판단된다. 그리고 이와 같은 가치분석과 함께 현재 역사도시에서 다양하게 진행되고 있는 역사문화 관광도시 조성사업에 대한 사업방안의 문제 제기와 향후 도시설계 측면에서 시행되어야 할 가치제고를 위한 방향 제시는 본서에서 제안하는 추가적인 가치로 제안할 수 있다.

　그러나 본 저서를 통해 설명한 내용은 한계와 과제 또한 가지고 있다. 문화적 유사성을 공유하는 주변의 역사도시 특히 교토 및 북경 등과 같이 과거 수도로서의 역할을 하였던 도시와의 직접적인 비교를 통해 국내 역사도시만이 가지는 독특한 특성을 제안할 수 있겠으나 교토의 경우 사례 분석에서 머무르고, 국내 역사도시만을 대상으로 비교 분석함에 따라 이와 같은 가치특성이 제시되지 못한 점은 한계로 언급할 수 있다. 향후 다음과 같은 탐구를 지속하고자 한다. 우선 주요가치분석의 틀로 제안한 도시공간정치 이론을 바탕으로 본 저서에서는 개념적인 차원에서 가치제고 방안 제안에 머무른 결과에서 나아가 역사도시 가치상충의 문제해결 노력을 통한 구체적 가치제고 방안 마련의 필요성을 들 수 있다. 도시공간정치 이론은 과거와 현재 나타나는 사회·정치·경제적 특성의 종합적 분석을 통해 미래를 예측하고, 대처할 수 있는 가능성을 가진 이론으로 공간정치이론의 측면에서 역사도시에서 나타나는 다양한 가치상충의 문제에 대한 사고(思考)가 필요하다. 또한 본 저서에서 국내외 각 도시의 역사환경보전제도의 특징과 시사점도출에서 머무른 내용적 한계에서 나아가 제도적 측면에서 서구의 사례와 우리의 사례를 직접적 비교를 통해 특성을 도출하고 국내 환경에 적합한 구체적인 제도의 제안이 가능할 것이다. 그리고 제안된 제도의 실제 적용을 통한 모델제안 또한 가능할 것으로 판단되며, 이를 통해 역사도시(지구)의 현대적 가치 그리고 미래 가치를 제고하기 위한 지속적인 관심이 필요하다.

# 참고문헌

◈ 역사도시, 역사환경보전, 도시공간정치학 분야

구동회·박영민 譯, 데이비드 하비 著, 포스트모더니티의 조건, 서울: 한울, 1994

구동회·심승희 譯, Tuan, Yi-Fu 著, 공간과 장소, 2005

국립공주박물관, 금강-최근 발굴 10년사, 2002

김병모, 역사도시 경주, 열화당, 1984

김석철, 천년의 도시 천년의 건축; 김석철 건축문화 기행, 해냄출판사, 1997

김왕배, 공간정치경제학의 기본개념과 분석틀, 한국공간환경학회, 2000

김왕배, 도시·공간·생활세계, 한울, 2000

김영기 譯, 루이스 멈포드 著, 역사 속의 도시, 명보문화사, 1988

리진호, 경주지적사, 경주시, 2007

서울대학교 도시설계 포럼 譯, 니시무라 유키오 著, 도시경관과 도시설계, 2003

서울시정개발연구원, 서울북경동경의 역사문화보전정책, 2006

송영선, 역사도시보존을 위한 프랑스의 법제연구, 한국법제연구원, 200311

송인호, 서울의 옛 도시조직과 새로운 도시건축, KunWon, 2004

원도연, 도시문화와 도시문화산업전략; 경주·춘천·전주의 사례를 중심으로, 한국학술정보(주), 200602

유네스코, 21세기의 대화: 세계의 지성 49인에게 묻다, 문학과 지성사, 2004

유네스코한국위원회, 유네스코와 문화다양성, 2008

윤용혁, 공주역사문화론집, 서경, 2005

윤준웅, 사진으로 본 부여의 백년, 모든기획, 1998

이남석, 백제의 무덤 이야기, 주류성, 2004

이무용 譯, 도시문화와 세계체제, 시각과 언어, 1999

이진경, 근대적 시·공간의 탄생, 푸른숲, 2002

인영진 譯, Werlen, Benno, Sozialgeographie 著, 사회공간론; 사회지리학 이론 발달사, 한울아카데미, 2000

조명래, 포스트포디즘과 현대사회 위기, 1999

조명래 譯, 로즈 쉴즈 著, 앙리르페브르; 일상생활의 철학 '공간과 사회', 2000

장경호, 아름다운 백제 건축, 주류성, 2004

지수걸, 한국의 근대와 공주 사람들, 공주문화원, 1999

최병두, 근대적 공간의 한계, 삼인, 2002

최병두 譯, 데이비드 하비 著, 신자유주의 간략의 역사, 한울아카데미, 2007

최병두, 한국의 공간과 환경, 한길사, 1971

최병두, 현대사회지리학, 한울아카데미, 2002

충청남도 역사문화원, 충청남도역사박물관, 2006

한국공간환경학회 엮음, 현대도시이론의 전환, 한울아카데미, 1998

한국지역지리학회, 동계학술대회 답사자료집; 공주와 부여, 그리고 금강의 문화역사지리, 200602

Bernard M. Feilden, Conservation Historic Buildings, Butterworth Architecture, 1982

Barnouw, V, Physical Anthropology and Archaeology, The Dorsey Press, 1971

Bauer, Raymond, "The UNESCO Framework for cultural Statistics", UNESCO(Unpublished papper), 1983

Dennis Rodwell, Conservation and Sustainability in Historic Cities, Blackwell Publishing, 2007

Edward Relph, Place and Placelessness, Pion Ltd, 1976

Edward Soja, City ; Los Angeles and Urban Theory at the End of, 1997

Gottdiener. Mark, The Social Production of University of Texas Press, 1985

Harvey, David, The condition of postmodernity, 1994

J. Kirk Irwin, Historic Preservation Handbook, McGRAW-HILL, 2003

James Marston Fitch, Historic Preservation, VIRGINIA, 2001

Kain, R. Planning for Conservation, London: Mansell, 1981

Lefebvre, H. La production de l'espace, 1974

Lefebvre, Henri. The production of space, Oxford UK: Blackwell, 1991

Mary, R. S, Environmental Legislation, New York: Praeger Pub, 1976

Mumford, Lewis, The city in History, Houghton Mifflin Harcourt, 1961

Preservation and Conservation Principles and Practices, The Preservation Press, 1972

Sacred Sites Cultural Roots for Urban Futures, The World Bank, 2001

Sigfried Giedion, Space, Time and Architecture, Harvard University Press, 1973

Steven Tiesdell et, al, Revitalizing Historic Urban Quarters, Architectural Press, Oxford 1996

Tamas Laszlo Fejerdy, "World Heritage-the Challenges of Conservation of historic Urban Areas". The International Symposium on Historic City and World Heritage, Gyeong ju · ICOMOS-Korea, 2008

UNESCO, The Conservation of cities, Paris: The Unesco Press, 1975

西村幸夫, 町並み研究會 編著, 2000

西村幸夫, 都市保全計劃, 東京大學出版會, 200303

甘柏 健, 文化財保存運動, ジュリスト 544號, 1973

◈ 학위논문

강현, 읍성의 공간구조 및 건축물 변천에 관한 연구, 서울대학교 석론, 1995

김경대, 신라왕경 도시계획 원형탐색과 보존체계 설정 연구, 서울대학교 박론, 1997

김미선, 역사도시에서의 지속가능한 도시건축 시스템 연구, 동신대학교 석론, 2005

김종한, 데이비드 하비의 탈현대성 비판에 대한 비판적 연구, 인하대학교 정치외교학과 석론, 1998

김영수, 기술·의장 중심의 역사경관보전방안 연구, 서울시립대학교 건축학과 박론, 2007

김형식, 브랜드 명품성 측정도구의 개발, 홍익대학교 석론, 2006
김홍진, 고도조정을 통한 도시 경관관리 방안, 경상대학교 석론, 1998
맹동술, 공주백제문화유적지 보존·정비기본계획, 서울대학교 석론, 1985
박종호, 한·일 문화관광 비교연구, 경기대학교 박론, 2006
오민근, 도시역사경관보전제도에 관한 연구, 서울대학교 석론, 1999
오세탁, 문화재보호법연구: 문화재 향유권리를 중심으로, 단국대학교 박론, 1983
이나정, 경주의 지역구조 연구, 상명여자대학교 석론, 1993
이완건, 서울의 역사성 표현을 위한 근대건축 보존에 관한 연구, 홍익대학교 건축학과 박론, 2005
이효민, 역사도시에서의 도시개발제한에 대한 문제점과 개선방안, 공주대학교 석론, 2006
장길수, 공주의 역사지리적 고찰, 공주대학교 석론, 1989
전은숙, 경주시 도시 형태에 관한 연구, 서울대학교 석론, 1991
정수은, 충남공주구도심의 도시변화과정과 변화유도 방향에 관한 연구, 연세대학교 석론, 2000
정성태, 역사도시 경주의 경관선호 특성, 성균관대학교 박론, 2002
최동혁, 서울남촌지역 가로환경특성에 관한 연구, 서울대학교 박론, 2005
한건삼, 韓國における邑城空間の弈容に關する硏究, 동경대학교 박론, 1993


◈ 학회논문 및 학술지

Gilbert A. Churchill, jr. A Paradigm for Developing Better Measures of Marketing Constructs, Journal of Marketing Research, 197902
강성원 외, 역사환경으로서의 도시조직 변화연구, 한국도시설계학회 춘계학술대회 발표 논문집, 2006
강태호, 경주시 도시특성 및 도시개발 규제실태에 관한 연구, 사찰조경연구, 동국대학교부설사찰조경연구소, 1993
강태호, 신라 도성의 공간구조형성에 관한 연구, 경주사회학회, 제15권, 1996
강태호, 경주의 역사경관 관리계획 수립방안에 관한 연구, 경주문화연구 1, 경주대학교 경주문화연구소, 1998
김기호, 도시 역사환경보존-면적(面的)보존을 중심으로, 한국건축역사학회 추계학술발표대회, 2004
김기호, 역사경관 관리에서 지방정부의 역할, 대한국토·도시계획학회, 국토계획 제41권 제5호, 2006
김봉건, 영국의 문화재 보존정책; 지역보존정책을 중심으로, 문화재 22, 1989.12
김봉한·정환영·이정만, 백제고도 공주·부여의 역사성 보존과 도시개발의 조화를 위한 기초조사연구, 한국도시지리학회지 제9권 3호, 2006
김상우, 건축문화유산의 보존방안, 97 한국건축역사학회심포지엄, 1997.04
김승현, 공간, 미디어 및 권력; 새로운 이론틀을 위한 시론, 커뮤니케이션 이론 3권-2호(2007년 겨울)
김영대, 역사도시 경주의 문화경관 회복과 도시설계 접근방향, 사찰조경연구, Vol.2, 1993
김영정, 지역정보화와 지역발전의 관계, 지역사회학회편, 2000
김영종, 경주지역 문화유적 개발·보존 계획, 동국대 신라문화 연구소, 1986
김형만, 역사적 환경의 개발, 공간, 1971
박병직·이종렬, 역사·문화·관광도시로서의 경주시 도시계획발전방안, 경주문화연구, 1999

박세훈, 현대성의 공간적 상상력; 르페브르의 공간철학, 공간환경 통권 49호, 1994

박재진, 온라인 쇼핑몰 이미지 측정 지수개발 및 타당성 검증, 광고연구, 제73호(2006)

박훈, 역사도시 경주의 역사환경 특성과 가치에 관한 조사연구, 대한건축학회지회연합회, 대한건축학회연합논문집, 제14권 제1호, 2012.03

박훈, 역사도시 부여의 도시조직특성과 가치에 관한 조사연구, 대한건축학회, 대한건축학회논문집, 제28권 제4호, 2012.04

박훈, 역사도시의 가치회복과 보존에 관한 조사연구, 대한건축학회지회연합회, 대한건축학회연합논문집 제14권 제2호, 2012.06

박훈·정재용, 역사도시의 도시조직 특성과 가치에 관한 연구, 대한건축학회, 대한건축학회논문집, 제25권 제5호, 2009.05

박훈·정재용, 도시공간정치학적 측면에서 역사도시의 가치설정 방법론 연구, 대한건축학회, 대한건축학회논문집, 제25권 제8호, 2009.08

박훈·정재용, 역사도시의 역사환경 특성과 가치에 관한 연구, 대한국토·도시계획 학회, 국토계획 제45권 2호, 2010.04

안인향, 역사적 도심부의 보전·재생·창조를 통한 도시 만들기: 국토연구 제54권, 2007.09

엄기철, 외국의 역사도시 보존과 관리사례, 국토정보, 1995.09

윤장섭 외 2인, 도시 내 문화재 주변지역의 건축제한 기준에 관한 연구, 대한건축학회논문집, 1986.04

이기석, 한국고대도시의 방리제와 도시구조에 대한 소고, 한국도시지리학회지 제2권 2호, 1999

임지훈·김형식·이학식, 브랜드 명품성 측정도구의 개발, 광고연구, 제73호, 2006

장세룡, 앙리 르페브르와 공간의 생산, 역사와 경제 제58집, 2006.03

장옥연 외, 우리나라 역사환경보전운동의 전개과정 고찰, 한국도시설계학회, 2001 춘계학술발표논문집, 2001

조용기, 고도의 역사적 경관 보존·정비에 관한 연구, 한국관광학회, 제30권 제1호(통권 53호), 2006.02

조용기, 문화관광 활성화를 위한 고도의 역사적 경관 정비에 관한 연구, 관광연구 제19권, 제1호, 2004

최보령·신교영·송용호, 전용을 위한 건축물 보전의 이론적 고찰, 충남대 산업기술연구소 논문집, Vol.8, No.1, June.

최선주, 역사도시 서울의 보전과 개발, 한국건축역사학회, 한-중 학술학회 자료집, 1994

한필원, 대전 구도심 주거지의 필지체계 및 주택유형에 관한 조사연구, 대한건축학회논문집(계획계), 20권 4호(통권 186호), 2004.04

황기원, 역사도시 경주, 무엇을 어떻게 할 것인가?, 고도 경주의 현재와 미래 심포지엄 발표자료, 2005.11


◈ 공주시·부여군·경주시 편찬자료 및 연구보고서

경주시, 경주도시재정비계획, 1985

경주시·경주문화원, 김기조 譯, 국역 경주군, 2008

경주시, 고도경주, 1982

경주시, 통계연보, 1991~2008

경주시사편찬위원회, 경주시사, 2006

경주시·문화관광부, 경주역사문화도시, 2004

경주시, 2020 경주도시기본계획, 2004

경주시, 2006~2020 경주시 장기종합발전계획, 대구경북연구원, 2007

경주시, 경주도시재정비계획, 1985

경주시, 경주읍성 정비복원 기본계획, 2009

공주시, 2020년 공주도시기본계획, 2006.12

공주시, 공주도시재정비계획, 1997

공주시, 공주 장선리 토실유적 정비기본계획, 2002.08

공주시, 김옥균 선생 유허지 정비기본계획, 2006.06

공주시, 김종서 장군 유적 정비기본계획, 2007.07

공주시, 공주 우금티전적지 복원정비 기본계획, 2004.12

공주시, 공주의 옛 모습, 1996

공주시·공주대 백제문화연구소, 국역 공산지, 2008

공주시·공주대 백제문화연구소, 공주 충청감영터, 2003

공주시, 공주시 중장기 발전계획(2008~2020), 2008.06

공주시, 산성재래시장 및 활성화구역 활성화 연구, 2008.03

공주시, 제민천 가꾸기 사업 기본 및 실시설계 보고서, 2008.08

공주시·충남발전연구원, 충청감영 400년, 2003

공주시, 충청감영 공주개영 400주년 기념 학술심포지엄 요약집 "충청감영과 충청남도", 2003

공주시, 통계연보, 1991~2008

공주시지 편찬위원회, 공주시지, 2002

부여군, 부여군지, 2003

부여군, 부여 고도보존을 위한 예비조사, 2006

부여군, 부여 반교마을 옛 담장 정비기본계획, 2007.06

부여군, 부여 서동공원 관광 명소화 사업 기본계획, 2008.03

부여군, 석성산성 식생환경 및 현황조사 연구, 2007.11

부여군, 성흥산성 식생환경 및 현황조사 연구, 2007.11

부여군, 정림사지권역 정비 기본계획 Ⅰ, 2006.12

부여군, 부여 부소산성 종합정비 기본계획, 2006

부여군, 통계연보, 1991~2008

◈ 역사도시 관련 편찬자료 및 연구보고서

고도보존과 역사문화도시조성 전략교육자료, 한국전통문화학교 전통문화연수원, 2008

공주대학교 백제문화연구소·한국전통문화학교 한국전통문화연구소, 공주·백제 역사유적지구
　　세계문화 등재를 위한 국제학술회의 "백제 문화유산의 가치 재발견", 2007.10

문화관광부·문화재청, 경주역사문화도시 조성 타당성조사 및 기본계획, 2007

문화재청, 세계유산정책 및 모니터링 제도에 관한 연구, 2001.12

문화재청·국토연구원, 고도보존을 위한 역사문화환경 관리 방안, 2007.08

서울시정개발연구원, 서울도심부성장관리계호기 사례조사 "일본의 역사문화환경보전 및 도심부

관리시책, 1998

서울시정개발연구원, 서울북경동경의 역사문화보전정책, 2006

유네스코세계유산센터·유네스코한국위원회·수원시, 세계유산 성곽도시 시장단회의 "도시발전과 세계유산 성곽도시 지형의 보존", 2000.09

유네스코한국위원회, 서울 4대문 안 역사지구의 사회적 지속가능성 국제심포지엄, 2009.02

유네스코한국위원회, 2005 유네스코 세계유산정책 세미나 "Cultural Landscape" 개념과 관점의 차이, 2005.12

유네스코한국위원회, 전통역사마을의 표준조례 모델 연구, 2003.11

유네스코한국위원회, 세계문화유산 Global Theme 개발연구, 2003.11

유네스코한국위원회·ICOMOS 한국위원회, 전통역사마을의 지속가능한 발전, 2002.11

유네스코한국위원회·전라남도, 문화재보존 워크샵 발표요지, 1999.04

서울시정개발연구원, 서울북경동경의 역사문화보전정책, 2006

송영선, 역사도시보존을 위한 프랑스의 법제 연구, 한국법제연구원, 2003

충청남도, 2010 대백제전 타당성 연구, 2007.12

충청남도, 충남 고도 옛모습 되살리기, 2001.05

충청남도, 공주·부여 역사유적지구 세계문화유산 등재를 위한 국제 학술회의 "백제 문화유산의 가치 재발견", 2007.10

충청남도, 근대문화유산 목록화 사업, 2004.12

충청남도, 백제역사재현단지조성조사연구, 1996.07

충청남도, 사진으로 본 충남 100년, 1999

충청남도역사문화원, 충청남도역사박물관, 2006.07

충청남도역사문화원, 충남 지역문화산업 발전을 위한 포럼, 2006.06

충청남도역사문화원, 공주 공산성 유적 경관보존관리 기본계획, 공주시, 2006

충청남도역사문화연구원, 제8회 충청남도역사문화연구원 학술심포지엄 고마나루의 역사문화적 성격과 현대적 활용, 공주시, 2007

충청남도역사문화원, 백제문화대토론회, 충청남도역사문화원, 2007

충청남도역사문화연구원, 백제문화의 세계화를 위한 국제학술회의 "대백제국의 국제교류사", 2008

행정중심복합도시건설청, 행정중심복합도시 문화재 보존 및 활용, 2006.10

홍익대학교 건축학과 생태도시연구실, 공주의 역사와 특징, 세미나자료, 2008

홍익대학교 건축학과, 공주고도 도시재생 마스터플랜 "유럽 답사보고서" 내부자료, 2008.06

홍익대학교 건축학과, 공주고도 도시재생 마스터플랜; 역사문화자원을 활용한 도시재생 계획, 2008

황기원, 역사도시 경주, 무엇을 어떻게 할 것인가, 고도 경주의 현재와 미래 심포지엄 자료, 2005.11


◈ 해외 역사(도시) 관련 웹사이트

http://www.ayto-toledo.org/urbanismo/pecht/pecht.asp
http://www.consorciotoledo.com/
http://www.excavation.co.kr/

http://portal.unesco.org/
http://worldheritage-forum.net/


◈ 공주 · 부여 · 경주 지역 관련 웹사이트

http://cyber.gongju.go.kr/main/
http://www.gongju.go.kr/
http://www.buyeotour.net/
http://www.buyeo.go.kr/
http://www.baekje.org/
http://www.godo-gyeongju.com/
http://www.gyeongju.go.kr/


◈ 공주 · 부여 · 경주 지역 관련 지도 자료

1915년 경주지역 지적원도, 국가기록보관소
1915년 공주지역 지적원도, 국가기록보관소
1915년 부여지역 지적원도, 국가기록보관소
1968년 경주지역 지적도, 경주시청
1968년 공주지역 지적도, 국가기록보관소
1968년 부여지역 지적도, 국가기록보관소
1990년 공주지역 지적도, 공주시청
2005년 경주지역 지적 · 임야도, 경주시청
2005년 공주지역 지적 · 임야도, 공주시청
2005년 부여지역 지적 · 임야도, 부여군청


◈ 공주 · 부여 · 경주 지자체 행정자료

2000년 1월부터 2006년 5월까지의 경주시 토지분할합병 허가대장 자료, 경주시청
2000년 1월부터 2006년 5월까지의 공주시 토지분할합병 허가대장 자료, 공주시청
2000년 1월부터 2006년 5월까지의 부여군 토지분할합병 허가대장 자료, 부여군청
2008년 건축물대장, 경주시청
2008년 건축물대장, 공주시청
2008년 건축물대장, 부여군청


◈ 기타

1978년 조선일보 사진자료
2004년 조선일보 사진자료

박훈(Park, Hoon) ──────────────────────────────

삼우종합건축사사무소 도시설계팀 부실장, 건축학 박사

홍익대학교에서 건축을 공부하고, 같은 학교 대학원에 진학하면서 도시설계에 관심을 갖게 되었으며, 생태도시연구실에서 학업을 지속하여 석·박사학위를 받았다. 이후 삼우종합건축사사무소에 입사하여 도시설계팀에서 근무 중이다.

도시 형태와 건축 유형에 관련한 연구, 도시공간 위계에 따른 건축유형 및 친환경 건축의 적용 연구, 단독주택지 연구 등에 관심이 많아 다수의 연구논문을 제출하였으며, 근래에는 공동주택단지에서의 생활가로 계획, 성장관리형 도심활성화 방안, 산업단지 및 캠퍼스 등의 설계전략연구, 그리고 공동주택단지에서의 전통성 구현 연구 등 단지 및 도시설계 분야에 폭넓은 관심을 갖고 연구 중이다.

본 저서에서 다루고 있는 공간정치이론은 본인이 평생을 두고 탐구할 동반자와도 같다. 삼우종합건축사사무소에 재직한 지 3년여의 시간 동안 서울대학교 시흥국제캠퍼스 현상설계, 시흥시 개발가용지 계획적 관리방안 및 정비방안 연구, 마곡워터프론트 계획 등 다수의 단지계획 및 도시설계 프로젝트에 참여하여 이론과 실무가 균형을 이루는 전문가로서 가치를 담아가고자 노력하고 있다.

urispace@gmail.com

# 공간정치이론으로
# 읽는
# 역사도시의
# 가치

**초판인쇄** │ 2013년 1월 7일
**초판발행** │ 2013년 1월 7일

**지 은 이** │ 박훈
**펴 낸 이** │ 채종준
**펴 낸 곳** │ 한국학술정보㈜
**주     소** │ 경기도 파주시 문발동 파주출판문화정보산업단지 513-5
**전     화** │ 031) 908-3181(대표)
**팩     스** │ 031) 908-3189
**홈페이지** │ http://ebook.kstudy.com
**E-mail** │ 출판사업부  publish@kstudy.com
**등     록** │ 제일산-115호(2000. 6. 19)

ISBN    978-89-268-4001-6 93540 (Paper Book)
        978-89-268-4002-3 95540 (e-Book)